普通高等教育"十三五"规划教材

塑性成型力学原理

章顺虎　编著

北　京
冶金工业出版社
2020

内 容 提 要

本书结合材料成型专业教学计划与塑性成型力学原理专业教学大纲编写。全书共分为 8 章,主要内容包括:绪论、应力与应变、变形力学方程、工程法、滑移线理论及应用、极限分析原理、上界法在成型中的应用、塑性成型基础实验。每章后附有习题或思考题,便于学生复习和练习之用。

本书既可作为材料类、机械类和力学类等专业本科生教学参考书,也可供生产、设计和科研部门的工程技术人员参考。

图书在版编目(CIP)数据

塑性成型力学原理/章顺虎编著 . —北京:冶金工业出版社,2016.1(2020.8 重印)
普通高等教育"十三五"规划教材
ISBN 978-7-5024-7083-8

Ⅰ. ①塑… Ⅱ. ①章… Ⅲ. ①金属压力加工—塑性力学—高等学校—教材 Ⅳ. ①TG3

中国版本图书馆 CIP 数据核字(2015)第 259843 号

出 版 人　陈玉千
地　　址　北京市东城区嵩祝院北巷 39 号　邮编　100009　电话　(010)64027926
网　　址　www.cnmip.com.cn　电子信箱　yjcbs@cnmip.com.cn
责任编辑　卢　敏　于昕蕾　美术编辑　彭子赫　版式设计　孙跃红
责任校对　李　娜　责任印制　禹　蕊
ISBN 978-7-5024-7083-8

冶金工业出版社出版发行;各地新华书店经销;北京建宏印刷有限公司印刷
2016 年 1 月第 1 版,2020 年 8 月第 2 次印刷
787mm×1092mm　1/16;19.25 印张;461 千字;293 页
39.00 元

冶金工业出版社　投稿电话　(010)64027932　投稿信箱　tougao@cnmip.com.cn
冶金工业出版社营销中心　电话　(010)64044283　传真　(010)64027893
冶金工业出版社天猫旗舰店　yjgycbs.tmall.com
(本书如有印装质量问题,本社营销中心负责退换)

前　言

本书是根据材料成型专业教学计划与塑性成型力学原理专业教学大纲的要求编写的。全书从应力与应变的基本概念入手，建立求解材料成型问题的基本方程，进而结合材料成型实际讲述了主要解析方法：工程法、滑移线法和上界法；并给出很多具体解析实例。为培养学生分析与解决问题的能力，各章均有一定数量的思考题与习题。为便于学生自学，对书中涉及的主要公式都做了详细的推导。书中还精心安排了一些编者近年来的研究成果，旨在增强读者的兴趣；在最后一章安排了塑性成型力学基础实验以培养学生的创新精神和综合能力。

本书讲授约需 90 学时。针对各校具体情况，可根据需要增加或删去带 * 号的节。本书可作为高等学校材料成型专业的教学用书，也可供相关领域生产、设计和科研部门的工程技术人员参考。

在编写过程中，东北大学赵德文教授提出了许多宝贵意见。本书的出版，得到了国家自然科学基金委员会（资助编号：51504156）与苏州大学沙钢钢铁学院的共同资助。在此深表谢意。

由于编者水平所限，书中难免会有缺点与错误，敬请读者批评指正。

作　者
2015 年 7 月

目　录

0　绪论 ··· 1

0.1　金属塑性成型的特点 ······································ 1

0.2　塑性成型力学及基本研究内容 ····························· 1

0.3　塑性成型的基本受力特点与成型方式 ······················ 2

0.4　塑性成型力学的基本解法与发展方向 ······················ 3

1　应力与应变 ·· 5

1.1　应力 ·· 5

　1.1.1　应力状态的基本概念 ································· 5

　1.1.2　点应力状态 ·· 7

1.2　主应力 ·· 9

　1.2.1　主应力、应力张量不变量 ····························· 9

　1.2.2　应力椭球面 ·· 11

1.3　主剪应力 ··· 12

1.4　应力张量的分解 ··· 14

　1.4.1　八面体面和八面体应力 ····························· 14

　1.4.2　应力张量的分解 ··································· 15

　1.4.3　主应力图与主偏差应力图 ··························· 17

1.5　应变 ··· 18

　1.5.1　应变状态的基本概念 ································ 18

　1.5.2　几何方程 ··· 20

　1.5.3　一点附近的应变分析 ································ 24

1.6　主应变、应变张量不变量 ··································· 25

1.7　应变张量分解 ·· 26

1.8　主应变图 ··· 27

1.9　应变速率 ··· 28

　1.9.1　锻压 ··· 29

　1.9.2　轧制 ··· 30

　1.9.3　拉伸 ··· 30

　1.9.4　挤压 ··· 31

1.10　应变表示法 ··· 31

　1.10.1　工程相对变形表示法 ······························· 31

    1.10.2　对数变形表示法 ··· 32

思考题 ·· 33

习题 ·· 34

2　变形力学方程 ·· 35

  2.1　力平衡方程 ··· 35

    2.1.1　直角坐标系的力平衡方程 ··································· 35

    2.1.2　用极坐标表示的力平衡方程 ································· 38

    2.1.3　圆柱面坐标系的平衡方程 ··································· 39

    2.1.4　球面坐标系的平衡方程 ····································· 40

  2.2　应力边界条件及接触摩擦 ··· 41

    2.2.1　应力边界条件方程 ··· 41

    2.2.2　金属塑性加工中的接触摩擦 ································· 42

    2.2.3　应力边界条件的种类 ······································· 44

  2.3*　变形协调方程 ··· 44

  2.4　屈服准则 ··· 45

    2.4.1　屈服准则的含义 ··· 45

    2.4.2　屈雷斯卡（Tresca）屈服准则（最大剪应力理论） ··········· 45

    2.4.3　密赛斯（Mises）屈服准则（变形能定值理论） ············· 46

    2.4.4　屈服准则的几何解释 ······································· 49

    2.4.5　屈服准则的实验验证 ······································· 51

    2.4.6　屈服准则在材料成型中的实际运用 ··························· 52

    2.4.7　应变硬化材料的屈服准则 ··································· 55

  2.5*　双剪应力屈服准则 ··· 57

    2.5.1　屈服方程 ··· 57

    2.5.2　几何描述与精度 ··· 57

    2.5.3　比塑性功率 ··· 58

  2.6*　几何逼近屈服准则 ··· 58

    2.6.1　屈服方程与轨迹 ··· 58

    2.6.2　比塑性功率 ··· 61

    2.6.3　实验验证 ··· 61

  2.7　应力与应变的关系方程 ··· 62

    2.7.1　弹性变形时的应力和应变关系 ······························· 62

    2.7.2　塑性应变时的应力和应变的关系 ····························· 64

    2.7.3　应力应变顺序对应规律及其应用 ····························· 67

    2.7.4　屈服椭圆图形上的应力分区及其与塑性变形时工件尺寸变化的关系 ····· 70

  2.8　等效应力和等效应变 ··· 73

    2.8.1　等效应力 ··· 74

    2.8.2　等效应变 ··· 74

2.8.3　等效应力与等效应变的关系 ……………………………………… 76

2.8.4　σ_e-ε_e 曲线——变形抗力曲线 ……………………………… 77

2.9　变形抗力模型 ……………………………………………………………… 80

2.9.1　变形抗力的概念及其影响因素 ……………………………………… 80

2.9.2　变形体的"模型" ……………………………………………………… 83

2.9.3　变形抗力模型 ………………………………………………………… 85

2.10　平面变形和轴对称问题的变形力学方程 ………………………………… 86

2.10.1　平面变形问题 ………………………………………………………… 87

2.10.2　轴对称问题 …………………………………………………………… 89

思考题 …………………………………………………………………………… 91

习题 ……………………………………………………………………………… 92

3　工程法 ………………………………………………………………………… 94

3.1　工程法简化条件 …………………………………………………………… 94

3.2　圆柱体镦粗 ………………………………………………………………… 97

3.2.1　接触表面压应力分布曲线方程 ……………………………………… 97

3.2.2　接触表面分区情况 …………………………………………………… 98

3.2.3　平均单位压力计算公式及计算曲线 ………………………………… 99

3.3　挤压 ………………………………………………………………………… 100

3.3.1　挤压力及其影响因素 ………………………………………………… 100

3.3.2　棒材单孔挤压时的挤压力公式 ……………………………………… 102

3.3.3　多孔、型材挤压 ……………………………………………………… 106

3.3.4　管材挤压力公式 ……………………………………………………… 106

3.3.5　穿孔力公式 …………………………………………………………… 107

3.3.6　反向挤压力公式 ……………………………………………………… 109

3.4　拉拔 ………………………………………………………………………… 109

3.4.1　棒、线材拉拔力计算公式 …………………………………………… 110

3.4.2　管材空拉 ……………………………………………………………… 115

3.4.3*　管材有芯头拉拔 ……………………………………………………… 117

3.5　平砧压缩矩形件 …………………………………………………………… 122

3.5.1　无外端的矩形件压缩 ………………………………………………… 122

3.5.2　平砧压缩矩形厚件 …………………………………………………… 124

3.6　平辊轧制单位压力的计算 ………………………………………………… 127

3.6.1　M. D. 斯通（Stone）公式 …………………………………………… 128

3.6.2*　А. И. 采利柯夫（Целиков）公式 …………………………………… 131

3.6.3*　R. B. 西姆斯（Sims）公式 ………………………………………… 135

3.6.4*　S. 艾克隆得（Ekelund）公式 ……………………………………… 137

3.7　电机传动轧辊所需力矩及功率 …………………………………………… 138

3.7.1　传动力矩的组成 ……………………………………………………… 138

3.7.2　轧制力矩的确定 ……………………………………………………… 139

3.7.3　附加摩擦力矩的确定 ………………………………………………… 142

3.7.4　空转力矩的确定 ……………………………………………………… 142

3.7.5* 静负荷图 ……………………………………………………………… 143

3.7.6* 可逆式轧机的负荷图 ………………………………………………… 143

3.7.7* 主电动机的功率计算 ………………………………………………… 145

3.8* 工程法实际应用实例——不对称轧制力的工程法求解 ………………… 147

3.8.1　基本假定 ……………………………………………………………… 147

3.8.2　单位压力分布求解 …………………………………………………… 147

3.8.3　轧制力与力矩积分 …………………………………………………… 150

3.8.4　实验验证 ……………………………………………………………… 150

思考题 ……………………………………………………………………………… 151

习题 ………………………………………………………………………………… 151

4　滑移线理论及应用 ……………………………………………………………… 152

4.1　平面塑性变形的基本方程式 ……………………………………………… 152

4.2　滑移线场的基本概念 ……………………………………………………… 152

4.2.1　基本假设 ……………………………………………………………… 152

4.2.2　基本概念 ……………………………………………………………… 153

4.3　汉基（Hencky）应力方程 ……………………………………………… 155

4.4　滑移线场的几何性质 ……………………………………………………… 158

4.5　H. 盖林格尔（Geiringer）速度方程与速端图 ………………………… 161

4.5.1　盖林格尔速度方程 …………………………………………………… 162

4.5.2　速端图 ………………………………………………………………… 162

4.6　滑移线场求解的一般步骤及应力边界条件 ……………………………… 166

4.6.1　滑移线场求解的一般步骤 …………………………………………… 166

4.6.2　应力边界条件 ………………………………………………………… 166

4.7* 滑移线场的近似做法 ……………………………………………………… 170

4.7.1　按作图法绘制滑移线场 ……………………………………………… 170

4.7.2　用数值法作近似的滑移线场 ………………………………………… 173

4.7.3　利用电子计算机作滑移线场 ………………………………………… 175

4.8　滑移线理论的应用实例 …………………………………………………… 177

4.8.1　平冲头压入半无限体 ………………………………………………… 177

4.8.2　平冲头压缩 $l/h < 1$ 的厚件 ……………………………………… 181

4.8.3　平板间压缩 $l/h > 1$ 的薄件 ……………………………………… 185

4.9　滑移线理论在轧、挤、压方面的应用实例 ……………………………… 191

4.9.1　平辊轧制厚件（$l/\bar{h} < 1$）……………………………………… 191

4.9.2　平辊轧制薄件（$l/\bar{h} > 1$）……………………………………… 194

4.9.3　横轧圆坯 ……………………………………………………………… 194

　　4.9.4　在光滑模孔中挤压（或拉拔）板条 ……………………… 195

4.10* 滑移线场的矩阵算子法简介 …………………………………… 197

　　4.10.1　矩阵算子法的发展概述 ……………………………… 197

　　4.10.2　矩阵算子法的基本原理 ……………………………… 198

思考题 ………………………………………………………………… 201

习题 …………………………………………………………………… 201

5　极限分析原理 …………………………………………………… 203

5.1　极限分析的基本概念 ………………………………………… 203

5.2　虚功原理 ……………………………………………………… 204

　　5.2.1　虚功原理表达式 ……………………………………… 204

　　5.2.2　存在不连续时的虚功原理 …………………………… 205

5.3　最大塑性功原理 ……………………………………………… 207

5.4　下界定理 ……………………………………………………… 211

5.5　上界定理 ……………………………………………………… 212

5.6*　理想刚 – 塑性体解的唯一性定理 ………………………… 215

思考题 ………………………………………………………………… 216

习题 …………………………………………………………………… 217

6　上界法在成型中的应用 ………………………………………… 218

6.1　上界法简介 …………………………………………………… 218

　　6.1.1　上界法解析的基本特点 ……………………………… 218

　　6.1.2　上界法解析成型问题的范围 ………………………… 218

　　6.1.3　上界功率计算的基本公式 …………………………… 219

6.2　三角形速度场解析平面变形压缩实例 ……………………… 219

　　6.2.1　光滑平冲头压缩半无限体 …………………………… 219

　　6.2.2　在光滑平板间压缩薄件（$l/h > 1$）………………… 221

6.3　三角形速度场解析粗糙辊面轧板 …………………………… 223

6.4　连续速度场解析扁料平板压缩 ……………………………… 225

　　6.4.1　扁料平板压缩（不考虑侧面鼓形）…………………… 225

　　6.4.2　扁料平板压缩（考虑侧面鼓形）……………………… 227

6.5　楔形模平面变形拉拔和挤压 ………………………………… 229

　　6.5.1　速度场的建立 ………………………………………… 230

　　6.5.2　上界功率及单位拉拔力 ……………………………… 230

6.6*　上界定理解析轴对称压缩圆环 …………………………… 232

　　6.6.1　子午面上速度不连续线为曲线 ……………………… 232

　　6.6.2　平行速度场解析圆环压缩 …………………………… 234

6.7*　球面坐标系解析拉拔挤压圆棒（Avitzur B.）…………… 236

　　6.7.1　速度场的确定 ………………………………………… 236

6.7.2 上界功率的确定 ·· 238

6.7.3 外功率以及单位变形力的确定 ·································· 239

6.7.4 最佳模角或相对模长的确定 ···································· 240

6.8* 三角速度场解析轧制缺陷压合力学条件 ······················ 241

6.8.1 三角形速度场 ·· 241

6.8.2 总功率与开裂条件 ··· 242

6.8.3 讨论 ·· 244

6.8.4 应用例 ·· 244

6.9* 三角速度场求解精轧温升 ·· 245

6.9.1 导言 ·· 245

6.9.2 线材精轧变形 ·· 246

6.9.3 温升计算公式 ·· 248

6.9.4 计算与实测结果 ··· 249

6.10* 连续速度场解析板带轧制 ··· 251

6.10.1 参数方程与速度场 ·· 251

6.10.2 上界功率及最小值 ·· 252

6.10.3 轧制力能参数 ··· 254

6.11* 滑移线解与最小上界解一致证明实例 ·························· 254

6.11.1 速度场的设定 ··· 254

6.11.2 上界功率 ·· 256

6.11.3 最小上界值 ·· 257

6.12* 能量法及其应用 ·· 258

6.12.1 能量法简介 ·· 258

6.12.2 解析实例——二维厚板轧制 ··································· 260

6.12.3 解析实例——三维厚板轧制 ··································· 265

6.13* 有限元法概述 ··· 272

6.13.1 基本内容 ·· 272

6.13.2 基本解析步骤与评价 ·· 273

思考题 ·· 274

习题 ·· 274

7 塑性成型基础实验 ·· 275

7.1 平面变形抗力 K 值测定 ·· 275

7.1.1 实验目的 ··· 275

7.1.2 实验原理 ··· 275

7.1.3 实验设备与材料 ·· 278

7.1.4 实验内容与步骤 ·· 278

7.1.5 实验报告要求 ·· 278

7.1.6 实验注意事项 ·· 279

7.2　外端和外摩擦对平板压缩矩形件单位压力的影响 ·········· 279

7.2.1　实验目的 ············ 279

7.2.2　实验原理 ············ 279

7.2.3　实验设备与材料 ············ 282

7.2.4　实验内容与步骤 ············ 282

7.2.5　实验报告要求 ············ 283

7.2.6　实验注意事项 ············ 284

7.3　硬化曲线实验 ············ 284

7.3.1　实验目的 ············ 284

7.3.2　实验原理 ············ 284

7.3.3　实验设备、材料 ············ 286

7.3.4　实验内容与步骤 ············ 286

7.3.5　实验报告要求 ············ 287

7.4　常摩擦系数测定 ············ 287

7.4.1　实验目的 ············ 287

7.4.2　实验原理 ············ 287

7.4.3　实验设备、材料 ············ 288

7.4.4　实验内容与步骤 ············ 289

7.4.5　实验报告要求 ············ 289

7.5　镦粗不均匀变形研究 ············ 289

7.5.1　实验目的 ············ 289

7.5.2　实验原理 ············ 289

7.5.3　实验设备、材料 ············ 290

7.5.4　实验内容与步骤 ············ 290

7.5.5　实验报告要求 ············ 291

参考文献 ············ 292

0 绪 论

0.1 金属塑性成型的特点

金属在外力作用下将产生变形。为了确定这种变形是弹性变形还是塑性变形，需要看卸载时变形的恢复情况。当卸载后，金属的变形完全恢复，则将这种变形称为弹性变形；如果卸载后，金属的变形没有完全恢复，有一定程度的残余变形，这种残余变形属于永久变形，则将这一残余变形称为塑性变形。金属所具有的这种塑性变形的能力称为金属的塑性。利用金属的塑性，将其加工成所需要制品的方法称为金属塑性成型方法。

金属塑性成型与金属切削加工、铸造、焊接等过程相比，具有如下特点：

（1）金属材料经过相应的塑性成型后，不仅形状发生改变，而且其组织、性能都能得到改善和提高。

（2）金属塑性成型主要是靠金属在塑性状态下的体积转移，而不是靠部分地切除金属的体积，因而制件的材料利用率高，流线分布合理，从而提高了制件的强度。

（3）用塑性成型方法得到的工件可以达到较高的精度。应用先进的技术和设备，不少零件已达到少、无切削的要求，即净成型或近净成型。

（4）塑性成型方法具有很高的生产率。例如，在曲柄机上压制一个汽车覆盖件仅需几秒，多工位冷锻机的生产节拍可达 200 件/min。

由于金属塑性成型具有以上优点，因而钢总产量的 90% 以上及有色金属总产量的约 70% 需经过塑性加工成材，其产品品种规格繁多，广泛应用于交通运输、机械制造、电力电信、化工、建材、仪器仪表、国防工业、航天技术以及民用五金和家用电器等各个部门。它是制造业的一个重要组成部分，也是先进制造技术的一个重要领域。

0.2 塑性成型力学及基本研究内容

塑性成型力学与塑性成型金属学是塑性成型原理的两个分支，本书所讲内容为塑性成型力学。

塑性成型力学的基本研究内容是：

（1）研究给定的塑性成型过程（轧制、锻造、挤压、拉拔等）所需的外力；外力与变形外部条件之间的关系，诸如工具形状、变形方式、摩擦条件等，此外力是成型设备设计与成型工艺制定的基本依据。

（2）研究成型材料内部的应力场、应变场、应变速率场以及边界位移等，从而分析成型时产生裂纹的原因和预防措施，预测产品内残余应力和组织性能，提高产品质量。

（3）研究新的、更合理的成型过程与组合成型过程及其力学特点，以提高成型效率，节省能源；研究新的、更合理的数学解析方法以提高成型力学的解析性、严密性与科学性。

0.3　塑性成型的基本受力特点与成型方式

工件成型的基本受力特点和成型方式见表0－1。成型方式分为基本成型方式和组合成型方式。

表 0－1　材料的成型方式与基本受力特点示意图

基本受力特点	压 力					
分类与名称	锻 造			轧 制		
	自由锻		模锻	纵轧	横轧	斜轧
	镦粗	延伸				
基本成型方式						

基本受力特点	压力		拉 力			弯矩	剪力
分类与名称	挤压		拉拔	冲压（拉延）	拉伸成型	弯曲	剪切
	正向挤压	反向挤压					
基本成型方式							

组合方式	锻造－轧制	轧制－挤压	拉拔－轧制	轧制－弯曲	轧制－剪切
分类与名称	锻轧	轧挤	拔轧	辊弯	搓轧（异步轧制）
组合成型方式					

靠压力作用使金属产生变形的方式有锻造、轧制和挤压。

锻造：是用锻锤锤击或用压力机的压头压缩工件。分自由锻（冶金厂常用的镦粗和延伸工序）和模锻。可生产各种形状的锻件，如各种轴类、曲柄和连杆等。

轧制：坯料通过转动的轧辊受到压缩，使横断面减小、形状改变、长度增加。轧制可分为纵轧、横轧和斜轧。纵轧时，工作轧辊旋转方向相反，轧件的纵轴线与轧辊轴线垂直；横轧时，工作轧辊旋转方向相同，轧件的纵轴线与轧辊轴线平行；斜轧时，工作轧辊旋转方向相同，轧件的纵轴线与轧辊轴线成一定的倾斜角。用轧制法可生产板带材、简单断面和异型断面型材与管材、回转体（如变断面轴和齿轮等）、各种周期断面型材、丝杠、麻花钻头和钢球等。

挤压：把坯料放在挤压筒中，垫片在挤压轴推动下，迫使成型材料从一定形状和尺寸的模孔中挤出。挤压又分正挤压和反挤压。正挤压时挤压轴的运动方向和从模孔中挤出材料的前进方向一致；反挤压时挤压轴的运动方向和从模孔中挤出材料的前进方向相反。用挤压法可生产各种断面的型材和管材。

主要靠拉力作用使材料成型的方式有拉拔、冲压（拉延）和拉伸成型。

拉拔：用拉拔机的夹钳把成型材料从一定形状和尺寸的模孔中拉出，可生产各种断面的型材、线材和管材。

冲压：靠压力机的冲头把板料冲入凹模中进行拉延，可生产各种杯件和壳体（如汽车外壳等）。

主要靠弯矩和剪力作用使材料产生成型的方式有弯曲和剪切。

弯曲：指在弯矩作用下成型，如板带弯曲成型和金属材的矫直等。

剪切：坯料在剪力作用下进行剪切变形，如板料的冲剪和金属的剪切等。

基本成型方式简称"锻、轧、挤、拉、冲、弯、剪"。

为了扩大品种和提高成型精度与效率，常常把上述基本成型方式组合起来，而形成新的组合成型过程，见表 0 - 1。仅就轧制来说，目前已成功地研究出或正在研究与其他基本成型方式相组合的一些成型过程。诸如锻造和轧制组合的锻轧过程，可生产各种变断面零件以扩大轧制品种和提高锻造加工效率；轧制和挤压组合的轧挤过程，可以生产铝型材，纵轧压力穿孔也是这种组合过程，它可以对斜轧法难以穿孔的连铸坯（易出内裂和折叠）进行穿孔，并可使用方坯代替圆坯；拉拔和轧制组合的拔轧过程，其轧辊不用电机驱动而靠拉拔工件带动，能生产精度较高的各种断面型材。冷轧带材时带前后张力轧制也是一种拔轧组合，它可减少轧制力；轧制和弯曲组合的辊弯过程，使带材通过一系列轧辊构成的孔型进行弯曲成型，可生产各种断面的薄壁冷弯或热弯型材。轧制和剪切组合的搓轧过程，因上下工作辊线速度不等（也叫异步轧制）而造成上下辊面对轧件摩擦力方向相反的搓轧条件，可显著降低轧制力，能生产高精度极薄带材。

此外，还有铸造和轧制组合的液态铸轧，粉末冶金和轧制组合的粉末轧制等新的组合成型过程。目前，已采用液态铸轧法生产铸铁板、不锈钢和高速钢薄带、铝带和铜带等，钢的液态铸轧正在研究中；用粉末轧制法已能生产出有一定强度和韧性的板带材。

0.4　塑性成型力学的基本解法与发展方向

塑性成型力学是运用塑性力学基础来求解材料成型问题，即在对成型工件进行应力和应变分析的基础上建立求解成型问题的变形力学方程和解析方法，从而确定塑性成型的力能参数和工艺变形参数以及影响这些参数的主要因素。然而，作为实用塑性理论的塑性成型力学直到 20 世纪 60 年代主要的解法仍是初等解析法即传统工程法。此法的基本特点是采用近似的平衡方程与近似塑性条件并假定正应力在某方向均布、剪应力在某方向线性分布。然后求解出工件接触面上的应力分布方程。由于方法较简单，如参数处理得当，计算结果与实际之间的误差常在工程允许范围内，结果可信，因此今天仍有重要价值。但此种方法的主要缺点是不能研究变形体内部应力与变形分布，并难以准确地计入材料强化。

另外一种发展较早的变形力解法是分析理想刚–塑性材料的滑移线法，该法采用精确平衡方程与塑性条件推导出汉基应力方程并按边界条件与几何性质绘制出塑性流动区内的滑移线场，借助滑移线场与速端图可确定塑性区内各点的应力分布与流动情况。此法可以有效地解析平面变形问题，但对轴对称问题及边界形状复杂的三维问题尚有待深入研究。应指出，对滑移线场的矩阵算子技术以及边界形状复杂的滑移线场积分方法研究仍是该领域的研究亮点。

20 世纪 40 年代末与 50 年代初 A. A. 马尔科夫（Марков）与 R. 希尔（Hill）等从数学塑性理论角度以完整的形式证明了可变形连续介质力学的极值原理。到 70 年代，极值原理解析塑性成型实际问题的应用已居主导地位。其中上界法发展成上界三角形速度场解法与上界连续速度场解法；三角形速度场解法将变形区设定为由刚性的三角形块组成，当成型工具具备已知速度时，刚性块发生相互搓动，借助速端图可求出变形功率与边界外力；此法因对变形区处理粗略，目前已逐渐被连续速度场解法取代。

上界连续速度场解法是对具体的成型问题设定满足运动许可条件含有待定参量的上界运动许可速度场，然后计算应变速率场与成型功率，再用数学方法使成型功率最小化进而得到相关力能参数。应指出：以张量形式表达与研究极值原理、以场论知识表达与计算速度场、以流函数确定速度场模型及计算机搜索上界最小值等研究仍是该领域目前的研究亮点。本书主要讲授前述工程法、滑移线法与上界法。

随着电子计算机的应用与数值解析技术的发展，近年来塑性成型发展的基本解法还包括有限元、上界元以及能量法。这些内容将在本专业研究生课程——"现代材料成型力学"中重点讲授，本书不作详细介绍。

塑性成型力学今后发展的动向应当是：（1）采用较精确的初始和边界条件（包括接触摩擦条件等）以及反映实际材料流变特性的变形抗力模型，依靠电子计算机求解精确化的变形力学方程，并加强对三维流动问题的研究。（2）研究塑性成型工件内部的矢量场（应力、位移和应变分布）和标量场（温度、硬度和晶粒度分布等）。（3）研究塑性成型力学中非线性力学与数学问题的线性化解法（塑性功率积分方法线性化、屈服准则线性化等），以提高塑性成型力学的解析性、严密性与科学性。

1 应力与应变

塑性成型是材料在外力作用下产生塑性变形的过程，所以必须了解塑性成型中工件所受的外力及其在工件内的应力和应变。本章将从塑性成型中工件所受的外力和所呈现的现象入手讲述成型工件内应力和应变状态的分析及其表示方法。这些都是塑性成型的力学基础。

1.1 应 力

1.1.1 应力状态的基本概念

在一定条件下，要使物体变形，必须施加一定的力，作用于物体上的力有两种类型：体积力（质量力）和表面力（外力），它们皆可使物体在一定的情况中产生弹性变形或塑性变形。但对大多数成型材料来说，塑性成型是由表面力来完成的，体积力与表面力相比较，在成型过程中所起的作用小，故一般略而不计。

1.1.1.1 外力

平锤下镦粗时，圆柱体试件受上、下锤头力的作用而产生高度减小断面扩大，如图1-1a所示。

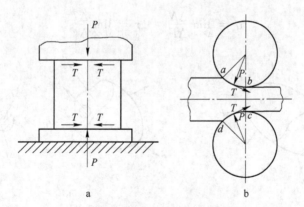

图 1-1 镦粗及轧制时的外力图

a—镦粗；b—轧制

锤头力 P 是使柱体产生变形的有效作用力。由于锤头表面在横向上没有运动，而材料与工具接触处是相对运动的，这就产生了阻碍柱体断面扩大的摩擦力。图1-1b为平辊间的轧制，轧辊沿径向对轧件施加压力 P，使其高度减小。为了使轧件能进入逐渐缩小的辊缝，在轧辊与材料接触表面之间也存在摩擦力，它的作用是将轧件曳入两个轧辊之间以实现轧制过程。

可见，使材料发生塑性变形的表面力，有垂直于接触表面的作用力与沿着表面作用的摩擦力。镦粗时，摩擦力妨碍柱体断面的扩大，是无效力；轧制时，摩擦力是实现轧件成型所必需的有效力之一。

1.1.1.2　应力

变形物体受到外力作用时，内部将出现与外力平衡、抵抗变形的内力，故寻求变形力的平衡条件，不仅有作用于整个物体上外力的平衡条件，而且需要物体每个无穷小单元也处于平衡。变形物体的平衡条件具有微分性质，即意味着研究物体变形时力的情况，还需要了解物体内部的应力情况。内力的强度称为应力。物体内部出现应力，称物体处于应力状态之中。

为研究应力情况，需引入变形区的概念。在塑性成型时，所谓变形区，是指那些受工具直接作用的，金属坯料上正在产生塑性变形的那部分体积。如图 1 - 1a 所示，镦粗时金属整体全部在工具直接作用下发生变形，整块金属都处于变形区内，任意瞬间的变形都遍及全体。轧制则不然，每瞬间的变形只发生在其纵向上的一小段中，如图 1 - 1b 中 abcd 所包围的部分。变形区前面部分，变形已完毕，后面部分则尚未经受变形，这些部分又称为刚端。所谓刚端（或外区）是指变形过程的任意瞬间、金属坯料上不发生塑性变形的那部分金属体积。

从变形区内取出一个小体积，如图 1 - 2a 所示，当其处于平衡状态时，作用着 P_1，P_2，P_3，…诸力。若截去 B 部分，为了保持与 A 部分的平衡，则截面上一定有一合力 P 如图 1 - 2b 所示，在截面的任一微小面素 ΔF 上，在 P 力方向有 ΔP 力，那么 $\lim\limits_{\Delta F \to 0} \dfrac{\Delta P}{\Delta F}$ 定义为面素上的全应力。ΔP 对 ΔF 而言，可分解为垂直分量（法线分量）ΔN 及切线分量 ΔT，可得出

$$\sigma = \lim\limits_{\Delta F \to 0} \frac{\Delta N}{\Delta F} \qquad \tau = \lim\limits_{\Delta F \to 0} \frac{\Delta T}{\Delta F}$$

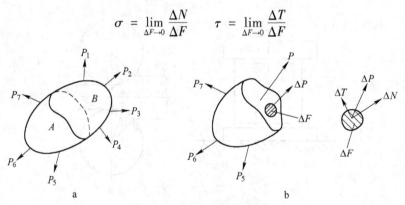

图 1 - 2　微小面素上作用力

σ 与 τ 即面素 ΔF 上的垂直应力（正应力）及切线应力（切应力）。

1.1.1.3　应力状态

设均匀圆杆的一端固定，另一端受拉力 P 的作用，图 1 - 3a 所示圆杆的截面积为 F，则 F 的单元面积上的拉应力为 $\dfrac{P}{F}$。若垂直拉力轴向断面上的应力不变，由于 $P' = P$，如图 1 - 3b 所示，该断面上的法线应力 $\sigma = \dfrac{P}{F}$。若所取截面的法线与拉力轴向成 θ 角，如图 1 -

3c 所示，拉力的作用在该面上出现的力为 S'，并且

$$S' = \frac{P}{F/\cos\theta} = \frac{P\cos\theta}{F}$$

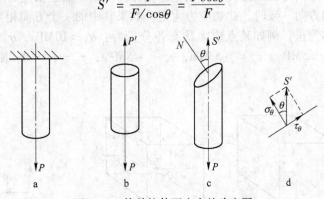

图 1 – 3　简单拉伸下应力的确定图

若将 S' 分解为垂直该面的法线分量 σ_θ 及作用该面上的切线分量 τ_θ，如图 1 –3d 所示，则它们分别为

$$\left.\begin{aligned}
\sigma_\theta &= \frac{P\cos^2\theta}{F} = \sigma\cos^2\theta \\
\tau_\theta &= \frac{P\cos\theta\sin\theta}{F} = \sigma\cos\theta\sin\theta
\end{aligned}\right\} \tag{1 – 1}$$

式中　σ_θ——法线应力（正应力）；

　　　τ_θ——切线应力（剪应力，切应力）。

由上述两种情况可以看出，即使物体的力学状态相同，若所考查的面的位置发生变化，应力状态的表示方法也变化。若以拉伸轴为法线的平面的应力状态 $(\sigma, 0)$ 已知，则法线与拉伸轴成 θ 角的平面上的应力状态 $(\sigma_\theta, \tau_\theta)$ 与 $(\sigma, 0)$ 之间存在公式 (1 –1) 的关系。

1.1.2　点应力状态

要研究物体变形的应力状态，首先必须了解物体内任意一点的应力状态，才可推断整个变形物体的应力状态。点的应力状态，是指物体内任意一点附近不同方位上所承受的应力情况。

1.1.2.1　一点应力状态的描述方法

在变形区内某点附近取一无限小的单元六面体，在其每个界面上都作用着一个全应力。设单元体很小，可视为一点，故对称面上的应力是相等的，只需在三个可见的面上画出全应力，如图 1 –4a 所示。将全应力按取定坐标轴进行分解（注意，这里单元体的六个边界面均与对应的坐标面平行），每个全应力能分解为一个法向应力（正应力）和两个切向应力，如图 1 –4b 所示。

σ 表示法线应力，σ_x 为垂直于 x 轴的坐标面 yoz 上的法线应力，σ_y 为垂直于 y 轴的坐标面 xoz 上的法线应力，σ_z 为 xoy 面上的法线应力。当法线应力的方向与所作用平面的外法线方向一致时，规定该法线应力为正，反之为负。

τ 表示切线应力，在 yoz 面上，有 τ_{xy} 及 τ_{xz} 分别表示指向 y 方向及 z 方向的切应力，对

其他面，也存在 τ_{yx}，τ_{yz} 及 τ_{zx}，τ_{zy} 等。

当切应力所在平面外法线方向与所取坐标轴方向一致，而且切应力本身所指方向又和与其平行的坐标轴方向一致时，此切应力为正；如果其中的一个方向相反，则为负；若两个方向皆相反，亦为正。例如某点应力状态各分量为：$\sigma_x = 10\text{MPa}$，$\sigma_y = -10\text{MPa}$，$\sigma_z = 0$，$\tau_{xy} = 5\text{MPa}$，$\tau_{yx} = 5\text{MPa}$，$\tau_{zy} = -5\text{MPa}$，$\tau_{yz} = -5\text{MPa}$，$\tau_{zx} = \tau_{xz} = 0$；则此应力状态如图 1-5 所示。

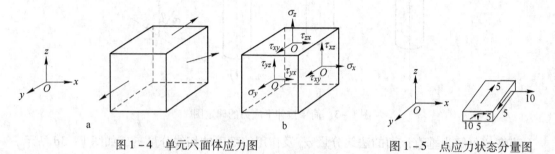

图 1-4　单元六面体应力图　　　　　　图 1-5　点应力状态分量图

可见，任意点的应力状态完全可以由三个法线应力 σ_x、σ_y、σ_z 及六个切线应力 τ_{xy}、τ_{yx}、τ_{yz}、τ_{zy}、τ_{zx}、τ_{xz} 表示，如图 1-4 所示，也可用下列应力状态张量来描述

$$\sigma_{ij} = \begin{pmatrix} \sigma_x & \tau_{yx} & \tau_{zx} \\ \tau_{xy} & \sigma_y & \tau_{zy} \\ \tau_{xz} & \tau_{yz} & \sigma_z \end{pmatrix}$$

上述两种表示方法，各名为应力状态图与应力状态张量，因为它们都表示了沿相应坐标轴的方向上有无应力分量及应力方向的图形概念。

可以证明，当小单元体没有转动时，存在 $\tau_{xy} = \tau_{yx}$，$\tau_{zx} = \tau_{xz}$，$\tau_{yz} = \tau_{zy}$，这样，任意点的应力状态可以用六个分量描述

$$\sigma_{ij} = \begin{pmatrix} \sigma_x & \tau_{yx} & \tau_{zx} \\ \cdot & \sigma_y & \tau_{zy} \\ \cdot & \cdot & \sigma_z \end{pmatrix}$$

式中，"·"所表示的分量与位置对称的分量相等。

1.1.2.2　一点应力状态的数学表达式

若在六面体的一角，沿微分面 abc 截割，则得如图 1-6b 所示的小四面体。为了与三个坐标面上的应力平衡，微分斜面 abc 上应出现全应力 S。设斜面法线 N 与坐标轴 x、y、z 的夹角为 α_x、α_y、α_z，且令各夹角的余弦值为

$$\cos\alpha_x = l$$
$$\cos\alpha_y = m$$
$$\cos\alpha_z = n$$

为简化，设斜面 abc 的面积为一个单位，则四面体其他三个坐标平面 Oac，Obc，Oab 的面积分别为 l，m，n。

现求四面体斜面上的应力，与另外三个坐标平面上应力间的关系式。

全应力 S 可分解为 S_x，S_y，S_z 三分量，显然

$$S^2 = S_x^2 + S_y^2 + S_z^2 \tag{1-2}$$

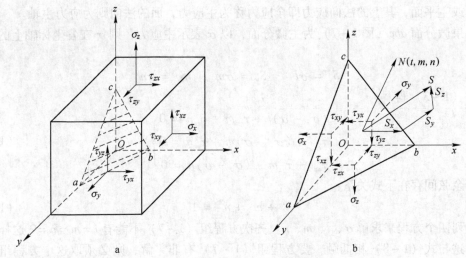

图 1-6 点应力状态分析图
a—截取单元四面体的位置；b—单元四面体上的应力

当四面体处于平衡状态时，各轴向上应力分量之和应等于零，故得

$$\left.\begin{array}{l} S_x = \sigma_x l + \tau_{yx} m + \tau_{zx} n \\ S_y = \tau_{xy} l + \sigma_y m + \tau_{zy} n \\ S_z = \tau_{xz} l + \tau_{yz} m + \sigma_z n \end{array}\right\} \qquad (1-3)$$

上式也可写成下列矩阵形式

$$\begin{bmatrix} \sigma_x & \tau_{yx} & \tau_{zx} \\ \tau_{xy} & \sigma_y & \tau_{zy} \\ \tau_{xz} & \tau_{yz} & \sigma_z \end{bmatrix} \begin{Bmatrix} l \\ m \\ n \end{Bmatrix} = \begin{Bmatrix} S_x \\ S_y \\ S_z \end{Bmatrix} \qquad (1-4)$$

斜面上的法线应力及切应力 σ_N 和 τ_N 计算式为

$$\sigma_N = S_x l + S_y m + S_z n$$

将式 (1-3) 的 S_x，S_y，S_z 值代入上式，并注意到 $\tau_{xy} = \tau_{yx}$，$\tau_{zx} = \tau_{xz}$，$\tau_{yz} = \tau_{zy}$，则

$$\sigma_N = \sigma_x l^2 + \sigma_y m^2 + \sigma_z n^2 + 2(\tau_{xy} lm + \tau_{yz} mn + \tau_{zx} nl) \qquad (1-5)$$

因为　　　　　$S^2 = \sigma_N^2 + \tau_N^2$　　而　　$S^2 = S_x^2 + S_y^2 + S_z^2$

所以　　　　　$$\tau_N = \sqrt{S^2 - \sigma^2} = \sqrt{S_x^2 + S_y^2 + S_z^2 - \sigma_N^2} \qquad (1-6)$$

从以上各式可见，只要该面的方位已经确定，单元四面体坐标系中三个互相垂直平面上的应力，可用来确定任意斜面上的应力。若变形体内某点三个互相垂直面上的应力已知时，则该点处的应力状态即可完全确定，因为法线应力 σ_N 及切线应力 τ_N，完全可以表示该点的应力情况；因此，物体的应力情况可用互相垂直的三平面上的应力分量描述。

1.2 主 应 力

1.2.1 主应力、应力张量不变量

过一点可作无数微分面，其中的一组面上，只有法向应力而无切应力，这种面称为主

微分面或主平面，其上的法向应力即全应力称为主应力，面的法向则为应力主轴。

如果微分面 abc（图1-7）为主微分面，以 σ 表示主应力，则 σ 在各坐标轴上的投影为

$$S_x = \sigma l \qquad S_y = \sigma m \qquad S_z = \sigma n$$

代入式（1-3）得

$$\left.\begin{array}{c} (\sigma_x - \sigma)l + \tau_{yx}m + \tau_{zx}n = 0 \\ \tau_{xy}l + (\sigma_y - \sigma)m + \tau_{zy}n = 0 \\ \tau_{xz}l + \tau_{yz}m + (\sigma_z - \sigma)n = 0 \end{array}\right\} \tag{1-7}$$

各方向余弦间存在下式关系：

$$l^2 + m^2 + n^2 = 1 \tag{1-8}$$

可由上列四个方程来求解 σ、l、m、n。齐次方程组（1-7）不能有 $l = m = n = 0$ 这样的解答，因这与式（1-8）相抵触。要方程组（1-7）有非零解，则必须取这个方程组系数的行列式等于零，即

$$\begin{vmatrix} \sigma_x - \sigma & \tau_{yx} & \tau_{zx} \\ \tau_{xy} & \sigma_y - \sigma & \tau_{yz} \\ \tau_{xz} & \tau_{yz} & \sigma_z - \sigma \end{vmatrix} = 0$$

将行列式展开，得一个含 σ 的三次方程

$$\sigma^3 - I_1\sigma^2 - I_2\sigma - I_3 = 0$$

式中

$$I_1 = \sigma_x + \sigma_y + \sigma_z = \sigma_1 + \sigma_2 + \sigma_3$$

$$I_2 = -(\sigma_x\sigma_y + \sigma_y\sigma_z + \sigma_z\sigma_x + \tau_{xy}^2 + \tau_{yz}^2 + \tau_{zx}^2) = -(\sigma_1\sigma_2 + \sigma_2\sigma_3 + \sigma_3\sigma_1) \tag{1-9}$$

$$I_3 = \sigma_x\sigma_y\sigma_z + 2\tau_{xy}\tau_{yz}\tau_{zx} - \sigma_x\tau_{yz}^2 - \sigma_y\tau_{zx}^2 - \sigma_z\tau_{xy}^2 = \sigma_1\sigma_2\sigma_3$$

上列 σ 的三次方程称为这个应力状态的特征方程，它有三个实根 σ_1，σ_2，σ_3，即所求主应力。

将主应力 σ_1 的值代入式（1-7）的任何两个方程中，将这两个方程与式（1-8）联立求解，解出对应于 σ_1 的应力主轴的方向余弦 l_1，m_1，n_1。同样也可求得分别对应 σ_2 及 σ_3 的方向余弦 l_2，m_2，n_2 及 l_3，m_3，n_3。

可以证明三个主应力作用的微分面是互相垂直的，而且 σ_1，σ_2，σ_3 是实根。如果应力主轴与坐标轴方向相同，则与坐标面平行的微分平面即主微分面，在这些面上分别作用着主应力 σ_1，σ_2，σ_3（图1-7）。这时任意微分面上的全应力为

$$S^2 = S_1^2 + S_2^2 + S_3^2 = \sigma_1^2 l^2 + \sigma_2^2 m^2 + \sigma_3^2 n^2 \tag{1-10}$$

正应力

$$\sigma_N = \sigma_1 l^2 + \sigma_2 m^2 + \sigma_3 n^2 \tag{1-11}$$

切应力 $\tau_N = \sqrt{S^2 - \sigma_N^2} = \sqrt{\sigma_1^2 l^2 + \sigma_2^2 m^2 + \sigma_3^2 n^2 - (\sigma_1 l^2 + \sigma_2 m^2 + \sigma_3 n^2)^2}$ (1-12)

按照正应力 $\sigma_N = \sigma_1 l^2 + \sigma_2 m^2 + \sigma_3 n^2$ (a)

根据 $l^2 + m^2 + n^2 = 1$ (b)

上式可以写成 $\sigma_N = \sigma_1 - (\sigma_1 - \sigma_2)m^2 - (\sigma_1 - \sigma_3)n^2$ (c)

或 $\sigma_N = (\sigma_1 - \sigma_3)l^2 + (\sigma_2 - \sigma_3)m^2 + \sigma_3$ (d)

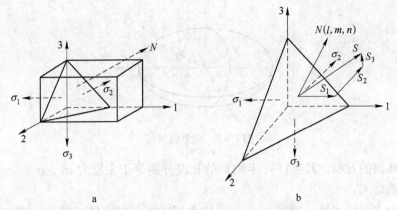

图 1-7 主坐标系中任意微分面上的应力

a—单元四面体的位置；b—单元四面体上的应力

如果将三个主应力数值规定为 $\sigma_1 \geqslant \sigma_2 \geqslant \sigma_3$，由式（c）得 $\sigma_N \leqslant \sigma_1$，由式（d）得 $\sigma_N \geqslant \sigma_3$，因此

$$\sigma_1 \geqslant \sigma_N \geqslant \sigma_3$$

可见，通过一点所有微分面上正应力中，最大和最小的是主应力。

在给定的外力作用下，物体中一点的主应力数值与方向即已确定，而与坐标系的选择无关（尽管应力分量 σ_x，σ_y，…，τ_{xy} 等随坐标系而改变），所以应力状态特征方程的根应与所选取的坐标系无关。因此这个方程的系数也应与所选取的坐标系无关，式（1-9）中的三个量 I_1，I_2，I_3 是坐标转换时的一些不变量，称为应力张量不变量。第一不变量 I_1 说明通过物体中任一点，三个互相垂直的微分面上的正应力之和是常数，也等于该点的三个主应力之和。

1.2.2 应力椭球面

如果物体任一点的主应力已知，可用另一种几何方法表达一点的应力状态，使坐标面与一点的主微分面重合，则在这些微分面上没有切应力，只有主应力

$$\sigma_x = \sigma_1 \qquad \sigma_y = \sigma_2 \qquad \sigma_z = \sigma_3$$

式（1-3）可化简为

$$S_x = \sigma_1 l \qquad S_y = \sigma_2 m \qquad S_z = \sigma_3 n$$

从所考虑的点 O，矢量 OP 与外法线为 N 的微分面上的全应力相等（图 1-8），这个矢量末端的坐标为

$$S_x = x \qquad S_y = y \qquad S_z = z$$

当微分面的方向变化时，点 P 将画成一个椭球面。根据上列关系，得

$$x = \sigma_1 l$$
$$y = \sigma_2 m$$
$$z = \sigma_3 n$$

因为 $l^2 + m^2 + n^2 = 1$，可以得出

$$\frac{x^2}{\sigma_1^2} + \frac{y^2}{\sigma_2^2} + \frac{z^2}{\sigma_3^2} = 1$$

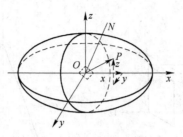

图 1-8　应力椭球面

这是椭球面的方程，其半径（半轴）的长度分别等于主应力 σ_1、σ_2、σ_3，这个椭球面称为应力椭球面。

如果两个主应力相等，例如 $\sigma_1 = \sigma_2$，应力椭球面变成回转椭球面，则该点的应力状态对于主轴 Oz 是对称的。

如果三个主应力都相等 $\sigma_1 = \sigma_2 = \sigma_3$，应力曲面变成圆球面，则通过该点的任一微分面均为主微分面，而作用于其上的应力都相等。

1.3　主剪应力

已知通过变形体内任意点可作许多微分平面，其上作用着切应力及正应力，利用式（1-12）来研究在微分平面的方位为何种数值时，其上的切应力达到极值。

由式（1-8）得

$$n^2 = 1 - l^2 - m^2$$

即平面法线位置和切应力的大小，可视为两个自变量的函数。将上式代入式（1-12）中得

$$\begin{aligned}
\tau_N^2 &= \sigma_1^2 l^2 + \sigma_2^2 m^2 + \sigma_3^2 (1 - l^2 - m^2) - [\sigma_1 l^2 + \sigma_2 m^2 + \sigma_3 (1 - l^2 - m^2)]^2 \\
&= (\sigma_1^2 - \sigma_3^2) l^2 + (\sigma_2^2 - \sigma_3^2) m^2 + \sigma_3^2 - [(\sigma_1 - \sigma_3) l^2 + (\sigma_2 - \sigma_3) m^2 + \sigma_3]^2
\end{aligned} \tag{1-13}$$

当微分平面转动时，切应力 τ_N 将随之变化，要寻求 τ_N 的最大值与最小值，可令 τ_N^2 对于 l 及 m 的偏导数等于零。这样，得出确定 l 及 m 的两个方程

$$\left.\begin{aligned}
(\sigma_1^2 - \sigma_3^2) l - 2[(\sigma_1 - \sigma_3) l^2 + (\sigma_2 - \sigma_3) m^2 + \sigma_3](\sigma_1 - \sigma_3) l = 0 \\
(\sigma_2^2 - \sigma_3^2) m - 2[(\sigma_1 - \sigma_3) l^2 + (\sigma_2 - \sigma_3) m^2 + \sigma_3](\sigma_2 - \sigma_3) m = 0
\end{aligned}\right\}$$

如果 $\sigma_1 \neq \sigma_2 \neq \sigma_3$，将上列第一式除以 $(\sigma_1 - \sigma_3)$，第二式除以 $(\sigma_2 - \sigma_3)$，并加以整理，得

$$\left.\begin{aligned}
\{(\sigma_1 - \sigma_3) - 2[(\sigma_1 - \sigma_3) l^2 + (\sigma_2 - \sigma_3) m^2]\} l = 0 \\
\{(\sigma_2 - \sigma_3) - 2[(\sigma_1 - \sigma_3) l^2 + (\sigma_2 - \sigma_3) m^2]\} m = 0
\end{aligned}\right\} \tag{1-14}$$

这是未知数 l 及 m 的三次方程式，每个方程式有三组解，其中 $l = m = 0$，$n = \pm 1$ 为主微分面，其上切应力为零。因此只需考察下列三种情况：（1）$l \neq 0$，$m = 0$；（2）$l = 0$，$m \neq 0$；（3）$l \neq 0$，$m \neq 0$。

对于第一种情况 $l \neq 0$，$m = 0$，满足了式（1-14）的第二式，将第一式除以 l，化简得

$$(\sigma_1 - \sigma_3)(1 - 2l^2) = 0$$

因为 $\sigma_1 - \sigma_3 \neq 0$ 则必有 $1 - 2l^2 = 0$，由此推出

$$l = \pm\frac{1}{\sqrt{2}} \qquad m = 0 \qquad n = \pm\frac{1}{\sqrt{2}}$$

对于第二种情况 $l = 0$，$m \neq 0$，用上述类似的解法，得

$$l = 0 \qquad m = \pm\frac{1}{\sqrt{2}} \qquad n = \pm\frac{1}{\sqrt{2}}$$

对于第三种情况 $l \neq 0$，$m \neq 0$ 是不可能的，因为将式（1-14）中两式分别除以 l 与 m，然后相减，得 $\sigma_1 = \sigma_2$，这与前面假定 $\sigma_1 \neq \sigma_2 \neq \sigma_3$ 是不相符的。

同样从式（1-14）中消去的是 m，可得

$$l = \pm\frac{1}{\sqrt{2}} \qquad m = \pm\frac{1}{\sqrt{2}} \qquad n = 0$$

另一组解 $l = n = 0$，$m = \pm1$ 指的是主微分平面，其上切应力为零，是不需要的。

在上述三种情况下，每个解答定出两个微分面，这两个微分面通过一个坐标轴与其他两个坐标轴成 45° 及 135° 的角，这种微分面称主剪平面。图 1-9 示出了上述这些微分面——主切平面的位置。将第一种情况求出的解答代入式（1-12）中，得

$$\tau_N^2 = \left(\frac{\sigma_1 - \sigma_3}{2}\right)^2$$

用 τ_{13} 代替上式的 τ_N，得

$$\left.\begin{array}{l}\tau_{13} = \pm\dfrac{\sigma_1 - \sigma_3}{2} \\[2mm] \tau_{23} = \pm\dfrac{\sigma_2 - \sigma_3}{2} \\[2mm] \tau_{12} = \pm\dfrac{\sigma_1 - \sigma_2}{2}\end{array}\right\} \qquad (1-15)$$

由第二、三种情况的解答，得

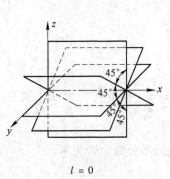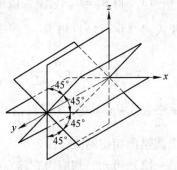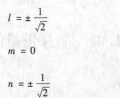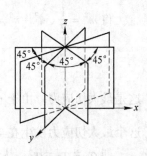

图 1-9 一点附近的主切平面

如果 $\sigma_1 > \sigma_2 > \sigma_3$，则最大剪应力为 τ_{13}。最大剪应力作用于平分最大与最小主应力夹角微分平面上，其值等于该二主应力之差的一半。τ_{12}、τ_{23}、τ_{13} 统称为主剪应力。

在式（1-12）所示剪应力作用的微分面上，也作用着正应力，按式（1-11）得

$$\sigma_N = \sigma_1 l^2 + \sigma_2 m^2 + \sigma_3 n^2$$

其值各等于主应力之和的一半，即 $\dfrac{\sigma_1 + \sigma_3}{2}$，$\dfrac{\sigma_2 + \sigma_3}{2}$，$\dfrac{\sigma_1 + \sigma_2}{2}$。

将上述结果列入表 1-1 中。

表 1-1　主应力和主剪应力面上的应力

$l =$	0	0	± 1	0	$\pm \dfrac{1}{\sqrt{2}}$	$\pm \dfrac{1}{\sqrt{2}}$
$m =$	0	± 1	0	$\pm \dfrac{1}{\sqrt{2}}$	0	$\pm \dfrac{1}{\sqrt{2}}$
$n =$	± 1	0	0	$\pm \dfrac{1}{\sqrt{2}}$	$\pm \dfrac{1}{\sqrt{2}}$	0
$\tau_{ij} =$	0	0	0	$\pm \dfrac{\sigma_2 - \sigma_3}{2}$	$\pm \dfrac{\sigma_1 - \sigma_3}{2}$	$\pm \dfrac{\sigma_1 - \sigma_2}{2}$
正应力	σ_3	σ_2	σ_1	$\dfrac{\sigma_2 + \sigma_3}{2}$	$\dfrac{\sigma_1 + \sigma_3}{2}$	$\dfrac{\sigma_1 + \sigma_2}{2}$

如二主应力相等，例如 $\sigma_1 = \sigma_3 \neq \sigma_2$，满足了式（1-14）的第一式。由式（1-14）的第二式得：

$$\{(\sigma_2 - \sigma_3) - 2[(\sigma_2 - \sigma_3)m^2]\} m = 0$$

即

$$(\sigma_2 - \sigma_3)(1 - 2m^2)m = 0$$

得出

$$m = 0 \qquad m = \pm \frac{1}{\sqrt{2}}$$

将 $m = 0$ 及 $\sigma_1 = \sigma_3$ 代回式（1-13）得 $\tau_N = 0$，它不是极端值。

将 $m^2 = \dfrac{1}{2}$，$l^2 + n^2 = \dfrac{1}{2}$ 代入式（1-12），得

$$\tau_N = \tau_{12} = \pm \frac{\sigma_1 - \sigma_2}{2}$$

这是最大切应力。由于 $m = \pm \dfrac{1}{\sqrt{2}}$、$l^2 + n^2 = \dfrac{1}{2}$，$l$ 可以由 0 到 $\pm \dfrac{1}{\sqrt{2}}$，而 n 可以由 $\pm \dfrac{1}{\sqrt{2}}$ 到 0，这个最大切应力发生在与一个圆锥面相切的微分面上。

如 $\sigma_1 = \sigma_2 = \sigma_3$，从式（1-12）可知，切应力在该点的任何微分面上皆为零。

1.4　应力张量的分解

1.4.1　八面体面和八面体应力

将坐标原点与物体中所考察的点相重合，并使坐标面与过该点的主微分面——主平面

重合。在此坐标系中，作八个倾斜的微分平面，它们与主微分平面同样倾斜，即所有这些面的方向余弦都相等，$l = m = n$。这八个面形成一个正八面体（图 1 – 10），在这些面上的应力，称为八面体应力。

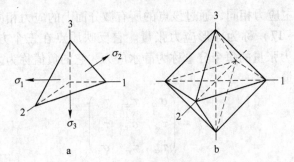

图 1 – 10　正八面体形成示意图

a—八面体等倾面；b—正八面体

由于这些斜微分面上的法线方向余弦相等，于是得

$$l = \pm \frac{1}{\sqrt{3}} \qquad m = \pm \frac{1}{\sqrt{3}} \qquad n = \pm \frac{1}{\sqrt{3}}$$

将这些数值代入式（1 – 11），得八面体上正应力

$$\sigma_8 = \frac{1}{3}(\sigma_1 + \sigma_2 + \sigma_3) = \frac{1}{3}(\sigma_x + \sigma_y + \sigma_z) = \sigma_m = \frac{1}{3}I_1$$

所以正八面体面上的正应力，等于平均正应力。从塑性变形的观点来看，这个应力只能引起物体体积的改变（造成膨胀或缩小），而不能引起形状的变化。当 σ_1、σ_2、σ_3 均为压缩应力时，这个平均正应力即称为静水压力。

将 $l = m = n = \pm \frac{1}{\sqrt{3}}$ 值代入式（1 – 14），得八面体面上的切应力的平方

即

$$\tau_8^2 = \frac{1}{9}\left[(\sigma_1 - \sigma_2)^2 + (\sigma_2 - \sigma_3)^2 + (\sigma_3 - \sigma_1)^2 \right]$$

$$\tau_8 = \frac{1}{3}\sqrt{(\sigma_1 - \sigma_2)^2 + (\sigma_2 - \sigma_3)^2 + (\sigma_3 - \sigma_1)^2} = \frac{\sqrt{6I_2'}}{3} \qquad (1 – 16)$$

由上述讨论可知，通过物体内任意一点，在取定主坐标系的情况下，对材料成型最有直接关系的是两组十对特殊平面，六对主切平面，四对八面体面。它们都和变形力计算理论有密切关系，是变形力计算中不可缺少的基本概念。另外，从计算八面体上切应力的公式以及主切应力公式中可以直观地看出，各主应力同时增加或同时减少相同的数值，切应力的计算值不变。可见，为了实现塑性变形，物体三个主轴方向等值地加上拉力或压力，并不能改变开始产生塑性变形时的应力情况。这就提供了在生产中利用静水压力效果的理论根据，也是下述应力张量能加以分解的原因。

1.4.2　应力张量的分解

八面体上的正应力可称为在物体中一点的平均正应力。设物体中一点的应力状态为三个主应力相同，并等于 σ_m，这点的应力状态用下列应力张量表示（δ_{ij} 称为克伦内尔记号）：

$$\delta_{ij}\sigma_{kk} = \delta_{ij}\sigma_m = \left\{\begin{matrix} \sigma_m & 0 & 0 \\ 0 & \sigma_m & 0 \\ 0 & 0 & \sigma_m \end{matrix}\right\} = \left\{\begin{matrix} \sigma_1 & 0 & 0 \\ 0 & \sigma_2 = \sigma_1 & 0 \\ 0 & 0 & \sigma_3 = \sigma_1 \end{matrix}\right\} \quad (1-17)$$

由于一点的三个主应力相同，通过该点的所有微分面上的应力相同，这时应力曲面为球形，因此公式（1-17）称为球形应力张量。它反映质点在三个方向均等受压（或受拉）的程度。球形应力张量的每个分量称为静水应力，它的负值称为静水压力 P。

取任意的应力张量

$$\sigma_{ij} = \begin{pmatrix} \sigma_x & \tau_{yx} & \tau_{zx} \\ \tau_{xy} & \sigma_y & \tau_{zy} \\ \tau_{xz} & \tau_{yz} & \sigma_z \end{pmatrix}$$

将上列张量减去，并加上球形应力张量，得

$$\sigma_{ij} = \left\{\begin{matrix} \sigma_x - \sigma_m & \tau_{yx} & \tau_{zx} \\ \tau_{xy} & \sigma_y - \sigma_m & \tau_{zy} \\ \tau_{xz} & \tau_{yz} & \sigma_z - \sigma_m \end{matrix}\right\} + \left\{\begin{matrix} \sigma_m & 0 & 0 \\ 0 & \sigma_m & 0 \\ 0 & 0 & \sigma_m \end{matrix}\right\} = \sigma'_{ij} + \delta_{ij}\sigma_m \quad (1-18)$$

这样，在一般情况下，应力张量可以表示为两个张量之和的形式，式（1-18）中第一个张量称为偏差应力张量。

球形应力张量可从任意应力张量中分出，因为它表示均匀各向受拉（受压），只能改变物体内给定微分单元的体积而不改变它的形状。偏差应力张量则只能改变微分单元体的形状而不改变其体积，在研究物体的弹性状态时有重要的意义。

现在进一步研究偏差应力张量的不变量。仿照式（1-9）中所列的不变量，这里也考察三个不变量。第一（线性的）不变量按式（1-9）的第一式，为

$$I'_1 = (\sigma_x - \sigma_m) + (\sigma_y - \sigma_m) + (\sigma_z - \sigma_m)$$

$$= \sigma_x + \sigma_y + \sigma_z - 3 \times \frac{1}{3}(\sigma_x + \sigma_y + \sigma_z) = 0 \quad (1-19)$$

因此，第一不变量等于零。

第二（二次的）不变量，按式（1-9）的第二式，为

$$I'_2 = -\left[(\sigma_x - \sigma_m)(\sigma_y - \sigma_m) + (\sigma_y - \sigma_m)(\sigma_z - \sigma_m) + (\sigma_z - \sigma_m)(\sigma_x - \sigma_m)\right] + \tau_{xy}^2 + \tau_{yz}^2 + \tau_{zx}^2$$

将 $\sigma_m = \frac{1}{3}(\sigma_x + \sigma_y + \sigma_z)$ 代入，得

$$I'_2 = \frac{1}{6}\left[(\sigma_x - \sigma_y)^2 + (\sigma_y - \sigma_z)^2 + (\sigma_z - \sigma_x)^2 + 6(\tau_{xy}^2 + \tau_{yz}^2 + \tau_{zx}^2)\right] \quad (1-20)$$

如坐标轴是应力主轴，则

$$I'_2 = \frac{1}{6}\left[(\sigma_1 - \sigma_2)^2 + (\sigma_2 - \sigma_3)^2 + (\sigma_3 - \sigma_1)^2\right]$$

这个不变量与八面体上切应力的平方仅差一个系数。

上式也可写成

$$I'_2 = -\frac{1}{3}(\sigma_1^2 + \sigma_2^2 + \sigma_3^2 - \sigma_1\sigma_2 - \sigma_2\sigma_3 - \sigma_3\sigma_1)$$

引入记号

$$\Delta^2 = \frac{1}{3} \left[(\sigma_1 - \sigma_m)^2 + (\sigma_2 - \sigma_m)^2 + (\sigma_3 - \sigma_m)^2 \right]$$

式中，Δ^2 表示各主应力减去平均应力 σ_m 的平方的平均值。

上式也可写成

$$\Delta^2 = \frac{1}{3} (\sigma_1^2 + \sigma_2^2 + \sigma_3^2 - 3\sigma_m^2)$$

将 $\sigma_m = \frac{1}{3} (\sigma_x + \sigma_y + \sigma_z)$ 代入，得

$$\Delta^2 = \frac{2}{9} (\sigma_1^2 + \sigma_2^2 + \sigma_3^2 - \sigma_1\sigma_2 - \sigma_2\sigma_3 - \sigma_3\sigma_1)$$

将上式与 I_2' 式相比较，得

$$I_2' = -\frac{3}{2}\Delta^2$$

因此，第二不变量可以表示为 $-\frac{3}{2}\Delta^2$。

以后将要讲到，偏差应力张量二次不变量可以作为材料屈服的判据。

第三（三次的）不变量，按式（1-9）的第三式，为简单起见，取坐标轴为主应力主轴，得

$$I_3' = (\sigma_1 - \sigma_m)(\sigma_2 - \sigma_m)(\sigma_3 - \sigma_m)$$

或

$$I_3' = \frac{1}{3} \left[(\sigma_1 - \sigma_m)^3 + (\sigma_2 - \sigma_m)^3 + (\sigma_3 - \sigma_m)^3 \right] \tag{1-21}$$

因此，第三不变量表示为应力状态（σ_1、σ_2、σ_3）减去 σ_m 的立方的平均值。

1.4.3 主应力图与主偏差应力图

在一定的应力状态条件下，变形物体内任意点存在着互相垂直的三个主平面及主应力轴。为了简化以后的分析，在塑性成型理论中多采用主坐标系，这时应力张量可写成

$$\sigma_{ij} = \begin{pmatrix} \sigma_1 & 0 & 0 \\ 0 & \sigma_2 & 0 \\ 0 & 0 & \sigma_3 \end{pmatrix}$$

表示一点的主应力有无和正负号的应力状态图示称为主应力图示。主应力图示共有九种：体应力状态的四种、平面应力状态的三种、线应力状态的两种，如图1-11所示。

主应力图示便于直观定性地说明变形体内某点处的应力状态。例如变形区内绝大部分属于某种主应力图示，则这种主应力图示就表示该塑性加工过程的应力状态。

塑性成型中，变形体内的主应力图示与工件和工具的形状、接触摩擦、残余应力等因素有关，而且这些因素往往是同时起作用的。因此在变形体内同时存在多种应力状态图示是常有的。主应力图示还常随变形的进程发生转变。例如，在单向拉伸过程中，均匀拉伸阶段是单向拉应力图示，而出现细颈后，细颈部位就变成了三向拉伸的主应力图示。

从主应力图示可定性看出塑性成型过程中单位变形力的大小和塑性的高低。实践证明，同号应力状态图示比异号应力状态图示的单位变形力大。

前已述及，应力张量可以分解。球应力分量 σ_m 可以从应力张量中分出。这里，如从

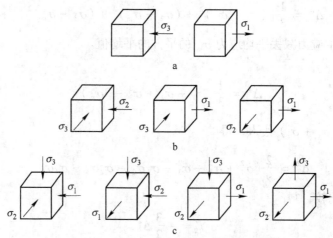

图 1 - 11　九种主应力图示

a—线应力状态；b—平面应力状态；c—体应力状态

各主应力中分出 σ_m，余下的应力分量将与遵守体积不变条件的成型过程相对应，这时的应力图示称为主偏差应力图示，主偏差应力图示有三种（图 1 - 12）。

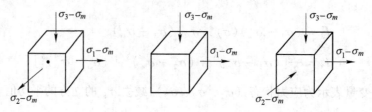

图 1 - 12　主偏差应力图示

1.5　应　　变

1.5.1　应变状态的基本概念

　　将矩形六面体在平锤下进行镦粗，其塑性变形前后物体的形状，如图 1 - 13 所示。研究变形前、后两种情况可以看出，物体受镦粗而产生塑性变形后，其高度减小，长度、宽度增加，原来规则外形变成扭歪的。物体塑性变形后，其线尺寸（各棱边）不但要变化而且平面上棱边间的角度也发生偏转，也就是说不但要产生线变形，而且要产生角度变形。

　　要研究物体的这种变形状态，最好从微小变形开始。在变形前为无限小的单元六面体，其变形也可以认为是由简单变形所组成的，亦即可将变形分成若干分量。这样，可列出六面体的六个变形分量：三个线分量——线变形（各棱边尺寸的变化）；三个角分量——角变形（两棱边间角度的变化）。图 1 - 14 表示这些分量及其标号。

　　以字母 ε_x 表示诸棱边的相对变化（第一类变形），其下标表示伸长的方向或与棱边平行的轴向。规定伸长的线应变（或称正应变）为正，缩短的线应变为负。

　　当六面体产生图 1 - 14 所示的第一类基本变形时，其体积及形状都发生改变，如果原始形状为立方体，变形后就成为平行六面体。

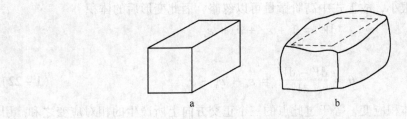

图 1-13　矩形件塑性变形前后形状
a—变形前；b—变形后

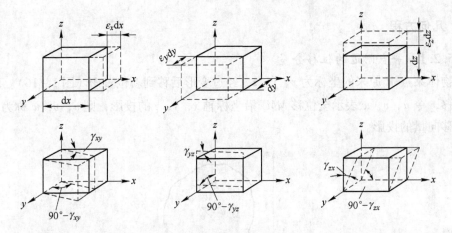

图 1-14　变形分量及其标号

　　两棱边之间（即两轴向之间）角度的变化称为角变形（第二类变形）。两轴正向夹角的减小，作为正的角变形，此夹角增大，则为负的角变形。以标号 γ_{xy} 或 γ_{yx} 表示投影在平面 xy 上角变形（称为工程剪应变，或称角应变）；同样，在其余 yz 及 zx 平面上的角变形记作 γ_{yz} 或 γ_{zy}，γ_{zx} 或 γ_{xz}。角变形只引起单元体形状的改变而不引起体积的变化。只有当各边都有伸长的变形（或都有缩短的变形）时，才可能得到体积变形。

　　设所取出的正六面体每边的原长均等于 1（正立方体体积等于 1），并设三个线应变分量同时存在（图 1-15），则由于此种变形，立方体变形后其体积（普遍而言是指所取点附近的体积）等于

$$dV' = (1 + \varepsilon_x)(1 + \varepsilon_y)(1 + \varepsilon_z)$$

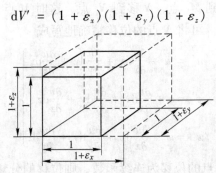

图 1-15　按三个直角方向相对伸长的总和而定的体积变形

设伸长的相对量很小，故上式中高阶微量可以忽略，因此变形后的体积

$$\mathrm{d}V' = 1 + \varepsilon_x + \varepsilon_y + \varepsilon_z$$

相对体积变化

$$\theta = \frac{\mathrm{d}V - \mathrm{d}V'}{\mathrm{d}V} = \varepsilon_x + \varepsilon_y + \varepsilon_z \qquad (1-22)$$

亦即在一点处的相对体积应变，等于过此点的三个正交方向上所产生的相对应变之和。引用记号 $\varepsilon_m = \frac{1}{3}(\varepsilon_x + \varepsilon_y + \varepsilon_z)$，称为平均应变，则式（1-22）可写成

$$\theta = 3\varepsilon_m$$

1.5.2 几何方程

1.5.2.1 一点附近的位移分量

设物体某点 M 原来的坐标为 x、y、z，经过变形后移到新位置 M_1（图 1-16）。以 MM_1 为全位移，令 u，v，w 表示全位移 MM_1 沿坐标轴 x，y，z 的投影，则 u，v，w 称为位移分量或位移向量的投影。

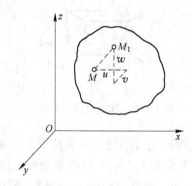

图 1-16 位移分量的标号

不同点的位移分量也不同，它们是该点坐标的函数，即

$$u = f_1(x,y,z) \qquad v = f_2(x,y,z) \qquad w = f_3(x,y,z)$$

若研究与 M 点无限接近的另一点 N，其坐标在变形前为 $x + \mathrm{d}x$，$y + \mathrm{d}y$，$z + \mathrm{d}z$，如图 1-17a 所示，变形后 M 移到 M_1 点，N 移到 N_1 点，这时 M 点之位移分量为 u，v，w，N 点的位移分量为 u'，v'，w'。可将 N 点的位移精确地写成

$$\left.\begin{aligned}
u' &= u + \frac{\partial u}{\partial x}\mathrm{d}x + \frac{\partial u}{\partial y}\mathrm{d}y + \frac{\partial u}{\partial z}\mathrm{d}z \\
v' &= v + \frac{\partial v}{\partial x}\mathrm{d}x + \frac{\partial v}{\partial y}\mathrm{d}y + \frac{\partial v}{\partial z}\mathrm{d}z \\
w' &= w + \frac{\partial w}{\partial x}\mathrm{d}x + \frac{\partial w}{\partial y}\mathrm{d}y + \frac{\partial w}{\partial z}\mathrm{d}z
\end{aligned}\right\} \qquad (1-23)$$

上式的解析意义是若各点的位移为连续函数，则位移的分量亦为连续函数，并可展开成台劳函数（略去了二阶及高阶无穷小项）。

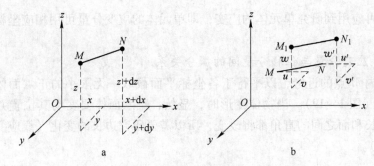

图 1-17　变形体内无限接近两点的位移分量

由式（1-23）可看出，N_1 的位移增量是

$$\left.\begin{aligned} \mathrm{d}u &= u' - u = \frac{\partial u}{\partial x}\mathrm{d}x + \frac{\partial u}{\partial y}\mathrm{d}y + \frac{\partial u}{\partial z}\mathrm{d}z \\ \mathrm{d}v &= v' - v = \frac{\partial v}{\partial x}\mathrm{d}x + \frac{\partial v}{\partial y}\mathrm{d}y + \frac{\partial v}{\partial z}\mathrm{d}z \\ \mathrm{d}w &= w' - w = \frac{\partial w}{\partial x}\mathrm{d}x + \frac{\partial w}{\partial y}\mathrm{d}y + \frac{\partial w}{\partial z}\mathrm{d}z \end{aligned}\right\} \tag{1-24}$$

若所研究的两点在一个与坐标面相平行的平面内，而且在任意一个与坐标轴平行的直线上，则此两点位移增量的公式可大为简化。如果 MN 两点与坐标面 xOz 相平行的平面内，直线 MN 与 x 轴平行，则 $\mathrm{d}y = \mathrm{d}z = 0$，所以

$$\left.\begin{aligned} u' &= u + \frac{\partial u}{\partial x}\mathrm{d}x & \mathrm{d}u &= \frac{\partial u}{\partial x}\mathrm{d}x \\ v' &= v + \frac{\partial v}{\partial x}\mathrm{d}x & \mathrm{d}v &= \frac{\partial v}{\partial x}\mathrm{d}x \\ w' &= w + \frac{\partial w}{\partial x}\mathrm{d}x & \mathrm{d}w &= \frac{\partial w}{\partial x}\mathrm{d}x \end{aligned}\right\} \tag{1-25}$$

比值 $\dfrac{\partial u}{\partial x}$ 可以理解为位移的水平分量 u 在水平方向上的变率，乘以 $\mathrm{d}x$（在所研究的特例中，乘以线段 MN 的长度）表示水平位移在 $\mathrm{d}x$ 长度内的增量。

为了说明式（1-25）的应用，在图 1-18 中表示出与 M 点无限接近的两点 A、B 的位移增量，而 M 点的位移分量 u、w 为已知。上述三点皆位于 xOz 平面内，线段 MA 及 MB 各与 x 轴及 y 轴平行。

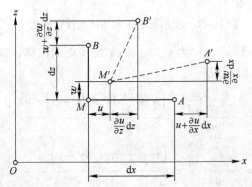

图 1-18　空间两个相邻点的位置在特殊条件下线段两端的位移分量标号

　　这个关系可应用到研究单元体的应变，即单元体的应变分量可用相应坐标面上的投影来表达。

1.5.2.2　应变分量与位移分量间的微分关系

　　在变形体内 M 点的近旁，以平行于各坐标平面截取一无限小的正六面体，其边长各为 dx、dy、dz（图 1 - 19）。当物体变形时，显然，正六面体要变动其位置并改变其原来形状，它的边长和面之间的直角都将改变，所以需要研究边长的变化（线应变）及角度的改变（角应变）。

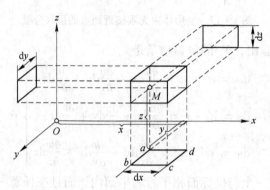

图 1 - 19　变形前的正六面体及其投影

　　图 1 - 20 是所研究的正六面体在 xOy 平面内变形前后的投影（$abcd$ 为变形前的面，$a'b'c'd'$ 为变形后的面）。

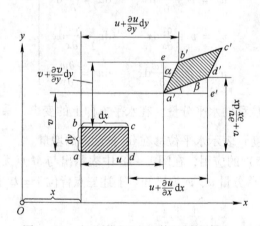

图 1 - 20　变形前后正六面体的投影面之一

　　设 a 点的位移（a 点到 a' 点）为 u、v，则 b 及 d 点的位移，如图 1 - 20 所示，原长为 dx 之 ad 的相对伸长，可以写成

$$\varepsilon_x = \frac{a'e' - ad}{ad} = \frac{\left(u + \dfrac{\partial u}{\partial x}dx + dx - u\right) - dx}{dx} = \frac{\partial u}{\partial x}$$

同样
$$\varepsilon_y = \frac{a'e' - ab}{ab} = \frac{\left(v + \dfrac{\partial v}{\partial y}dy + dy - v\right) - dy}{dy} = \frac{\partial v}{\partial y}$$

ab 在 xOy 平面内的转角

$$\tan\alpha = \frac{eb'}{ea'} = \frac{u + \frac{\partial u}{\partial y}\mathrm{d}y - u}{v + \frac{\partial v}{\partial y}\mathrm{d}y + \mathrm{d}y - v} = \frac{\frac{\partial u}{\partial y}}{1 + \frac{\partial v}{\partial y}}$$

因 $\frac{\partial v}{\partial y}$ 比 1 小得多, 若略去, 则

$$\tan\alpha \approx a = \frac{\partial u}{\partial y}$$

同样, ad 在 xOy 平面内的转角

$$\tan\beta = \frac{e'd'}{e'a'} = \frac{v + \frac{\partial v}{\partial x}\mathrm{d}x - v}{u + \frac{\partial u}{\partial x}\mathrm{d}x + \mathrm{d}x - u} = \frac{\partial v}{\partial x} = \beta$$

所以角应变, 即直角 bad 的改变——它的减小, 可写成

$$\gamma_{xy} = \alpha + \beta = \frac{\partial u}{\partial y} + \frac{\partial v}{\partial x}$$

运用轮换代入法, 我们可直接写出另外两个坐标面内的角应变公式。这样得出下列应变分量与位移分量的微分关系

$$\left.\begin{array}{ccc} \varepsilon_x = \dfrac{\partial u}{\partial x} & \varepsilon_y = \dfrac{\partial v}{\partial y} & \varepsilon_z = \dfrac{\partial w}{\partial z} \\[2mm] \gamma_{xy} = \dfrac{\partial u}{\partial y} + \dfrac{\partial v}{\partial x} & \gamma_{yz} = \dfrac{\partial v}{\partial z} + \dfrac{\partial w}{\partial y} & \gamma_{zx} = \dfrac{\partial w}{\partial x} + \dfrac{\partial u}{\partial z} \end{array}\right\} \quad (1-26)$$

式 (1-26) 为柯西方程。

柯西方程 (1-26) 表明: 若已知三个函数 u、v、w, 则可借此决定所有六个应变分量——三个线应变, 三个剪应变, 因为它们是由位移分量的一次导数表示的。

为找出与剪应力相对应的纯剪应变, 必须把刚性转动的分量从角位移中扣除, 可以证明纯剪应变:

$$\varepsilon_{xz} = \varepsilon_{zx} = \frac{1}{2}\gamma_{xz}$$

$$\varepsilon_{xy} = \varepsilon_{yx} = \frac{1}{2}\gamma_{xy}$$

$$\varepsilon_{zy} = \varepsilon_{yz} = \frac{1}{2}\gamma_{yz}$$

可以得出直角坐标系下应变与位移关系的几何方程如下:

$$\left.\begin{array}{ll} \varepsilon_x = \dfrac{\partial u_x}{\partial x} & \varepsilon_{xy} = \dfrac{1}{2}\left(\dfrac{\partial u_x}{\partial y} + \dfrac{\partial u_y}{\partial x}\right) \\[3mm] \varepsilon_y = \dfrac{\partial u_y}{\partial y} & \varepsilon_{yz} = \dfrac{1}{2}\left(\dfrac{\partial u_y}{\partial z} + \dfrac{\partial u_z}{\partial y}\right) \\[3mm] \varepsilon_z = \dfrac{\partial u_z}{\partial z} & \varepsilon_{zx} = \dfrac{1}{2}\left(\dfrac{\partial u_z}{\partial x} + \dfrac{\partial u_x}{\partial z}\right) \end{array}\right\} \quad (1-27)$$

在圆柱坐标系中, 其应变与位移关系的几何方程为:

$$
\left.
\begin{array}{ll}
\varepsilon_r = \dfrac{\partial u_r}{\partial r} & \varepsilon_{r\theta} = \dfrac{1}{2}\left(\dfrac{\partial u_\theta}{\partial r} + \dfrac{\partial u_r}{r\partial\theta} - \dfrac{u_\theta}{r}\right) \\[3mm]
\varepsilon_\theta = \dfrac{u_r}{r} + \dfrac{\partial u_\theta}{r\partial\theta} & \varepsilon_{\theta z} = \dfrac{1}{2}\left(\dfrac{\partial u_\theta}{\partial z} + \dfrac{\partial u_z}{r\partial\theta}\right) \\[3mm]
\varepsilon_z = \dfrac{\partial u_z}{\partial z} & \varepsilon_{zr} = \dfrac{1}{2}\left(\dfrac{\partial u_r}{\partial z} + \dfrac{\partial u_z}{\partial r}\right)
\end{array}
\right\}
\tag{1-28}
$$

式中　ε_r，ε_θ，ε_z——线应变；

　　　$\varepsilon_{r\theta}$，$\varepsilon_{\theta z}$，ε_{zr}——剪应变。

在球面坐标系中，其应变与位移关系的几何方程为：

$$
\left.
\begin{array}{l}
\varepsilon_r = \dfrac{\partial u_r}{\partial r} \\[3mm]
\varepsilon_\theta = \dfrac{1}{r}\dfrac{\partial u_\theta}{\partial\theta} + \dfrac{u_r}{r} \\[3mm]
\varepsilon_\varphi = \dfrac{1}{r\sin\theta}\dfrac{\partial u_\varphi}{\partial\varphi} + \dfrac{u_r}{r} + \dfrac{u_\theta}{r} \\[3mm]
\varepsilon_{r\theta} = \dfrac{1}{2}\left(\dfrac{\partial u_\theta}{\partial r} + \dfrac{\partial u_r}{r\partial\theta} - \dfrac{u_\theta}{r}\right) \\[3mm]
\varepsilon_{\theta\varphi} = \dfrac{1}{2}\left(\dfrac{1}{r\sin\theta}\dfrac{\partial u_\varphi}{\partial\varphi} + \dfrac{\partial u_\varphi}{r\partial\theta} - \dfrac{\cot\theta}{r}u_\varphi\right) \\[3mm]
\varepsilon_{\varphi r} = \dfrac{1}{2}\left(\dfrac{\partial u_\varphi}{\partial r} + \dfrac{1}{r\sin\theta}\dfrac{\partial u_r}{\partial\varphi} - \dfrac{u_\varphi}{r}\right)
\end{array}
\right\}
\tag{1-29}
$$

式中　ε_r，ε_θ，ε_φ——线应变；

　　　$\varepsilon_{r\theta}$，$\varepsilon_{\theta\varphi}$，$\varepsilon_{\varphi r}$——剪应变。

1.5.3　一点附近的应变分析

如图 1-21 所示，直线 MN 连接物体内变形前无限靠近的两点，直线 M_1N_1 连接处于变形状态中的两点，考察它们的变形情况。

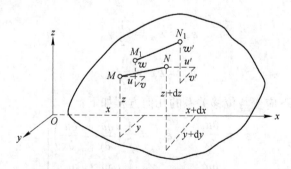

图 1-21　变形体内无限接近两点的位移分析

以 L 表示线段 MN 的原长，很明显

$$L^2 = \mathrm{d}x^2 + \mathrm{d}y^2 + \mathrm{d}z^2$$

变形前，线段 MN 与坐标轴夹角的余弦为

$$l = \frac{\mathrm{d}x}{L} \qquad m = \frac{\mathrm{d}y}{L} \qquad n = \frac{\mathrm{d}z}{L} \tag{1-30}$$

以 L_1 表示线段 M_1N_1 的长，按图 1-21 所示，得

$$L_1^2 = (u' + \mathrm{d}x - u)^2 + (v' + \mathrm{d}y - v)^2 + (w' + \mathrm{d}z - w)^2$$

$$= \mathrm{d}x^2 + \mathrm{d}y^2 + \mathrm{d}z^2 + 2\mathrm{d}x(u'-u) + 2\mathrm{d}y(v'-v) + 2\mathrm{d}z(w'-w) + (u'-u)^2 + (v'-v)^2 + (w'-w)^2$$

因为 $u' - u = \mathrm{d}u$，$\mathrm{d}u^2$ 很小可以忽略不计，故

$$L_1^2 - L^2 = 2\mathrm{d}x(u'-u) + 2\mathrm{d}y(v'-v) + 2\mathrm{d}z(w'-w) \tag{1-31}$$

L_1 也可用单位伸长 ε_r 表示

$$L_1 = (1 + \varepsilon_r)L$$

$$L_1^2 = (1 + \varepsilon_r)^2 L^2 = (1 + 2\varepsilon_r + \varepsilon_r^2)L^2 \approx (1 + 2\varepsilon_r)L^2$$

由此得
$$L_1^2 - L^2 = 2\varepsilon_r L^2 \tag{1-32}$$

即
$$L^2 \varepsilon_r = \mathrm{d}x(u'-u) + \mathrm{d}y(v'-v) + \mathrm{d}z(w'-w)$$

$$\varepsilon_r = \frac{\mathrm{d}x}{L} \frac{u'-u}{L} + \frac{\mathrm{d}y}{L} \frac{v'-v}{L} + \frac{\mathrm{d}z}{L} \frac{w'-w}{L}$$

根据式（1-24）及式（1-30），得

$$\varepsilon_r = l\left(\frac{\partial u}{\partial x}\frac{\mathrm{d}x}{L} + \frac{\partial u}{\partial y}\frac{\mathrm{d}y}{L} + \frac{\partial u}{\partial z}\frac{\mathrm{d}z}{L}\right) + m\left(\frac{\partial v}{\partial x}\frac{\mathrm{d}x}{L} + \frac{\partial v}{\partial y}\frac{\mathrm{d}y}{L} + \frac{\partial v}{\partial z}\frac{\mathrm{d}z}{L}\right) + n\left(\frac{\partial w}{\partial x}\frac{\mathrm{d}x}{L} + \frac{\partial w}{\partial y}\frac{\mathrm{d}y}{L} + \frac{\partial w}{\partial z}\frac{\mathrm{d}z}{L}\right)$$

将上式进行整理后，得

$$\varepsilon_r = \frac{\partial u}{\partial x}l^2 + \frac{\partial v}{\partial y}m^2 + \frac{\partial w}{\partial z}n^2 + \left(\frac{\partial u}{\partial y} + \frac{\partial v}{\partial x}\right)lm + \left(\frac{\partial v}{\partial z} + \frac{\partial w}{\partial y}\right)mn + \left(\frac{\partial w}{\partial x} + \frac{\partial u}{\partial z}\right)nl$$

根据式（1-27），得

$$\varepsilon_r = \varepsilon_x l^2 + \varepsilon_y m^2 + \varepsilon_z n^2 + 2\varepsilon_{xy}lm + 2\varepsilon_{yz}mn + 2\varepsilon_{zx}nl \tag{1-33}$$

可见，通过一个已知点任意微小线段的伸长应变，可以由该点的六个应变分量表出。这个结论与前面研究点应力状态时所导出的式（1-5）形式上是相同的，这反映在弹性变形阶段内应力与应变的相似性。因此，凡应力状态理论中有关的方程，从应变作相类似的推导，皆可获得形式上相同的结果。

1.6　主应变、应变张量不变量

在计算线应变 ε_r（又称为正变形）的式（1-33）中 l，m，n 也存在
$$l^2 + m^2 + n^2 = 1$$
的关系。现在来求 ε_r 的极值。设 ε 为主应变，它是一个未定常数。从式（1-33）的左边减去 ε，从右边减去 $\varepsilon(l^2 + m^2 + n^2)$，于是得

$$\varepsilon_r - \varepsilon = \varepsilon_x l^2 + \varepsilon_y m^2 + \varepsilon_z n^2 + 2\varepsilon_{xy}lm + 2\varepsilon_{yz}mn + 2\varepsilon_{zx}nl - \varepsilon(l^2 + m^2 + n^2)$$

$$= (\varepsilon_x - \varepsilon)l^2 + (\varepsilon_y - \varepsilon)m^2 + (\varepsilon_z - \varepsilon)n^2 + 2\varepsilon_{xy}lm + 2\varepsilon_{yz}mn + 2\varepsilon_{zx}nl$$

求出 $(\varepsilon_r - \varepsilon)$ 对于 l，m，n 的导数并使它等于零（这时 ε 是常数）

$$\left.\begin{aligned}
\frac{\partial(\varepsilon_r - \varepsilon)}{\partial l} &= 2(\varepsilon_x - \varepsilon)l + 2\varepsilon_{xy}m + 2\varepsilon_{yz}n = 0 \\
\frac{\partial(\varepsilon_r - \varepsilon)}{\partial m} &= 2(\varepsilon_y - \varepsilon)m + 2\varepsilon_{xy}l + 2\varepsilon_{yz}n = 0 \\
\frac{\partial(\varepsilon_r - \varepsilon)}{\partial n} &= 2(\varepsilon_z - \varepsilon)n + 2\varepsilon_{yz}m + 2\varepsilon_{zx}l = 0
\end{aligned}\right\} \tag{1-34}$$

由于此时认为 ε 与 l，m，n 无关，求（$\varepsilon_r - \varepsilon$）的极值，也就是求 ε_r 的极值。

当 ε_r 达到极值时，主应变的方向余弦应满足式（1–34），得 ε 的三次方程

$$\varepsilon^3 - J_1 \varepsilon^2 - J_2 \varepsilon - J_3 = 0 \tag{1–35}$$

式中

$$J_1 = \varepsilon_x + \varepsilon_y + \varepsilon_z = \varepsilon_1 + \varepsilon_2 + \varepsilon_3 = 0$$

$$J_2 = -(\varepsilon_x \varepsilon_y + \varepsilon_z \varepsilon_y + \varepsilon_x \varepsilon_z) + \varepsilon_{xy}^2 + \varepsilon_{yz}^2 + \varepsilon_{xz}^2$$

$$J_3 = \varepsilon_x \varepsilon_y \varepsilon_z + 2\varepsilon_{xy} \varepsilon_{yz} \varepsilon_{zx} - (\varepsilon_x \varepsilon_{yz}^2 + \varepsilon_y \varepsilon_{zx}^2 + \varepsilon_z \varepsilon_{xy}^2)$$

方程式（1–35）有三个实根（主应变）ε_1，ε_2，ε_3，其相应的方向余弦可利用式（1–34）中的任意两式与 $l^2 + m^2 + n^2 = 1$ 联立求得。如果应力状态的情况一样，也可以证明三个应变主轴是相互垂直的，即在变形体内一点附近，也存在三个主应变方向。在这些方向中，只有正应变而无剪应变。

式（1–35）中的 J_1，J_2，J_3 是应变张量的三个不变量。

主应变用 ε_1，ε_2，ε_3 表示，并且也存在 $\varepsilon_1 > \varepsilon_2 > \varepsilon_3$。

很明显，如果材料是各向同性的，则主应力与主应变的方向应相同。因此，主应变张量可表示为：

$$\varepsilon_{ij} = \begin{pmatrix} \varepsilon_1 & 0 & 0 \\ 0 & \varepsilon_2 & 0 \\ 0 & 0 & \varepsilon_3 \end{pmatrix}$$

采用主坐标系，根据主应变方向与主应力方向相同的结论及应力状态与应变状态的相似性，利用式（1–33）也得出正八面体面上的线应变

$$\varepsilon_8 = \varepsilon_m = \frac{\varepsilon_1 + \varepsilon_2 + \varepsilon_3}{3}$$

在塑性变形时，假定体积是不变的，于是

$$\varepsilon_8 = \varepsilon_m = 0$$

1.7　应变张量分解

同应力张量相似，表示一点应变状态的应变张量也可分解为两个张量

$$\varepsilon_{ij} = \left\{ \begin{array}{ccc} \varepsilon_x - \varepsilon_m & \varepsilon_{yz} & \varepsilon_{zx} \\ \varepsilon_{yx} & \varepsilon_y - \varepsilon_m & \varepsilon_{zy} \\ \varepsilon_{xz} & \varepsilon_{yz} & \varepsilon_z - \varepsilon_m \end{array} \right\} + \left\{ \begin{array}{ccc} \varepsilon_m & 0 & 0 \\ 0 & \varepsilon_m & 0 \\ 0 & 0 & \varepsilon_m \end{array} \right\} = \varepsilon_{ij}' + \delta_{ij} \varepsilon_m \tag{1–36}$$

$$\varepsilon_m = \frac{1}{3}(\varepsilon_x + \varepsilon_y + \varepsilon_z)$$

如前所述，它是给定点的平均线应变分量。

式（1–36）中的第二个张量，表示在给定点的元素各个方向的正应变相同，它仅改变其体积而不该变其形状，此时这个张量与应力状态一样，变形曲面是圆球面，故称它为球形应变张量。

式（1–36）中的第一个张量表示在给定点的元素仅改变其形状而不改变其体积，因为在这样的应变状态中，体积应变等于零

$$\theta = (\varepsilon_x - \varepsilon_m) + (\varepsilon_y - \varepsilon_m) + (\varepsilon_z - \varepsilon_m) = \varepsilon_x + \varepsilon_y + \varepsilon_z - 3\varepsilon_m = 0 \qquad (1-37)$$

因此称为偏差应变张量。

式（1-36）表示的张量分解，反映了应变现象的物理性质。

下步考察偏差应变张量的不变量，这些不变量与应力张量及应变张量不变量是相似的。第一（线性）不变量按式（1-37）等于零。第二（二次）不变量与式（1-20）相似，为

$$J_2' = \frac{1}{6}[(\varepsilon_x - \varepsilon_y)^2 + (\varepsilon_y - \varepsilon_z)^2 + (\varepsilon_z - \varepsilon_x)^2 + 6(\varepsilon_{xy} + \varepsilon_{yz} + \varepsilon_{zx})^2]$$

这是应变状态的第一特性，如果取应变主轴为坐标轴，则可得更简单的方程式

$$J_2' = \frac{1}{6}[(\varepsilon_1 - \varepsilon_2)^2 + (\varepsilon_1 - \varepsilon_3)^2 + (\varepsilon_2 - \varepsilon_3)^2]$$

第三（三次）不变量

$$J_3' = \left\{ \begin{matrix} \varepsilon_x - \varepsilon_m & \varepsilon_{yx} & \varepsilon_{zx} \\ \varepsilon_{xy} & \varepsilon_y - \varepsilon_m & \varepsilon_{zy} \\ \varepsilon_{xz} & \varepsilon_{yz} & \varepsilon_z - \varepsilon_m \end{matrix} \right\}$$

是形状改变的第二特性。如果取应变主轴为坐标轴，则可得更简单的方程式

$$J_3' = (\varepsilon_1 - \varepsilon_m)(\varepsilon_2 - \varepsilon_m)(\varepsilon_3 - \varepsilon_m)$$

或

$$J_3' = \frac{1}{3}[(\varepsilon_1 - \varepsilon_m)^3 + (\varepsilon_2 - \varepsilon_m)^3 + (\varepsilon_3 - \varepsilon_m)^3] \qquad (1-38)$$

第三不变量表明线应变与平均值 ε_m 之差的三次方的平均。

1.8 主应变图

主应变图示，简称应变图示。在材料成型中，为了说明整个变形区或变形区的一部分变形情况，常常采用所谓变形图示以表明三个塑性主变形是否存在及其正、负号。具体地说，就是在小立方体素上画上箭头，箭头方向指向变形方向，但不表明变形的大小。

由于塑性变形时，工件受体积不变条件的限制，可能的变形图示仅有如图 1-22 所示的三种：

（1）第一类变形图示，表明一向缩短两向伸长。轧制、自由锻等属于此类变形图示。

（2）第二类变形图示，表明一向缩短一向伸长。轧制板带（忽略宽展）时属于此类变形图示。

（3）第三类变形图示，表明两向缩短一向伸长。挤压、拉拔等属于此类变形图示。

由图 1-11 和图 1-22 可见，主应力图有九种，而主变形图仅有三种。比较应力图示和变形图示时发现，有的两者符号一致，也有的是不一致的。其原因是，主应力图中各主应力中包括有引起弹性体积变化的主应力成分，即包括有 $\sigma_m = \frac{1}{3}(\sigma_1 + \sigma_2 + \sigma_3)$，如从主应力中扣除 σ_m，即 $(\sigma_1 - \sigma_m)$、$(\sigma_2 - \sigma_m)$、$(\sigma_3 - \sigma_m)$，则应力图示也仅有三种，这就是

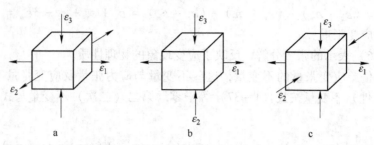

图 1 - 22　主应变图示

a—第一类应变图示；b—第二类应变图示；c—第三类应变图示

前述的主偏差应力图示（图 1 - 12），后者与主变形图是完全一致的。

有时，用变形图还可以判断应力的特点。例如，轧制板带时 $\varepsilon_2 = 0$，与此对应的主偏差应力为

$$\sigma_2 - \sigma_m = 0$$

或

$$\sigma_2 - \frac{\sigma_1 + \sigma_2 + \sigma_3}{3} = 0$$

从而得

$$\sigma_2 = \frac{1}{2}(\sigma_1 + \sigma_3) \qquad (1 - 39)$$

式（1 - 39）表明，平面变形时，在没有主变形的方向上有主应力存在，这是平面变形的应力特点之一。

1.9　应变速率

在微小变形阶段，从物体内取定两点，若此两点间的距离改变得越快，应变状态越明显，应变产生的速度（应变速度）越大。所取定点间距离越小，越能精确地确定应变状态变化的速度。取简单的拉伸为例：设各点运动的速度皆指向拉伸的直轴 x，那么，当两点无限趋近，以致之间距离趋于零时，相临两点速度的差值与两点距离比值的极限为应变速度。上述定义的解析式为

$$\dot{\varepsilon}_x = \frac{\partial v_x}{\partial x}$$

式中　$\dot{\varepsilon}_x$——应变速率；

　　　　v_x——质点沿 x 轴向的运动速度。

因为

$$v_x = \frac{\partial u}{\partial t}$$

式中　u——x 方向上质点的位移；

　　　　t——时间。

故

$$\dot{\varepsilon}_x = \frac{\partial^2 u}{\partial x \partial t} = \frac{\partial}{\partial t}\left(\frac{\partial u}{\partial x}\right) = \frac{\partial \varepsilon_x}{\partial t} \qquad (1 - 40)$$

在简单拉伸的情况下，应变速率等于对应的应变量对时间的导数。在一般情况下，当物体各点速度的大小、方向不同时。应变速率分量也可构成下列的应变速率张量

$$\dot{\varepsilon}_{ij} = \begin{Bmatrix} \dot{\varepsilon}_x & \dot{\varepsilon}_{yx} & \dot{\varepsilon}_{zx} \\ \dot{\varepsilon}_{xy} & \dot{\varepsilon}_y & \dot{\varepsilon}_{zy} \\ \dot{\varepsilon}_{xz} & \dot{\varepsilon}_{yz} & \dot{\varepsilon}_z \end{Bmatrix}$$

应变速率张量分量等于相应应变分量对时间的导数。

$$\left.\begin{aligned} \dot{\varepsilon}_x &= \frac{\partial \varepsilon_x}{\partial t} = \frac{\partial v_x}{\partial x} \\ \dot{\varepsilon}_y &= \frac{\partial \varepsilon_y}{\partial t} = \frac{\partial v_y}{\partial y} \\ \dot{\varepsilon}_z &= \frac{\partial \varepsilon_z}{\partial t} = \frac{\partial v_z}{\partial z} \\ \dot{\varepsilon}_{xy} &= \frac{1}{2}\left(\frac{\partial v_x}{\partial y} + \frac{\partial v_y}{\partial x} \right) \\ \dot{\varepsilon}_{yz} &= \frac{1}{2}\left(\frac{\partial v_x}{\partial y} + \frac{\partial v_y}{\partial z} \right) \\ \dot{\varepsilon}_{zx} &= \frac{1}{2}\left(\frac{\partial v_x}{\partial z} + \frac{\partial v_z}{\partial x} \right) \end{aligned}\right\} \tag{1-41}$$

式中，v_x、v_y、v_z 分别为质点沿 x 轴、y 轴、z 轴的位移速度。

式（1-41）是应变速率与位移速度关系的几何方程，在以后章节中是有用的。顺便指出，与应力状态和应变状态一样，变形体内存在变形速度主轴，沿主轴方向上无滑移速度（剪切速度），适应这些方向的变形速度称为主变形速度，并以 $\dot{\varepsilon}_1$、$\dot{\varepsilon}_2$ 及 $\dot{\varepsilon}_3$ 表示。在主轴系统中，变形速度可定义为相对应变量对时间的导数。

通常，用最大主要变形方向的应变速率来表示各种变形过程的应变速率。例如，轧制和锻压时用高向应变速率表示，即

$$\dot{\varepsilon} = \frac{d\varepsilon}{dt} = \frac{dh_x}{h_x}\bigg/ dt = \frac{1}{h_x} \times \frac{dh_x}{dt} = \frac{v_y}{h_x} \tag{1-42}$$

式中　v_y——工具瞬间移动速度。

可见，应变速率不仅和工具瞬间移动速度有关，而且还与工件瞬时厚度（h_x）有关。注意，切莫把应变速率同工具移动速度混淆起来。

为了研究各种塑性成型过程的应变速率对金属性能的影响，常常需要求出平均应变速率$\bar{\dot{\varepsilon}}$，求法如下。

1.9.1　锻压

锻压时的平均应变速率可按如下公式计算：

$$\bar{\dot{\varepsilon}} = \frac{\bar{v}_y}{\bar{h}_x} \approx \frac{\bar{v}_y}{\dfrac{H + h}{2}} = \frac{2\bar{v}_y}{H + h}$$

或

$$\bar{\dot{\varepsilon}} = \frac{\varepsilon}{t} = \frac{\ln \dfrac{H}{h}}{\dfrac{H-h}{\bar{v}_y}} = \frac{\bar{v}_y \ln \dfrac{H}{h}}{H-h}$$

式中　$\bar{v}_y$——工具平均压下速度。

1.9.2　轧制

如图 1-23 所示，假定接触弧中点压下速度等于平均压下速度 $\bar{v}_y$，即

$$\bar{v}_y = 2v\sin\frac{\alpha}{2} \approx 2v\frac{\alpha}{2} = v\alpha$$

$$\bar{\dot{\varepsilon}} = \frac{\bar{v}_y}{h} = \frac{v\alpha}{\dfrac{H+h}{2}} = \frac{2v\alpha}{H+h}$$

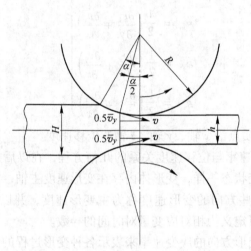

图 1-23　确定轧制时平均应变速率图

按几何关系导出 $\alpha = \sqrt{\dfrac{H-h}{R}}$ 代入上式，得

$$\bar{\dot{\varepsilon}} = \frac{2v\sqrt{\dfrac{H-h}{R}}}{H+h} \tag{1-43}$$

式（1-43）是 S. 艾克隆得（Ekelund）公式。

轧制时的平均应变速率也可按下式近似求得

$$\bar{\dot{\varepsilon}} = \frac{\dfrac{H-h}{H}}{t} \approx \frac{\dfrac{H-h}{H}}{\dfrac{R\alpha}{v}} = \frac{H-h}{H} \times \frac{v}{R\alpha} = \frac{H-h}{H} \times \frac{v}{R\sqrt{\dfrac{H-h}{R}}} = \frac{H-h}{H} \times \frac{v}{\sqrt{R(H-h)}} \tag{1-44}$$

式（1-43）和式（1-44）中，R 为轧辊半径，v 为轧辊圆周速度。

1.9.3　拉伸

拉伸时的平均应变速率可按下式计算：

$$\bar{\dot{\varepsilon}} = \frac{\varepsilon}{t} = \frac{\ln\frac{l}{L}}{\frac{l-L}{\bar{v}_y}} = \frac{\bar{v}_y}{l-L}\ln\frac{l}{L} \tag{1-45}$$

式中 $\bar{v}_y$——平均拉伸速度。

通常，在拉伸实验中拉伸速度 v_y 为常数。

1.9.4 挤压

对于挤压筒直径为 D_b，挤压杆速度为 v_b，挤压系数（挤压筒面积与制品面积之比）为 μ，模角（或死区角度）为 α，变形程度为 ε 时，挤压平均应变速率按下式计算

$$\bar{\dot{\varepsilon}} = \frac{\varepsilon}{t} = \frac{\varepsilon}{\frac{V}{F_f v_f}} = \frac{6v_b\varepsilon\tan\alpha}{D_b\left(1-\frac{1}{\sqrt{\mu^3}}\right)} \tag{1-46}$$

式中 V——变形区体积；

$\quad\quad F_f$——制品截面积；

$\quad\quad v_f$——金属流出速度。

在各种塑性成型设备上进行加工时的平均应变速率见表 1-2。

表 1-2 各种塑性成型设备上进行加工时的平均应变速率

设备类型	平均应变速率 $\bar{\dot{\varepsilon}}$/s^{-1}	设备类型	平均应变速率 $\bar{\dot{\varepsilon}}$/s^{-1}
液压机	0.03 ~ 0.06	中型轧机	10 ~ 25
曲柄压力机	1 ~ 5	线材轧机	75 ~ 1000 以上
摩擦压力机	2 ~ 10	厚板和中板轧机	8 ~ 15
蒸汽空气锤	10 ~ 250	热轧宽带钢轧机	70 ~ 100
初轧机	0.8 ~ 3	冷轧宽带钢轧机	可达 1000
大型轧机	1 ~ 5		

1.10 应变表示法

材料成型时，物体将产生较大的塑性变形，它引起了物体形状和尺寸的明显改变，故不能按上述微小变形算式进行计算。由于塑性加工中，物体的弹性变形量与塑性变形相比小至可以忽略，为计算方便，塑性成型原理中有一条"体积不变"法则认为：物体塑性变形前后体积不变。设某物体变形前高向、横向及纵向的尺寸为 H、B、L，变形后为 h、b、l，按体积不变法则，有

$$HBL = hbl \tag{1-47}$$

1.10.1 工程相对变形表示法

工程算法是指一轴向尺寸变化的绝对量与该轴向原来（或完工）尺寸的比值。它能表达物体每单位尺寸的变化，可以明晰地看出该物体所承受的变形程度。

对矩形六面体而言：

压下率（加工率）　　　　　　$e_1 = \dfrac{H-h}{H} \times 100\%$

宽展率　　　　　　　　　　　$e_2 = \dfrac{b-B}{B} \times 100\%$

伸长率　　　　　　　　　　　$e_3 = \dfrac{l-L}{L} \times 100\%$

一般而言，成型时坯料的三个轴上的尺寸都在变化，但常以尺寸变化量最大的方向为主方向来计算坯料的变形程度，如平辊轧制计算压缩率（加工率或压下率），通过模孔的拉伸计算伸长率。对某些变形过程，也可用断面面积的改变率——断面减缩率 ψ，长度增长的倍数——延伸系数 λ 来表示变形程度

$$\psi = \dfrac{F-f}{F} \times 100\%$$

$$\lambda = \dfrac{l}{L}$$

式中　F，f——变形前、后的横断面面积；

　　　L，l——变形前、后的长度。

1.10.2　对数变形表示法

上述表示法不足以反映实际变形情况，只表达了终了时刻的状态，而实际变形过程中，长度 l_0 是经过无穷多个中间数值变成 l_n，如 l_1、l_2、l_3、$\cdots$、l_{n-1}、l_n。其中相邻两长度相差均极微小，由 l_0 至 l_n 的总变形程度，可近似的看作是各个阶段变形之和

$$\frac{l_1 - l_0}{l_0} + \frac{l_2 - l_1}{l_1} + \cdots + \frac{l_{n-1} - l_{n-2}}{l_{n-2}} + \frac{l_n - l_{n-1}}{l_{n-1}}$$

设 $\mathrm{d}l$ 为每一变形阶段的长度增量，则物体的总变形量或总变形程度为

$$\varepsilon_3 = \int_{l_0}^{l_n} \frac{\mathrm{d}l}{l} = \ln \frac{l_n}{l_0} \tag{1-48}$$

此 ε_3 反映了物体变形的实际情况，称为长度方向的自然变形或对数变形（高度、宽度方向的对数变形分别标记为 ε_1、ε_2）。可见在大变形问题中，只有采用对数表示的变形程度才能得出合理的结果，因为：

（1）相对变形不能表示实际情况，而且变形程度越大，误差也越大。如将对数应变用相对变形表示，并按台劳级数展开（以长度方向为例），则有

$$\varepsilon_3 = \ln \frac{l_n}{l_0} = \ln(1 + e_3) = e_3 - \frac{e_3^2}{2} + \frac{e_3^3}{3} - \frac{e_3^4}{4} + \cdots$$

可见，只有当变形程度很小时，e 才近似等于 ε，变形程度越大，误差也越大。故上述计算 e 的方法是一种近似简便的方法。

（2）对数变形为可加变形，相对变形为不可加变形。假设某物体原长为 l_0，经历 l_1、l_2 变为 l_3，总相对变形为

$$e_3 = \frac{l_3 - l_0}{l_0}$$

各阶段的相对变形为

$$e_3^1 = \frac{l_1 - l_0}{l_0} \qquad e_3^2 = \frac{l_2 - l_1}{l_1} \qquad e_3^3 = \frac{l_3 - l_2}{l_2}$$

显然
$$e_3 \neq e_3^1 + e_3^2 + e_3^3$$

但用对数变形表示，则无上述问题，因各阶段的对数变形为

$$\varepsilon_3^1 = \ln \frac{l_1}{l_0} \qquad \varepsilon_3^2 = \ln \frac{l_2}{l_1} \qquad \varepsilon_3^3 = \ln \frac{l_3}{l_2}$$

$$\varepsilon_3^1 + \varepsilon_3^2 + \varepsilon_3^3 = \ln \frac{l_1}{l_0} + \ln \frac{l_2}{l_1} + n \frac{l_3}{l_2} = \ln \frac{l_1 l_2 l_3}{l_0 l_1 l_2} = \ln \frac{l_3}{l_0} = \varepsilon_3$$

所以对数变形又称为可加变形。

（3）对数变形为可比变形，相对变形为不可比变形。设某物体由 l_0 延长一倍后尺寸变为 $2l_0$，其相对变形为

$$e_3^+ = \frac{2l_0 - l_0}{l_0} = 1$$

如果该物体受压缩而缩短一半，尺寸变为 $0.5l_0$，则其相对变形为

$$e_3^- = \frac{0.5l_0 - l_0}{l_0} = -0.5$$

物体拉长一倍与缩短一半时，物体的变形程度应该一样。而用相对变形表示拉压程度则数值相差悬殊，失去可以比较的性质。

用对数变形表示拉、压两种不同性质的变形程度，不失去可以比较的性质。拉长一倍的对数变形为

$$\varepsilon_3^+ = \ln \frac{2l_0}{l_0} = \ln 2$$

缩短一倍的对数变形

$$\varepsilon_3^- = \ln \frac{0.5l_0}{l_0} = -\ln 2$$

利用对数变形算式，可将体积不变方程写成

$$\ln \frac{l}{L} + \ln \frac{b}{B} + \ln \frac{H}{h} = 0$$

从上式可看出：1）塑性变形时相互垂直的三个方向上对数变形之和等于零；2）在三个主变形中，必有一个与其他两者符号相反，其绝对值与其他两个之和相等，即按绝对值而言是最大的。因此在实际生产中允许采用最大主变形以描述该过程的变形程度。

实际生产中，多采用相对变形算式，对数变形一般用于科学研究中。

思 考 题

1-1 通过一点处的三个主应力是否可以用向量加法来求和？

1-2 轧制宽板时，通常认为在沿宽度方向无变形，试分析在宽度方向是否有应力？为什么？

1-3 如图 1-24 所示，用凸锤头在滑动摩擦条件下进行平面变形压缩凹面矩形件（在 z 轴方向无变形）试绘出 $\alpha > \beta$、$\alpha < \beta$、$\alpha = \beta$（β 为摩擦角）时，A 点处的主应力图示，并定性判断一下三种情况下

单位变形力的大小。

1-4　如图 1-25 所示，试判断能产生何种主变形图示，并说明主变形对产品质量有何影响。

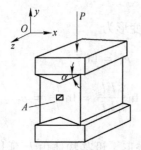

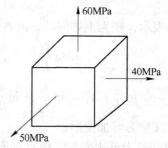

图 1-24　凸锤头压缩凹面矩形件　　　　图 1-25　物体中一点处主应力图示

1-5　如图 1-26 所示，上轧辊的表面速度为 v_1，下轧辊的表面速度为 v_2 且 $v_1 > v_2$。在 A 点 v_1 与轧件速度相同；在 B 点 v_2 与轧件速度相同，试绘出轧辊对轧件的接触面上摩擦力的方向。

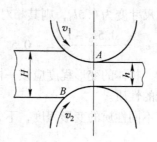

图 1-26　异步轧制图

习　题

1-1　轧制时板材厚度的逐道次变化为 $10mm \rightarrow 8mm \rightarrow 7mm \rightarrow 6.5mm \rightarrow 6.2mm \rightarrow 6.0mm$，求逐道次和全轧制过程的总压下率。

1-2　试以主应力表示八面体上的应力分量，并证明它们是坐标变换时的不变量。

1-3　已知物体内某点的应力分量为 $\sigma_x = \sigma_y = 20MPa$，$\tau_{xy} = 10MPa$，其余应力分量为零，试求主应力大小和方向。

1-4　已知物体内两点的应力张量为 a 点：$\sigma_1 = 40MPa$，$\sigma_2 = 20MPa$，$\sigma_3 = 0$；b 点；$\sigma_x = \sigma_y = 30MPa$，$\tau_{xy} = 10MPa$，其余为零。试判断它们的应力状态是否相同？

1-5　物体内一点处的应变分量为 ε_x、ε_y、ε_{xy}，而其他应变分量为零。试求（1）应变张量不变量；（2）主应变 ε_1 和 ε_3。

1-6　已知应力状态的 6 个分量 $\sigma_x = -7MPa$，$\tau_{xy} = -4MPa$，$\sigma_y = 0$，$\tau_{yz} = 4MPa$，$\tau_{zx} = -8MPa$，$\sigma_z = -15MPa$，画出应力状态图，写出应力张量。

1-7　已知纯剪应力状态，求其主应力状态。

1-8　轧制宽板时，厚向总的对数变形为 $\ln \dfrac{H}{h} = 0.357$，总的压下率为 30%，共轧两道次，第二道次的对数变形为 0.223；第二道次的压下率为 0.2，试求第一道次的对数变形和第一道次的压下率。

2 变形力学方程

为了进行力能参数和变形参数的工程计算，需要建立变形力学的有关方程，如静力方程（包括静力平衡方程和应力边界条件）、几何方程（包括应变与位移的关系方程与协调方程）、物理方程（包括屈服准则及应力与应变的关系方程）等。本章着重研究这些方程的导出及其物理概念的阐述。

2.1 力平衡方程

第 1 章介绍了应力状态的描述以及由已知坐标面上的应力分量求任意斜面上的应力的表达式。一般情况下，变形体内各点的应力状态 σ_{ij} 是不同的，不能用一个点的应力状态描述或表示整个变形体的受力情况。但是变形体内各点间的应力状态的变化又不是任意的，变形体内各点的应力分量必须满足静力平衡关系，即力平衡方程。也就是说，力平衡方程是研究和确定变形体内应力分布的重要依据。

不同的变形过程具有不同的几何特点，有的适用直角坐标系（如平砧压缩矩形件），有的适用圆柱面坐标系或球面坐标系（如回转体的镦粗、挤压、拉拔等）。

在通常的材料成型中，体积力（惯性力和重力）远小于所需的变形力，所以在力平衡方程中将体积力忽略。但是对于高速材料成型来说，不应忽略惯性力。

2.1.1 直角坐标系的力平衡方程

首先研究平行六面体的平衡问题。将物体置于直角坐标系中，物体内部各点的应力分量是坐标的连续函数。过物体内部的点 $P(x,y,z)$ 作一垂直于 x 轴的微平面，设平面上作用的正应力和剪应力已知为

$$\left.\begin{array}{l}\sigma_x = f_1(x,y,z) \\ \tau_{xy} = f_2(x,y,z) \\ \tau_{xz} = f_3(x,y,z)\end{array}\right\} \tag{a}$$

在无限接近点 P 的点 $P_1(x+\mathrm{d}x, y+\mathrm{d}y, z+\mathrm{d}z)$ 处也作一垂直于 x 轴的微平面，则该微平面上的应力可借助于将式（a）展开成泰勒级数而得到，对于 σ_x 有（图 2-1）

$$\sigma_x^1 = \sigma_x + \frac{\partial \sigma_x}{\partial x}\mathrm{d}x + \frac{\partial \sigma_x}{\partial y}\mathrm{d}y + \frac{\partial \sigma_x}{\partial z}\mathrm{d}z + \frac{1}{2}\frac{\partial^2 \sigma_x}{\partial x^2}\mathrm{d}x^2 + \frac{1}{2}\frac{\partial^2 \sigma_x}{\partial y^2}\mathrm{d}y^2 + \frac{1}{2}\frac{\partial^2 \sigma_x}{\partial z^2}\mathrm{d}z^2 + \cdots \tag{b}$$

这里 σ_x^1 是过 P_1 点的微平面上的正应力。假定 P 点和 P_1 点位于平行于 x 轴的直线上，并忽略二次以上的微分小量，则式（b）成为

$$\sigma_x^1 = \sigma_x + \frac{\partial \sigma_x}{\partial x}\mathrm{d}x$$

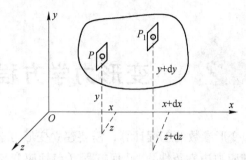

图 2-1 直角坐标系的微平面

同理可得

$$
\left.
\begin{array}{l}
\sigma_y^1 = \sigma_y + \dfrac{\partial \sigma_y}{\partial y}\mathrm{d}y \\[2mm]
\sigma_z^1 = \sigma_z + \dfrac{\partial \sigma_z}{\partial z}\mathrm{d}z \\[2mm]
\tau_{xy}^1 = \tau_{xy} + \dfrac{\partial \tau_{xy}}{\partial x}\mathrm{d}x \\[2mm]
\tau_{xz}^1 = \tau_{xz} + \dfrac{\partial \tau_{xz}}{\partial x}\mathrm{d}x \\[2mm]
\tau_{yx}^1 = \tau_{yx} + \dfrac{\partial \tau_{yx}}{\partial y}\mathrm{d}y \\[2mm]
\tau_{yz}^1 = \tau_{yz} + \dfrac{\partial \tau_{yz}}{\partial y}\mathrm{d}y \\[2mm]
\tau_{zx}^1 = \tau_{zx} + \dfrac{\partial \tau_{zx}}{\partial z}\mathrm{d}z \\[2mm]
\tau_{zy}^1 = \tau_{zy} + \dfrac{\partial \tau_{zy}}{\partial z}\mathrm{d}z
\end{array}
\right\}
\tag{c}
$$

现在从变形体内部取出一平行六面微分体，其侧面平行于相应的坐标面。利用式（c）可以写出微分体各侧面上的应力，如图 2-2 所示。图中把被遮住的三个侧面上的应力当作已知的或基本的，应力在其余三个侧面上获得增量。为清晰起见，只将平行于 x 轴的各应力分量在图 2-3 中标出，而与 x 轴垂直的各应力分量没有标出。

如果变形体处于平衡状态，则从中取出的微分体也处于平衡状态。微分体应满足六个静力平衡方程

$$\sum X = 0 \qquad \sum Y = 0 \qquad \sum Z = 0$$

$$\sum M_x = 0 \qquad \sum M_y = 0 \qquad \sum M_z = 0$$

先应用平衡条件 $\sum X = 0$，得

$$
\left(\sigma_x + \frac{\partial \sigma_x}{\partial x}\mathrm{d}x\right)\mathrm{d}y\mathrm{d}z - \sigma_x \mathrm{d}y\mathrm{d}z + \left(\tau_{yx} + \frac{\partial \tau_{yx}}{\partial y}\mathrm{d}y\right)\mathrm{d}x\mathrm{d}z - \tau_{yx}\mathrm{d}x\mathrm{d}z + \left(\tau_{zx} + \frac{\partial \tau_{zx}}{\partial z}\mathrm{d}z\right)\mathrm{d}x\mathrm{d}y - \tau_{zx}\mathrm{d}x\mathrm{d}y = 0
$$

化简后得

$$\frac{\partial \sigma_x}{\partial x} + \frac{\partial \tau_{yx}}{\partial y} + \frac{\partial \tau_{zx}}{\partial z} = 0$$

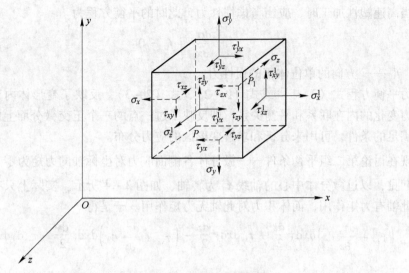

图 2-2 直角坐标系中微分体上的应力

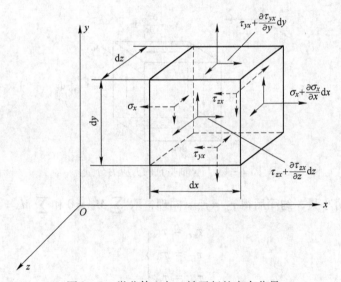

图 2-3 微分体上与 x 轴平行的应力分量

同样，由 $\sum Y = 0$ 和 $\sum Z = 0$ 可得其余两式。于是，可得如下平衡微分方程：

$$
\left.
\begin{aligned}
\frac{\partial \sigma_x}{\partial x} + \frac{\partial \tau_{yx}}{\partial y} + \frac{\partial \tau_{zx}}{\partial z} &= 0 \\
\frac{\partial \tau_{xy}}{\partial x} + \frac{\partial \sigma_y}{\partial y} + \frac{\partial \tau_{zy}}{\partial z} &= 0 \\
\frac{\partial \tau_{xz}}{\partial x} + \frac{\partial \tau_{yz}}{\partial y} + \frac{\partial \sigma_z}{\partial z} &= 0
\end{aligned}
\right\}
\tag{2-1}
$$

式（2-1）用张量符号可以表示成如下的简化形式

$$
\frac{\partial \sigma_{ij}}{\partial x_j} = 0
\tag{2-2}
$$

当高速塑性加工时，应当考虑惯性力，此时的平衡方程为

$$\frac{\partial \sigma_{ij}}{\partial x_j} + f_i = 0 \qquad (2-3)$$

式中　f_i——i 方向的单位体积的惯性力。

力平衡方程式（2-1）或式（2-2）、式（2-3），反映了变形体内正应力的变化与剪应力变化的内在联系和平衡关系，即反映了过一点的三个正交微分面上的九个应力分量所应满足的条件，可用来分析和求解变形区的应力分布。

现在讨论第二组平衡条件——微分体各侧面应力对坐标轴的力矩为零。$\sum M_x = 0$，为简便起见，以过微分体中心的轴线 x_0 为转轴，如图 2-4 所示。实际上只有四个剪应力分量对此轴有力矩作用，而体积力对此轴无力矩作用。于是得

$$\left(\tau_{zy} + \frac{\partial \tau_{zy}}{\partial z}dz\right)dxdy\frac{dz}{2} + \tau_{zy}dxdy\frac{dz}{2} - \left(\tau_{yz} + \frac{\partial \tau_{yz}}{\partial y}dy\right)dxdz\frac{dy}{2} - \tau_{yz}dxdz\frac{dy}{2} = 0$$

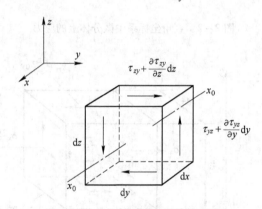

图 2-4　与 x 轴垂直的剪应力分量

略去四阶无穷小量，约简后得 $\tau_{yz} = \tau_{zy}$。同理，取 $\sum M_y = 0$ 和 $\sum M_z = 0$ 可得其余两式。

$$\left.\begin{array}{c} \tau_{xy} = \tau_{yx} \\ \tau_{yz} = \tau_{zy} \\ \tau_{zx} = \tau_{xz} \end{array}\right\} \qquad (2-4)$$

式（2-4）为剪应力互等定理，可表述如下：两个互相垂直的微平面上的剪应力，其垂直于该二平面交线的分量大小相等，而方向或均指向此交线，或均背离此交线。

2.1.2　用极坐标表示的力平衡方程

在平面问题里，当所考虑的物体是圆形、环形、扇形和楔形时，采用极坐标更为方便。此时，需将平面问题的力平衡方程用极坐标来表示。

在变形体内取一微小单元体 $abcd$，如图 2-5 所示。该单元体是由两个圆柱面和两个径向平面截割而得的。它的中心角为 $d\theta$，内半径为 r，外半径为 $r+dr$，各边的长度是：$ab = cd = dr$，$bc = (r+dr)d\theta$，$ad = rd\theta$。

现研究单元体 $abcd$ 的平衡条件。把 a 点看成是所考察的一点，而 dr 和 $d\theta$ 则是 a 点的坐标增量，这样得到的 $abcd$ 是极坐标单元微分体，在它的四个侧面上标出的应力 σ 和 τ

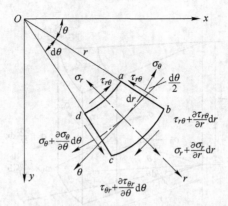

图 2-5　平面问题极坐标表示的各应力分量

可看出是平均值。各应力下标是相对于过 $abcd$ 的中心的径向轴线 r 和切向轴线 θ 写出的，其意义和在直角坐标系中的 x 和 y 相当。注意 θ 轴的正向由对 $d\theta$ 规定的正向决定。根据剪应力互等定理，可得 $\tau_{r\theta} = \tau_{\theta r}$。图中表示的各应力分量都是正的。

将极单元体各侧面上的力分别投影到交线 r 和切向 θ 上，忽略体积力。由于 $d\theta$ 是微小量，故取 $\sin(d\theta/2) \approx d\theta/2$，$\cos(d\theta/2) \approx 1$，得到

$$\left(\sigma_r + \frac{\partial \sigma_r}{\partial r}dr\right)(r + dr)d\theta - \sigma_r r d\theta - \left(\sigma_\theta + \frac{\partial \sigma_\theta}{\partial \theta}d\theta\right)dr\frac{d\theta}{2} - \sigma_\theta dr\frac{d\theta}{2} +$$

$$\left(\tau_{r\theta} + \frac{\partial \tau_{r\theta}}{\partial \theta}d\theta\right)dr \times 1 - \tau_{r\theta}dr \times 1 = 0$$

$$\left(\sigma_\theta + \frac{\partial \sigma_\theta}{\partial \theta}d\theta\right)dr \times 1 - \sigma_\theta dr \times 1 + \left(\tau_{\theta r} + \frac{\partial \tau_{\theta r}}{\partial \theta}d\theta\right)dr\frac{d\theta}{2} + \tau_{\theta r}dr\frac{d\theta}{2} +$$

$$\left(\tau_{r\theta} + \frac{\partial \tau_{r\theta}}{\partial r}dr\right)(r + dr)d\theta - \tau_{r\theta}rd\theta = 0$$

将此二式简化，并略去高阶小量，得

$$\left.\begin{array}{l} \dfrac{\partial \sigma_r}{\partial r} + \dfrac{1}{r}\dfrac{\partial \tau_{\theta r}}{\partial \theta} + \dfrac{\sigma_r - \sigma_\theta}{r} = 0 \\[3mm] \dfrac{\partial \tau_{r\theta}}{\partial r} + \dfrac{1}{r}\dfrac{\partial \sigma_\theta}{\partial \theta} + \dfrac{2\tau_{r\theta}}{r} = 0 \end{array}\right\} \tag{2-5}$$

式（2-5）是极坐标表示的平衡方程，该式的第三项反映极性的影响，当单元体接近原点时，第三项趋于无穷大，故式（2-5）在非常接近原点时是不适用的。

2.1.3　圆柱面坐标系的平衡方程

根据描述的对象不同，应选择不同的坐标系。如轴对称应力状态的变形体，其 θ 平面上的剪应力为零。如果仍按直角坐标系来描述应力状态的变化，就不能利用这个特点，而使问题复杂化。选用柱面坐标系则可大为简化。

图 2-6 是按圆柱面坐标系从变形体内取出的微分体。图中只标出了与 σ_r 有平衡关系的各应力分量。与直角坐标系微分体不同的是：两个 r 面是曲面，而且不相等；两个 θ 面不平行，因此 σ_r 与 σ_θ 不互相垂直；两个 z 平面为扇形。

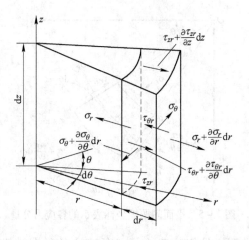

图 2-6 圆柱面坐标系中微分体上部分应力分量

与极坐标系同理，可得

$$
\left.
\begin{aligned}
\frac{\partial \sigma_r}{\partial r} + \frac{1}{r}\frac{\partial \tau_{\theta r}}{\partial \theta} + \frac{\partial \tau_{zr}}{\partial z} + \frac{\sigma_r - \sigma_\theta}{r} &= 0 \\[2mm]
\frac{\partial \tau_{r\theta}}{\partial r} + \frac{1}{r}\frac{\partial \sigma_\theta}{\partial \theta} + \frac{\partial \tau_{z\theta}}{\partial z} + \frac{2\tau_{r\theta}}{r} &= 0 \\[2mm]
\frac{\partial \tau_{rz}}{\partial r} + \frac{1}{r}\frac{\partial \tau_{\theta z}}{\partial \theta} + \frac{\partial \sigma_z}{\partial z} + \frac{\tau_{rz}}{r} &= 0
\end{aligned}
\right\}
\tag{2-6}
$$

2.1.4 球面坐标系的平衡方程

当研究和处理诸如棒材挤压和拉拔等某些变形过程时，采用球面坐标系将会更方便。

变形体中任意一点的位置，在球面坐标系中可由径向半径以及决定该半径在空间位置的两个极角 φ 和 θ 来表明（图 2-7）。极角 φ 是两个极射平面间的夹角，即两个极射平面与水平面的交线之夹角。θ 是指由 z 轴算起与任意 r 在极射平面上的夹角。

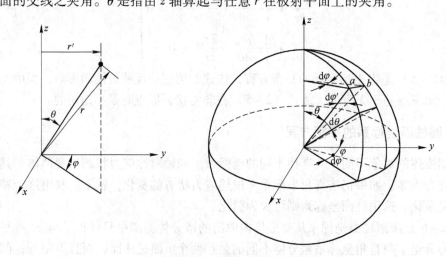

图 2-7 球面坐标系

图中：因为 $\widehat{ab} = r'\mathrm{d}\varphi$ $r' = r\sin\theta$

所以 $\widehat{ab} = r\sin\theta\mathrm{d}\varphi$

又或 $\widehat{ab} = r\mathrm{d}\varphi'$

所以 $\mathrm{d}\varphi' = \sin\theta\mathrm{d}\varphi$

从球面坐标系中取出微分六面体，并将可见的三个面上的应力分量标出，如图2-8所示，微分体由两个部分球面和四个扇形面构成，其中 r 面、φ 面、θ 面互相不垂直，两个 φ 面的夹角为 $\mathrm{d}\varphi$，两个 θ 面的夹角为 $\mathrm{d}\theta$，两个 r 面的面积不相等。

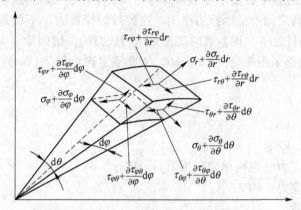

图2-8 球面坐标系中微分体上的应力分量

按照力平衡关系进行投影，可以导出球面坐标系的力平衡方程如下：

$$\left.\begin{array}{l}\dfrac{\partial\sigma_r}{\partial r} + \dfrac{1}{r\sin\theta}\dfrac{\partial\tau_{\varphi r}}{\partial\varphi} + \dfrac{1}{r}\dfrac{\partial\tau_{\theta r}}{\partial\theta} + \dfrac{1}{r}\big[2\sigma_r - (\sigma_\varphi - \sigma_\theta) + \tau_{\theta r}\cot\theta\big] = 0 \\[3mm] \dfrac{\partial\tau_{r\theta}}{\partial r} + \dfrac{1}{r}\dfrac{\partial\sigma_\theta}{\partial\theta} + \dfrac{1}{r\sin\theta}\dfrac{\partial\tau_{\varphi\theta}}{\partial\varphi} + \dfrac{1}{r}\big[3\tau_{r\theta} + (\sigma_\theta - \sigma_\varphi)\cot\theta\big] = 0 \\[3mm] \dfrac{\partial\tau_{r\varphi}}{\partial r} + \dfrac{1}{r}\dfrac{\partial\tau_{\theta\varphi}}{\partial\theta} + \dfrac{1}{r\sin\theta}\dfrac{\partial\sigma_\varphi}{\partial\varphi} + \dfrac{1}{r}(3\tau_{r\varphi} + 2\tau_{\theta\varphi}\cot\theta) = 0\end{array}\right\} \qquad (2-7)$$

2.2 应力边界条件及接触摩擦

2.2.1 应力边界条件方程

式（1-3）表达了过一点任意斜面上的应力分量与已知坐标面上的应力分量间的关系。如果该四面体素的斜面恰为变形体外表面上的面素（图2-9）并假定此表面面素上作用的单位面积上的力在各坐标轴方向上的分量分别为 p_x、p_y、p_z，参照式（1-3），则

$$\left.\begin{array}{l}p_x = \sigma_x l + \tau_{yx} m + \tau_{zx} n \\ p_y = \tau_{xy} l + \sigma_y m + \tau_{zy} n \\ p_z = \tau_{xz} l + \tau_{yz} m + \sigma_z n\end{array}\right\} \qquad (2-8)$$

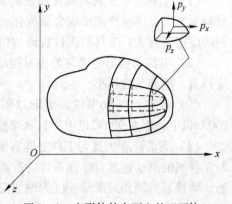

图2-9 变形体外表面上的四面体

式（2-8）表达了过外表面上任意点，单位表面力与过该点的三个坐标面上的应力分量之间的关系。这就是应力边界条件方程。显然，如果外表面与坐标面之一平行，式（2-8）仍为应力边界条件方程，只是由于 l、m、n 中有一个为1，另两个为零，从而方程变为最简单而已。还应指出，这个方程是由静力平衡为出发点导出的，所以对外力作用下处于平衡状态的变形体，不论弹性变形或塑性变形，其应力分布必须满足此边界条件。

2.2.2　金属塑性加工中的接触摩擦

在金属塑性加工过程中，由于变形金属与工具之间存在正压力及相对滑动（或相对滑动趋势），这就在两者之间产生摩擦力作用。这种接触摩擦力，不仅是变形力学计算的主要参数或接触边界条件之一，而且有时甚至是能否成型的关键因素。关于摩擦力与正压力间的关系，目前多数仍采用库仑（Coulomb）干摩擦定律

$$T = fP$$

或

$$\tau_f = f\sigma_n \qquad\qquad (2-9)$$

式中　T——摩擦力，kN；

　　　P——正压力，kN；

　　　τ_f——摩擦剪应力（也叫单位摩擦力），MPa；

　　　σ_n——压缩正应力，MPa；

　　　f——摩擦系数。

实验表明，当 σ_n 值在某一范围内时，f 近似为一常数，τ_f 随 σ_n 线性增加（图2-10）；当 σ_n 值很小时，f 值随 σ_n 的降低而升高；当 σ_n 值很大时，此时 τ_f 已达到变形金属的抗剪强度极限，τ_f 不再随 σ_n 的增加而增加，而保持常数，因而 f 将随 σ_n 的升高而降低。对金属塑性加工来说，高摩擦系数区很少出现，而另两种情况则随变形条件不同，有时出现这种或那种，有时两种共存。

在常摩擦系数范围内，影响摩擦系数的因素有：

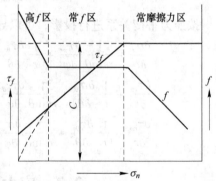

图 2-10　干摩擦过程中 τ_f、f 与 σ_n 的关系

（1）工具与成型材料的性质及其表面状态：一般来说，相同材料间的摩擦系数比不同材料间的大；而彼此能形成合金或化合物的两种材料间的摩擦系数，比不形成合金或化合物的摩擦系数大。工具与工件表面越粗糙，则摩擦系数越大。

（2）工具与变形金属间的相对运动速度：静摩擦的摩擦系数大于动摩擦。相对滑动速度越大，摩擦系数越小。

（3）温度：一般来说，变形材料的温度越高，则摩擦系数越大。但例外的是铜在800℃以上和钢在900℃以上时，其摩擦系数反而随温度升高而降低。

（4）润滑：在工具与工件之间有润滑剂时，则摩擦系数变小。但在润滑条件下，工具与工件间的滑动速度对摩擦系数的影响如图2-11所示。当速度较低时，处于半干摩擦状态，摩擦系数随相对滑动速度的增加而减小，这是由于相对滑动速度增加，带入变形区的润滑剂增多（对于拉拔和轧制而言），摩擦状态由半干摩擦向湿摩擦转化。当达到湿摩擦

状态（此时工具与工件间存在完整的润滑油膜）后，则摩擦系数随滑动速度的增加而增加。因为在湿摩擦条件下，摩擦应力与润滑油膜中的速度梯度成正比，即

$$\tau_f = \eta \frac{\mathrm{d}v}{\mathrm{d}y} \qquad (2-10)$$

式中 η ——润滑剂的黏度，Pa·s；

v ——相对滑动速度，m/s；

y ——润滑油膜厚度方向上的坐标。

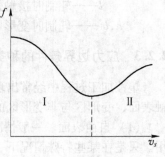

图 2-11 f 与 v_s 的关系
Ⅰ—半干摩擦区；Ⅱ—湿摩擦区

由式（2-10）可以看出，当压缩正应力增加时，由于油膜厚度减小，也使 τ_f 上升。因此，在湿摩擦条件下，摩擦应力与压缩正应力间的关系比较复杂。

由于式（2-9）中的摩擦系数 f 受应力状态的影响，而且很难测准。为此，许多研究者建议采用如下的摩擦关系：

$$\tau_f = mk \qquad (2-11)$$

式中 τ_f ——摩擦剪应力，MPa；

k ——接触层金属的屈服剪应力，MPa；

m ——摩擦因子，$m = 0 \sim 1.0$。

采用这种摩擦关系，可使成型力学解相对简单，而且也容易用实验确定摩擦因子 m。几种金属热轧、冷轧时的摩擦系数 f 值分别列于表 2-1 和表 2-2 中。

表 2-1 热轧摩擦系数

金属	铜	黄铜	镍	铅	锡	铝及其合金	钢
f	0.35 ~ 0.50	0.30 ~ 0.45	0.30 ~ 0.40	0.40 ~ 0.50	0.18	0.35 ~ 0.45	0.26 ~ 0.38

表 2-2 冷轧摩擦系数

f \\ 润滑条件 \\ 金属	不润滑	煤油	轻机油	植物油
铜	0.20 ~ 0.25	0.13 ~ 0.15	0.10 ~ 0.13	0.05 ~ 0.06
黄铜	0.12 ~ 0.15	0.06 ~ 0.07	0.05 ~ 0.06	
锌	0.25 ~ 0.30	0.12 ~ 0.15		
铝及其合金	0.16 ~ 0.24	0.08 ~ 0.12	0.06 ~ 0.07	
钢	0.06 ~ 0.08	0.05 ~ 0.07	0.05 ~ 0.06	0.04 ~ 0.06

已知摩擦系数 f，摩擦因子 m 可按 Й. Я 塔尔诺夫斯基（Тарновский）的经验公式近似确定：

镦粗时
$$m = f + \frac{1}{8} \frac{R}{h} (1 - f) \sqrt{f}$$

轧制时
$$m = f \left[1 + \frac{1}{4} n (1 - f)^4 \sqrt{f} \right]$$

式中 R, h ——镦粗圆柱体的半径和高度，mm；

n —— $l/\bar{h}$ 或 $\bar{b}/\bar{h}$ 之较小者；

　　　　　l——轧制时接触弧长的水平投影，mm；

　　　　　$\bar{h},\bar{b}$——轧制时变形区内工件的平均厚度和平均宽度，mm。

2.2.3　应力边界条件的种类

　　塑性加工过程中经常出现的应力边界条件有三种情况，即自由表面、工具与工件的接触表面、变形区与非变形区的分界面。

　　（1）自由表面。一般情况下，在工件的自由表面上，既没有正应力，也没有剪应力作用。只是在某些特殊情况下，如液体静力挤压和镦粗时，工件的自由表面受到来自周围介质的强大的压缩正应力作用。

　　（2）工件与工具的接触表面。在此边界上，既有压缩正应力 σ_n 的作用，也存在摩擦剪应力 τ_f，有时 $\tau_f = f\sigma_n$ 或 $\tau_f = mk$，有时 $\tau_f = k$。

　　（3）变形区与非变形区的分界面。在此界面上作用的应力，可能来自两区本身的相互作用，如挤压时变形区与死区之间，既有压缩正应力 σ_n，也有剪应力 τ_f，而且近似取 $\tau_f = k$。也可能来自特意加的外力作用，线材连续拉拔时的反拉力（作用在模子入口处的线材断面上）。当然，拉拔力本身（作用在模子出入口处的线材断面上）也属此类。

　　这些边界条件处理得好，与实际变形过程相近，则所得的变形力学计算值就可能符合实际。否则，将造成误差。

2.3* 　变形协调方程

　　式（1-27）描述了应变分量与位移分量间的微分关系。根据变形体在变形过程中保持连续而不破坏的原则，式（1-27）六个应变分量的函数不能是任意的。很容易证明，在它们之间存在下列关系。

　　（1）在同一平面内的应变分量间，存在

$$
\left.\begin{array}{l}
\dfrac{\partial^2 \varepsilon_x}{\partial y^2} + \dfrac{\partial^2 \varepsilon_y}{\partial x^2} = \dfrac{2\partial^2 \varepsilon_{xy}}{\partial x \partial y} \\[3mm]
\dfrac{\partial^2 \varepsilon_y}{\partial z^2} + \dfrac{\partial^2 \varepsilon_z}{\partial y^2} = \dfrac{2\partial^2 \varepsilon_{yz}}{\partial y \partial z} \\[3mm]
\dfrac{\partial^2 \varepsilon_z}{\partial x^2} + \dfrac{\partial^2 \varepsilon_x}{\partial z^2} = \dfrac{2\partial^2 \varepsilon_{zx}}{\partial z \partial x}
\end{array}\right\}
\tag{2-12}
$$

如果已知线应变的两个方程，则角应变即被两个线应变所确定，如

$$
\varepsilon_{xy} = \frac{1}{2} \iint \left(\frac{\partial^2 \varepsilon_x}{\partial y^2} + \frac{\partial^2 \varepsilon_y}{\partial x^2} \right) \mathrm{d}x \mathrm{d}y
$$

　　（2）在不同平面内的应变分量间，存在

$$
\left.\begin{array}{l}
\dfrac{\partial}{\partial x}\left(\dfrac{\partial \varepsilon_{zx}}{\partial y} + \dfrac{\partial \varepsilon_{xy}}{\partial z} - \dfrac{\partial \varepsilon_{yz}}{\partial x} \right) = \dfrac{\partial^2 \varepsilon_x}{\partial y \partial z} \\[3mm]
\dfrac{\partial}{\partial y}\left(\dfrac{\partial \varepsilon_{xy}}{\partial z} + \dfrac{\partial \varepsilon_{yz}}{\partial x} - \dfrac{\partial \varepsilon_{zx}}{\partial y} \right) = \dfrac{\partial^2 \varepsilon_y}{\partial x \partial z} \\[3mm]
\dfrac{\partial}{\partial z}\left(\dfrac{\partial \varepsilon_{yz}}{\partial x} + \dfrac{\partial \varepsilon_{zx}}{\partial y} - \dfrac{\partial \varepsilon_{xy}}{\partial z} \right) = \dfrac{\partial^2 \varepsilon_z}{\partial x \partial y}
\end{array}\right\}
\tag{2-13}
$$

如果已知角应变，则线应变 ε_x 可参照下式确定

$$\varepsilon_x = \iint \frac{\partial}{\partial x}\left(\frac{\partial \varepsilon_{zx}}{\partial y} + \frac{\partial \varepsilon_{xy}}{\partial z} - \frac{\partial \varepsilon_{yz}}{\partial x} \right) \mathrm{d}y\mathrm{d}z$$

ε_y、ε_z 可按同样方法确定。

上述两组方程式（2 – 12）、式（2 – 13），称为变形协调方程，或变形连续方程。其物理意义是，如果应变分量间符合上述方程的关系，则原来的连续体在变形后仍是连续的，否则就会出现裂纹或重叠。

2.4 屈服准则

2.4.1 屈服准则的含义

在外力作用下，变形体由弹性变形过渡到塑性变形（即发生屈服），主要取决于变形体的力学性能和所受的应力状态。变形体本身的力学性能是决定其屈服的内因；所受的应力状态乃是变形体屈服的外部条件。对同一金属，在相同的变形条件下（如变形温度、应变速率和预先加工硬化程度一定），可以认为材料屈服只取决于所受的应力状态。塑性理论的重要课题之一是找出变形体由弹性状态过渡到塑性状态的条件，就是要确定变形体受外力后产生的应力分量与材料的物理常数间的一定关系，这关系标志塑性状态的存在，称为屈服准则或塑性条件。在单向拉伸时这个条件就是 $\sigma = \sigma_s$，即拉应力 σ 达到 σ_s 时就发生屈服，σ_s 是材料的一个物理常数，它可以由拉伸实验得到。问题是在复杂的应力状态下这个条件是否存在并如何表达。

实验表明，对处于复杂应力状态的各向同性体，某向正应力可能远远超过屈服极限 σ_s，却并没有发生塑性变形。于是可以设想，塑性变形的发生不取决于某个应力分量，而取决于一点的各应力分量的某种组合。既然塑性变形是在一定的应力状态下发生，而任何应力状态最简便地是用三个主应力表示，故所寻求的条件如果存在，则这个条件应是三个正主应力的函数，即

$$f(\sigma_1, \sigma_2, \sigma_3) = C \tag{a}$$

式中，C 是材料的物理常数。塑性状态是一种物理状态，它不应与坐标轴的选择有关，因此，最好用应力张量的不变量来表示塑性条件，即

$$f(I_1, I_2, I_3) = C \tag{b}$$

如果注意到在很大的静水压力下各向同性的材料不至于屈服这一公认的事实，则可断言，平均应力的大小与屈服无关，故上式应该用偏差应力张量的不变量来表示。因为 $I_1' = 0$，故有

$$f(I_2', I_3') = C \tag{c}$$

进一步考虑，如果忽略 Bauschinger 效应，即认为材料拉压同性，则当一组偏差应力 σ_1'、σ_2'、σ_3' 引起屈服时，一组反号的偏差应力 $-\sigma_1'$，$-\sigma_2'$，$-\sigma_3'$ 也同样引起屈服，那么，三次式 I_3' 要么不进入屈服准则函数式，要么它进入，但具有偶次乘方。

2.4.2 屈雷斯卡（Tresca）屈服准则（最大剪应力理论）

1864 年法国工程师屈雷斯卡在软钢等金属的变形实验中，观察到屈服时出现吕德斯

带，吕德斯带与主应力方向约成45°角，于是推想塑性变形的开始与最大剪应力有关。所谓最大剪应力理论，就是假定对同一金属在同样的变形条件下，无论是简单应力状态还是复杂应力状态，只要最大剪应力达到极限值就发生屈服，即

$$\tau_{max} = \frac{\sigma_1 - \sigma_3}{2} = C \qquad (2-14)$$

式中，C 可由简单应力状态的实验来定。

把单向拉伸时产生屈服的 $\tau_{max} = \sigma_s/2 = C$ 代入式（2-14），得到屈雷斯卡屈服准则

$$\sigma_1 - \sigma_3 = \sigma_s \qquad (2-15)$$

薄壁管扭转时，即纯剪应力状态下（图2-12）

$$\sigma_x = \sigma_y = \sigma_z = \tau_{yz} = \tau_{zx} = 0 \qquad \tau_{xy} \neq 0$$

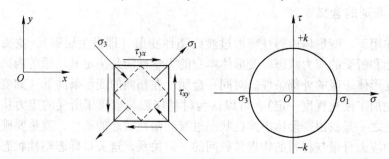

图2-12   纯剪应力状态

由莫尔圆（图2-12）可得纯剪时的主应力

$$\sigma_1 = -\sigma_3 = \tau_{xy} = \tau_{yx}$$

屈服时

$$\sigma_1 = -\sigma_3 = \tau_{xy} = k$$

把 $\sigma_3 = -\sigma_1$，$\sigma_1 = k$ 代入式（2-14），得

$$\tau_{max} = \frac{\sigma_1 - (-\sigma_1)}{2} = \frac{2\sigma_1}{2} = k = C$$

再代入式（2-14），得

$$\sigma_1 - \sigma_3 = 2k \qquad (2-16)$$

式（2-15）和式（2-16）均称为屈雷斯卡屈服准则，可见按最大剪应力理论

$$k = \frac{\sigma_s}{2} \qquad (2-17)$$

应指出，屈雷斯卡屈服准则，由于计算比较简单，有时也比较符合实际，所以比较常用。但是，由于该准则未反映出中间主应力 σ_2 的影响，故仍有不足之处。

2.4.3   密赛斯（Mises）屈服准则（变形能定值理论）

可以理解，不管采用什么样的变形方式，在变形体内某点发生屈服的条件应当仅仅是该点处各应力分量的函数，即

$$f(\sigma_{ij}) = 0$$

此函数称为屈服函数。

因为金属屈服是物理现象，所以对各向同性材料这个函数不应随坐标的选择而变。前已

述及，金属的屈服与对应形状改变的偏差应力有关，而与对应弹性体积变化的球应力无关。已知偏差应力的一次不变量为零，所以变形体的屈服可能与不随坐标选择而变的偏差应力二次不变量有关，因而此常量可能可作为屈服的判据。也就是说，对同一金属在相同的变形温度、应变速率和预先加工硬化条件下，不管采用什么样的变形方式，也不管如何选择坐标系，只要偏差应力张量二次不变量 I_2' 达到某一值时，金属便由弹性变形过渡到塑性变形，即

$$f(\sigma_{ij}) = I_2' - C = 0$$

由式（1-20）

$$I_2' = \frac{1}{6}\left[(\sigma_x - \sigma_y)^2 + (\sigma_y - \sigma_z)^2 + (\sigma_z - \sigma_x)^2 + 6(\tau_{xy}^2 + \tau_{yz}^2 + \tau_{zx}^2)\right] = C \qquad \text{(a)}$$

如所取坐标轴为主轴，则

$$I_2' = \frac{1}{6}\left[(\sigma_1 - \sigma_2)^2 + (\sigma_2 - \sigma_3)^2 + (\sigma_3 - \sigma_1)^2\right] = C \qquad \text{(b)}$$

现按简单应力状态下的屈服条件来确定式（a）和式（b）中的常数 C。

单向拉伸或压缩时，σ_x 或 $\sigma_1 = \sigma_s$，其他应力分量为零，代入式（a）和式（b）中，确定常数 $C = \sigma_s^2/3$；薄壁管扭转时，$\tau_{xy} = k$，其他应力分量为零，或 $\sigma_1 = -\sigma_3 = \tau_{xy} = k$，$\sigma_2 = 0$，分别代入式（a）和式（b）中则其常数 $C = k^2$，把 $C = \sigma_s^2/3 = k^2$ 代入式（a）和式（b），则得

$$(\sigma_x - \sigma_y)^2 + (\sigma_y - \sigma_z)^2 + (\sigma_z - \sigma_x)^2 + 6(\tau_{xy}^2 + \tau_{yz}^2 + \tau_{zx}^2) = 6k^2 = 2\sigma_s^2$$

或 $\quad f(\sigma_{ij}) = (\sigma_x - \sigma_y)^2 + (\sigma_y - \sigma_z)^2 + (\sigma_z - \sigma_x)^2 + 6(\tau_{xy}^2 + \tau_{yz}^2 + \tau_{zx}^2) - 2\sigma_s^2 = 0$

$$\text{(2-18)}$$

所取坐标轴为主轴时，则

$$(\sigma_1 - \sigma_2)^2 + (\sigma_2 - \sigma_3)^2 + (\sigma_3 - \sigma_1)^2 = 6k^2 = 2\sigma_s^2$$

或 $\qquad f(\sigma_{ij}) = (\sigma_1 - \sigma_2)^2 + (\sigma_2 - \sigma_3)^2 + (\sigma_3 - \sigma_1)^2 - 2\sigma_s^2 = 0 \qquad \text{(2-19)}$

式（2-18）和式（2-19）称为密赛斯屈服准则。

由式（2-18）和式（2-19）可见，按密赛斯屈服准则

$$k = \frac{\sigma_s}{\sqrt{3}} = 0.577\sigma_s \qquad \text{(2-20)}$$

这和屈雷斯卡屈服准则认为剪应力达到 $\sigma_s/2$ 为判断是否屈服的依据是不同的。

密赛斯当初认为，他的准则是近似的。由于这一准则只用一个式子表示，而且可以不必求出主应力，也不论是平面或空间问题，所以显得简便。后来大量事实证明，密赛斯屈服准则更符合实际，而且对这一准则提出了物理的和力学的解释。

一个解释是汉基（Hencky）于 1924 年提出的。汉基认为密赛斯屈服准则表示各向同性材料内部所积累的单位体积变形能达到一定值时发生屈服，而这个变形能只与材料性质有关，与应力状态无关。

在弹性变形时有下列广义虎克定律

$$\begin{cases} \varepsilon_1 = \dfrac{1}{E}\left[\sigma_1 - v(\sigma_2 + \sigma_3)\right] \\[2mm] \varepsilon_2 = \dfrac{1}{E}\left[\sigma_2 - v(\sigma_1 + \sigma_3)\right] \\[2mm] \varepsilon_3 = \dfrac{1}{E}\left[\sigma_3 - v(\sigma_2 + \sigma_1)\right] \end{cases}$$

单位体积的弹性变形能可借助于这个式子用应力表示为

$$W = \frac{1}{2}(\varepsilon_1\sigma_1 + \varepsilon_2\sigma_2 + \varepsilon_3\sigma_3) = \frac{1}{2E}[\sigma_1^2 + \sigma_2^2 + \sigma_3^2 - v(\sigma_1\sigma_2 + \sigma_2\sigma_3 + \sigma_3\sigma_1)]$$

其中与物体形状改变有关的部分 W_f，可借将此式中的应力分量替代以偏差应力分量而求得

$$W_f = \frac{1}{2E}[(\sigma_1')^2 + (\sigma_2')^2 + (\sigma_3')^2 - 2v(\sigma_1'\sigma_2' + \sigma_2'\sigma_3' + \sigma_3'\sigma_1')]$$

$$= \frac{1+v}{6E}[(\sigma_1 - \sigma_2)^2 + (\sigma_2 - \sigma_3)^2 + (\sigma_3 - \sigma_1)^2]$$

$$= \frac{1+v}{E}I_2'$$

把单向拉伸或压缩时，$\sigma_1 = \sigma_s$，其他应力分量为零代入可得

$$W_f = \frac{1+v}{3E}\sigma_s^2$$

于是，发生塑性变形时的单位体积形状变化能达到的极值是

$$W_f = \frac{1+v}{3E}\sigma_s^2$$

因此，密赛斯屈服准则也称为变形能定值理论。

对密赛斯屈服准则的另一种解释是纳达依（Nadai）于 1937 年提出的，他认为屈服时不是最大剪应力为常数，而是正八面体面上的剪应力达到一定的极限值。因为八面体上的剪应力 τ_8 也是与坐标轴选择无关的常数，所以对同一种金属在同样的变形条件下，τ_8 达到一定值时便发生屈服，而与应力状态无关。按式（1−17）

$$\tau_8 = \frac{1}{3}\sqrt{(\sigma_1 - \sigma_2)^2 + (\sigma_2 - \sigma_3)^2 + (\sigma_3 - \sigma_1)^2} = C$$

单向拉伸时，$\sigma_1 = \sigma_s$，其他应力分量为零，代入上式得到当

$$\tau_8 = \frac{\sqrt{2}}{3}\sigma_s$$

时发生屈服。

下面介绍密赛斯屈服准则的简化形式。

为了将密赛斯屈服准则简化成与屈雷斯卡屈服准则同样的形式并考虑中间主应力 σ_2 对屈服的影响，这里引入 Lode 应力参数。

中间主应力 σ_2 的变化范围为 $\sigma_1 \sim \sigma_3$，取该变化范围的中间值 $\frac{\sigma_1 + \sigma_3}{2}$ 为参考值，则 σ_2 与参考值间的偏差为 $\sigma_2 - \frac{\sigma_1 + \sigma_3}{2}$，$\sigma_2$ 的相对偏差为

$$\mu_d = \frac{\sigma_2 - \dfrac{\sigma_1 + \sigma_3}{2}}{\dfrac{\sigma_1 - \sigma_3}{2}} \tag{2−21}$$

μ_d 被称为 Lode 参数。若 $\sigma_2 > \dfrac{\sigma_1 + \sigma_3}{2}$，则 $\sigma_2 > \sigma_m$，$\varepsilon_2 > 0$，$\mu_d > 0$；若 $\sigma_2 = \dfrac{\sigma_1 + \sigma_3}{2}$，则

$\sigma_2 = \sigma_m$，$\varepsilon_2 = 0$，$\mu_d = 0$；若 $\sigma_2 < \dfrac{\sigma_1 + \sigma_3}{2}$，则 $\sigma_2 < \sigma_m$，$\varepsilon_2 < 0$，$\mu_d < 0$。

中间主应力与最大主应力和最小主应力的关系如图 2-13 所示。

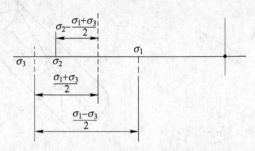

图 2-13 中间主应力与最大主应力和最小主应力的关系图

由式（2-21）可得，$\sigma_2 = \dfrac{\sigma_1 + \sigma_3}{2} + \dfrac{\mu_d}{2}(\sigma_1 - \sigma_3)$，将 σ_2 代入密赛斯屈服准则，得

$$\sigma_1 - \sigma_3 = \frac{2}{\sqrt{3 + \mu_d^2}}\sigma_s = \beta\sigma_s \qquad (2-22)$$

$$\beta = \frac{2}{\sqrt{3 + \mu_d^2}} \qquad (2-23)$$

式（2-22）是密赛斯屈服准则的简化形式。

$$\begin{cases} \sigma_2 = \sigma_1，\ \mu_d = 1，\ \sigma_1 - \sigma_3 = \sigma_s \ （轴对称应力状态） \\[2mm] \sigma_2 = \dfrac{\sigma_1 + \sigma_3}{2}，\ \mu_d = 0，\ \sigma_1 - \sigma_3 = \dfrac{2}{\sqrt{3}}\sigma_s \ （平面变形状态） \\[2mm] \sigma_2 = \sigma_3，\ \mu_d = -1，\ \sigma_1 - \sigma_3 = \sigma_s \ （轴对称应力状态） \end{cases}$$

2.4.4 屈服准则的几何解释

如果把式（2-19）

$$(\sigma_1 - \sigma_2)^2 + (\sigma_2 - \sigma_3)^2 + (\sigma_3 - \sigma_1)^2 = 2\sigma_s^2$$

中的主应力看成是主轴坐标系的三个自变量，则此式是一个无限长的圆柱面，其轴线通过原点，并与三个坐标轴 $O\sigma_1$、$O\sigma_2$、$O\sigma_3$ 成等倾角（图 2-14）。

若变形体内一点的主应力为（σ_1，σ_2，σ_3），则此点的应力状态可用主应力坐标空间的一点 P 来表示（图 2-14），此点的坐标为 σ_1，σ_2，σ_3，而

$$\overline{OP}^2 = \overline{OP_1}^2 + \overline{P_1M}^2 + \overline{PM}^2 = \sigma_1^2 + \sigma_2^2 + \sigma_3^2 \qquad (2-24)$$

现通过原点 O 作一条与三个坐标轴成等倾角的直线 OH，OH 与各坐标轴夹角的方向余弦都等于 $1/\sqrt{3}$。所以 OP 在 OH 上的投影

$$\overline{ON} = \sigma_1 l + \sigma_2 m + \sigma_3 n = \frac{1}{\sqrt{3}}(\sigma_1 + \sigma_2 + \sigma_3)$$

或

$$\overline{ON}^2 = \frac{1}{3}(\sigma_1 + \sigma_2 + \sigma_3)^2 = 3\sigma_m^2 \qquad (2-25)$$

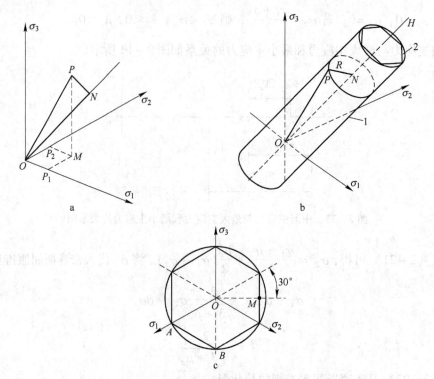

图 2-14　屈服准则的几何解释

a—主应力空间坐标；b—塑性柱面；c—π 平面

而

$$\overline{PN}^2 = \overline{OP}^2 - \overline{ON}^2 = \sigma_1^2 + \sigma_2^2 + \sigma_3^2 - \frac{1}{3}(\sigma_1 + \sigma_2 + \sigma_3)^2$$

$$= \frac{1}{3}\left[(\sigma_1 - \sigma_2)^2 + (\sigma_2 - \sigma_3)^2 + (\sigma_3 - \sigma_1)^2\right]$$

$$= (\sigma_1 - \sigma_m)^2 + (\sigma_2 - \sigma_m)^2 + (\sigma_3 - \sigma_m)^2$$

$$= (\sigma_1')^2 + (\sigma_2')^2 + (\sigma_3')^2 \tag{2-26}$$

将密赛斯屈服准则式（2-19）代入式（2-26），则有

$$\overline{PN}^2 = \frac{2}{3}\sigma_s^2 = 2k^2$$

或

$$PN = \sqrt{\frac{2}{3}}\sigma_s = \sqrt{2}k \tag{2-27}$$

这就是说，密赛斯屈服准则在主应力空间是一个无限长的圆柱面，其轴线与坐标轴成等倾角，其半径 $R = PN = \sqrt{2/3}\sigma_s$ 或 $\sqrt{2}k$。这个圆柱面称为屈服轨迹或塑性表面。可见，表示一点的应力状态（σ_1，σ_2，σ_3）之 P 点，若位于此圆柱面以内，则该点处于弹性状态，若 P 位于圆柱面上，则处于塑性状态。由于加工硬化的结果，继续塑性变形时，圆柱的半径增大。从这个角度看，实际的应力状态不可能处于圆柱面以外。

此外，由式（2-25）和式（2-26）可见，ON 为球应力分量的矢量和，PN 为偏差应力分量的矢量和。

前已述及，球应力分量和静水应力对屈服无影响，仅偏差应力分量与屈服有关。因此，ON 的大小对屈服无影响，仅 PN 与屈服有关。既然 ON 对屈服无影响，那么可取 ON 等于零，或 $\sigma_1 + \sigma_2 + \sigma_3 = 0$，即通过原点与屈服圆柱面轴线垂直的平面（成型力学上称此平面为 π 平面）上的屈服曲线（即塑性圆柱面与 π 平面的交线），便可解释屈服。

密赛斯屈服准则在 π 平面上的屈服曲线为圆（图 2-14c）。不难证明，屈雷斯卡屈服准则在 π 平面上的屈服曲线为这个圆的内接正六边形。由图 2-14c 可见，密赛斯屈服准则与屈雷斯卡屈服准则在 π 平面上的屈服曲线差别最大之处 R 与 OM 之比为 $2/\sqrt{3} = 1.155$。

必须指出，上述讨论是在 σ_1，σ_2，σ_3 不受 $\sigma_1 > \sigma_2 > \sigma_3$ 的排列限制时得出的。如果三个主应力的标号按代数值的大小依次排列，则图 2-14 中的圆柱面或 π 平面上的屈服曲线只存在 $1/6$，如图 2-14c 中的 $\overparen{AB}$ 段，其余都是虚构的。因为只有这部分曲线上的点才能满足 $\sigma_1 > \sigma_2 > \sigma_3$。

2.4.5 屈服准则的实验验证

G. I. 泰勒（Taylor）和 H. 奎奈（Quinney）在 1931 年用薄壁管在轴向拉伸和扭转联合作用下实验（图 2-15）。由于是薄壁管（平均直径为 D，壁厚为 δ），所以可以认为拉应力 $\sigma_x \left(\sigma_x = \dfrac{P}{\pi D \delta} \right)$ 和剪应力 $\tau_{xy} \left(\tau_{xy} = \dfrac{2M}{\pi D^2 \delta} \right)$ 在整个管壁上是常数，以避免应力不均匀分布的影响。其应力状态如图 2-15b 所示。此时 $\sigma_x \neq 0$，$\tau_{xy} \neq 0$，$\sigma_y = \sigma_z = \tau_{yz} = \tau_{zx} = 0$，其主应力

$$\sigma_1 = \frac{\sigma_x}{2} + \sqrt{\frac{\sigma_x^2}{4} + \tau_{xy}^2}$$

$$\sigma_3 = \frac{\sigma_x}{2} - \sqrt{\frac{\sigma_x^2}{4} + \tau_{xy}^2}$$

$$(2-28)$$

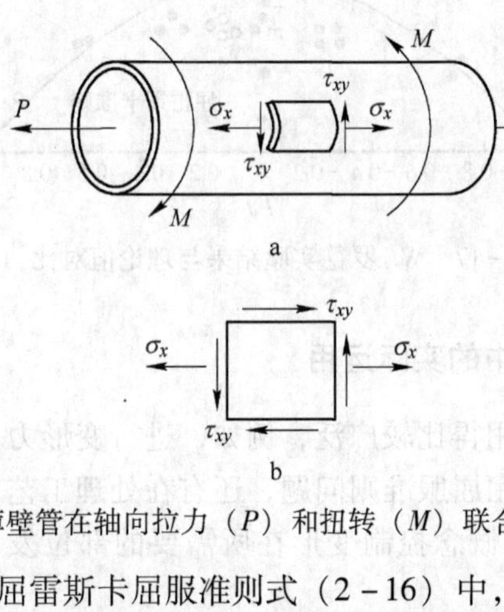

图 2-15 薄壁管在轴向拉力（P）和扭转（M）联合作用下的应力状态

把式（2-28）代入屈雷斯卡屈服准则式（2-16）中，整理得：

$$\left(\frac{\sigma_x}{\sigma_s} \right)^2 + 4 \left(\frac{\tau_{xy}}{\sigma_s} \right)^2 = 1 \qquad (2-29)$$

把式（2-28）代入密赛斯屈服准则式（2-19）中，整理得：

$$\left(\frac{\sigma_x}{\sigma_s} \right)^2 + 3 \left(\frac{\tau_{xy}}{\sigma_s} \right)^2 = 1 \qquad (2-30)$$

显然，令其他应力分量为零，将 σ_x 和 τ_{xy} 代入式（2-18），同样可得式（2-30）。

图 2-16 是由式（2-29）和式（2-30）确定的两个椭圆和实验点。由图可见，密赛斯屈服准则与实验结果更接近。

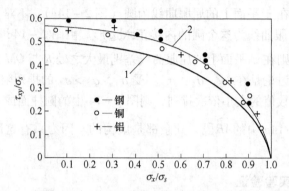

图 2-16 G. I. 泰勒和 H. 奎奈的实验结果
1—按屈雷斯卡屈服准则；2—按密赛斯屈服准则

顺便指出，1928 年 W. 罗德（Lode）曾在拉伸载荷和内压力联合作用下对用钢、铜和镍制作的薄壁管进行了实验。按式（2-22）绘制的理论曲线如图 2-17 所示，图中给出了罗德的实验数据。实验表明，密赛斯屈服准则更为符合实际。

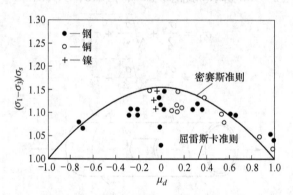

图 2-17 W. 罗德实验结果与理论值对比

2.4.6　屈服准则在材料成型中的实际运用

在材料成型中屈服准则应用得比较广泛，例如，进行变形力学理论解析时遇到如何正确选用屈服准则问题，还有在处理工艺问题时往往可根据屈服准则的概念控制变形在所需要的部位发生，以下分别给予说明。

2.4.6.1　关于屈服准则的正确选用问题

首先要分清是塑性区还是弹性区，屈服准则只能用在塑性区，如挤压时的 P 区。对于弹性区，如死区 D 及冲头下的金属 A 区以及模口附近的 C 区都不能用屈服准则（如图 2-18 所示）。

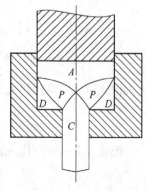

图 2-18 挤压分区图

其次是表达式的选择，对于较简单的问题，应用密赛斯屈服准则时一般是选用其简化的表达式（2-22），即

$$\sigma_1 - \sigma_3 = \beta\sigma_s$$

需注意此时正应力的顺序已经是 $\sigma_1 > \sigma_2 > \sigma_3$，这时与屈雷斯卡屈服准则

$$\sigma_1 - \sigma_3 = \sigma_s$$

基本一致，仅差一个系数 β。此时关键是如何针对具体工序确定哪一个是 σ_1，哪一个是 σ_3。对于异号应力状态，这很容易判断。例如拉拔，轴向拉应力就是 σ_1，径向压应力就是 σ_3，对于平面应力的同号应力状态，关键是确定两个应力中的相对大小，这时运用这样的观点会有所帮助，即径向应力的绝对值总是小于其切向应力的绝对值。因此，对于双拉应力状态（例如胀形，侧壁受内压，轴向受拉）$\sigma_1 = \sigma_\theta$，$\sigma_3 = 0$；对于双压应力状态，例如缩口工序 $\sigma_1 = 0$，$\sigma_3 = \sigma_\theta$。另一个就是 β 的选择问题，简单地说，如果变形接近于平面变形，则取 $\beta = 2/\sqrt{3}$；在变形为简单拉伸类（$\mu_d = -1$）或简单压缩类（$\mu_d = +1$）时取 $\beta = 1$；对于应力状态连续变化的变形区，如对于板料冲压多数工序可以近似地取 $\beta = 1.1$。

对于三向同号应力状态，在未知各应力分量具体数值之前很难判断谁大谁小，但根据 2.7.3 节的"应力应变顺序对应规律"由应变（或应变增量）可以反推应力顺序，即对应于主伸长方向的应力就是 σ_1，对应于主缩短方向应力即为 σ_3。值得注意的是此时应按代数值代入屈服准则，例如，镦粗时 $\sigma_r - \sigma_z = \sigma_s$，式中，$\sigma_r$、$\sigma_z$ 分别代表径向和轴向应力。

2.4.6.2　关于控制变形在所需要的部位发生的实例

当变形体内某处的应力状态满足屈服准则时，该处首先发生塑性变形，为此要控制成型过程，其要点就是在需要变形的部位让其满足屈服准则，这方面有很多实例。

通过控制材料的硬度差别可以使硬度低的部位先变形，例如用模具钢冲头反挤压模具型腔就是将锤头淬硬，被挤模具经软化处理。

对于同一工件的不同部位控制其温度就可以使变形仅在高温部位发生，在生产上应用实例如电热镦及温差拉伸、无模拉拔等。

控制不同的应力状态可以使变形发生的先后及发展的程度有很大的不同，例如采用凹砧镦粗与凸砧镦粗变形所得工件形状就有很大差别（参见图 2-19）。其原因在于各处的应力状态不同，中心部位 B 和 B' 都可以看成是单向压缩，而靠近凹砧处 A 点由于工具的作用力使其受三向压应力，与 B 处相比难于满足屈服准则。变形后呈中鼓状态，对于靠近凸砧的 A' 点由于工具的作用使其受两压一拉的异号应力状态，比起中心部位 B' 易于满足屈服准则，因而先变形造成两头大中间小。

利用摩擦力对主作用力传播的减弱作用也可以造成变形上的差别。图 2-20a 表示将管材进行闭式镦粗时，由于力是由冲头传下来的，显然近 A 点处的金属先满足屈服准则，因为侧壁有摩擦力，A 点以下金属所承受的压应力显然比 A 点的小，所以后满足屈服准则。其结果所得工件如图 2-20b 所示，口部厚度大于下部，在 B 点附近因所传下来的应力不满足屈服准则，即 $|\sigma| < \sigma_s$，壁厚无变化。在局部压下时，接触面小的部位，如图

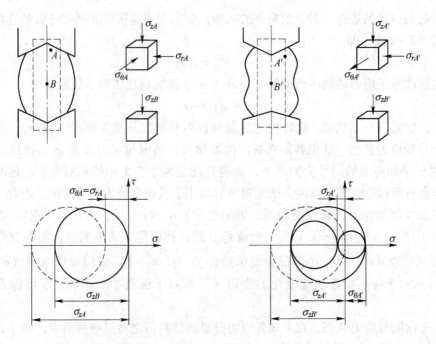

图 2 - 19　凹砧与凸砧对变形的影响

2－21 中 A 点附近压强高，先满足屈服准则，该处变形先发生。在接触面大的部位，由于压力被分散，如图 2－21 中 B 点附件后发生变形，甚至未变形。

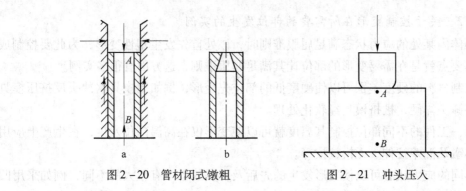

图 2 - 20　管材闭式镦粗　　　　　　图 2 - 21　冲头压入

　　摆动辗压时摆头与工件接触面上的压强远大于工件与台板的接触面上的应力，这是造成摆辗件蘑菇形的根本原因。

　　对于复合变形过程，这时变形的顺序及变形发展的程度取决于按哪一个工序先易满足屈服条件。例如复合挤压时（图 2－22），金属一部分反挤向上运动，另一部分正向挤压向下流动，当 L_1 增大使其靠近冲头部分的金属产生反挤式变形所需的力比产生挤式变形所需的变形力大时，将使较多的金属按正挤的方式变形。反之，若 L_2 很小则冲头下部金属满足反挤变形所需的力小于按正挤变形所需的力，则较多的金属按反挤方式变形。

　　又如薄管一头缩口另一头扩口，变形发展的先后取决于哪一部分先满足屈服条件。如图 2－23 所示，其锥角 α_1、α_2 以及摩擦、润滑条件对此有很大的影响，当 $\alpha_2 < \alpha_1$ 时，C 区先变形。

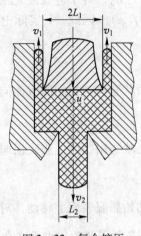

图 2-22 复合挤压

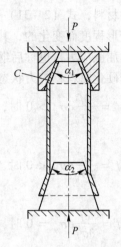

图 2-23 缩口扩口复合工序

2.4.7 应变硬化材料的屈服准则

以上讨论的屈服准则只适用于各向同性的理想塑性材料。对于应变硬化材料，可以认为其初始屈服仍然服从前述的准则。当材料产生应变硬化后，屈服准则将发生变化，在变形过程中的某一瞬时，都有一后继的瞬时屈服表面和屈服轨迹。

后继屈服轨迹的变化是很复杂的，目前还只能提出一些假设，其中最常见的假设是"各向同性硬化"假设，即所谓"等向强化"模型，其要点是：

(1) 材料应变硬化后仍然保持各向同性。

(2) 应变硬化后屈服轨迹的中心位置和形状保持不变，也就是说在 π 平面上仍然是圆形和正六边形，只是其大小随变形的进行而同心地均匀扩大，如图 2-24 所示。屈服轨迹的形状和中心位置是由应力状态的函数 $f(\sigma_{ij})$ 所决定的，而材料的性质则决定了轨迹的大小。因此，在上述假设的条件下，对于每一种应变硬化材料其八面体剪应力 τ_8 与八面体剪应变 γ_8 是完全确定的函数，即 $\tau_8 = f(\gamma_8)$，此函数与应力状态无关，仅与材料性质及变形条件有关。而等效应力 $\bar{\sigma} = 3|\tau_8|/\sqrt{2}$，等效应变 $\bar{\varepsilon} = \sqrt{2}|\gamma_8|$。于是 $\bar{\sigma} = f(\bar{\varepsilon})$ 也是完全确定的函数，与应力状态无关，此函数关系可用单向应力状态来确定。单向均匀拉伸时，$\bar{\sigma} = \sigma_1 = Y$（真实应力），$\bar{\varepsilon} = \varepsilon_1$。因此，对于应变硬化材料和理想塑性材料的屈服准则都可以表示为

$$f(\sigma_{ij}) = Y \tag{2-31}$$

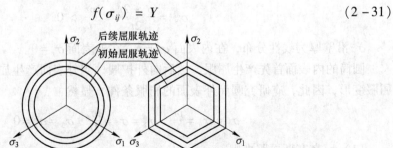

图 2-24 各向同性应变硬化材料的后续屈服轨迹

对于理想塑性材料，式（2-31）中的 Y 就是屈服应力 σ_s，对于应变硬化材料，Y 是真实应力，是随变形程度而变化的，其变化规律即为 $\overline{\sigma} = f(\overline{\varepsilon})$。因此，$Y$ 实际上就是材料应变硬化后的瞬时屈服应力，也称后继屈服应力。

对于应变硬化材料，应力状态有三种情况：

（1）当 $\mathrm{d}f = \dfrac{\partial f}{\partial \sigma_{ij}} \mathrm{d}\sigma_{ij} > 0$ 时，为加载，表示应力状态由初始屈服表面向外移动，发生了塑性流动；

（2）当 $\mathrm{d}f = \dfrac{\partial f}{\partial \sigma_{ij}} \mathrm{d}\sigma_{ij} < 0$ 时，为卸载，表示应力状态由初始屈服表面向内移动，产生弹性卸载；

（3）当 $\mathrm{d}f = \dfrac{\partial f}{\partial \sigma_{ij}} \mathrm{d}\sigma_{ij} = 0$ 时，表示应力状态由初始屈服表面上移动，对应变硬化材料来说，既不产生塑性流动，也不发生弹性卸载，这个条件通常称为中性变载。

对于理想塑性材料，$f(\sigma_{ij}) < \sigma_s$，$\mathrm{d}f = 0$ 时，塑性流动继续进行，仍为加载，而不存在 $\mathrm{d}f > 0$ 的情况。当 $f(\sigma_{ij}) < \sigma_s$ 时，表示弹性应力状态。

例　两端封闭的薄壁圆筒，半径为 r，壁厚为 t，受内压力 p 的作用（图 2-25），试求此圆筒产生屈服时的内应力 p（假设材料单向拉伸时的屈服应力为 σ_s）。

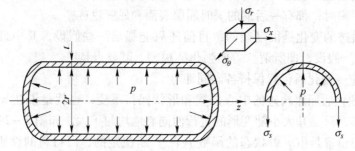

图 2-25　受内压的薄壁圆筒

解：先求应力分量。在筒壁上选取一单元体，采用圆柱坐标，单元体上的应力分量如图 2-25 所示。

根据平衡条件可求得应力分量为：

$$\sigma_z = \frac{p\pi r^2}{2\pi rt} = \frac{pr}{2t} > 0$$

$$\sigma_\theta = \frac{p \times 2r}{2t} = \frac{pr}{t} > 0$$

σ_r 沿壁厚为线性分布，在内表面 $\sigma_r = p$，在外表面 $\sigma_r = 0$。

圆筒的内表面首先产生屈服，然后向外扩展，当外表面产生屈服时，整个圆筒就开始屈服变形，因此，应研究圆筒外表面的屈服条件，显然

$$\sigma_1 = \sigma_\theta = \frac{pr}{t} \qquad \sigma_2 = \sigma_z = \frac{pr}{2t} \qquad \sigma_3 = \sigma_r = 0$$

（1）由密赛斯屈服准则

$$(\sigma_1 - \sigma_2)^2 + (\sigma_2 - \sigma_3)^2 + (\sigma_3 - \sigma_1)^2 = 2\sigma_s^2$$

即

$$\left(\frac{pr}{t} - \frac{pr}{2t}\right)^2 + \left(\frac{pr}{2t}\right)^2 + \left(\frac{pr}{t}\right)^2 = 2\sigma_s^2$$

所以可求得

$$p = \frac{2}{\sqrt{3}} \frac{t}{r} \sigma_s$$

（2）由屈雷斯卡屈服准则

$$\sigma_1 - \sigma_3 = \sigma_s$$

即

$$\frac{pr}{t} - 0 = \sigma_s$$

所以可求得

$$p = \frac{t}{r} \sigma_s$$

用同样的方法也可以求出内表面开始屈服时的 p 值，此时 $\sigma_3 = \sigma_r = -p$。
（1）按密赛斯屈服准则

$$p = \frac{2t}{\sqrt{3r^2 + 6rt + 4t^2}} \sigma_s$$

（2）按屈雷斯卡屈服准则

$$p = \frac{t}{r + t} \sigma_s$$

2. 5* 双剪应力屈服准则

2.5.1 屈服方程

双剪应力（TSS）屈服准则是俞茂宏教授于 1983 年最先提出的。该准则为又一线性屈服准则，与 Tresca 准则具有同样重要的理论意义。该准则表述如下：

若主应力按代数值大小排列，只要一点两个主剪应力满足以下关系式材料就发生屈服

$$\tau_{13} + \tau_{12} = \sigma_1 - \frac{1}{2}(\sigma_2 + \sigma_3) = \sigma_s \quad 当 \sigma_2 \leqslant \frac{1}{2}(\sigma_1 + \sigma_3) \qquad (2-32)$$

$$\tau_{13} + \tau_{23} = \frac{1}{2}(\sigma_1 + \sigma_2) - \sigma_3 = \sigma_s \quad 当 \sigma_2 \geqslant \frac{1}{2}(\sigma_1 + \sigma_3) \qquad (2-33)$$

2.5.2 几何描述与精度

该准则在 π 平面上屈服轨迹为 Mises 圆的外切六边形，如图 2 – 26 所示。在等倾空间为 Mises 屈服柱面的外切六棱柱面。图 2 – 26 中在 Mises 圆的外切点 B'，对应轴对称应力状态。这类交点共 6 个，在这些交点上各准则与 Mises 准则求解结果相同。最大误差在平面变形应力状态对应的 FEB 线段上，也是误差三角形直角边 FB。B 点为 TSS 准则的对应点，也是与 Mises 圆形成的最大误差点。斜边 $B'B$ 为 TSS 准则屈服轨迹的 1/12。

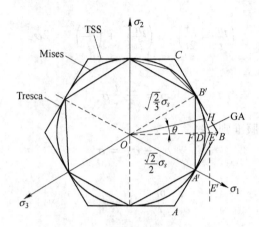

图 2-26　π 平面上 Mises 轨迹的线性逼近

2.5.3　比塑性功率

比塑性功率，也称为单位体积塑性功率，为等效应力与应变率的乘积。黄文彬等证明 TSS 屈服准则的比塑性功率表达式为

$$D(\dot{\varepsilon}_{ij}) = \frac{2}{3}\sigma_s(\dot{\varepsilon}_{\max} - \dot{\varepsilon}_{\min}) \tag{2-34}$$

式中，假定材料拉、压屈服极限 σ_s 相等，$\dot{\varepsilon}_{\max}$、$\dot{\varepsilon}_{\min}$ 分别为该点最大与最小主应变速率。

式（2-34）的特点是比塑性功率是一次线性的，这为成型能率泛函的积分带来了方便。初步应用表明，以式（2-34）解析金属成型问题时，力能参数的计算结果高于 Mises 准则计算结果。

2.6*　几何逼近屈服准则

2.6.1　屈服方程与轨迹

轨迹介于 Mises 圆外切与内切六边形之间的任何一次线性方程均为 Mises 屈服准则的线性屈服条件。若从 Mises 圆的几何参数出发，对 Mises 圆的周长和面积进行同时逼近，可以开发出几何逼近（GA）屈服准则。引入方差概念进行几何逼近，可以将方差 ρ 表达成如下数学形式：

$$\rho = \frac{(C_{GA} - C_{Mises})^2 + (S_{GA} - S_{Mises})^2}{2} \tag{2-35}$$

式中，C_{GA}、C_{Mises} 表示 GA 屈服准则与 Mises 准则的周长；S_{GA}、S_{Mises} 表示 GA 准则与 Mises 准则的面积。

GA 屈服准则在 π 平面上的轨迹如图 2-26 所示，其在误差三角形 $OB'B$ 中的轨迹 $B'E$ 如图 2-27 所示。

设未知长度 $x = FE$，可计算出 C_{GA}、C_{Mises}、S_{GA} 以及 S_{Mises}

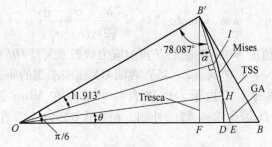

图 2-27 GA 准则在误差三角形内轨迹 $B'E$

$$C_{GA} = 12 \times B'E = 12\sqrt{\frac{1}{6}\sigma_s^2 + x^2} \quad C_{Mises} = 2\pi \times B'E = \frac{2\sqrt{6}\pi}{3}\sigma_s \quad \Big\}$$
$$S_{GA} = 6 \times B'F \cdot (OF + x) = \sqrt{3}\sigma_s + \sqrt{6}x \quad S_{Mises} = \pi(OB')^2 = \frac{2\pi}{3}\sigma_s \quad \Big\} \qquad (2-36)$$

将式（2-36）代入式（2-35），并按 $\partial\rho/\partial x = 0$ 求极值，可确定出

$$x = \frac{4}{30}\sigma_s \qquad (2-37)$$

于是，边长 OE、$B'E$、DF、OI 与角度 $\angle\alpha$、$\angle OB'E$、$\angle OEB'$、$\angle B'OI$ 为

$$OE = OF + FE = \frac{\sqrt{2}}{2}\sigma_s + \frac{4}{30}\sigma_s = \frac{15\sqrt{2}+4}{30}\sigma_s = 0.8403\sigma_s \quad \Big\}$$

$$B'E = \sqrt{B'F^2 + FE^2} = \frac{\sqrt{166}}{30}\sigma_s = 0.4295\sigma_s \qquad (2-38)$$

$$DF = OE - OD = 0.0238\sigma_s$$

$$OI = OB' \cdot \cos\angle B'OI = 0.7989\sigma_s$$

$$\angle\alpha = \arctan\left(\frac{EF}{B'F}\right) = 18.087° \quad \Big\}$$

$$\angle OB'E = 60° + \angle\alpha = 78.087° \qquad (2-39)$$

$$\angle OEB' = 180° - 30° - 78.087° = 71.913°$$

$$\angle B'OI = 90° - \angle\alpha = 11.913°$$

此外，GA 屈服准则与 Mises 屈服准则在 E 点和 I 点的误差 Δ_E 和 Δ_I 计算如下：

$$\Delta_E = (OE - OD)/OD = 2.91\% \qquad (2-40)$$

$$\Delta_I = (OI - OD)/OD = -2.15\% \qquad (2-41)$$

GA 屈服准则的周长、面积与 Mises 圆相比，相对误差分别为

$$\Delta_C = (C_{GA} - C_{Mises})/C_{Mises} = 0.46\% \qquad (2-42)$$

$$\Delta_S = (S_{GA} - S_{Mises})/S_{Mises} = -1.71\% \qquad (2-43)$$

式（2-40）~ 式（2-43）的比较表明，GA 屈服准则的轨迹与 Mises 轨迹误差较小，逼近程度较高。

在图 2-27 中，点 H 为 GA 屈服准则轨迹与 Mises 轨迹的交点，由线 OH、水平线 OE 形成的交角 θ 为

$$\theta = \angle B'OB - 2 \times \angle B'OI = 6.174° \qquad (2-44)$$

矢量 OH 满足下式

$$\tan\theta = \tan 6.174° = \frac{2\sigma_2 - \sigma_1 - \sigma_3}{\sqrt{3}(\sigma_1 - \sigma_3)} \tag{2-45}$$

式（2-45）中的正切值由 Mises 轨迹上 H 点的应力状态或矢量 OH 的端点唯一确定。

总的来说，式（2-40）~式（2-45）表明 GA 屈服准则的轨迹是与 Mises 轨迹相交于 H 点的等边非等角的十二边形。轨迹的六个顶点在 Mises 圆上，内接点顶角为 156.174°；另外六个顶点位于 Mises 圆的外侧，相距 $0.0238\sigma_s$，顶角为 143.826°；十二边形的边长为 $0.4295\sigma_s$。

如下为主应力空间 $A'E$ 和 $B'E$ 的推导过程。主应力分量在 π 平面的投影如图 2-28 所示。

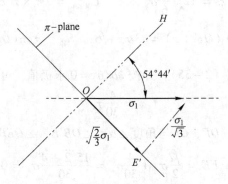

图 2-28 σ_1 在 π 平面上的投影

由图 2-26 和图 2-28 可得 E 点的应力状态为

$$\left.\begin{array}{l} \sigma_1 = \sqrt{\dfrac{3}{2}}OE' = \dfrac{\sqrt{6}}{2} \times \dfrac{OE}{\cos 30°} = \sqrt{2}OE = \dfrac{15 + 2\sqrt{2}}{15}\sigma_s \\[3mm] \sigma_3 = 0 \\[3mm] \sigma_2 = \dfrac{\sigma_1 + \sigma_3}{2} = \dfrac{15 + 2\sqrt{2}}{30}\sigma_s \end{array}\right\} \tag{2-46}$$

假设 $A'E$ 线满足如下方程

$$\sigma_1 - a_1\sigma_2 - a_2\sigma_3 - c = 0 \tag{2-47}$$

并注意到当材料屈服时有 $c = \sigma_s$、$a_1 + a_2 = 1$，代入应力分量至式（2-47）可得

$$a_1 = \frac{60\sqrt{2} - 16}{217} = 0.317 \quad a_2 = \frac{133 + 60\sqrt{2}}{217} = 0.683 \tag{2-48}$$

于是，式（2-47）可确定为

$$\sigma_1 - 0.317\sigma_2 - 0.683\sigma_3 = \sigma_s \quad 当 \sigma_2 \leqslant \frac{1}{2}(\sigma_1 + \sigma_3) \tag{2-49}$$

同理，轨迹 $B'E$ 的方程可确定为

$$0.683\sigma_1 + 0.317\sigma_2 - \sigma_3 = \sigma_s \quad 当 \sigma_2 \geqslant \frac{1}{2}(\sigma_1 + \sigma_3) \tag{2-50}$$

式（2-49）和式（2-50）即为 GA 屈服准则的数学表达式。该式表明：若应力分量 σ_1，σ_2，σ_3 按照系数 1，0.317，0.683 或 0.683，0.372，1 进行线性组合，则材料发生屈

服。同时，该式为一线性屈服准则，可克服 Mises 屈服准则的非线性在解析力能参数造成的困难。

由式（2-46）可求出 $\tau_s = (\sigma_1 - \sigma_3)/2 = 0.594\sigma_s$。该值表明，当材料的屈服剪应力达到 $0.594\sigma_s$，材料发生屈服。其中屈服应力 σ_s 可通过单轴拉伸或压缩实验确定。与前述屈服准则比较表明，GA 屈服准则的屈服剪应力接近于 Mises 屈服剪应力 $\tau_s = 0.577\sigma_s$，介于 Tresca 屈服剪应力 $\tau_s = 0.5\sigma_s$ 与 TSS 屈服剪应力 $\tau_s = 0.667\sigma_s$ 之间。

2.6.2 比塑性功率

由于应力分量 σ_{ij} 满足 $f(\sigma_{ij}) = 0$ 且 ε_{ij} 满足流动法则 $\varepsilon_{ij} = \mathrm{d}\lambda \dfrac{\partial f}{\partial \sigma_{ij}}$。任意假设 $\lambda \geqslant 0$，$\mu \geqslant 0$，则由式（2-49）和式（2-50）可得

$$\varepsilon_1 : \varepsilon_2 : \varepsilon_3 = 1 : (-0.317) : (-0.683) = \lambda : (-0.317)\lambda : (-0.683)\lambda \qquad (2-51)$$

$$\varepsilon_1 : \varepsilon_2 : \varepsilon_3 = 0.683 : 0.317 : (-1) = 0.683\mu : 0.317\mu : (-\mu) \qquad (2-52)$$

将以上两结果线性组合有

$$\varepsilon_1 : \varepsilon_2 : \varepsilon_3 = (\lambda + 0.683\mu) : 0.317(\mu - \lambda) : [-(0.683\lambda + \mu)] \qquad (2-53)$$

取 $\varepsilon_1 = \lambda + 0.683\mu$ 有

$$\varepsilon_2 = 0.317(\mu - \lambda) \quad \varepsilon_3 = -(0.683\lambda + \mu) \qquad (2-54)$$

其中 $\varepsilon_{\max} = \varepsilon_1$，$\varepsilon_{\min} = \varepsilon_3$，由此可得

$$\varepsilon_{\max} - \varepsilon_{\min} = 1.683(\mu + \lambda) \quad (\mu + \lambda) = \frac{1000}{1683}(\varepsilon_{\max} - \varepsilon_{\min}) \qquad (2-55)$$

在顶点 E 处，注意到 $\sigma_2 = (\sigma_1 + \sigma_3)/2$，可由式（2-49）和式（2-50）得

$$1.683\sigma_1 - 1.683\sigma_3 = 2\sigma_s \quad \sigma_1 - \sigma_3 = \frac{2000}{1683}\sigma_s \qquad (2-56)$$

因此，从式（2-55）和式（2-56）可得比塑性功率为

$$D(\varepsilon_{ij}) = \sigma_1\varepsilon_1 + \sigma_2\varepsilon_2 + \sigma_3\varepsilon_3 = \sigma_1\varepsilon_1 + \frac{\sigma_1 + \sigma_3}{2}\varepsilon_2 + \sigma_3\varepsilon_3$$

$$= 0.8415(\sigma_1 - \sigma_3)(\mu + \lambda) = \frac{1683}{2000} \times \frac{2000}{1683}\sigma_s \times \frac{1000}{1683}(\varepsilon_{\max} - \varepsilon_{\min})$$

$$= \frac{1000}{1683}\sigma_s(\varepsilon_{\max} - \varepsilon_{\min}) = 0.5942\sigma_s(\varepsilon_{\max} - \varepsilon_{\min}) \qquad (2-57)$$

由式（2-57）可看出，导出的比塑性功率为 σ_s，$\varepsilon_{\max}$ 以及 $\varepsilon_{\min}$ 的函数，这将有利于获得复杂力学问题的解析解。

2.6.3 实验验证

以 Lode 参数表达 TSS 准则和 GA 屈服准则可得

$$\frac{\sigma_1 - \sigma_3}{\sigma_s} = \begin{cases} \dfrac{4 + \mu_d}{3} & -1 \leqslant \mu_d \leqslant 0 \\[2mm] \dfrac{4 - \mu_d}{3} & 0 \leqslant \mu_d \leqslant 1 \end{cases} \qquad (2-58)$$

$$\frac{\sigma_1 - \sigma_3}{\sigma_s} = \begin{cases} \dfrac{2000 + 317\mu_d}{1683} & -1 \leq \mu_d \leq 0 \\[3mm] \dfrac{2000 - 317\mu_d}{1683} & 0 \leq \mu_d \leq 1 \end{cases} \tag{2-59}$$

图 2 – 29 将 Tresca 准则、Mises 准则、TSS 准则以及 GA 准则进行了对比，其中包含了铜、Ni – Cr – Mo 钢、2024 – T4 铝以及 X52、X60 管线钢实验数据。

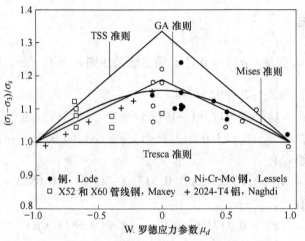

图 2 – 29　屈服准则与实验数据对比

由图可见，TSS 准则给出实验数据的上限，而 Tresca 准则给出下限；GA 屈服准则给出结果介于两者之间，与实验数据吻合较好，对 Mises 准则具有较高的逼近程度。

开发出的 GA 屈服准则及其比塑性功率可在金属塑性成型力能参数、管线爆破压力，以及裂纹尖端塑性区的解析计算上取得应用。

2.7　应力与应变的关系方程

2.7.1　弹性变形时的应力和应变关系

由材料力学已知，弹性变形时应力与应变的关系服从广义虎克定律：

$$\left. \begin{aligned} \varepsilon_x &= \frac{1}{E}[\sigma_x - \nu(\sigma_y + \sigma_z)] \\ \varepsilon_y &= \frac{1}{E}[\sigma_y - \nu(\sigma_x + \sigma_z)] \\ \varepsilon_z &= \frac{1}{E}[\sigma_z - \nu(\sigma_x + \sigma_y)] \\ \varepsilon_{xy} &= \frac{\tau_{xy}}{2G} \quad \varepsilon_{yz} = \frac{\tau_{yz}}{2G} \quad \varepsilon_{zx} = \frac{\tau_{zx}}{2G} \end{aligned} \right\} \tag{2-60}$$

式中　E——弹性模量；

　　　ν——泊松比；

　　　G——剪切模量，$G = \dfrac{E}{2(1+\nu)}$。

把式（2-60）之前三式相加后除以 3，则得

$$\varepsilon_m = \frac{1}{3}(\varepsilon_x + \varepsilon_y + \varepsilon_z) = \frac{1-2\nu}{3E}(\sigma_x + \sigma_y + \sigma_z) = \frac{1-2\nu}{E}\sigma_m \qquad (2-61)$$

把式（2-60）之第一式减去式（2-61），则得

$$\varepsilon'_x = \varepsilon_x - \varepsilon_m = \frac{1}{E}[\sigma_x - \nu(\sigma_y + \sigma_z)] - \frac{1-2\nu}{E}\sigma_m$$

$$= \frac{1}{E}[\sigma_x - \nu(\sigma_y + \sigma_z)] + \frac{3\nu}{E}\sigma_m - \frac{1+\nu}{E}\sigma_m$$

$$= \frac{1}{E}[\sigma_x - \nu(\sigma_y + \sigma_z) + \nu(\sigma_x + \sigma_y + \sigma_z)] - \frac{1+\nu}{E}\sigma_m$$

$$= \frac{1+\nu}{E}(\sigma_x - \sigma_m) = \frac{1+\nu}{E}\sigma'_x = \frac{1}{2G}\sigma'_x$$

或

$$\varepsilon_x = \frac{1}{2G}\sigma'_x + \varepsilon_m = \frac{1}{2G}\sigma'_x + \frac{1-2\nu}{E}\sigma_m \qquad (2-62)$$

同理，可以把广义虎克定律式（2-60）改写成：

$$\left.\begin{array}{l} \varepsilon_x = \varepsilon'_x + \varepsilon_m = \dfrac{1}{2G}\sigma'_x + \dfrac{1-2\nu}{E}\sigma_m \\[2mm] \varepsilon_y = \varepsilon'_y + \varepsilon_m = \dfrac{1}{2G}\sigma'_y + \dfrac{1-2\nu}{E}\sigma_m \\[2mm] \varepsilon_z = \varepsilon'_z + \varepsilon_m = \dfrac{1}{2G}\sigma'_z + \dfrac{1-2\nu}{E}\sigma_m \\[2mm] \varepsilon_{xy} = \dfrac{\tau_{xy}}{2G} \quad \varepsilon_{yz} = \dfrac{\tau_{yz}}{2G} \quad \varepsilon_{zx} = \dfrac{\tau_{zx}}{2G} \end{array}\right\} \qquad (2-63)$$

或写成张量形式

$$\varepsilon_{ij} = \varepsilon'_{ij} + \delta_{ij}\varepsilon_m = \frac{1}{2G}\sigma'_{ij} + \delta_{ij}\frac{1-2\nu}{E}\sigma_m$$

$$\begin{bmatrix} \varepsilon_x & \varepsilon_{xy} & \varepsilon_{xz} \\ \varepsilon_{yx} & \varepsilon_y & \varepsilon_{yz} \\ \varepsilon_{zx} & \varepsilon_{zy} & \varepsilon_z \end{bmatrix} = \frac{1}{2G}\begin{bmatrix} \sigma'_x & \tau_{xy} & \tau_{xz} \\ \tau_{yx} & \sigma'_y & \tau_{yz} \\ \tau_{zx} & \tau_{zy} & \sigma'_z \end{bmatrix} + \frac{1-2\nu}{E}\begin{bmatrix} \sigma_m & 0 & 0 \\ 0 & \sigma_m & 0 \\ 0 & 0 & \sigma_m \end{bmatrix} \qquad (2-64)$$

式中，δ_{ij} 称为 L. 克罗内克尔（Kronecher）记号，当 $i=j$ 时 $\delta_{ij}=1$，当 $i\neq j$ 时 $\delta_{ij}=0$。

可见，在弹性变形中包括改变体积的变形和改变形状的变形。前者与球应力分量成正比，即 $\varepsilon_m = (1-2\nu)\sigma_m/E$；后者与偏差应力分量成正比，即

$$\left.\begin{array}{l} \varepsilon'_x = \varepsilon_x - \varepsilon_m = \dfrac{1}{2G}\sigma'_x \\[2mm] \varepsilon'_y = \varepsilon_y - \varepsilon_m = \dfrac{1}{2G}\sigma'_y \\[2mm] \varepsilon'_z = \varepsilon_z - \varepsilon_m = \dfrac{1}{2G}\sigma'_z \\[2mm] \varepsilon_{xy} = \dfrac{\tau_{xy}}{2G} \quad \varepsilon_{yz} = \dfrac{\tau_{yz}}{2G} \quad \varepsilon_{zx} = \dfrac{\tau_{zx}}{2G} \end{array}\right\} \qquad (2-65)$$

2.7.2　塑性应变时的应力和应变的关系

前已述及，塑性理论较之弹性理论复杂之处在于物性方程（应力应变关系）不是线性的。对于理想弹塑性材料，因为只有三个平衡方程和一个塑性条件式（屈服准则），所以，为了求解六个应力分量，需要补充一组物性方程。只是对于像轴对称的平面问题那种简单情况，因为只有两个未知应力 σ_r 和 σ_θ，才可以由一个平衡方程式和一个塑性条件式求解。对于应变硬化材料，即使简单问题的求解也要涉及应力应变关系。

既然塑性变形时的应变与加载历史有关，而且也不容易得到全量应变与应力状态间的对应关系，人们自然想到建立塑性变形每一瞬时应变增量与当时应力状态之间的关系，又因为金属塑性变形过程中体积的变化可以忽略，人们又会想到建立每一瞬时应变增量与当时应力偏量之间的关系，增量理论便建立了这样的关系，这里的"增量"指的是应变增量，是相对全量应变而言的。

历史上出现过许多描述塑性应力应变关系的理论，它们可以分为两大类，即增量理论和全量理论。下面将要介绍的 M. 列维 – 密赛斯（Levy – Mises）理论和与其相近的 L. 普朗特耳 – A. 路斯（Prandtl – Reuss）理论属于增量理论，H. 汉基（Hencky）理论属于全量理论。

2.7.2.1　增量理论

这种理论出现得比较早，它所建立的是偏差应力分量与应变增量之间成正比的关系。所谓应变增量即每一瞬时各应变分量的无限小的变化量，记为 $\mathrm{d}\varepsilon_x$、$\mathrm{d}\varepsilon_y$、$\mathrm{d}\varepsilon_z$、$\mathrm{d}\varepsilon_{xy}$、$\mathrm{d}\varepsilon_{yz}$、$\mathrm{d}\varepsilon_{zx}$。应力主轴不是和应变主轴重合，而是和塑性应变增量的主轴重合。这种理论不需要以简单加载为前提，因此适用性广，特别是适用于诸如金属压力加工等大变形的场合，所以又叫塑性流动理论。

A　L. 普朗特耳 – A. 路斯理论

早在 1870 年，B. 圣维南（Saint – Venant）在解平面塑性变形问题时，提出应变增量主轴与应力主轴（或偏差应力主轴）重合的假设。1924 年 L. 普朗特耳首先对平面变形的特殊情况提出了理想弹 – 塑性体的应力 – 应变关系。1930 年 A. 路斯将其推广到一般情况下的应力 – 应变关系。

A. 路斯理论考虑了总应变增量中包括弹性应变增量和塑性应变增量两部分，并假定在加载过程任一瞬间，塑性应变增量的各分量（用上角标 p 表示塑性）与相应的偏差应力分量及剪应力分量成比例，即

$$\frac{\mathrm{d}\varepsilon_x^p}{\sigma_x'} = \frac{\mathrm{d}\varepsilon_y^p}{\sigma_y'} = \frac{\mathrm{d}\varepsilon_z^p}{\sigma_z'} = \frac{\mathrm{d}\varepsilon_{xy}^p}{\tau_{xy}} = \frac{\mathrm{d}\varepsilon_{yz}^p}{\tau_{yz}} = \frac{\mathrm{d}\varepsilon_{zx}^p}{\tau_{zx}} = \mathrm{d}\lambda$$

或写成

$$\mathrm{d}\varepsilon_{ij}^p = \sigma_{ij}'\mathrm{d}\lambda \qquad\qquad (2-66)$$

式中，$\mathrm{d}\lambda$ 为瞬时的正值比例系数，在整个加载过程中可能是变量。卸载时，$\mathrm{d}\lambda = 0$。

式（2-66）只给出塑性应变增量在 x，y，z 方向的比，尚不能确定各应变增量的具体数值。为确定塑性应变增量的具体数值，必须引进屈服准则。因为总应变增量是弹性应变增量（用上角标 e 表示塑性）和塑性应变增量之和，所以，由式（2-64）和式（2-66）得

$$d\varepsilon_{ij} = d\varepsilon_{ij}^{p} + d\varepsilon_{ij}^{e} = \sigma_{ij}'d\lambda + \frac{d\sigma_{ij}'}{2G} + \frac{1-2\nu}{E}d\sigma_{m}\delta_{ij} \qquad (2-67)$$

此时偏差应变增量为

$$d\varepsilon_{x}' = (d\varepsilon_{x}')^{e} + (d\varepsilon_{x}')^{p} = (d\varepsilon_{x}')^{e} + d\varepsilon_{x}^{p} - d\varepsilon_{m}^{p}$$

因为塑性变形时体积不变,即

$$d\varepsilon_{x}^{p} + d\varepsilon_{y}^{p} + d\varepsilon_{z}^{p} = 0$$

或

$$d\varepsilon_{m}^{p} = \frac{d\varepsilon_{x}^{p} + d\varepsilon_{y}^{p} + d\varepsilon_{z}^{p}}{3} = 0$$

所以

$$d\varepsilon_{x}' = (d\varepsilon_{x}')^{e} + d\varepsilon_{x}^{p}$$

$$d\varepsilon_{xy} = d\varepsilon_{xy}^{e} + d\varepsilon_{xy}^{p}$$

把式(2-65)和式(2-66)代入,则

$$\left. \begin{aligned} d\varepsilon_{x}' &= \frac{d\sigma_{x}'}{2G} + \sigma_{x}'d\lambda \\ d\varepsilon_{y}' &= \frac{d\sigma_{y}'}{2G} + \sigma_{y}'d\lambda \\ d\varepsilon_{z}' &= \frac{d\sigma_{z}'}{2G} + \sigma_{z}'d\lambda \\ d\varepsilon_{xy} &= \frac{d\tau_{xy}}{2G} + \tau_{xy}d\lambda \\ d\varepsilon_{yz} &= \frac{d\tau_{yz}}{2G} + \tau_{yz}d\lambda \\ d\varepsilon_{zx} &= \frac{d\tau_{zx}}{2G} + \tau_{zx}d\lambda \end{aligned} \right\} \qquad (2-68)$$

式(2-68)称为普朗特耳-路斯方程。

应当指出,靠近弹性区的塑性变形是很小的,不能忽视弹性应变,此时应采用普朗特耳-路斯方程。然而在解决塑性变形相当大的塑性加工问题时,常常可以忽略弹性应变。这种情况下的应力和应变关系是列维-密赛斯提出的。

B 列维-密赛斯理论

在普朗特耳和路斯以前,列维于1871年曾提出应变增量和偏差应力之间的关系式,密赛斯在1913年在不知道列维已经提出该理论的情况下,也得出了同样的关系式。因此,习惯上将这种理论称为列维-密赛斯理论。该理论假定塑性应变增量的各分量与相应的偏差应力分量及剪应力分量成比例,即

$$\frac{d\varepsilon_{x}}{\sigma_{x}'} = \frac{d\varepsilon_{y}}{\sigma_{y}'} = \frac{d\varepsilon_{z}}{\sigma_{z}'} = \frac{d\varepsilon_{xy}}{\tau_{xy}} = \frac{d\varepsilon_{yz}}{\tau_{yz}} = \frac{d\varepsilon_{zx}}{\tau_{zx}} = d\lambda \qquad (2-69)$$

该理论把总应变增量和塑性应变增量看成是相同的,所以把上角标p去掉。

式(2-69)也称为列维-密赛斯流动法则。塑性变形时体积不变,只改变形状,于是可以推想塑性应变与偏差应力有对应关系。因主轴时各剪应力分量等于零,所以 $d\varepsilon_{xy} = d\varepsilon_{yz} = d\varepsilon_{zx} = 0$,此时各应变增量就是主应变增量。因此对各向同性应变体,可以认为应变增量主轴和应力主轴(或偏差应力主轴)重合,所以塑性应变增量与偏差应力成比例是可

以理解的。由式（2-69）可以看出

$$d\varepsilon_x + d\varepsilon_y + d\varepsilon_z = d\lambda(\sigma'_x + \sigma'_y + \sigma'_z)$$

因为偏差应力的一次不变量等于零，即 $\sigma'_x + \sigma'_y + \sigma'_z = 0$，所以 $d\varepsilon_x + d\varepsilon_y + d\varepsilon_z = 0$，这符合体积不变条件。

把式（2-69）等号两边同时除以变形时间增量 dt，可得应变速率各分量与偏差应力分量及剪应力分量成比例，即

$$\frac{\dot{\varepsilon}_x}{\sigma'_x} = \frac{\dot{\varepsilon}_y}{\sigma'_y} = \frac{\dot{\varepsilon}_z}{\sigma'_z} = \frac{\dot{\varepsilon}_{xy}}{\tau_{xy}} = \frac{\dot{\varepsilon}_{yz}}{\tau_{yz}} = \frac{\dot{\varepsilon}_{zx}}{\tau_{zx}} = d\dot{\lambda} \tag{2-70}$$

式（2-69）用一般应力分量表示，则有

$$d\varepsilon_x = d\lambda\sigma'_x = d\lambda(\sigma_x - \sigma_m)$$

把 $\sigma_m = \dfrac{1}{3}(\sigma_x + \sigma_y + \sigma_z)$ 代入上式，整理得（同理可得其余三式）

$$\left.\begin{aligned}
d\varepsilon_x &= \frac{2}{3}d\lambda\left[\sigma_x - \frac{1}{2}(\sigma_y + \sigma_z)\right] \\
d\varepsilon_y &= \frac{2}{3}d\lambda\left[\sigma_y - \frac{1}{2}(\sigma_z + \sigma_x)\right] \\
d\varepsilon_z &= \frac{2}{3}d\lambda\left[\sigma_z - \frac{1}{2}(\sigma_x + \sigma_y)\right] \\
d\varepsilon_{xy} &= d\lambda\tau_{xy} \quad d\varepsilon_{yz} = d\lambda\tau_{yz} \quad d\varepsilon_{zx} = d\lambda\tau_{zx}
\end{aligned}\right\} \tag{2-71}$$

应当指出，增量理论建立了各瞬时应变增量和应力偏量之间的关系，考虑了加载过程对变形的影响，无论对简单加载还是复杂加载都是适用的。由于变形终了的应变需由各瞬时的应变增量积分得出，因此实际应用较为复杂。

2.7.2.2 全量理论

全量理论又称变形理论，它所建立的是应力与应变全量之间的关系，这一点和弹性理论相似，但全量理论要求变形体是处于简单加载条件下才适用，即要求各应力分量在加载过程中按同一比例增加，因为只有在这种条件下变形体内各点应力主轴才不改变方向。这一要求显然限制了全量理论的应用范围。

全量理论有许多，下面主要介绍 H. 汉基小塑性变形理论。1924 年 H. 汉基提出了该理论，该理论假定偏差塑性应变分量与相应的偏差应力分量及剪应力分量成比例，即

$$\frac{(\varepsilon'_x)^p}{\sigma'_x} = \frac{(\varepsilon'_y)^p}{\sigma'_y} = \frac{(\varepsilon'_z)^p}{\sigma'_z} = \frac{\varepsilon^p_{xy}}{\tau_{xy}} = \frac{\varepsilon^p_{yz}}{\tau_{yz}} = \frac{\varepsilon^p_{zx}}{\tau_{zx}} = \lambda \tag{2-72}$$

式中，λ 为瞬时的正值比例常数，在整个加载过程中可能是变量。

因为 $\varepsilon_m = 0$，所以 $(\varepsilon'_x)^p = \varepsilon^p_x - \varepsilon_m = \varepsilon^p_x$，于是，式（2-72）可改写为

$$\frac{\varepsilon^p_x}{\sigma'_x} = \frac{\varepsilon^p_y}{\sigma'_y} = \frac{\varepsilon^p_z}{\sigma'_z} = \frac{\varepsilon^p_{xy}}{\tau_{xy}} = \frac{\varepsilon^p_{yz}}{\tau_{yz}} = \frac{\varepsilon^p_{zx}}{\tau_{zx}} = \lambda \tag{2-73}$$

H. 汉基小塑性变形理论主要适用于小塑性变形，对于大塑性变形，仅适用于简单加载条件，此时应力与应变主轴在加载过程中不变，并可用对数变形计算主应变。

坐标轴取主轴时，式（2-73）可写成

$$\varepsilon_1 = \lambda\sigma'_1 \quad \varepsilon_2 = \lambda\sigma'_2 \quad \varepsilon_3 = \lambda\sigma'_3 \tag{2-74}$$

由式（2-74）可得

$$\frac{\varepsilon_1}{\varepsilon_2} = \frac{\sigma_1'}{\sigma_2'} \quad \frac{\varepsilon_1 - \varepsilon_2}{\varepsilon_2} = \frac{\sigma_1' - \sigma_2'}{\sigma_2'}$$

或

$$\frac{\varepsilon_1 - \varepsilon_2}{\sigma_1' - \sigma_2'} = \frac{\varepsilon_2}{\sigma_2'} = \lambda$$

$$\frac{\varepsilon_1 - \varepsilon_2}{(\sigma_1 - \sigma_m) - (\sigma_2 - \sigma_m)} = \frac{\varepsilon_1 - \varepsilon_2}{\sigma_1 - \sigma_2} = \lambda$$

同理

$$\frac{\varepsilon_1 - \varepsilon_2}{\sigma_1 - \sigma_2} = \frac{\varepsilon_2 - \varepsilon_3}{\sigma_2 - \sigma_3} = \frac{\varepsilon_3 - \varepsilon_1}{\sigma_3 - \sigma_1} = \lambda \tag{2-75}$$

应指出，在计算小塑性变形时，弹性变形不能忽略，否则会产生大的误差。在解小弹-塑性问题时，微小的全应变和应变增量等同，此时完全可采用式（2-68），只要把其中的应变增量改为微小的全应变即可（等价于把式（2-66）中的塑性应变增量改为塑性全应变）。如坐标轴取主轴，则由式（2-68）可得

$$\left. \begin{array}{l} \varepsilon_1' = \left(\dfrac{1}{2G} + \lambda \right) \sigma_1' \\[2mm] \varepsilon_2' = \left(\dfrac{1}{2G} + \lambda \right) \sigma_2' \\[2mm] \varepsilon_3' = \left(\dfrac{1}{2G} + \lambda \right) \sigma_3' \end{array} \right\} \tag{2-76}$$

或由式（2-63），式（2-64），式（2-71），式（2-74）得

$$\left. \begin{array}{l} \varepsilon_1 = \dfrac{\sigma_1'}{2G} + \dfrac{1-2\nu}{E}\sigma_m + \lambda\sigma_1' = \dfrac{1}{E}[\sigma_1 - \nu(\sigma_2 + \sigma_3)] + \dfrac{2}{3}\lambda\left[\sigma_1 - \dfrac{1}{2}(\sigma_2 + \sigma_3)\right] \\[3mm] \varepsilon_2 = \dfrac{1}{E}[\sigma_2 - \nu(\sigma_3 + \sigma_1)] + \dfrac{2}{3}\lambda\left[\sigma_2 - \dfrac{1}{2}(\sigma_3 + \sigma_1)\right] \\[3mm] \varepsilon_3 = \dfrac{1}{E}[\sigma_3 - \nu(\sigma_1 + \sigma_2)] + \dfrac{2}{3}\lambda\left[\sigma_3 - \dfrac{1}{2}(\sigma_1 + \sigma_2)\right] \end{array} \right\} \tag{2-77}$$

虽然全量理论只适用于微小变形和简单加载条件，但由于全量理论表示的是应力与全应变一一对应的关系，这在数学处理上比较方便，因此许多人用这个理论解某些问题。近年来的研究表明，全量理论的应用范围大大超过了原来的一些限制。然而该理论仍缺乏普遍性，一般认为，研究大塑性变形的一般问题，采用增量理论为宜。

2.7.3 应力应变顺序对应规律及其应用

前述增量理论及全量理论都能直接给出偏差应力与应变增量或全量之间的定量关系，但是物体内的应力分布通常很难定量地了解，即使知道了还要求出偏差应力分量进而求应变分量（按变形理论），计算是相当复杂的，如果按增量理论计算还需对已求出的应变增量进行积分，其繁杂就可想而知了。另外，从工程角度来看，对于一些繁杂的问题，哪怕是能给出定性的结果也很可贵，具体的定量问题可以从实验中进一步探索。王仲仁等鉴于塑性加工理论中关于成型规律阐述上存在的一些问题，吸取了增量理论及全量理论的共同点，提出了应力应变顺序对应规律，并使该规律的阐述逐渐简明和便于应用。现简述

如下。

塑性变形时，当应力顺序 $\sigma_1 > \sigma_2 > \sigma_3$ 不变，且应变主轴方向不变时，则主应变的顺序与主应力顺序相对应，即 $\varepsilon_1 > \varepsilon_2 > \varepsilon_3$（$\varepsilon_1 > 0$，$\varepsilon_3 < 0$）。$\varepsilon_2$ 的符号与 $\sigma_2 - \dfrac{\sigma_1 + \sigma_3}{2}$ 的符号相对应。

这个规律的前一部分是"顺序关系"，后一部分是"中间关系"。其实质是将增量理论的定量描述变为一种定性的判断。它虽然不能给出各方向应变全量的定量结果，但可以说明应力在一定范围内变化时各方向的应变全量的相对大小，进而可以推断出尺寸的相对变化。现证明如下：

在应力顺序始终保持不变的情况下，例如 $\sigma_1 > \sigma_2 > \sigma_3$，则偏差应力分量的顺序也是不变的

$$(\sigma_1 - \sigma_m) > (\sigma_2 - \sigma_m) > (\sigma_3 - \sigma_m) \tag{2-78}$$

列维－密赛斯应力应变方程（2-69）对于主应力条件可以写成如下形式

$$\frac{d\varepsilon_1}{\sigma_1 - \sigma_m} = \frac{d\varepsilon_2}{\sigma_2 - \sigma_m} = \frac{d\varepsilon_3}{\sigma_3 - \sigma_m} = d\lambda \tag{2-79}$$

将式（2-79）代入式（2-78），则

$$d\varepsilon_1 > d\varepsilon_2 > d\varepsilon_3 \tag{2-80}$$

对于初始变形为零的变形过程，可以视为由几个阶段所组成，在时间间隔 t_1 中

$$d\varepsilon_1 \big|_{t=t_1} = (\sigma_1 - \sigma_m) \big|_{t=t_1} d\lambda_1$$

$$d\varepsilon_2 \big|_{t=t_1} = (\sigma_2 - \sigma_m) \big|_{t=t_1} d\lambda_1$$

$$d\varepsilon_3 \big|_{t=t_1} = (\sigma_3 - \sigma_m) \big|_{t=t_1} d\lambda_1$$

在时间间隔 t_2 中同理有

$$d\varepsilon_1 \big|_{t=t_2} = (\sigma_1 - \sigma_m) \big|_{t=t_2} d\lambda_2$$

$$d\varepsilon_2 \big|_{t=t_2} = (\sigma_2 - \sigma_m) \big|_{t=t_2} d\lambda_2$$

$$d\varepsilon_3 \big|_{t=t_2} = (\sigma_3 - \sigma_m) \big|_{t=t_2} d\lambda_2$$

在时间间隔 t_n 中也将有

$$d\varepsilon_1 \big|_{t=t_n} = (\sigma_1 - \sigma_m) \big|_{t=t_n} d\lambda_n$$

$$d\varepsilon_2 \big|_{t=t_n} = (\sigma_2 - \sigma_m) \big|_{t=t_n} d\lambda_n$$

$$d\varepsilon_3 \big|_{t=t_n} = (\sigma_3 - \sigma_m) \big|_{t=t_n} d\lambda_n$$

由于主轴方向不变，所以各方向的应变全量（总应变）等于各阶段应变增量之和，即

$$\varepsilon_1 = \sum d\varepsilon_1$$

$$\varepsilon_2 = \sum d\varepsilon_2$$

$$\varepsilon_3 = \sum d\varepsilon_3$$

$$\varepsilon_1 - \varepsilon_2 = (\sigma_1 - \sigma_2) \big|_{t=t_1} d\lambda_1 + (\sigma_1 - \sigma_2) \big|_{t=t_2} d\lambda_2 + \cdots + (\sigma_1 - \sigma_2) \big|_{t=t_n} d\lambda_n \tag{2-81}$$

由于始终保持 $\sigma_1 > \sigma_2$，故有 $(\sigma_1 - \sigma_2) \big|_{t=t_1} > 0$，$(\sigma_1 - \sigma_2) \big|_{t=t_2} > 0$，…，$(\sigma_1 - \sigma_2) \big|_{t=t_n} > 0$。且因 $d\lambda_1$，$d\lambda_2$，…，$d\lambda_n$ 皆大于零，于是式（2-81）右端恒大于零，即

$$\varepsilon_1 > \varepsilon_2 \tag{2-82}$$

同理有

$$\varepsilon_2 > \varepsilon_3 \tag{2-83}$$

汇总式（2-82）和式（2-83）可得

$$\varepsilon_1 > \varepsilon_2 > \varepsilon_3$$

即"顺序对应关系"得到证明。又根据体积不变条件

$$\varepsilon_1 + \varepsilon_2 + \varepsilon_3 = 0$$

因此，ε_1 定大于零，ε_3 定小于零。

至于沿中间主应力 σ_2 方向的应变 ε_2 的符号需根据 σ_2 的相对大小来定，在前述变形过程的几个阶段中，ε_2 可按下式计算

$$\varepsilon_2 = (\sigma_2 - \sigma_m)\big|_{t=t_1} d\lambda_1 + (\sigma_2 - \sigma_m)\big|_{t=t_2} d\lambda_2 + \cdots + (\sigma_2 - \sigma_m)\big|_{t=t_n} d\lambda_n \tag{2-84}$$

若变形过程始终保持 $\sigma_2 > \dfrac{\sigma_1 + \sigma_3}{2}$，即 $\sigma_2 > \sigma_m$，由于 $d\lambda_1$，$d\lambda_2$，$\cdots$，$d\lambda_n$ 皆大于零，则式（2-84）右端恒大于零，即 $\varepsilon_2 > 0$。

同理，当 $\sigma_2 < \dfrac{\sigma_1 + \sigma_3}{2}$ 时，$\varepsilon_2 < 0$；当 $\sigma_2 = \dfrac{\sigma_1 + \sigma_3}{2}$ 时，$\varepsilon_2 = 0$。

上述证明是根据增量理论导出的全量应变表达式。

进一步分析可以看出中间关系，即 σ_2 与 $\dfrac{\sigma_1 + \sigma_3}{2}$ 的关系是决定变形类型的依据。下面来分析中间主应力 σ_2 对应变类型的影响。

所谓应变类型实际上就是前面所提的伸长类应变（$\varepsilon_1 > 0$，$\varepsilon_2 < 0$，$\varepsilon_3 < 0$），平面应变（$\varepsilon_1 > 0$，$\varepsilon_2 = 0$，$\varepsilon_3 < 0$）及压缩类应变（$\varepsilon_1 > 0$，$\varepsilon_2 > 0$，$\varepsilon_3 < 0$）三种应变。

当 $\sigma_2 = \dfrac{\sigma_1 + \sigma_3}{2}$ 时，$\varepsilon_2 = 0$，应变为平面应变。

当 $\sigma_2 - \sigma_m > 0$，即 $\sigma_2 > \dfrac{\sigma_1 + \sigma_3}{2}$ 时，$\varepsilon_2 > 0$，应变状态为 $\varepsilon_1 > 0$，$\varepsilon_2 > 0$，$\varepsilon_3 < 0$，属于压缩类应变。

当 $\sigma_2 - \sigma_m < 0$，即 $\sigma_2 < \dfrac{\sigma_1 + \sigma_3}{2}$ 时，$\varepsilon_2 < 0$，应变状态为 $\varepsilon_1 > 0$，$\varepsilon_2 < 0$，$\varepsilon_3 < 0$，属于伸长类应变。

上述规律是基于增量理论推导的，在某种程度上可以理解为对偏离简单加载、应力比例变化但不引起应变类型变化后对应变全量的定性估测。

塑性变形是物体各部分（在每部分应力状态相似）的尺寸将在最大应力（按代数值，拉为正、压为负）的方向相对增加得最多，并在最小应力的方向相对减少最大，沿中间主应力方向的尺寸变化趋势与该应力的数值接近最大或最小应力相对应。

这里所说的尺寸相对变化就是前述的应变全量。对于特定的条件，上述规律还可以简化：

在三向压应力状态下，沿绝对值最小的方向应变最大或在三向压应力状态下沿绝对值最小的方向尺寸相对增加最多。

正如形变理论本应严格用于比例加载条件而实际上可以放宽使用范围一样，应力应变

顺序对应规律作为一种定性描述有其推论的前提，即

（1）主应力顺序不变；

（2）主应变方向不变。

但在实际应用时也可以适当放宽，其检验标准就是实验数据。反过来说，如果离开前提太远，应用出入很大也是自然的，这属于运用不当。下面具体结合材料成型工序进行分析并给出实例。板料冲压如拉伸、缩口、胀形、扩口及薄壁管成型工序，上述两个条件当然满足，所以能应用该规律分析应变及应力问题。对于三向应力在做适当简化以后也可以用该规律进行分析。顺序对应规律的应用无非是由应力顺序判断应变顺序以及尺寸变化趋势，或由应变顺序判断应力顺序。下面来介绍由应变顺序判断应力顺序的问题。

有些问题比较简单，根据宏观的变形情况可以直接判断应力顺序。例如在静液压力下的均匀镦粗，在变形体中取一单元体，设其受径向应力 σ_r 及轴向应力 σ_z，这时 σ_r 和 σ_z 都是压应力。哪一个大呢？可以从产生变形的情况反推应力的顺序，因为应变为镦粗类，即轴向应变 $\varepsilon_z < 0$，对于实心体镦粗，可以证明径向应变与切向应变相等，即 $\varepsilon_r = \varepsilon_\theta > 0$，所以必有 $\sigma_r = \sigma_\theta > \sigma_z$。

以上是就代数值而言，因为是三向压应力，所以就绝对值来说，有

$$|\sigma_z| > |\sigma_r|$$

如果分析在静液下拉伸，则情况正相反。轴向应力的代数值 σ_z 大于径向应力的代数值 σ_r，即

$$\sigma_z > \sigma_r \quad \sigma_r = \sigma_\theta$$

这时由于 $\mu_d = -1$，反映中间主应力影响的罗德参数 $\beta = 1$，应力顺序已知，则屈服条件就可以直接写出，对静液下压缩

$$\sigma_r - \sigma_z = \sigma_s$$

对于静液下拉伸

$$\sigma_z - \sigma_r = \sigma_s$$

2.7.4　屈服椭圆图形上的应力分区及其与塑性变形时工件尺寸变化的关系

前面已分别论述了屈服准则及应力应变关系理论，下面将讨论这两者之间的关系能否结合具体塑性成型工序从屈服图形（屈服表面或屈服轨迹）上表示出来。这里需要解决两个问题，首先，根据特定塑性成型工序的受力分析找出它在屈服图形上所处的部位，进而找出变形区中不同点在屈服图形上所对应的加载轨迹；其次，根据应力应变顺序对应规律将屈服图形上应力状态按产生应变（增量）类型进行分区，找出工件各部分尺寸变化的趋势。

现分析轴对称平面应力状态下屈服轨迹上的应力分区及典型平面应力工序的加载轨迹。

以薄板成型为例进行研究。设板厚方向应力为零，即 $\sigma_t = 0$。由 σ_r、σ_θ 为坐标轴所描述的应力椭圆方程（Mises 屈服准则）为

$$\sigma_r^2 - \sigma_r\sigma_\theta + \sigma_\theta^2 = \sigma_s^2$$

其图形（屈服轨迹）如图 2 – 30 所示。

由图 2 – 30 可以看到，该椭圆第 I 象限，$\sigma_r > 0$，$\sigma_\theta > 0$，这与胀形及翻孔工序相对

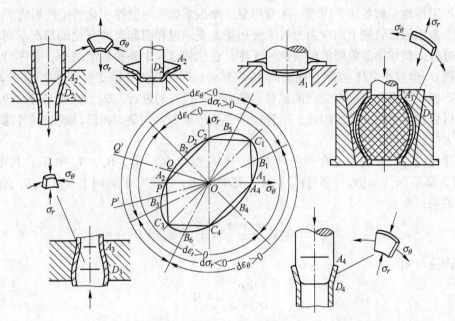

图 2 - 30　轴对称平面应力状态下屈服轨迹应力分区

应。在第 Ⅱ 象限，$\sigma_r > 0$，$\sigma_\theta < 0$，这与拉拔和拉深工序相对应。在第 Ⅲ 象限，$\sigma_r < 0$，$\sigma_\theta < 0$，这相当于缩口工序。在第 Ⅳ 象限，$\sigma_r < 0$，$\sigma_\theta > 0$，这相当于扩口工序。进一步分析，变形金属由开始变形至变形结束相当于沿屈服轨迹走一段距离。例如，对于拉拔工序，凹模入口处 A_2 为 $\sigma_r = 0$，$\sigma_\theta = -\sigma_s$，随着变形的发展由椭圆上 A_2 点出发沿椭圆向 C_2 前进，凹模出口处 D_2 在椭圆上所对应点的位置取决于 σ_r 值的大小。若变形量小，润滑好，则 σ_r 较小，D_2 点可能落在 A_2B_2 区间；若变形量大，润滑效果不好，则 D_2 点落在 B_2C_2 之间。图 2 - 30 中 B_2 点的应力状态按顺序为：$\sigma_1 = \sigma_r$，$\sigma_2 = \sigma_t = 0$，$\sigma_3 = \sigma_\theta = -\sigma_r$，即此时中间主应力为 $\sigma_2 = (\sigma_1 + \sigma_3)/2$。由此可见沿该方向的应变增量为零，即 $\mathrm{d}\varepsilon_t = 0$，也就是说厚度不变。对于 A_2B_2 区间，恒满足 $\sigma_2 = \sigma_t > (\sigma_r + \sigma_\theta)/2$，由应力应变顺序对应规律可以判断在 A_2B_2 区 $\mathrm{d}\varepsilon_r > 0$，即长度增加，$\mathrm{d}\varepsilon_t > 0$，即厚度增加，$\mathrm{d}\varepsilon_\theta < 0$，即圆周缩小。如果轴向拉应力 σ_r 不大，例如薄壁管拉拔，变形后壁厚总是增加。对于 B_2C_2 区，σ_r 仍为最大主应力 σ_1，σ_θ 为最小主应力 σ_3，沿厚度方向的主应力 $\sigma_t = \sigma_2$ 仍等于零，但此时

$$\sigma_t = \sigma_2 < \frac{\sigma_r + \sigma_\theta}{2}$$

由应力应变顺序对应规律可以判断在 B_2C_2 区，$\mathrm{d}\varepsilon_r > 0$，$\mathrm{d}\varepsilon_\theta < 0$，$\mathrm{d}\varepsilon_t < 0$，说明厚度方向从 B_2 点开始减薄。但是对于管材拉拔实际变形过程总是从 A_2 点开始，在一个比值变化的应力场中加载，如果变形终点 D_2 接近 B_2，则由于总的加载历史中是 $\mathrm{d}\varepsilon_2 > 0$，因此最终的 $\varepsilon_2 > 0$，即厚度增加。若 D_2 接近于 C_2 点，则壁厚方向经历了在 A_2B_2 区间增加而后从 B_2 向 C_2 减小的变化过程，最终厚度变化难于估算，但是根据以上了解仍可对管子壁厚进行控制。例如，对于总变形量一定，若增加拉伸道次，改变润滑条件，则有利于降低 σ_r 值，因而有利于壁厚的增加；反之，若加大道次变形量，润滑条件较差，则不利于壁厚的增加。从这个例子可以说明不必定量计算，运用屈服轨迹上的应力分区概念，可以控制壁

厚，也可定性地了解各工艺因素，如变形量、摩擦系数等对壁厚变化的定性影响。

以上是用屈服轨迹上的应力分区来分析稳定变形过程引起尺寸变化的情况。对于非稳定变形过程，例如第Ⅱ象限的板材拉伸工序，在拉伸过程中外径逐渐减小，若不计算加工硬化，则 σ_r 也减小，D_2 点则在椭圆向 A_2 点移动，因此假如开始变形时，D_2 位于 B_2C_2 之间，在凹模口附近的材料有变薄的趋势，随着变形过程的进行，D_2 点可能移至 A_2B_2 之间，即至此以后厚度不再变薄。因此，不管拉伸件变形量多大，至少在筒口或法兰外缘处壁厚总是增大的。

同样可以说明在椭圆上存在另外五个平面应变点 B_1、B_3、B_4、B_5 和 B_6，其中 B_4 和 B_2 相对，都是 $|\sigma_r| = |\sigma_\theta|$，但符号相反，都对应 $d\varepsilon_t = 0$。对于椭圆上 $B_2B_3B_6B_4$ 区段总存在以下关系：

$$\sigma_t = 0 > \frac{\sigma_r + \sigma_\theta}{2} \quad \sigma_t - \sigma_m > 0$$

由增量理论可知

$$\frac{d\varepsilon_t}{\sigma_t - \sigma_m} > 0$$

所以有

$$d\varepsilon_t > 0$$

可见在 $B_2B_3B_6B_4$ 区间变形，则 $\varepsilon_t > 0$。对于 $B_2B_5B_1B_4$ 区段与上述相反：

$$\sigma_t = 0 < \frac{\sigma_r + \sigma_\theta}{2}$$

于是有

$$d\varepsilon_t < 0$$

如果在该区段变形，则 $\varepsilon_t < 0$。

对于缩口工序，属于双向压应力状态，B_3 点的 $\sigma_r = -\frac{1}{\sqrt{3}}\sigma_s$，$\sigma_\theta = -\frac{2}{\sqrt{3}}\sigma_s$，$\sigma_t = 0$。可见此时存在下列关系：

$$\sigma_r = \frac{\sigma_t + \sigma_\theta}{2} = -\frac{1}{\sqrt{3}}\sigma_s$$

由列维－密赛斯法则可以判断

$$d\varepsilon_r = 0$$

对于 B_1 点，$\sigma_r = \frac{1}{\sqrt{3}}\sigma_s$，$\sigma_\theta = \frac{2}{\sqrt{3}}\sigma_s$，$\sigma_t = 0$，同样存在以下关系：

$$\sigma_r = \frac{\sigma_t + \sigma_\theta}{2} = \frac{1}{\sqrt{3}}\sigma_s$$

同理将有

$$d\varepsilon_r = 0$$

$B_3B_2B_5B_1$ 区段，存在

$$\sigma_r > \frac{\sigma_t + \sigma_\theta}{2}$$

于是相应地有

$$d\varepsilon_r > 0$$

在该区段变形，有

$$\varepsilon_r > 0$$

$B_3B_6B_4B_1$ 区段与上述相反，在该区段变形将有

$$\varepsilon_r < 0$$

用以上相同的方法可求得 $d\varepsilon_\theta > 0$，$d\varepsilon_\theta = 0$，$d\varepsilon_\theta < 0$ 的分区，于是就得到如图 2-30 所示的屈服轨迹外的应变增量变化图，利用该图可以确定塑性变形时工件尺寸变化的趋势。其大体步骤如下：

(1) 通过实测算出变形终了瞬时的 σ_r 值；

(2) 针对具体材料及变形量选定 σ_s 值；

(3) 在椭圆对应于所分析的区间根据 $\dfrac{\sigma_r}{\sigma_s}$ 值求出一点 P（图 2-30）；

(4) 作射线 OPP' 与椭圆外表示应变增量的三个圆相交（图 2-30）；

(5) 根据变形区所处的范围判断各方向尺寸变化的趋势。

例如，对于缩口工序，根据 σ_r 及 σ_s 若已定出 P 点，作射线 OPP' 交内圆于 $d\varepsilon_t > 0$ 区段，交中圆于 $d\varepsilon_r > 0$ 区段，交外圆于 $d\varepsilon_\theta < 0$ 区段（见图 2-30）。若 P 点处于 A_2B_3 段，表明整个变形过程中各应变增量 $d\varepsilon_t$、$d\varepsilon_r$ 及 $d\varepsilon_\theta$ 符号不变，因而应变全量 $\varepsilon_t > 0$，$\varepsilon_r > 0$，$\varepsilon_\theta < 0$，于是可预计其尺寸变化趋势为切向尺寸缩小，壁厚最大，长度最大。

又如，对于拉拔工序，若根据 σ_r 及 σ_s 所得的 Q 点位于 A_2B_2 之间（图 2-30），则由 A_2 至 Q 应变类型与前述相同，始终有 $d\varepsilon_t > 0$，$d\varepsilon_r > 0$，$d\varepsilon_\theta < 0$，即厚度增加，长度增加，切向尺寸减小。如果应力为 D_2 点，此时仍保持有 $d\varepsilon_r > 0$，$d\varepsilon_\theta < 0$，其相应的尺寸变化趋势与前述相同，而厚度方向由 A_2B_2 区间的 $d\varepsilon_t > 0$ 变为此时的 $d\varepsilon_t < 0$，这时最终应变难于估计，但如果 D_2 点接近于 B_2 点，可以断定最终累计应变仍大于零，即厚度增加。当 Q 点接近于 C_2 时，则最终厚度可能是减小的。

对于三向应力状态，以上的分析方法大体上仍然是适用的，但是在三向应力状态下典型工序在屈服图形上的部位是难于表达的，加载途径也远比平面应力状态难于描述。

2.8 等效应力和等效应变

如图 2-31 所示，拉伸变形到 C 点，然后卸载到 E 点，如果再在同方向上拉伸，便近似认为在原来开始卸载时所对应的应力附近（即 D 点处）发生屈服。这一次屈服应力比退火状态的初始屈服应力提高是金属加工硬化的结果。前已述及，对同一材料在该预先加工硬化程度下，屈服准则仅仅是屈服时各应力分量的函数，即 $f(\sigma_{ij}) = 0$。也就是说，在初始屈服后继续加载，由于加工硬化的结果，仅仅是 σ_s 或 k 的增大，对各向同性材料，仅仅相当于 π 平面上的屈服圆周半径 $R = \sqrt{2/3}\,\sigma_s$ 增大（对各向异性材料，屈服曲线不是圆），这时密赛斯屈服准则仍然成立。为了方便起见，本书规定在单向拉伸（或压缩）情况下，不论是初始屈服极限还是变形过程中的继续屈服极限都用 σ_s 表示。σ_s 称为金属的变形抗力，有的也叫单轴变形抗力、自然变形抗力或纯粹变形抗力等，也有的把变形过程

中的继续屈服极限叫流动极限。既然 σ_s 是某一变形程度（或加工硬化程度）下的单向应力状态的变形抗力，那么在一般应力状态下，与此等效的应力和应变如何确定？这就是下面将要研究的问题。

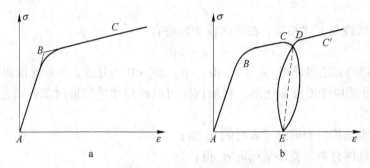

图 2 – 31　应力 – 应变曲线

a—确定屈服极限的方法；b—实际卸载和加载曲线

2.8.1　等效应力

等效应力是针对复杂应力状态提出的概念，它不是材料某个特定点的应力，而是某点应力张量分量按照一定运算方式的"组合"。这个"组合"值若等于同一材料在相同变形条件下的变形抗力，材料就处于塑性状态中；反过来，若材料处于塑性状态中（无论是初始屈服还是后继屈服），这个"组合"值就一定等于材料的变形抗力。那么什么样的"组合"才能担当这样的角色呢？

金属塑性加工时，工件可能受各种应力状态作用。在一般应力状态下，其应力分量 σ_{ij} 与金属变形抗力 σ_s 之间的关系可用密赛斯屈服准则式（2 – 18）、式（2 – 19）表示。把这两式等号两边开方，并用一个统一的应力 σ_e 的表达式来表示 σ_s，则得到

$$\sigma_e = \sqrt{3I_2'} = \frac{1}{\sqrt{2}}\sqrt{(\sigma_x - \sigma_y)^2 + (\sigma_y - \sigma_z)^2 - (\sigma_z - \sigma_x)^2 + 6(\tau_{xy}^2 + \tau_{yz}^2 + \tau_{zx}^2)} = \sigma_s = \sqrt{3}k$$

$$(2-85)$$

或 　　　　$$\sigma_e = \sqrt{3I_2'} = \frac{1}{\sqrt{2}}\sqrt{(\sigma_1 - \sigma_2)^2 + (\sigma_2 - \sigma_3)^2 + (\sigma_3 - \sigma_1)^2} = \sigma_s = \sqrt{3}k \quad (2-86)$$

这样，同一金属在相同的变形温度和应变速率条件下，对任何应力状态下，不论是初始屈服或是在塑性变形过程中的继续屈服，只要用上式等号右边表示的应力 σ_e 等于金属变形抗力 σ_s 或等于 $\sqrt{3}$ 倍屈服剪应力 k 时，便继续屈服。由于 σ_e 与单向应力状态的变形抗力 σ_s 等效，所以 σ_e 称为等效应力。有的书也叫统一应力、广义应力、比较应力和应力强度。

显然，按照等效应力概念提出的过程和目的，也可以按照 Tresca 屈服准则或别的有效屈服准则来定义一个新的等效应力式。

2.8.2　等效应变

对同一金属在相同的变形温度和应变速率条件下，变形抗力取决于变形程度。在简单

应力状态下，等效应力 $\sigma_e = \sigma_s = \sqrt{3}k$ 与变形程度的关系，可用单向拉伸（或压缩）和薄壁管扭转试验确定的应力–应变关系曲线来表示。那么在一般应力状态下用什么样的等效应变 ε_e 才能使等效应力 σ_e 与等效应变 ε_e 的关系曲线（即 σ_e–ε_e 曲线）与简单应力状态下的应力–应变关系曲线等效呢？

金属的加工硬化程度取决于金属内的变形潜能，一般应力状态和单向应力状态在加工硬化程度上等效，意味着两者的变形潜能相同。变形潜能取决于塑性变形功耗。可以认为，如果一般应力状态和简单应力状态的塑性功耗相等，则两者在加工硬化程度上等效。

假定取的坐标轴为主轴，并考虑到塑性应变与偏差应力有关，则产生微小的塑性应变增量时，单位体积内的塑性变形功增量为

$$dA_p = \sigma_1' d\varepsilon_1 + \sigma_2' d\varepsilon_2 + \sigma_3' d\varepsilon_3 \tag{2-87}$$

从矢量代数中已知，两矢量的数积（或点积）等于对应坐标分量乘积之和。因此，式（2–87）可写成

$$dA_p = \boldsymbol{\sigma}' \cdot d\boldsymbol{\varepsilon} = |\boldsymbol{\sigma}'||d\boldsymbol{\varepsilon}|\cos\theta$$

式中 θ——两个矢量的夹角。

如前所述，可假定塑性应变增量的主轴与偏差应力主轴重合，而按式（2–68）两者相应的分量成比例，则两矢量方向一致，则 $\theta = 0$，所以

$$dA_p = |\boldsymbol{\sigma}'| \cdot |d\boldsymbol{\varepsilon}| \tag{2-88}$$

由图 2–14 和式（2–26）可知

$$PN^2 = (\sigma_1')^2 + (\sigma_2')^2 + (\sigma_3')^2 = \frac{1}{3}\left[(\sigma_1 - \sigma_2)^2 + (\sigma_2 - \sigma_3)^2 + (\sigma_3 - \sigma_1)^2\right]$$

注意到式（2–86），矢量 $\boldsymbol{\sigma}'$ 的模

$$|\boldsymbol{\sigma}'| = PN = \frac{1}{\sqrt{3}}\sqrt{(\sigma_1 - \sigma_2)^2 + (\sigma_2 - \sigma_3)^2 + (\sigma_3 - \sigma_1)^2}$$

$$= \sqrt{\frac{2}{3}} \times \frac{1}{\sqrt{2}}\sqrt{(\sigma_1 - \sigma_2)^2 + (\sigma_2 - \sigma_3)^2 + (\sigma_3 - \sigma_1)^2}$$

$$= \sqrt{\frac{2}{3}}\sigma_e \tag{2-89}$$

而矢量 $d\boldsymbol{\varepsilon}$ 的模

$$|d\boldsymbol{\varepsilon}| = \sqrt{d\varepsilon_1^2 + d\varepsilon_2^2 + d\varepsilon_3^2} \tag{2-90}$$

把式（2–89）和式（2–90）代入式（2–88），则

$$dA_p = \sqrt{\frac{2}{3}}\sigma_e\sqrt{d\varepsilon_1^2 + d\varepsilon_2^2 + d\varepsilon_3^2} \tag{2-91}$$

若将上述塑性功看作是等效应力和等效应变所为，即

$$dA_p = \sigma_e \cdot d\varepsilon_e \tag{2-92}$$

由式（2–91）等于式（2–92），并考虑到 $d\varepsilon_1 + d\varepsilon_2 + d\varepsilon_3 = 0$，则

$$d\varepsilon_e = \sqrt{\frac{2}{3}}\sqrt{d\varepsilon_1^2 + d\varepsilon_2^2 + d\varepsilon_3^2}$$

$$= \sqrt{\frac{2}{9}\left[(d\varepsilon_1 - d\varepsilon_2)^2 + (d\varepsilon_2 - d\varepsilon_3)^2 + (d\varepsilon_3 - d\varepsilon_1)^2\right]} \tag{2-93}$$

此式表示的应变增量 $\mathrm{d}\varepsilon_e$ 就是坐标轴取主轴时的等效应变增量。

下面引用应变张量不变量来求坐标不是主轴情况的等效应变增量。参照式（1–35），把其中的全量改为增量，则坐标轴为主轴时的应变增量张量的二次不变量 J_2 为

$$J_2 = -(\mathrm{d}\varepsilon_1 \mathrm{d}\varepsilon_2 + \mathrm{d}\varepsilon_2 \mathrm{d}\varepsilon_3 + \mathrm{d}\varepsilon_3 \mathrm{d}\varepsilon_1)$$

$$= \frac{1}{6}[(\mathrm{d}\varepsilon_1 - \mathrm{d}\varepsilon_2)^2 + (\mathrm{d}\varepsilon_2 - \mathrm{d}\varepsilon_3)^2 + (\mathrm{d}\varepsilon_3 - \mathrm{d}\varepsilon_1)^2] \qquad (\mathrm{a})$$

坐标轴非主轴时，同样可得应变增量张量的二次不变量

$$J_2 = -(\mathrm{d}\varepsilon_x \mathrm{d}\varepsilon_y + \mathrm{d}\varepsilon_y \mathrm{d}\varepsilon_z + \mathrm{d}\varepsilon_z \mathrm{d}\varepsilon_x) + \mathrm{d}\varepsilon_{xy}^2 + \mathrm{d}\varepsilon_{yz}^2 + \mathrm{d}\varepsilon_{zx}^2$$

$$= \frac{1}{6}[(\mathrm{d}\varepsilon_x - \mathrm{d}\varepsilon_y)^2 + (\mathrm{d}\varepsilon_y - \mathrm{d}\varepsilon_z)^2 + (\mathrm{d}\varepsilon_z - \mathrm{d}\varepsilon_x)^2 + 6(\mathrm{d}\varepsilon_{xy}^2 + \mathrm{d}\varepsilon_{yz}^2 + \mathrm{d}\varepsilon_{zx}^2)] \qquad (\mathrm{b})$$

因为是与坐标选择无关的不变量，所以式（a）应等于式（b），从而得

$$(\mathrm{d}\varepsilon_1 - \mathrm{d}\varepsilon_2)^2 + (\mathrm{d}\varepsilon_2 - \mathrm{d}\varepsilon_3)^2 + (\mathrm{d}\varepsilon_3 - \mathrm{d}\varepsilon_1)^2$$

$$= (\mathrm{d}\varepsilon_x - \mathrm{d}\varepsilon_y)^2 + (\mathrm{d}\varepsilon_y - \mathrm{d}\varepsilon_z)^2 + (\mathrm{d}\varepsilon_z - \mathrm{d}\varepsilon_x)^2 + 6(\mathrm{d}\varepsilon_{xy}^2 + \mathrm{d}\varepsilon_{yz}^2 + \mathrm{d}\varepsilon_{zx}^2)$$

代入式（2–93）得非主轴条件下的等效应变增量

$$\mathrm{d}\varepsilon_e = \sqrt{\frac{2}{9}[(\mathrm{d}\varepsilon_x - \mathrm{d}\varepsilon_y)^2 + (\mathrm{d}\varepsilon_y - \mathrm{d}\varepsilon_z)^2 + (\mathrm{d}\varepsilon_z - \mathrm{d}\varepsilon_x)^2 + 6(\mathrm{d}\varepsilon_{xy}^2 + \mathrm{d}\varepsilon_{yz}^2 + \mathrm{d}\varepsilon_{zx}^2)]} \qquad (2-94)$$

应指出，在此比例加载或比例应变的条件下，即

$$\frac{\mathrm{d}\varepsilon_1}{\varepsilon_1} = \frac{\mathrm{d}\varepsilon_2}{\varepsilon_2} = \frac{\mathrm{d}\varepsilon_3}{\varepsilon_3} = \frac{\mathrm{d}\varepsilon_e}{\varepsilon_e}$$

则式（2–93）或式（2–94）可写成

$$\varepsilon_e = \sqrt{\frac{2}{9}[(\varepsilon_1 - \varepsilon_2)^2 + (\varepsilon_2 - \varepsilon_3)^2 + (\varepsilon_3 - \varepsilon_1)^2]} = \sqrt{\frac{2}{3}(\varepsilon_1^2 + \varepsilon_2^2 + \varepsilon_3^2)}$$

或　$$\varepsilon_e = \sqrt{\frac{2}{9}[(\varepsilon_x - \varepsilon_y)^2 + (\varepsilon_y - \varepsilon_z)^2 + (\varepsilon_z - \varepsilon_x)^2 + 6(\varepsilon_{xy}^2 + \varepsilon_{yz}^2 + \varepsilon_{zx}^2)]} \qquad (2-95)$$

式中，ε_e 为等效应变。

2.8.3　等效应力与等效应变的关系

把列维–密赛斯流动法则式（2–41）代入式（2–93），则等效应变增量可写成

$$\mathrm{d}\varepsilon_e = \sqrt{\frac{2}{9}\mathrm{d}\lambda^2[(\sigma_1' - \sigma_2')^2 + (\sigma_2' - \sigma_3')^2 + (\sigma_3' - \sigma_1')^2]}$$

$$= \sqrt{\frac{2}{9}\mathrm{d}\lambda^2[(\sigma_1 - \sigma_2)^2 + (\sigma_2 - \sigma_3)^2 + (\sigma_3 - \sigma_1)^2]} \qquad (2-96)$$

把式（2–86）代入式（2–96），则得等效应变增量与等效应力的关系

$$\mathrm{d}\varepsilon_e = \frac{2}{3}\mathrm{d}\lambda \sigma_e$$

或　　　　　　　　　　　　$$\mathrm{d}\lambda = \frac{3}{2}\frac{\mathrm{d}\varepsilon_e}{\sigma_e} \qquad (2-97)$$

于是用式（2–69）表示的流动法则可写成

$$
\left.\begin{array}{ll}
d\varepsilon_x = \dfrac{3}{2}\dfrac{d\varepsilon_e}{\sigma_e}\sigma'_x & d\varepsilon_{xy} = \dfrac{3}{2}\dfrac{d\varepsilon_e}{\sigma_e}\tau_{xy} \\[3mm]
d\varepsilon_y = \dfrac{3}{2}\dfrac{d\varepsilon_e}{\sigma_e}\sigma'_y & d\varepsilon_{yz} = \dfrac{3}{2}\dfrac{d\varepsilon_e}{\sigma_e}\tau_{yz} \\[3mm]
d\varepsilon_z = \dfrac{3}{2}\dfrac{d\varepsilon_e}{\sigma_e}\sigma'_z & d\varepsilon_{zx} = \dfrac{3}{2}\dfrac{d\varepsilon_e}{\sigma_e}\tau_{zx}
\end{array}\right\}
\tag{2-98}
$$

或写成

$$
d\varepsilon_{ij} = \frac{3}{2}\frac{d\varepsilon_e}{\sigma_e}\sigma'_{ij}
\tag{2-99}
$$

这样，由于引入等效应力 σ_e 和等效应变增量 $d\varepsilon_e$，则2.7节中所导出的塑性变形时应力与应变关系中之 $d\lambda$ 便可确定，从而也就可以求出应变增量的具体数值。

由式（2-98）或式（2-99）可以证明前面已引用的结论。例如，平面塑性变形时，设 y 方向无应变，则有 $d\varepsilon_y = 0$，根据式（2-98）或式（2-99）有：

$$
\sigma_y = \frac{1}{2}(\sigma_x + \sigma_z)
$$

$$
\sigma_m = \frac{1}{3}(\sigma_x + \sigma_y + \sigma_z) = \frac{1}{2}(\sigma_x + \sigma_z) = \sigma_y
$$

2.8.4 $\sigma_e - \varepsilon_e$ 曲线——变形抗力曲线

如上所述，塑性变形时由式（2-78）确定的等效应力 σ_e，其大小等于单向应力状态的变形抗力，也就是金属的变形抗力 σ_s 或等于 $\sqrt{3}$ 倍屈服剪应力 k。因此不论简单应力状态或复杂应力状态作出曲线就是 $\sigma_e - \varepsilon_e$ 曲线，此曲线也叫变形抗力曲线或加工硬化曲线，有的书也叫真应力曲线。复杂应力状态下的等效应力—等效应变关系曲线可以通过相同变形条件下简单应力状态的实验来确定。目前常用以下四种简单应力状态的试验来做材料变形抗力曲线。

2.8.4.1 单向拉伸

单向拉伸试验如图2-32a所示。此时，$\sigma_1 > 0$，$\sigma_2 = \sigma_3 = 0$；$-d\varepsilon_2 = -d\varepsilon_3 = d\varepsilon_1/2$，代入式（2-86）和式（2-93），则

$$
\sigma_e = \sigma_1 = \sigma_s
$$

$$
\varepsilon_e = \int d\varepsilon_e = \int d\varepsilon_1 = \int_{l_0}^{l_1}\frac{dl}{l} = \ln\frac{l_1}{l_0} = \varepsilon_1
$$

2.8.4.2 单向压缩圆柱体

单向压缩试验如图2-32b所示。此时，$\sigma_3 < 0$，$\sigma_2 = \sigma_1 = 0$（假设接触表面无摩擦）；$d\varepsilon_1 = d\varepsilon_2 = -d\varepsilon_3/2$，代入式（2-86）和式（2-93），则

$$
\sigma_e = \sigma_3 = \sigma_s
$$

$$
\varepsilon_e = \varepsilon_3 = \int_{h_0}^{h_1} d\varepsilon_3
$$

$$
\varepsilon_e = \int_{h_0}^{h_1}\frac{dh}{h} = -\ln\frac{h_0}{h_1} = -\varepsilon_3
$$

可见，单向拉伸（或压缩）时等效应力等于金属变形抗力 σ_s，等效应变等于绝对值

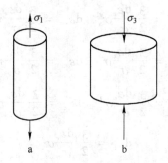

图 2-32　单向应力状态试验

a—单向拉伸；b—单向压缩

最大主应变 ε_1（或 ε_3）。

2.8.4.3　平面变形压缩

平面变形压缩试验如图 2-33 所示。此时，$\sigma_3 < 0$，$\sigma_1 = 0$（因接触表面充分润滑，接触表面近似地看作无摩擦），$\sigma_2 = \sigma_3 / 2$，$d\varepsilon_1 = -d\varepsilon_3$，$d\varepsilon_2 = 0$（板料宽展忽略不计），代入式 (2-86) 和式 (2-93)，则

$$\sigma_e = \frac{\sqrt{3}}{2}\sigma_3 = \sigma_s = \sqrt{3}k$$

或

$$\sigma_3 = \frac{2}{\sqrt{3}}\sigma_s = 1.155\sigma_s = 2k$$

$$\varepsilon_e = \frac{2}{\sqrt{3}}\int_{h_0}^{h_1}d\varepsilon_3 = \frac{2}{\sqrt{3}}\int_{h_0}^{h_1}\frac{dh}{h} = \frac{2}{\sqrt{3}}\varepsilon_3 = -\frac{2}{\sqrt{3}}\ln\frac{h_0}{h_1} = -1.155\ln\frac{h_0}{h_1}$$

通常把平面压缩时压缩方向的应力 $\sigma_3 = 1.155\sigma_s$ 称为平面变形抗力，常用 K 表示，即

$$K = 1.155\sigma_s = 2k$$

同时，上式也说明绝对值最大的主应变与等效应变差别最大。

2.8.4.4　薄壁管扭转

薄壁管扭转试验如图 2-34 所示。

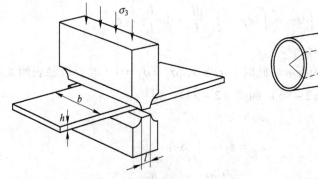

图 2-33　平面变形压缩试验

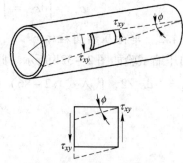

图 2-34　薄壁管扭转试验

此时，根据纯剪应力特点可知 $\sigma_1 = -\sigma_3$，$\sigma_2 = 0$；$d\varepsilon_1 = -d\varepsilon_3$，$d\varepsilon_2 = 0$，代入式 (2-

86）和式（2-93），则

$$\sigma_e = \sqrt{3}\sigma_1 = \sigma_s = \sqrt{3}k$$

或

$$\sigma_1 = \tau_{xy} = k = \frac{\sigma_s}{\sqrt{3}}$$

$$\varepsilon_e = \int d\varepsilon_e = \frac{2}{\sqrt{3}}\int d\varepsilon_1 = \frac{2}{\sqrt{3}}\varepsilon_1$$

所以

$$d\varepsilon_{13} = \frac{d\varepsilon_1 - d\varepsilon_3}{2} = \frac{d\varepsilon_1 - (-d\varepsilon_1)}{2} = d\varepsilon_1$$

工程剪应变 $\gamma = \tan\varphi = 2\varepsilon_{13}$，或 $\varepsilon_{13} = \gamma/2$，所以

$$d\varepsilon_{13} = \frac{1}{2}d\gamma = d\varepsilon_1$$

$$\varepsilon_{13} = \varepsilon_1 = \frac{1}{2}\int_0^\gamma d\gamma = \frac{1}{2}\gamma$$

把 $\varepsilon_1 = \dfrac{\gamma}{2}$ 代入式（2-95），则

$$\varepsilon_e = \frac{\gamma}{\sqrt{3}} = \frac{\tan\phi}{\sqrt{3}} \qquad (2-100)$$

此外，对其他变形过程可大致按下法计算等效应变。

挤压拉拔轴对称体（如圆柱体等），其变形图示和单向拉伸相同，这时

$$\varepsilon_e = \varepsilon_1 = \ln\frac{l_1}{l_0} = \ln\frac{F_0}{F_1}$$

式中，F_0、F_1 分别为变形前后工件的横断面面积。

平面变形的挤压和拉拔以及轧制板带材等，其变形图示和平面变形压缩相同，此时

$$\varepsilon_e = \frac{2}{\sqrt{3}}\varepsilon_3 = -\frac{2}{\sqrt{3}}\ln\frac{h_0}{h_1} \qquad (2-101)$$

知道了等效应力 σ_e 和等效应变 ε_e，便可做出统一的 $\sigma_e - \varepsilon_e$ 曲线。由上述可知，这些曲线应当重合。例如，单向拉伸和薄壁管扭转的 $\sigma_e - \varepsilon_e$ 曲线，如图 2-35 所示。实验表明，当 $\varepsilon_e < 0.2$ 时，两者的 $\sigma_e - \varepsilon_e$ 曲线重合；当 $\varepsilon_e > 0.2$ 时，扭转时的 $\sigma_e - \varepsilon_e$ 曲线比拉伸时 $\sigma_e - \varepsilon_e$ 曲线低。两者的差别可能是变形程度大时，各向异性有所发生，而使拉伸比薄壁管扭转各向异性更严重。

对变形区大小不随时间而变的定常变形过程，如轧制、挤压和拉拔等，变形区各点的变形程度是不同的，假如由变形区入口处为 ε_{e0}，逐渐到变形区出口处为 ε_{e1}。为了简化工程计算，常取平均变形抗力，即

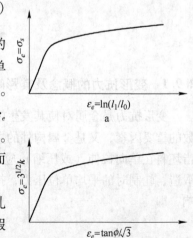

图 2-35 曲线的一致性

$$\bar{\sigma}_e = \bar{\sigma}_s = \sqrt{3}\bar{k} = \frac{\int_{\varepsilon_{e0}}^{\varepsilon_{e1}} \sigma_e \mathrm{d}\varepsilon_e}{\int_{\varepsilon_{e0}}^{\varepsilon_{e1}} \mathrm{d}\varepsilon_e} \tag{2-102}$$

$$\bar{k} = \frac{\bar{\sigma}_s}{\sqrt{3}} \tag{2-103}$$

也就是把图 2 – 36 中的实线用虚线代替。

如果忽略弹性变形，则图 2 – 36 之虚线就变成图 2 – 37 所示的曲线。后者相当于刚 – 完全塑性体（简称刚 – 塑性体）的变形抗力曲线。

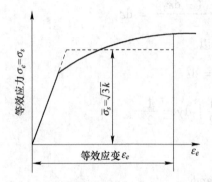
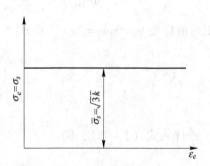

图 2 – 36　考虑加工硬化的平均变形抗力　　图 2 – 37　刚 – 塑性体的 σ_e – ε_e 曲线

对于变形区随时间而变的不定常变形过程，如镦粗过程等，这时应按压缩到某瞬间的等效应变 ε_e，由图 2 – 36 中的实线确定与 ε_e 对应的 σ_s。把后者作为该压缩瞬间的变形抗力。

查变形抗力曲线时，所用的变形程度应当用等效应变 ε_e，但有时为了方便，也常常把绝对值最大的主应变 ε_{max} 当做等效应变。如上所述，平面变形时两者差别最大，此时由式（2 – 101）可知

$$\frac{\varepsilon_e}{\varepsilon_{max}} = \frac{2}{\sqrt{3}} = 1.155 \tag{2-104}$$

2.9　变形抗力模型

2.9.1　变形抗力的概念及其影响因素

变形抗力是金属对使其发生塑性变形的外力的抵抗能力。它既是确定塑性加工力能参数的重要因素，又是金属构件的主要力学性能指标。前已述及，这里所谓的变形抗力，是指坯料在单向拉伸（或压缩）应力状态下的屈服极限。它与塑性加工时的工作应力（如锻造、轧制时的平均单位压力，挤压应力，拉拔应力等）不同，后者包含了应力状态的影响，即

$$\bar{p} = n_\sigma \sigma_s \tag{2-105}$$

式中　$\bar{p}$——工作应力，MPa；

　　　n_σ——应力状态影响系数；

σ_s——变形抗力，MPa。

变形抗力 σ_s 的数值，首先取决于变形金属的成分和组织，不同的牌号，其 σ_s 值不同。其次，变形条件对 σ_s 的影响也很大，其中主要是变形温度、应变速率和变形程度。

2.9.1.1　变形温度

由于温度的升高，降低了金属原子间的结合力，因此所有金属与合金的变形抗力都随变形温度的升高而降低，如图 2-38 所示。只有那些随温度变化产生物理-化学变化或相变的金属或合金才有例外，如碳钢在兰脆温度范围内（一般为 300~400℃，取决于应变速率）σ_s 随温度升高而增加。另外，一般随温度升高硬化强度减少，而且从一定的温度开始，硬化曲线几乎为一水平线，如图 2-39 所示。

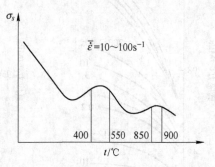

图 2-38　变形抗力与温度的关系（碳钢）

2.9.1.2　应变速率

应变速率对变形抗力的影响，首先从金属学已知，应变速率的增加，使位错移动速率增加，变形抗力增加。另外从塑性变形过程中同时存在硬化与软化这对矛盾过程来说，应变速率增加，缩短了软化过程的时间，使其来不及充分进行，因而加剧加工硬化，使变形抗力提高；但应变速率增加，单位时间内的变形功增加，因此而转化为热的能量增加，而变形金属向周围介质散热量减少，从而使变形热效应增加，金属温度上升，反而降低金属的变形抗力。综上所述，应变速率增加，变形抗力增加，但在不同温度范围内，应变速率的影响小（如图 2-40 所示）。在热变形温度范围内，应变速率的影响大。最明显的是由不完全热变形到热变形的过渡温度范围。产生上述情况的原因是，在常温条件下，金属原来的变形抗力就比较大，变形热效应也显著，因此应变速率提高所引起的变形抗力相对增加量要小；相反，在高温变形时，因为原来金属变形抗力较小，变形热效应作用相对变小，而且应变速率的提高，使变形时间缩短，软化过程来不及充分进行，所以应变速率对变形抗力的影响比较明显；当变形温度更高时，软化速度将大大提高，以致应变速率的影响有所下降。

2.9.1.3　变形程度

无论在室温或较高温度条件下，只要回复再结晶过程来不及进行，则随着变形程度的增加，必然产生加工硬化，因而使变形抗力增加。通常变形程度在 30% 以下时，变形抗力增加得比较显著，当变形程度较高时，随着变形程度的增加，变形抗力的增加变得比较缓慢（图 2-39）。前已述及，在同样应变速率下，随着变形温度的增加，变形抗力随变形程度增加而增加的程度变小。因此，加工硬化曲线——变形抗力与变形程度的关系曲线，对于冷变形来说，具有特殊重要意义。图 2-41 为几种金属的加工硬化曲线。这类曲线的横坐标有三种，即伸长率 $\delta(\delta = \Delta l/l_0)$、断面收缩率 $\psi(\psi = (F_0 - F_1)/F_0 = \Delta l/l_1)$ 和真应变 $(\varepsilon = \ln(l_1/l_0))$。

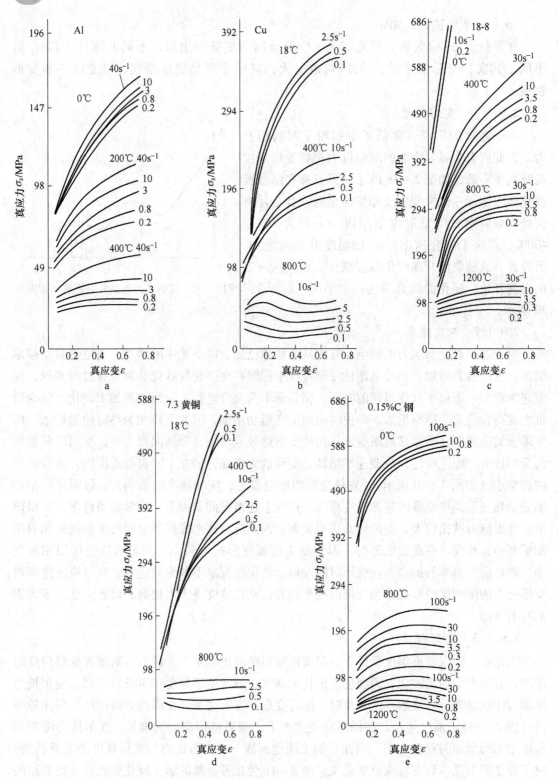

图 2 - 39　各种金属的变形抗力曲线

a—99.5% 铝退火材（桥爪）；b—99.99% 铜退火材（剑持）；c—70 黄铜退火材（剑持）；

d—0.15% 碳钢退火材（桥爪）；e—不锈钢退火材（桥爪）

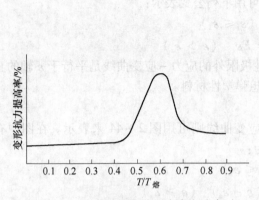

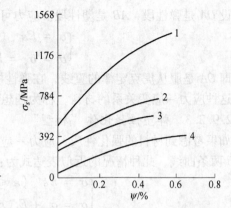

图 2-40　在各种温度范围内应变速率对　　图 2-41　几种金属及合金的硬化曲线
变形抗力提高率的影响　　　　　　　1—钢；2—H68 黄铜；3—Ly12 硬铝；4—铜

按照 2.8.1 节和 2.8.2 节等效应力与等效应变的概念，用真应变作为横坐标的硬化曲线最科学。而且不同变形方式的变形程度，应折算成等效应变，然后到单向拉伸试验所测定的硬化曲线上确定对应的变形抗力。但有时作为工程近似计算，常常用工程应变到第二种硬化曲线（以 ψ 为横坐标的硬化曲线）上确定变形抗力 σ_s。这种处理方法是近似的原因应该是不言而喻的。

2.9.2　变形体的"模型"

在进行塑性加工力学问题解析时，常把实际变形体——工件理想化而采用以下几种"模型"。

2.9.2.1　线弹性体"模型"

这种"模型"的应力与应变之间符合虎克定律，呈线性关系（图 2-42b），可用下式表示：

$$\sigma = E\varepsilon$$

2.9.2.2　理想弹塑性体"模型"

对于具有明显屈服平台的材料，如低碳钢，如果不考虑材料的强化性质，并忽略上屈服限，则可得如图 2-43 所示的理想弹塑性体的"模型"。

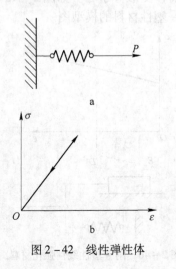

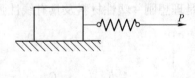

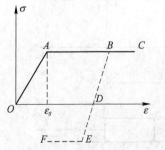

图 2-42　线性弹性体　　　　　　　　　图 2-43　理想弹塑性体

设 OA 是弹性段，AB 是塑性段。应力可用下列公式表示：

$$\begin{cases} \sigma = E\varepsilon & (\varepsilon \leq \varepsilon_s) \\ \sigma = \sigma_s = E\varepsilon_s & (\varepsilon > \varepsilon_s) \end{cases}$$

即 OA 是服从虎克定律的直线，在弹性极限外的应力-应变曲线是平行于 ε 轴的直线，具有这种应力-应变关系的材料，称为理想弹塑性材料。

2.9.2.3　弹塑性强化体"模型"

如果考虑到材料的强化性质，应力-应变曲线则可用图 2-44 来表示。在图中有 OA 和 AB 两条曲线，此种情况的近似表达式为：

$$\begin{cases} \sigma = E\varepsilon & (\varepsilon \leq \varepsilon_s) \\ \sigma = \sigma_s + E_1(\varepsilon - \varepsilon_s) & (\varepsilon \geq \varepsilon_s) \end{cases}$$

E 和 E_1 分别是直线 OA 和 AB 的斜率，其中 E_1 称为塑性模量。具有这种应力-应变关系的材料，称为弹塑性线性强化材料。此种近似，对某些材料是足够准确的。

如果考虑到材料具有非线性强化性质，则其近似表达式为：

$$\begin{cases} \sigma = A\varepsilon^n \\ \sigma = A + B\varepsilon^n \end{cases}$$

式中，n 为强化指数。$n = 0$ 时表示理想塑性体的"模型"；$n = 1$ 时则为线性强化体的"模型"。

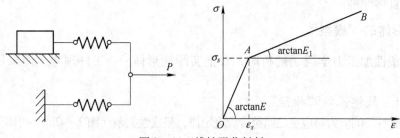

图 2-44　线性强化材料

2.9.2.4　刚-塑性体的"模型"

在塑性加工中，弹性变形比塑性变形小得多，这时可忽略弹性变形，即为刚-塑性体"模型"。在这种模型中，假设应力在达到屈服极限前，变形等于零。如图 2-45 和图 2-46 所示的是理想刚-塑性材料及具有线性强化的刚-塑性材料的模型图。

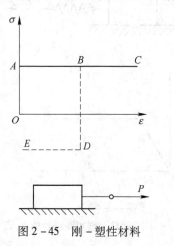

图 2-45　刚-塑性材料

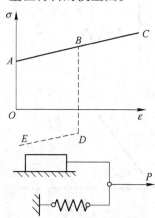

图 2-46　刚-塑性线性强化材料

在图 2-45 中，线段 AB 是平行于 ε 轴的，而卸载线段 BD 侧是平行于 σ 轴的。

2.9.2.5 复杂"模型"

在一般情况下，变形时金属将具有弹性、黏性和硬化的复杂"模型"图（图 2-47）。在塑性加工过程中，变形温度（T）、变形程度（ε）、应变速率（单位时间的变形程度）（$\dot{\varepsilon}$）等都影响单向拉伸（或压缩）时的单位变形力（变形抗力）。

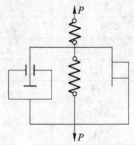

图 2-47 复杂"模型"图

2.9.3 变形抗力模型

综上所述，对于一定的金属，其变形抗力 σ_s 是变形温度、应变速率和变形程度的函数，即

$$\sigma_s = f(\varepsilon, \dot{\varepsilon}, T) \tag{2-106}$$

为工程计算方便，人们一直在寻找这种函数关系的简明而又可靠的表达式。由于热变形和冷变形时这些因素所起的作用程度不同，通过实验和数学归纳，分别得出下列可供使用参考的变形抗力模型。

2.9.3.1 热变形时变形抗力模型

$$\sigma_s = A\varepsilon^a \dot{\varepsilon}^b e^{-cT} \tag{2-107}$$

式中　A, a, b, c——取决于材质和变形条件的常数；

　　　　T——变形温度；

　　　　ε——变形程度；

　　　　$\dot{\varepsilon}$——应变速率。

表 2-3 列出了几种钢和合金按式（2-107）形式的具体变形抗力模型。

表 2-3　几种钢与合金热变形时的变形抗力模型

钢　种	温度 $T/℃$	变形程度 $\varepsilon/\%$	应变速率 $\dot{\varepsilon}/s^{-1}$	σ_s/MPa
45	1000~2000	5~40	0.1~100	$133\varepsilon^{0.252}\dot{\varepsilon}^{0.143}e^{-0.0025T} \times 9.81$
12CrNi3A	900~1200	5~40	0.1~100	$230\varepsilon^{0.252}\dot{\varepsilon}^{0.143}e^{-0.0029T} \times 9.81$
4Cr13	900~1200	5~40	0.1~100	$430\varepsilon^{0.28}\dot{\varepsilon}^{0.087}e^{-0.0033T} \times 9.81$
Cr17Ni2	900~1200	5~40	0.1~100	$705\varepsilon^{0.28}\dot{\varepsilon}^{0.087}e^{-0.0037T} \times 9.81$
Cr18Ni9Ti	900~1200	5~40	0.1~100	$325\varepsilon^{0.28}\dot{\varepsilon}^{0.087}e^{-0.0028T} \times 9.81$
CrNi75TiAl	900~1200	5~25	0.1~100	$890\varepsilon^{0.35}\dot{\varepsilon}^{0.098}e^{-0.0032T} \times 9.81$
CrNi75MoNbTiAl	900~1200	5~25	0.1~100	$1100\varepsilon^{0.35}\dot{\varepsilon}^{0.018}e^{-0.0032T} \times 9.81$
Cr25Ni65W15	900~1200	5~25	0.1~100	$775\varepsilon^{0.35}\dot{\varepsilon}^{0.098}e^{-0.0028T} \times 9.81$
CrNi70Al	900~1200	5~25	0.12~100	$1330\varepsilon^{0.35}\dot{\varepsilon}^{0.0098}e^{-0.0033T} \times 9.81$

2.9.3.2 冷变形时变形抗力模型

$$\sigma_s = A + B\varepsilon^n \tag{2-108}$$

式中　A——退火状态时变形金属的变形抗力；

　　　n, B——与材质、变形条件有关的系数。

表 2-4 列出了若干金属和合金冷变形时的变形抗力模型。

表 2-4 几种金属与合金冷变形时的变形抗力模型 （$\sigma_{0.2}$, σ_B 单位为 MPa）

金属与合金	$\sigma_{0.2}$ 与 ε 的关系	σ_B 与 ε 的关系
L1	$\sigma_{0.2} = (1.8 + 0.28\varepsilon^{0.74}) \times 9.81$	$\sigma_B = (4.1 + 0.05\varepsilon^{1.08}) \times 9.81$
L2	$\sigma_{0.2} = (6 + 0.64\varepsilon^{0.62}) \times 9.81$	$\sigma_B = (9.5 + 0.1\varepsilon) \times 9.81$
LF21	$\sigma_{0.2} = (5 + 0.6\varepsilon^{0.7}) \times 9.81$	$\sigma_B = (11 + 0.03\varepsilon^{1.34}) \times 9.81$
LF3	$\sigma_{0.2} = (7.5 + 6.4\varepsilon^{0.3}) \times 9.81$	$\sigma_B = (22 + 0.66\varepsilon^{0.63}) \times 9.81$
LY11	$\sigma_{0.2} = (8.8 + 3.5\varepsilon^{0.4}) \times 9.81$	$\sigma_B = (18.3 + 0.56\varepsilon^{0.73}) \times 9.81$
LY12		$\sigma_B = (45 + 4\varepsilon^{0.31}) \times 9.81$
M1		$\sigma_B = (25 + 1.5\varepsilon^{0.58}) \times 9.81$
M4	$\sigma_{0.2} = (7.5 + 5.6\varepsilon^{0.41}) \times 9.81$	$\sigma_B = (23 + 0.8\varepsilon^{0.72}) \times 9.81$
H96		$\sigma_B = (27.5 + 1.4\varepsilon^{0.68}) \times 9.81$
H90	$\sigma_{0.2} = (23 + 2.9\varepsilon^{0.52}) \times 9.81$	$\sigma_B = (31 + 1.3\varepsilon^{0.65}) \times 9.81$
H80	$\sigma_{0.2} = (10 + 3\varepsilon^{0.7}) \times 9.81$	$\sigma_B = (29 + 1.3\varepsilon^{0.83}) \times 9.81$
H70	$\sigma_{0.2} = (12 + 2\varepsilon^{0.78}) \times 9.81$	$\sigma_B = (32.5 + 0.57\varepsilon^{0.98}) \times 9.81$
H68	$\sigma_{0.2} = (12 + 3.6\varepsilon^{0.62}) \times 9.81$	$\sigma_B = (32.5 + 1.1\varepsilon^{0.8}) \times 9.81$
H62	$\sigma_{0.2} = (15 + 3.1\varepsilon^{0.65}) \times 9.81$	$\sigma_B = (36 + 0.6\varepsilon^{0.94}) \times 9.81$
HPb59 - 1	$\sigma_{0.2} = (17.5 + 2.9\varepsilon^{0.6}) \times 9.81$	$\sigma_B = (36 + 1.8\varepsilon^{0.69}) \times 9.81$
HAl77 - 2		$\sigma_B = (34 + 0.64\varepsilon) \times 9.81$
HPb60 - 1	$\sigma_{0.2} = (15 + 5.6\varepsilon^{0.61}) \times 9.81$	$\sigma_B = (36 + \varepsilon^{0.36}) \times 9.81$
QAl9 - 2		$\sigma_B = (49.5 + 0.62\varepsilon) \times 9.81$
QBe2	$\sigma_{0.2} = (40 + 3.1\varepsilon^{0.75}) \times 9.81$	$\sigma_B = (58 + 2.5\varepsilon^{0.73}) \times 9.81$
08F	$\sigma_{0.2} = (23 + 3.4\varepsilon^{0.6}) \times 9.81$	$\sigma_B = (32.5 + 1.48\varepsilon^{0.54}) \times 9.81$
工业纯铁	$\sigma_{0.2} = (25 + 5\varepsilon^{0.56}) \times 9.81$	$\sigma_B = (37 + 3.3\varepsilon^{0.61}) \times 9.81$
20	$\sigma_{0.2} = (37.5 + 3.16\varepsilon^{0.64}) \times 9.81$	$\sigma_B = (51 + 0.58\varepsilon^{0.98}) \times 9.81$
45	$\sigma_{0.2} = (35 + 8.66\varepsilon^{0.48}) \times 9.81$	$\sigma_B = (58.5 + 1.44\varepsilon^{0.83}) \times 9.81$
T10	$\sigma_{0.2} = (45 + 2.5\varepsilon^{0.79}) \times 9.81$	$\sigma_B = (62 + 1.8\varepsilon^{0.83}) \times 9.81$
30CrMnSi	$\sigma_{0.2} = (47.5 + 8.6\varepsilon^{0.45}) \times 9.81$	$\sigma_B = (64 + 3.4\varepsilon^{0.61}) \times 9.81$
0Cr13	$\sigma_{0.2} = (32.5 + 7.2\varepsilon^{0.45}) \times 9.81$	$\sigma_B = (50 + 1.7\varepsilon^{0.71}) \times 9.81$
1Cr18Ni9	$\sigma_{0.2} = (25 + 1.9\varepsilon) \times 9.81$	$\sigma_B = (63 + 0.13\varepsilon^{1.6}) \times 9.81$

2.10   平面变形和轴对称问题的变形力学方程

    塑性力学问题共九个未知数，即六个应力分量和三个位移分量。与此对应，则有三个力平衡方程式和六个应力与应变的关系式。虽然在原则上是可以求解的，但在解析上要求出能满足这些方程式和给定边界条件的严密解是困难的。然而对平面变形问题和轴对称问题就比较容易处理，尤其是当把变形材料看成是刚-塑性体（或采用平均化了的 σ_e-ε_e 曲线）时，问题就更容易处理。以后将会看到，如果应力边界条件给定，对平面变形问题，静力学可以求出应力分布，这就是所谓静定问题。对轴对称问题，如引入适当的假设，也可以静定化，这样便可在避免求应变的情况下来确定应力场，进而计算塑性加工所需的力和能。塑性加工问题许多是平面变形问题和轴对称问题，也有许多问题可以分区简化成平面变形问题来处理。

本节的目的是归纳总结一下平面变形问题和轴对称问题的变形力学方程，给以后各章解各种塑性加工实际问题做准备。

2.10.1 平面变形问题

这里的平面变形是指平行于 xOy 面产生塑性流动（忽略弹性变形），因此也称平面塑性流动。平面变形的基本特征是：物体内所有质点都只在同一个坐标平面内发生变形，而在该平面的法线方向没有变形。如取没有变形的方向为 z 轴方向，则有

$$\mathrm{d}\varepsilon_z = \mathrm{d}\varepsilon_{yz} = \mathrm{d}\varepsilon_{xz} = 0 \qquad (2-109)$$

由于体积不变，$\mathrm{d}\varepsilon_x = -\mathrm{d}\varepsilon_y$。

参照式（1-27）和式（1-41），平面变形时，应变增量与位移增量、应变速率与位移速度的关系如下：

$$\mathrm{d}\varepsilon_x = \frac{\partial u_x}{\partial x} \quad \mathrm{d}\varepsilon_y = \frac{\partial u_y}{\partial y} \quad \mathrm{d}\varepsilon_{xy} = \frac{1}{2}\left(\frac{\partial u_x}{\partial y} + \frac{\partial u_y}{\partial x}\right) \qquad (2-110)$$

$$\dot{\varepsilon}_x = \frac{\partial v_x}{\partial x} \quad \dot{\varepsilon}_y = \frac{\partial v_y}{\partial y} \quad \dot{\varepsilon}_{xy} = \frac{1}{2}\left(\frac{\partial v_x}{\partial y} + \frac{\partial v_y}{\partial x}\right) \qquad (2-111)$$

平面变形时的应力分量如图 2-48 所示。注意到式（2-109），按流动法则式（2-69），则得：

$$\tau_{yz} = \tau_{xz} = 0 \quad \tau_{xy} \neq 0 \qquad (2-112)$$

$$\sigma'_z = \sigma_z - \sigma_m = \sigma_z - \frac{1}{3}(\sigma_x + \sigma_y + \sigma_z) = 0$$

或

$$\sigma_z = \frac{1}{2}(\sigma_x + \sigma_y) \qquad (2-113)$$

而

$$\sigma_m = -p = \frac{1}{3}(\sigma_x + \sigma_y + \sigma_z)$$

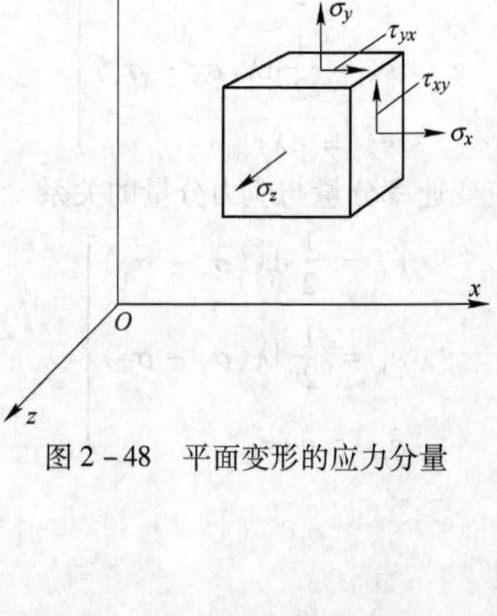

图 2-48　平面变形的应力分量

平面应变状态下的应力张量为：

$$\sigma_{ij} = \begin{bmatrix} \sigma_x & \tau_{yx} & 0 \\ \tau_{xy} & \sigma_y & 0 \\ 0 & 0 & \sigma_z \end{bmatrix}$$

把式（2–113）代入上式，得

$$\sigma_m = -p = \frac{1}{3}\left(\sigma_x + \sigma_y + \frac{\sigma_x}{2} + \frac{\sigma_y}{2}\right) = \frac{1}{2}(\sigma_x + \sigma_y) \qquad (2-114)$$

同理，如取坐标为主轴，则

$$\sigma_2 = \frac{1}{2}(\sigma_1 + \sigma_3)$$

$$\sigma_m = -p = \frac{1}{2}(\sigma_1 + \sigma_3)$$

因此，平面变形时，

$$\sigma_z = \sigma_2 = \sigma_m = -p = \frac{1}{2}(\sigma_x + \sigma_y) = \frac{1}{2}(\sigma_1 + \sigma_3)$$

可见，平面变形时，与塑性流动平面垂直的应力 σ_z 就是中间主应力 σ_2，并等于流动平面内正应力的平均值，也等于应力球分量 σ_m 或 $-p$。

应指出，中间主应力与 xOy 面垂直，所以 σ_z 或 σ_2 对于沿 xOy 面上任意方向的力平衡均不起作用。因此，在确定过变形体内任意点与 xOy 面垂直的任意斜面上的应力时，可以不考虑 σ_z 或 σ_2。这时可以利用平面应力状态（即 $\sigma_z = 0$）作出的应力莫尔（Mohr）圆。平面应力状态的基本特征是：物体内所有质点在与某一方向垂直平面上的应力均为零。如取该方向为坐标轴的 z 向，则有 $\sigma_z = \tau_{zx} = \tau_{zy} = 0$，显然，此时 z 向为主方向，应力张量只留下 σ_x、σ_y、τ_{xy} 等应力分量。平面应力状态的应力张量为：

$$\sigma_{ij} = \begin{bmatrix} \sigma_x & \tau_{yx} & 0 \\ \tau_{xy} & \sigma_y & 0 \\ 0 & 0 & 0 \end{bmatrix} \quad 或 \quad \sigma_{ij} = \begin{bmatrix} \sigma_1 & 0 & 0 \\ 0 & \sigma_2 & 0 \\ 0 & 0 & 0 \end{bmatrix}$$

注意到式（2–109），按式（2–69），平面变形时的流动法则为

$$\frac{\mathrm{d}\varepsilon_x}{\sigma'_x} = \frac{\mathrm{d}\varepsilon_y}{\sigma'_y} = \frac{\mathrm{d}\varepsilon_{xy}}{\tau_{xy}} = \mathrm{d}\lambda \qquad (2-115)$$

把式（2–112）、式（2–113）代入式（2–69），则

$$\left.\begin{aligned} \mathrm{d}\varepsilon_x &= \frac{1}{2}\mathrm{d}\lambda(\sigma_x - \sigma_y) \\ \mathrm{d}\varepsilon_y &= \frac{1}{2}\mathrm{d}\lambda(\sigma_y - \sigma_x) \\ \mathrm{d}\varepsilon_{xy} &= \mathrm{d}\lambda\tau_{xy} \end{aligned}\right\} \qquad (2-116)$$

或按式（2–70）写成应变速率分量与应力分量的关系

$$\left.\begin{aligned} \dot{\varepsilon}_x &= \frac{1}{2}\mathrm{d}\dot{\lambda}(\sigma_x - \sigma_y) \\ \dot{\varepsilon}_y &= \frac{1}{2}\mathrm{d}\dot{\lambda}(\sigma_y - \sigma_x) \\ \dot{\varepsilon}_{xy} &= \mathrm{d}\dot{\lambda}\tau_{xy} \end{aligned}\right\} \qquad (2-117)$$

由式（2-116）和式（2-117）可知，$\mathrm{d}\varepsilon_x = -\mathrm{d}\varepsilon_y$ 或 $\dot\varepsilon_x = -\dot\varepsilon_y$，这是符合体积不变条件的。把式（2-112）代入力平衡微分方程（2-1），则

$$\left.\begin{array}{l}\dfrac{\partial\sigma_x}{\partial x} + \dfrac{\partial\tau_{yx}}{\partial y} = 0\\[2mm]\dfrac{\partial\tau_{xy}}{\partial x} + \dfrac{\partial\sigma_y}{\partial y} = 0\\[2mm]\dfrac{\partial\sigma_z}{\partial z} = 0\end{array}\right\} \qquad (2-118)$$

其中第三式表示 σ_z 沿 z 方向不发生变化，即与 z 轴无关。由于 σ_z 可以从式（2-113）直接求出，所以第三式可以省略。

把式（2-112）和式（2-113）代入式（2-18），则密赛斯塑性条件可写成

$$(\sigma_x - \sigma_y)^2 + 4\tau_{xy}^2 = 4k^2 = \left(\frac{2}{\sqrt{3}}\sigma_s\right)^2 = (1.155\sigma_s)^2 = K^2 \qquad (2-119)$$

式中　k——屈服剪应力；

　　　K——平面变形抗力。

如所取坐标轴为主轴，则

$$(\sigma_1 - \sigma_3)^2 = 4k^2 = (1.155\sigma_s)^2 = K^2$$

或

$$\sigma_1 - \sigma_3 = 2k = 1.155\sigma_s = K \qquad (2-120)$$

按屈雷斯卡塑性条件，则

$$\sigma_1 - \sigma_3 = 2k = \sigma_s \qquad (2-121)$$

平面变形时，从 $\sigma_1 - \sigma_3 = 2k$ 的形式上看，两个塑性条件是一致的。即最大剪应力

$$\frac{\sigma_1 - \sigma_3}{2} = k$$

因此在塑性变形时莫尔圆的半径都可用 k 表示。但应注意 k 的数值不同，按密赛斯塑性条件 $k = (1/\sqrt{3})\sigma_s = 0.577\sigma_s$，而按屈雷斯卡塑性条件 $k = 0.5\sigma_s$。也就是在塑性变形时按密赛斯和屈雷斯卡塑性条件两个应力莫尔圆的半径大小不同。

由式（2-112）和式（2-113）可见，平面变形时应力未知数仅有三个，即 σ_x、σ_y、τ_{xy}。按式（2-108）和式（2-119），可列出三个方程式。对于 σ_s 或 k 一定的刚-塑性材料，如果给出应力边界条件是可以解出应力未知数的，也就是此问题是静定问题。

轧制板、带材，平面变形挤压和拉拔等都属于平面变形问题。

2.10.2 轴对称问题

所谓轴对称问题，就是其应力和应变的分布以 z 轴为对称。例如压缩、挤压和拉拔圆柱体等。这时最好采用圆柱坐标系。其应变与位移的关系见式（1-28）。

由于应变的轴对称性，在 θ 向无位移（假定无周向外力，绕 z 轴无转动），即 $u_\theta = 0$；通过旋轴体轴线的 $z-r$ 面（也称子午面）变形时不发生弯曲（始终保持平面），并且各子午面之间的夹角保持不变，所以在子午面上 $\mathrm{d}\varepsilon_{\theta z} = \mathrm{d}\varepsilon_{\theta r} = 0$（但应注意 $\mathrm{d}\varepsilon_\theta \neq 0$），按式（1-28），轴对称变形时的微小应变或应变增量为

$$d\varepsilon_r = \frac{\partial u_r}{\partial r}$$

$$d\varepsilon_z = \frac{\partial u_z}{\partial z}$$

$$d\varepsilon_\theta = \frac{u_r}{r}$$

$$d\varepsilon_{zr} = \frac{1}{2}\left(\frac{\partial u_r}{\partial z} + \frac{\partial u_z}{\partial r}\right)$$

$$(2-122)$$

轴对称的应力分量，如图 2-49 所示。由于 $d\varepsilon_{\theta z} = d\varepsilon_{\theta r} = 0$，所以

$$\tau_{\theta z} = \tau_{\theta r} = 0 \qquad\qquad (2-123)$$

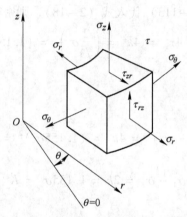

图 2-49　轴对称问题的应力分量

轴对称问题的应力张量为：

$$\sigma_{ij} = \begin{bmatrix} \sigma_r & 0 & \tau_{zr} \\ 0 & \sigma_\theta & 0 \\ \tau_{rz} & 0 & \sigma_z \end{bmatrix}$$

注意到 $d\varepsilon_{\theta z} = d\varepsilon_{\theta r} = 0$，并把流动法则式（2-69）中之 x、y、z 换成圆柱坐标的 r、θ、z，则

$$\frac{d\varepsilon_r}{\sigma_r'} = \frac{d\varepsilon_\theta}{\sigma_\theta'} = \frac{d\varepsilon_z}{\sigma_z'} = \frac{d\varepsilon_{zr}}{\tau_{zr}} = d\lambda \qquad\qquad (2-124)$$

把 $d\varepsilon_{\theta z} = d\varepsilon_{\theta r} = 0$ 代入式（2-71），则

$$d\varepsilon_r = \frac{2}{3}d\lambda\left[\sigma_r - \frac{1}{2}(\sigma_\theta + \sigma_z)\right]$$

$$d\varepsilon_\theta = \frac{2}{3}d\lambda\left[\sigma_\theta - \frac{1}{2}(\sigma_z + \sigma_r)\right]$$

$$d\varepsilon_z = \frac{2}{3}d\lambda\left[\sigma_z - \frac{1}{2}(\sigma_r + \sigma_\theta)\right]$$

$$d\varepsilon_{zr} = d\lambda\tau_{zr}$$

$$(2-125)$$

由此式可见

$$d\varepsilon_r + d\varepsilon_\theta + d\varepsilon_z = 0$$

符合体积不变条件。

注意到式（2-123），并忽略体积力，按圆柱坐标系的力平衡微分方程式（2-6），轴对称变形时可写成

$$
\left.
\begin{aligned}
\frac{\partial \sigma_r}{\partial r} + \frac{\partial \tau_{zr}}{\partial z} + \frac{\sigma_r - \sigma_\theta}{r} &= 0 \\
\frac{\partial \tau_{rz}}{\partial r} + \frac{\partial \sigma_z}{\partial z} + \frac{\tau_{rz}}{r} &= 0 \\
\frac{\partial \sigma_\theta}{\partial \theta} &= 0
\end{aligned}
\right\}
\tag{2-126}
$$

把密赛斯塑性条件中的 x、y、z 换成 r、θ、z，并注意到式（2-123），则式（2-18）可写成

$$
(\sigma_r - \sigma_\theta)^2 + (\sigma_\theta - \sigma_z)^2 + (\sigma_z - \sigma_r)^2 + 6\tau_{zr}^2 = 6k^2 = 2\sigma_s^2 \tag{2-127}
$$

由上可见，式（2-125）的流动法则，式（2-126）的力平衡微分方程式和式（2-127）的塑性条件，是轴对称问题的基本方程式。这七个方程式共七个未知数，即四个应力分量 σ_r、σ_θ、σ_z、τ_{zr}，其中 σ_θ 是一个主应力，两个位移分量 u_r、u_z（按式（2-122）四个应变分量可以用两个位移分量确定）和一个 $d\lambda$。可是仅含有应力分量间关系的式子只有三个，即式（2-126）之前两个和式（2-127）。所以即使是采用 σ_s 或 k 为定值的刚-塑性材料，除非引入其他假设条件，通常不是静定问题。

在此必须指出，要注意轴对称问题与轴对称应力状态的区别。前者是指变形体内的应力、应变的分布对称于 z 轴；后者是指点应力状态中的 $\sigma_2 = \sigma_3$ 或 $\sigma_1 = \sigma_2$。

为简化工程计算，有时在解圆柱体镦粗、挤压、拉拔（属于轴对称问题）问题时，假设 $\sigma_r = \sigma_\theta$，从而使应力分量的未知数由四个减少为三个，而式（2-127）进一步简化为

$$
(\sigma_z - \sigma_r)^2 + 3\tau_{zr}^2 = \sigma_s^2 \tag{2-128}
$$

使其变为静定问题。

以下给出 $\sigma_r = \sigma_\theta$ 假设成立的证明过程。轴对称变形时，子午面始终保持平面，θ 向没有位移速度，$v_\theta = 0$；各位移分量均与 θ 无关，$\varepsilon_{r\theta} = \varepsilon_{\theta z} = 0$，$\theta$ 向成为应变主方向，这时，几何方程（1-28）简化为：

$$
\varepsilon_r = \frac{\partial u_r}{\partial r} \quad \varepsilon_\theta = \frac{u_r}{r} \quad \varepsilon_z = \frac{\partial u_z}{\partial z} \quad \varepsilon_{zr} = \frac{1}{2}\left(\frac{\partial u_r}{\partial z} + \frac{\partial u_z}{\partial r}\right)
$$

对于均匀变形时的单向拉伸、锥形模挤压和拉拔以及圆柱体平砧镦粗等，其径向位移分量 u_r 与 r 坐标成线性关系，于是得：

$$
\frac{\partial u_r}{\partial r} = \frac{u_r}{r}
$$

即

$$
\varepsilon_r = \varepsilon_\theta
$$

根据增量理论可知，径向正应力和周向正应力分量也相等，即 $\sigma_r = \sigma_\theta$。此时，只有三个独立的应力分量。以上结论反映了轴对称条件下，均匀变形时，变形状态和应力状态的重要特征，即径向的正应变同周向的正应变相等，径向的正应力同周向的正应力相等。

思 考 题

2-1 为什么异步轧制的轧制力比同步轧制的轧制力小？

2－2　什么样的应力条件才能构成平面变形的变形状态？

2－3　叙述下列术语的定义或含义：
　　　屈服准则，屈服表面，屈服轨迹。

2－4　常用的屈服准则有哪两个？如何表述？分别写出其数学表达式。

2－5　对各向同性的硬化材料的屈服准则是如何考虑的？

2－6　叙述下列术语的定义或含义：
　　　增量理论，全量理论，真实应力，硬化材料，理想弹塑性材料，理想刚塑性材料，弹塑性硬化材料，刚塑性硬化材料。

2－7　塑性变形时应力－应变关系有何特点？为什么说塑性变形时应力和应变之间的关系与加载历史有关？

2－8　试画出无接触摩擦和有接触摩擦两种条件下矩形件压缩时（图2－50）的质点流动方向（在水平面上的投影）图，并简述其理由。

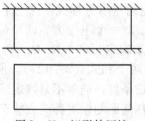

图2－50　矩形件压缩

习　题

2－1　试证明式（2－5）。

2－2　试证明式（2－12）及式（2－13）。

2－3　某受力物体内应力场为：$\sigma_x = -6xy^2 + c_1 x^3$，$\sigma_y = -\dfrac{3}{2} c_2 xy^2$，$\tau_{xy} = -c_2 y^3 - c_3 x^2 y$，$\sigma_z = \tau_{yz} = \tau_{zx} = 0$，试求系数 c_1、c_2、c_3（提示：应力应满足应力平衡微分方程）。

2－4　在平面塑性变形条件下，塑性区一点在与 x 轴交成 θ 角的一个平面上，其正应力为 $\sigma(\sigma < 0)$，切应力为 τ，且屈服切应力为 k，如图2－51所示。试画出该点的应力莫尔圆，并求出在 y 方向上的正应力 σ_y 及切应力 τ_{xy}，且将 σ_y、τ_{yx} 及 σ_x、τ_{xy} 所在平面标注在应力莫尔圆上。

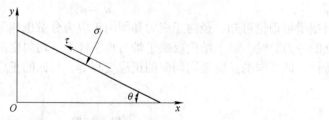

图2－51　任意斜面受力示意图

2－5　一矩形件在刚性槽内压缩，如果忽略锤头、槽底、侧壁与工件间的摩擦，试求工件尺寸为 $h \times b \times l$（垂直纸面方向为 l 方向）时的压力 P 和侧壁压力 N 的表达式。

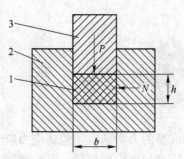

图 2-52　刚性槽内压缩矩形件

1—工件；2—刚性槽；3—锤头

2-6　某理想塑性材料在平面应力状态下的各应力分量为 $\sigma_x = 75\text{MPa}$，$\sigma_y = 15\text{MPa}$，$\sigma_z = 0$，$\tau_{xy} = 15\text{MPa}$，若该应力状态足以产生屈服，试问该材料的屈服应力是多少？

2-7　试判断下列应力状态使材料处于弹性状态还是处于塑性状态：

$$\sigma_{ij} = \begin{bmatrix} -5\sigma_s & 0 & 0 \\ 0 & -5\sigma_s & 0 \\ 0 & 0 & -4\sigma_s \end{bmatrix} \quad \sigma_{ij} = \begin{bmatrix} -0.8\sigma_s & 0 & 0 \\ 0 & -0.8\sigma_s & 0 \\ 0 & 0 & -0.2\sigma_s \end{bmatrix} \quad \sigma_{ij} = \begin{bmatrix} -\sigma_s & 0 & 0 \\ 0 & -0.5\sigma_s & 0 \\ 0 & 0 & -1.5\sigma_s \end{bmatrix}$$

2-8　如图 2-53 所示的薄壁圆管受拉力 P 和扭矩 M 的作用而屈服，试写出此情况下的密赛斯屈服准则和屈雷斯卡屈服准则的表达式。

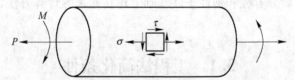

图 2-53　薄壁圆管受拉力 P 和扭矩 M 的作用示意图

2-9　已知下列三种应力状态的三个主应力为：（1）$\sigma_1 = 2\sigma$，$\sigma_2 = \sigma$，$\sigma_3 = 0$；（2）$\sigma_1 = 0$，$\sigma_2 = -\sigma$，$\sigma_3 = -\sigma$；（3）$\sigma_1 = \sigma$，$\sigma_2 = \sigma$，$\sigma_3 = 0$。分别求其塑性应变增量 $d\varepsilon_1^p$、$d\varepsilon_2^p$、$d\varepsilon_3^p$ 与等效应变增量 $d\bar{\varepsilon}^p$ 的关系表达式。

2-10　写出薄壁管扭转时等效应力和等效应变的表达式。

2-11　已知二端封闭的长薄壁管容器，半径为 r，壁厚为 t，由内压力 p（单位流动压力）引起塑性变形，若轴向、切向、径向塑性应变增量分别为 $d\varepsilon_z^p$、$d\varepsilon_\theta^p$、$d\varepsilon_r^p$，如果忽略弹性变形，试求各塑性应变增量之间的比值（即 $d\varepsilon_z^p : d\varepsilon_\theta^p : d\varepsilon_r^p$）（提示：先求出偏差应力分量）。

2-12　试在 π 平面上构造一个与 Mises 圆周长相等的十二边形，并证明满足如下关系时材料发生屈服：

$$\sigma_1 - 0.304\sigma_2 - 0.696\sigma_3 = \sigma_s，\text{当} \sigma_2 \leqslant \frac{1}{2}(\sigma_1 + \sigma_3) \text{时}$$

$$0.696\sigma_1 + 0.304\sigma_2 - \sigma_3 = \sigma_s，\text{当} \sigma_2 \geqslant \frac{1}{2}(\sigma_1 + \sigma_3) \text{时}$$

3 工 程 法

前面两章介绍了金属塑性成型的力学基础，包括应力应变分析和变形力学方程。在塑性成型过程中，当工具对坯料所施加的作用达到一定数值时，坯料就会发生塑性变形，此时工具所施加的作用力就称为变形力。变形力是正确设计模具、选择设备和制定工艺规程的重要参数。因此，对各种塑性成型工序进行变形过程的力学分析和确定变形力是金属塑性成型理论的基本任务之一。

对于一般空间问题，在三个平衡微分方程和一个屈服准则中，共包含六个未知数（σ_{ij}），属静不定问题。再利用六个应力应变关系式（本构方程）和三个变形连续性方程，共得十三个方程，包含十三个未知数（六个应力分量，六个应变或应变速率分量，一个比例系数 $d\lambda$ 或 λ），方程式和未知数相等。但是，这种数学解析法只有在某些特殊情况下才能解，而对一般空间问题，数学上的精确解极其困难。对大量实际问题，则是进行一些简化和假设来求解。根据简化方法的不同，求解方法有主应力法、滑移线法、上界法等。主应力法是在简化平衡微分方程和塑性条件基础上建立起来的计算方法，本章主要介绍这种方法。

3.1　工程法简化条件

用理论法推导变形力算式，常常遇到数学上的困难，或者所得公式复杂。工程实践中，需要既简单又有足够精度的变形力算式，工程法或初等解析法，即适应这种需要而产生。将近似的平衡微分方程与塑性条件联解，以求得接触面上应力分布的方法，称为工程法。由于经过简化的平衡微分方程和塑性条件实质上都是以主应力表示的，故此得名。又因这种解法是从切取基元体或基元板块着手的，故也形象地称为"切块法"。

为使微分平衡方程与塑性准则的联解得以简化，工程法主要采用以下基本假设。

（1）屈服准则的简化。假设工具与坯料的接触表面为主平面，或者为最大剪应力平面，摩擦剪应力 τ_f 或者视为零，或者取为最大值 k，这样对平面问题，屈服准则式（2-119）中的剪应力分量消失并简化为

$$\sigma_x - \sigma_y = 2k$$

或

$$\sigma_x - \sigma_y = 0$$

即

$$d\sigma_x - d\sigma_y = 0 \tag{3-1}$$

同理，圆柱体镦粗时屈服准则式（2-128）简化为

$$d\sigma_r - d\sigma_z = 0 \tag{3-2}$$

可见，在应用密赛斯屈服准则时，忽略切应力和摩擦切应力的影响，可将密赛斯屈服准则二次方程简化为线性方程。

（2）微分平衡方程的简化。微分平衡方程简化，将变形过程近似地视为平面问题或轴

对称问题，并假设法向应力与一个坐标轴无关，因此微分平衡方程不仅可以减少，而且可将偏微分改为常微分。

以平面变形条件下的矩形件镦粗为例，图 3 - 1 中，z 轴为不变形方向，适用于求该过程变形力的微分平衡方程

$$\frac{\partial \sigma_x}{\partial x} + \frac{\partial \tau_{yx}}{\partial y} + \frac{\partial \tau_{zx}}{\partial z} = 0$$

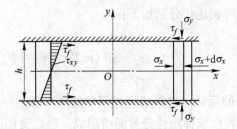

图 3 - 1　矩形件镦粗

由于 z 轴方向不变形，所以 $\tau_{zx} = 0$，故

$$\frac{\partial \tau_{zx}}{\partial z} = 0$$

如果假设剪应力 τ_{yx} 在 y 轴方向上呈线性分布，即

$$\frac{\partial \tau_{yx}}{\partial y} = \frac{2\tau_f}{h}$$

并且设 σ_x 与 y 轴无关（即在坯料厚度上，σ_x 是均匀分布的），则

$$\frac{\partial \sigma_x}{\partial x} = \frac{\mathrm{d}\sigma_x}{\mathrm{d}x}$$

这样，微分平衡方程最后简化为

$$\frac{\mathrm{d}\sigma_x}{\mathrm{d}x} + \frac{2\tau_f}{h} = 0 \tag{3 - 3}$$

有时工程法不是从已有的微分平衡方程简化而是从变形体上截取分离体，并用静力平衡法来建立适当的平衡方程。矩形件镦粗单元体如图 3 - 1 所示。在直角坐标系下，假设矩形件沿 z 轴方向的变形为零，在 x 轴上距原点为 x 处切取宽度为 $\mathrm{d}x$、长度为 l 的单元体，单元体高度等于变形区高度 h，两个平截面上的正应力分别为 σ_x 和 $\sigma_x + \mathrm{d}\sigma_x$，设切应力为零，正应力沿 y 轴方向是均匀分布的。单元体与刚性压板接触表面上的摩擦切应力为 τ_f，其方向与矩形件塑性流动方向相反。沿 x 方向列出单元体的静力平衡方程，可得

$$\sum F_x = (\sigma_x + \mathrm{d}\sigma_x)lh - \sigma_x lh + 2\tau_f l\mathrm{d}x = 0$$

$$\mathrm{d}\sigma_x h + 2\tau_f \mathrm{d}x = 0$$

$$\frac{\mathrm{d}\sigma_x}{\mathrm{d}x} + \frac{2\tau_f}{h} = 0$$

显然，上式也是在假设 σ_x 在 y 方向均匀分布的基础上得到的。

同理，圆柱体镦粗时 r 方向力平衡微分方程（2 - 126）在 $\sigma_r = \sigma_\theta$ 的前提下，简化为

$$\frac{\mathrm{d}\sigma_r}{\mathrm{d}r} + \frac{2\tau_f}{h} = 0 \tag{3 - 4}$$

　　由以上分析可知，通常所切取的单元体高度等于变形区的高度，将剖切面上的正应力假设为均匀分布的主应力，因此，正应力的分布只随单一坐标变化，由此可将偏微分应力平衡方程简化为常微分应力平衡方程。

　　（3）接触表面摩擦规律的简化。接触表面的摩擦是一个复杂的物理过程，接触表面的法向压应力与摩擦应力间的关系也很复杂，还没有确切地描述这种复杂关系的表达式。目前多采用简化的近似关系。运用最普遍的三种摩擦假设是库仑摩擦条件、常摩擦力条件以及最大摩擦力条件，它们的表达式分别如下：

$$\tau_f = f\sigma_z$$
$$\tau_f = mk（m \text{ 称为摩擦因子，取值 } 0 \sim 1）$$
$$\tau_f = k$$

　　（4）变形区几何形状的简化。材料成型过程中的变形区，一般由工具与变形材料的接触表面和变形材料的自由表面或弹塑性分界面所围成。塑性变形区的几何形状一般是比较复杂的。为使计算公式简化，在推导变形力计算公式时，常根据所取定的坐标系以及变形特点，把变形区的几何形状作简化处理。如平锤下镦粗时，侧表面始终保持与接触表面垂直关系；平辊轧制时，以弦代弧（轧辊与坯料的接触弧）或以平锤下的压缩矩形件代替轧制过程；平模挤压时，变形区与死区的分界面以圆锥面代替实际分界面等（图 3 – 2）。对于形状复杂的变形体，还可根据变形体流动规律，将其划分成若干部分，对每一部分分别按平面问题或轴对称问题进行处理，最后"拼合"在一起，即可得到整个问题的解。

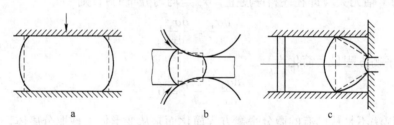

a　　　　　　　　　　b　　　　　　　　　　c

图 3 – 2　变形区几何形状的简化

实线—实际变形区形状；虚线—简化后变形区形状

a—镦粗；b—轧制；c—挤压

　　（5）其他假设。除上述外，还将变形材料看作匀质，各向同性，变形均匀，剪应力在坯料厚度或半径方向线性分布以及某些数学近似处理等。

　　主应力法作为求塑性成型问题近似解的一种方法，在工程上得到了广泛的应用。该方法以均匀变形假设为前提，将偏微分应力平衡方程简化为常微分应力平衡方程，将密赛斯屈服准则的二次方程简化为线性方程，最后归结为求解一阶常微分应力平衡方程问题，从而获得工程上所需要的解。主应力法的数学运算比较简单，从所得的数学表达式中，可以分析各有关参数（如摩擦系数、变形体几何尺寸、变形程度、模孔角等）对变形力的影响，因此至今仍然是计算变形力的一种重要方法。但用这种方法无法分析变形体内的应力分布，因为所做的假设已使变形体内的应力分布在一个坐标上平均化了。

3.2 圆柱体镦粗

3.2.1 接触表面压应力分布曲线方程

3.2.1.1 常摩擦系数区接触表面压应力分布曲线方程

常摩擦系数区接触表面满足全滑动条件。将库仑摩擦条件 $\tau_f = f\sigma_z$ 代入平衡微分方程式（3-4）得

$$\frac{d\sigma_r}{dr} + \frac{2f\sigma_z}{h} = 0$$

再将屈服准则式（3-2）代入上式得

$$\frac{d\sigma_z}{dr} + \frac{2f\sigma_z}{h} = 0$$

积分上式得

$$\sigma_z = Ce^{-\frac{2f}{h}r}$$

式中，h 为坯料厚度。

由边界条件确定积分常数，在边界点，$r = R$ 时，$\sigma_r = 0$，$\tau_{rz} = 0$；由剪应力互等，$\tau_{zr} = 0$，则边界处

$$\sigma_z = -\sigma_s$$

从而确定积分常数，则得到常摩擦系数区接触表面压应力分布曲线方程

$$\sigma_z = -\sigma_s e^{\frac{2f}{h}(R-r)} \tag{3-5}$$

由式（3-5）可知应力分布与材料特性 σ_s、摩擦系数 f、工件尺寸 R 和 h 有关，并随坐标 r 而变化。

3.2.1.2 常摩擦系数区接触表面压应力分布曲线方程

在图3-3中，摩擦应力 τ_f 的方向同金属质点流动方向相反。将最大摩擦条件 $\tau_f = -k$ 及屈服准则式（3-2）代入微分平衡方程式（3-4）得

$$\frac{d\sigma_z}{dr} - \frac{2k}{h} = 0$$

同常摩擦系数区一样，积分上式并利用边界条件 $r = r_b$，$\sigma_z = \sigma_{zb}$（注意 σ_{zb} 为负），且此时

$$\tau_f = f\sigma_{zb} = -k \quad \sigma_{zb} = -\frac{\sigma_s}{\sqrt{3}f}$$

则得

$$\sigma_z = -\frac{\sigma_s}{\sqrt{3}f} - \frac{2\sigma_s}{\sqrt{3}h}(r_b - r) \tag{3-6}$$

式中，σ_{zb} 为常摩擦应力区边界 $r = r_b$ 处的单位压力。

由式（3-6）显然可以看出，σ_z 在常摩擦应力区的分布规律是一斜线，其斜率为 $\frac{2\sigma_s}{\sqrt{3}h}$。$h$ 越小，σ_z 上升的斜率越

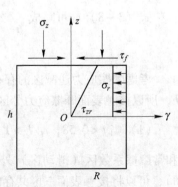

图3-3 圆柱体镦粗

大，镦粗力越大。

3.2.1.3　摩擦应力递减区接触表面压应力分布曲线方程

摩擦应力递减区的存在已被实验所证实。但是考虑到关于这个区范围的确切资料还不充分，同时由于这个区的应力分布对整个变形力影响不大，所以我们可以近似地用常摩擦系数区（或常摩擦应力区）的 σ_z 分布曲线的延长线来代替。作这样的处理还因为该区域的物理本质有待进一步研究。

实验表明，该区的范围为 $r_c \approx h$，τ_f 在此范围内呈线性分布，其接触表面压应力分布曲线方程为

$$\sigma_z = \sigma_{zc} - \frac{\sigma_s}{\sqrt{3}h^2}(h^2 - r^2) \tag{3-7}$$

σ_{zc} 为 $r_c = h$ 时的单位压力值，且

$$\sigma_{zc} = -\frac{\sigma_s}{\sqrt{3}f} - \frac{2\sigma_s}{\sqrt{3}h}(r_b - h)$$

3.2.2　接触表面分区情况

不同条件下接触表面分区情况，仍然决定于坯料的径高比 $\frac{d}{h}$ 及 f 值，其接触表面分区情况，如图 3-4 所示。常摩擦系数区及常摩擦应力区分界点的位置 r_b 可由式（3-5）确定，将 $r = r_b$，$f\sigma_{zb} = -k$ 代入式（3-5）得

$$\frac{r_b}{h} = \frac{d}{2h} - \eta(f) \tag{3-8}$$

其中

$$\eta(f) = -\frac{1}{2f}\ln f\sqrt{3}$$

函数 $\eta(f)$ 值列于表 3-1 中。

表 3-1　函数 $\eta(f)$ 值

f	0.05	0.10	0.15	0.20	0.25	0.30	0.35	0.40	0.45	0.50	0.58
$\eta(f)$	24.42	8.78	4.48	2.66	1.67	1.09	0.71	0.46	0.28	0.14	0.00

式（3-8）亦可写成

$$\frac{R - r_b}{h} = \eta(f)$$

考虑摩擦应力递减区的存在，接触表面分区情况有所不同。由于摩擦应力递减区 $r_c = h$，所以接触表面摩擦应力分区情况出现以下几种情况：

（1）当 $f < 0.58$，$r_b/h > 1$ 时 $\left(r_c < r_b < \dfrac{d}{2}\right)$，接触表面除有摩擦应力递减区（停滞区）和常摩擦系数区（滑动区）外，还有常摩擦应力区（黏着区）。将 $r_b/h > 1$ 代入式（3-8），可以将接触表面三区共存的条件写为：$f < 0.58$，$d/h > 2[\eta(f) + 1]$。

如果 $f \geqslant 0.58$，$d/h > 2[\eta(f) + 1]$ $\left(r_b \geqslant \dfrac{d}{2}, r_b > r_c\right)$，则常摩擦系数区消失，只剩下常

摩擦应力区及摩擦应力递减两区。

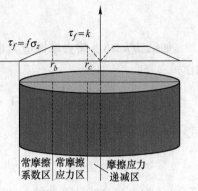

图 3-4 接触表面分区情况

（2）$f < 0.58$，$r_b/h \leqslant 1 \left(r_b < \dfrac{d}{2}, \ r_b \leqslant r_c \right)$ 时，接触表面常摩擦应力区消失，常摩擦系数区与摩擦应力递减区相连接，同理，这种情况出现的条件可写为：$f < 0.58, 2[\eta(f) + 1] \geqslant d/h \geqslant 2$。

如果 $f \geqslant 0.58$，$d/h > 2 \left(r_b \geqslant \dfrac{d}{2}, \ r_c < \dfrac{d}{2} \right)$，则为常摩擦应力区与摩擦应力递减区共存。

（3）当 $d/h \leqslant 2 \left(r_c \geqslant \dfrac{d}{2} \right)$，$f$ 为任何值，接触表面只有摩擦应力递减区。

3.2.3 平均单位压力计算公式及计算曲线

工程上习惯将工具作用在变形体上的单位压力 p 取正值，而 y 方向上的应力 σ_y 是压缩应力，为负值，因此，有 $p = -\sigma_y$。于是有

镦粗力

$$P = \int_0^{\frac{d}{2}} p \times 2\pi r dr = \int_0^{\frac{d}{2}} (-\sigma_z) \times 2\pi r dr$$

平均单位压力

$$\bar{p} = \frac{1}{\frac{\pi}{4}d^2} \int_0^{\frac{d}{2}} p \times 2\pi r dr = \frac{1}{\frac{\pi}{4}d^2} \int_0^{\frac{d}{2}} (-\sigma_z) \times 2\pi r dr \qquad (3-9)$$

式中 σ_z 根据不同情况，将式（3-5）、式（3-6）、式（3-7）代入，即可求得以下平均单位压力计算公式。

（1）如果 $f < 0.58$，$d/h > 2[\eta(f) + 1]$，接触表面三区共存，将式（3-5）、式（3-6）、式（3-7）代入式（3-9）分段积分得

$$\bar{p} = 2\sigma_s \frac{h^2}{f^2 d^2} \left[\frac{1}{f\sqrt{3}} \left(1 + \frac{f d_b}{h} \right) - \left(1 + \frac{fd}{h} \right) \right] + \frac{\sigma_s}{f\sqrt{3}} \times \frac{d_b^2}{d^2} \left[\left(1 + \frac{f d_b}{3h} \right) - \frac{4h^2}{d_b^2} \left(1 + \frac{f d_b}{h} - \frac{4}{3}f \right) \right] +$$

$$\frac{4\sigma_s}{f\sqrt{3}} \times \frac{h^2}{d^2} \left[1 + \frac{f\sqrt{3}}{h} \left(\frac{d_b}{2} - h \right) + \frac{f}{2} \right] \qquad (3-10)$$

当 $f \approx 0.58$ 或 $f > 0.58$ 时，可用下面的近似式代替式（3-10）

$$\bar{p} = \sigma_s \left(1 + 0.2 \frac{d}{h} - 0.4 \frac{h}{d} \right)$$

（2）如果 $2[\eta(f) + 1] \geqslant d/h \geqslant 2$，接触表面有常摩擦系数区与摩擦应力递减区两区共存，将式（3-5）及式（3-7）代入式（3-9）分段积分得

$$\bar{p} = 2\sigma_s \frac{h^2}{f^2 d^2} \left[(2f+1) e^{\frac{2f}{h}(\frac{d}{2}-h)} - \frac{fd}{h} - 1 \right] + \frac{4h^2}{d^2} \sigma_{zc} \left(1 + \frac{f}{2} \right) \qquad (3-11)$$

（3）如果 $d/h \leqslant 2$，接触表面只有摩擦应力递减一区存在，将式（3-7）代入式（3-9）积分得

$$\bar{p} = \sigma_s\left(1 + \frac{f}{4} \times \frac{d}{h}\right) \tag{3-12}$$

如果 $d/h > 8$，略去摩擦应力递减区，用其外围区域的延长代替，则式（3-10）可简化为

$$\bar{p} = 2\sigma_s\frac{h^2}{f^2 d^2}\Big[\frac{1}{f\sqrt{3}}\Big(1 + \frac{fd_b}{h}\Big) - \Big(1 + \frac{fd}{h}\Big)\Big] + \frac{\sigma_s}{f\sqrt{3}} \times \frac{d_b^2}{d^2}\Big(1 + \frac{f}{3} \times \frac{d_b}{h}\Big)$$

式（3-11）化简为

$$\bar{p} = 2\sigma_s\frac{h^2}{f^2 d^2}\Big(\mathrm{e}^{\frac{fd}{h}} - \frac{fd}{h} - 1\Big)$$

图 3-5 为上述公式计算曲线。

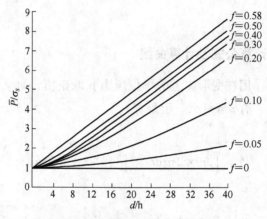

图 3-5　圆柱体镦粗力计算曲线

例1　将 $D = 20\mathrm{mm}$，$H = 40\mathrm{mm}$ 的退火紫铜板冷镦粗至 $h = 1\mathrm{mm}$，已知 $f = 0.2$，该料冷变形程度为 75% 时的 $\sigma_s = 50\mathrm{MPa}$，求镦粗力。

解：坯料高度由 4mm 压缩到 1mm 时，其直径将由 20mm 增加到 40mm，即 $d/h = 40$，根据式（3-8）及表 3-1 得

$$d_b = d - 2h\eta(f) = 40 - 2 \times 1 \times 2.66 = 34.68\mathrm{mm}$$

由式（3-10）计算

$$\bar{p} = 2 \times 50 \times \frac{1}{0.2^2 \times 40^2}\Big[\frac{1}{0.2 \times\sqrt{3}}\Big(1 + \frac{0.2 \times 34.68}{1}\Big) - \Big(1 + \frac{0.2 \times 40}{1}\Big)\Big] +$$

$$\frac{50}{0.2 \times\sqrt{3}} \times \frac{34.68^2}{40^2}\Big(1 + \frac{0.2}{3} \times \frac{34.68}{1}\Big) = 381\mathrm{MPa}$$

所以

$$P = 420 \times \frac{\pi}{4} \times 40^2 = 4692.2\mathrm{kN}$$

3.3　挤　　压

3.3.1　挤压力及其影响因素

挤压杆通过垫片作用在被挤压坯料上的力为挤压力（图 3-6）。实践表明挤压力随压

杆的行程而变化。在挤压的第一阶段——填充阶段，坯料受到垫片和模壁的镦粗作用，其长度缩短，直径增加，直至充满整个挤压筒。在此阶段内，坯料变形所需的力，和镦粗圆柱体一样，随挤压杆的向前移动，P 力不断增加。

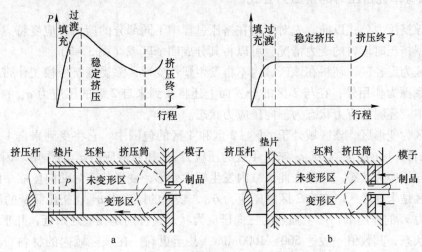

图 3-6 挤压力与行程关系
a—正向挤压；b—反向挤压

第二阶段为稳定挤压阶段。在此阶段内，正向挤压时，挤压力随挤压杆的推进不断下降；而反向挤压时则几乎保持不变。其原因在于挤压力由三部分组成：挤压模定径区（工作带）的摩擦力、变形区的阻力和挤压筒壁对坯料的摩擦力。正向挤压时，随挤压杆不断向前移动，未变形的坯料长度不断缩短，挤压筒壁与坯料间的摩擦面积不断减少，因此挤压力不断下降。而反向挤压时，由于坯料的未变形部分与挤压筒壁没有相对运动，所以它们之间没有摩擦力作用。这就使反向挤压的稳定挤压阶段的挤压力比正向挤压时小得多，而且基本保持不变。

在上述两个阶段中间，有一个过渡阶段。这个阶段的特点是，填充还没有完成，但是坯料已从模口向外流出，俗称"萝卜头"，所以挤压力还在继续上升，直到坯料完全充满挤压筒，进入稳定挤压阶段为止。

第三阶段为挤压终了阶段，这时挤压残料已经很薄，在这种情况下，坯料依靠垫片与模壁间的强大压力而产生横向流动，到达模口外再转而流出模口。和镦粗相仿，随着挤压残料的缩短，d/h 值增加，使垫片与模壁的摩擦力的影响（径向流动阻力）增强，所以挤压力出现回升。此阶段在正常生产中一般很少出现，因为这部分金属挤出的制品，大部分将产生粗晶环、缩尾等缺陷，而且浪费挤压机的台时，增加成品检验的工作量。

我们所要计算的挤压力，当然是指图 3-6 中挤压力曲线上的最大值，它是确定挤压机吨位和校核挤压机部件强度的依据。

影响挤压力的因素包括以下几方面。首先是被挤压坯料的变形抗力 σ_s，和其他变形方式一样，它将取决于坯料的牌号、变形温度、变形速度和变形程度。其次是坯料和工具（挤压模及挤压筒等）的几何因素，如坯料的直径（挤压筒的直径）和长度，变形区的形状及变形程度（挤压时一般用挤压系数 λ 表示），模角及工作带长度，制品形状和尺寸等。最后是外摩擦，如挤压筒、压模的表面状态及润滑条件等。

下面将分别叙述各种条件下的挤压力计算。

3.3.2 棒材单孔挤压时的挤压力公式

在推导挤压力公式以前，先对坯料在挤压过程中不同部分的应力、应变特点作一初步分析。根据挤压时坯料的受力情况，可以将其分成四个区域（图3-7）。

第一区为定径区，坯料在该区域内不再发生塑性变形，除受到挤压模工作带表面给予的压力和摩擦力作用外，在与2区的分界面上还将受到来自2区的压应力 σ_{xa} 的作用。因此在1区中，坯料的应力状态为三向压应力状态。

第2区为变形区，该区域处于1区、3区和4区的包围中。它将受到来自1区的压应力 σ_{xa}、来自3区的压应力 σ_{xb}，来自4区的压应力 σ_n 和摩擦应力 τ_s 的作用。因此其应力状态为三向压应力状态。坯料在此区域内发生塑性变形，变形状态为两向压缩一向延伸。

第3区是未变形区。它在2区的压应力 σ_{xb}，垫片的压应力 σ_{xc}、挤压筒壁的压应力 σ_n 和摩擦应力 τ_f 的作用下，产生强烈的三向压应力状态，特别是在垫片附近，几乎是三向等值压应力状态，其数值一般达 500~1000MPa，甚至更高。在该区域内的材料可近似地认为不发生塑性变形，只是在垫片的推动下，克服挤压筒壁的摩擦阻力及2区给予的阻力，不断地向变形区补充材料，所以在挤压过程中，该区域的体积不断缩小，直至全部消失。

第4区为难变形区或称"死区"，其应力状态和镦粗时接触表面附近中心部分的难变形区相似，也近乎三向等值压应力状态，坯料处于弹性变形状态。在挤压过程中，特别是后期，难变形区不断缩小范围，转入变形区。在锥模挤压时，如果模角及润滑条件合适，也可以出现无死区的情况。

下面从1区开始逐步推导挤压应力 σ_{xc} 的计算公式。

在定径区，坯料承受的模子工作带的压应力 σ_{rn}，是由于坯料在变形区内产生的弹性变形企图在定径区内恢复而产生的。由于 σ_{rn} 的存在，坯料又与模子工作带有相对运动，便产生了摩擦应力 τ_f（图3-8）。

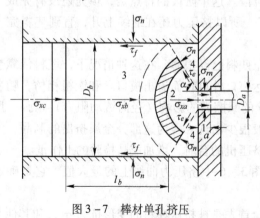

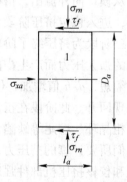

图3-7 棒材单孔挤压   图3-8 定径区受力情况

σ_{rn} 的数值略低于 σ_s，考虑到热挤压时的摩擦系数较大，所以摩擦应力

$$\tau_f = 0.5\sigma_s$$

根据静力平衡

$$\sigma_{xa}\frac{\pi}{4}D_a^2 l_a = \tau_f \tau D_a l_a$$

将 τ_f 值代入上式，得

$$\sigma_{xa} = 2\sigma_s \frac{l_a}{D_a} \qquad (3-13)$$

在变形区中的单元体上，所受的应力如图 3-9 所示。

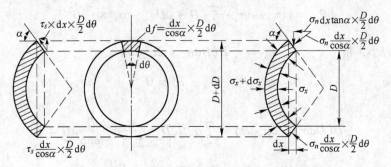

图 3-9 作用在变形区单元体上的应力

变形区与"死区"的分界面（即单元体的锥面），是在坯料内部由于塑性流动的不同而被切开的，所以作用在该分界面上的剪应力，可以认为达到了极限值，即

$$\tau_s = \frac{1}{\sqrt{3}}\sigma_s = k$$

作用在单元体锥面的面积单元 df 上的切向力为

$$\tau_s \frac{dx}{\cos\alpha} \times \frac{D}{2}d\theta$$

而它的水平投影则是

$$\tau_s \frac{dx}{\cos\alpha} \times \frac{D}{2}d\theta\cos\alpha = \tau_s dx \frac{D}{2}d\theta$$

所以作用在微分锥面上的切向力的水平投影为

$$T_x = \int_0^{2\pi}\frac{1}{\sqrt{3}}\sigma_s dx \frac{D}{2}d\theta = \frac{1}{\sqrt{3}}\sigma_s \pi D dx$$

而

$$dx = \frac{dD}{2\tan\alpha}$$

式中，α 为死区角度（死区与变形区分界线与挤压筒中心线夹角），平模挤压时，取 $\alpha = 60°$，锥模挤压时，如无死区，则 α 即为模角。

将 dx 值代入上式得

$$T_x = \frac{\frac{1}{\sqrt{3}}\sigma_s \pi D}{2\tan\alpha}dD$$

作用在单元体锥面的面积单元 df 的法线压力为

$$\sigma_n \frac{dx}{\cos\alpha} \times \frac{D}{2}d\theta$$

其水平投影是

$$\sigma_n \frac{\mathrm{d}x}{\cos\alpha} \times \frac{D}{2}\mathrm{d}\theta\sin\alpha = \sigma_n\mathrm{d}x\tan\alpha\frac{D}{2}\mathrm{d}\theta$$

所以作用在微分体锥面上的法向压力的水平投影为

$$N_x = \int_0^{2\pi} \sigma_n\mathrm{d}x\tan\alpha \times \frac{D}{2}\mathrm{d}\theta = \sigma_n\pi D\tan\alpha\mathrm{d}x = \frac{\pi}{2}\sigma_n D\mathrm{d}D$$

根据以面投影代替力投影法则，作用在微分球面上法向压力在水平方向上的投影为

$$P_x = (\sigma_x + \mathrm{d}\sigma_x)\frac{\pi}{4}(D + \mathrm{d}D)^2 - \sigma_x \times \frac{\pi}{4}D^2$$

略去高阶无穷小，得　　　　　$$P_x = \frac{\pi}{4}D(D\mathrm{d}\sigma_x + 2\sigma_x\mathrm{d}D)$$

根据静力平衡　　　　　　　$$P_x - N_x - T_x = 0$$
即

$$\frac{\pi}{4}D(D\mathrm{d}\sigma_x + 2\sigma_x\mathrm{d}D) - \frac{\pi}{2}\sigma_n D\mathrm{d}D - \frac{\pi}{2\sqrt{3}}\sigma_s\frac{D}{\tan\alpha}\mathrm{d}D = 0$$

$$2\sigma_x\mathrm{d}D + D\mathrm{d}\sigma_x - 2\sigma_n\mathrm{d}D - \frac{2}{\sqrt{3}}\sigma_s\frac{\mathrm{d}D}{\tan\alpha} = 0$$

将近似屈服准则　　　　　　$$\sigma_n - \sigma_x = \sigma_s$$
代入上式

$$D\mathrm{d}\sigma_x - 2\sigma_s\mathrm{d}D - \frac{2}{\sqrt{3}}\sigma_s\cot\alpha\mathrm{d}D = 0$$

$$\mathrm{d}\sigma_x = 2\sigma_s\left(1 + \frac{1}{\sqrt{3}}\cot\alpha\right)\frac{\mathrm{d}D}{D}$$

上式两边积分，得

$$\sigma_x = 2\sigma_s\left(1 + \frac{1}{\sqrt{3}}\cot\alpha\right)\ln D + C \tag{3-14}$$

当 $D = D_a$，$\sigma_x = \sigma_{xa} = 2\sigma_s\frac{l_a}{D_a}$，代入式（3-14），得

$$C = 2\sigma_s\frac{l_a}{D_a} - 2\sigma_s\left(1 + \frac{1}{\sqrt{3}}\cot\alpha\right)\ln D_a$$

将上式代入式（3-14），得

$$\sigma_x = 2\sigma_s\left(1 + \frac{1}{\sqrt{3}}\cot\alpha\right)\ln\frac{D}{D_a} + 2\sigma_s\frac{l_a}{D_a}$$

$$\sigma_x = \sigma_s\left(1 + \frac{1}{\sqrt{3}}\cot\alpha\right)\ln\left(\frac{D}{D_a}\right)^2 + 2\sigma_s\frac{l_a}{D_a}$$

当 $D = D_b$，$\sigma_x = \sigma_{xb}$，则

$$\sigma_{xb} = \sigma_s\left(1 + \frac{1}{\sqrt{3}}\cot\alpha\right)\ln\left(\frac{D_b}{D_a}\right)^2 + 2\sigma_s\frac{l_a}{D_a}$$

$$\sigma_{xb} = \sigma_s\left(1 + \frac{1}{\sqrt{3}}\cot\alpha\right)\ln\lambda + 2\sigma_s\frac{l_a}{D_a}$$

在未变形区，由于坯料与挤压筒间的压应力 σ_n 数值很大，所以其摩擦力 τ_f 也取最大

值，即

$$\tau_f = \frac{1}{\sqrt{3}}\sigma_s = k$$

则垫片表面的挤压应力

$$\bar{p} = \sigma_{xc} = \sigma_{xb} + \frac{\sigma_s}{\sqrt{3}} \times \frac{\pi D_b \times l_b}{0.25\pi D_b^2}$$

$$\bar{p} = \sigma_{xb} + \frac{\sigma_s}{\sqrt{3}} \times \frac{4l_b}{D_b} \tag{3-15}$$

即

$$\bar{p} = \sigma_s\left(1 + \frac{1}{\sqrt{3}}\cot\alpha\right)\ln\lambda + 2\sigma_s\frac{l_a}{D_a} + \frac{\sigma_s}{\sqrt{3}} \times \frac{4l_b}{D_b}$$

$$\frac{\bar{p}}{\sigma_s} = \left(1 + \frac{1}{\sqrt{3}}\cot\alpha\right)\ln\lambda + \frac{2l_a}{D_a} + \frac{4}{\sqrt{3}} \times \frac{l_b}{D_b} \tag{3-16}$$

挤压力

$$P = \frac{\bar{p}}{\sigma_s} \times \sigma_s \times \frac{\pi}{4}D_b^2$$

式中 α——死区角度，平模取 $60°$；

   λ——挤压系数，即挤压筒断面积与制品断面积之比，$\lambda = F_b/F_a$；

   l_a——挤压模工作带长度；

   D_a——挤压模孔直径；

   l_b——未变形区长度，其值为镦粗后的坯料长度 $l_{b'}$ 减去变形区长度，即

$$l_b = l_{b'} - \frac{D_b - D_a}{2\tan\alpha} \text{ 且 } l_{b'} = l_0\frac{D_0^2}{D_b^2}(分别为铸锭的长度和直径)$$

   D_b——挤压筒直径；

   σ_s——挤压坯料的变形抗力，其值取决于坯料的牌号、挤压温度、变形速度和变形程度，确定方法与热轧类似。

   例2   单孔挤压 T_1 紫铜棒，挤压筒直径为 $\phi185mm$，坯料尺寸为 $\phi185mm \times 545mm$，制品尺寸为 $\phi60mm$，挤压温度 $T = 860℃$，挤压速度为 $v_b = 28mm/s$，求挤压力。

   解： $\lambda = \frac{D_b^2}{D_a^2} = \frac{185^2}{60^2} = 9.5$

   $\varepsilon = \frac{D_b^2 - D_a^2}{D_b^2} = \frac{185^2 - 60^2}{185^2} = 89.5\%$ $\bar{\varepsilon} = 0.5\varepsilon = 45\%$

   $\dot{\bar{\varepsilon}} = \frac{6\tan\alpha \times v_b \times \varepsilon}{D_b\left(1 - \frac{1}{\sqrt{\lambda^3}}\right)} = \frac{6 \times \tan60° \times 28 \times 0.895}{185\left(1 - \frac{1}{\sqrt{9.5^3}}\right)} = 1.45s^{-1}$

根据 $T = 860℃$，$\dot{\bar{\varepsilon}} = 1.45s^{-1}$，$\bar{\varepsilon} = 45\%$，查 T_1 紫铜的变形抗力 $\sigma_s = 45MPa$。

挤压应力

$$\bar{p} = \left[\left(1 + \frac{1}{\sqrt{3}}\cot\alpha\right)\ln\lambda + \frac{2l_a}{D_a} + \frac{4}{\sqrt{3}}\frac{l_b}{D_b}\right] \times \sigma_s$$

$$= \left[\left(1 + \frac{1}{\sqrt{3}}\cot 60° \right) \ln 9.5 + \frac{2 \times 5}{60} + \frac{4}{\sqrt{3}} \times \frac{516 - \frac{185 - 60}{2\tan 60°}}{185} \right] \times 4.5 = 338\text{MPa}$$

挤压力 $P = \bar{p} \times F = 33.8 \times \frac{\pi}{4} \times 185 = 8869\text{kN}$

3.3.3 多孔、型材挤压

对于棒材的多孔挤压和型材的单孔、多孔挤压，其挤压力计算没有独立的公式，一般都是在棒材单孔挤压力计算公式基础上加以修正，形式为

$$\frac{\bar{p}}{\sigma_s} = \left(1 + \frac{\sqrt[3]{a}}{\sqrt{3}}\cot\alpha \right) \ln\lambda + \frac{\sum l_s \cdot l_a}{2\sum f} + \frac{4}{\sqrt{3}}\frac{l_b}{D_b}$$

$$P = \frac{\bar{p}}{\sigma_s} \times \sigma_s \times \frac{\pi}{4}D_b^2$$

式中 a——经验系数，$a = \dfrac{\sum l_s}{1.13\pi\sqrt{\sum f}}$;

$\sum l_s$ ——制品周边长度总和；

$\sum f$ ——制品断面积总和。

从经验系数的组成看出，它考虑了制品断面的复杂性。在同一个挤压筒，同样的挤压系数 λ（也叫挤压比）条件下，孔数越多，a 值越大；或者制品形状越复杂、越薄，也使 a 值增大。a 值的增大，挤压力也随之增大。当然用 $\sqrt[3]{a}$ 来修正，是否与各种挤压条件相符合，还有待实践中进一步检验。

3.3.4 管材挤压力公式

管材挤压和棒材单孔挤压相比，又增加了穿孔针的摩擦阻力作用，所以使挤压力有所增加。管材挤压又分穿孔针不动和穿孔针与挤压杆一起运动两种情况。显然前者的挤压力比后者大，因为前者整个穿孔针接触表面都有阻碍材料向前流动的摩擦力，而后者只有变形区和定径区内的穿孔针表面与材料间存在摩擦阻力。

（1）用固定穿孔针挤压管材的过程中，穿孔针不随挤压杆移动，而是相对固定不动。穿孔针的形状分瓶式的（图 3 - 10）和圆柱形的两种。在这种情况下的挤压力计算公式（推导方法与棒材挤压类似，只需注意在平衡关系中增加了穿孔针的摩擦应力即可，具体推导过程从略）为

$$\frac{\bar{p}}{\sigma_s} = \left(1 + \frac{1}{\sqrt{3}}\cot\alpha \times \frac{\bar{D} + d}{\bar{D}} \right) \ln\lambda + \frac{2l_a}{D_a - d} + \frac{4}{\sqrt{3}}\frac{l_b}{D_b - d'} \qquad (3-17)$$

$$P = \frac{\bar{p}}{\sigma_s} \times \sigma_s \times \frac{\pi}{4}(D_b^2 - d'^2) \qquad (3-18)$$

式中 $\bar{D}$——变形区坯料平均直径，$\bar{D} = \dfrac{1}{2}(D_b + D_a)$；

d——制品内径；

D_a——制品外径；

D_b——挤压筒直径；

d'——穿孔针针体直径；

l_a——挤压模定径区长度；

l_b——坯料未变形部分长度；

λ——延伸系数，$\lambda = \dfrac{D_b^2 - d'^2}{D_a^2 - d^2}$。

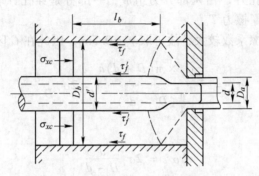

图 3 - 10　固定穿孔针挤压管材

当穿孔针为圆柱形时，式（3 - 17）及式（3 - 18）中的穿孔针针体直径 d' 为 d，其他不变。

（2）用随动穿孔针挤压管材时，穿孔针随挤压杆一起移动，坯料的未变形部分与穿孔针间没有相对运动，所以这部分没有摩擦力，而且此时的穿孔针只能是圆柱形（图 3 - 10 的虚线）。其挤压力计算公式变为

$$\frac{\bar{p}}{\sigma_s} = \left(1 + \frac{1}{\sqrt{3}}\cot\alpha \times \frac{\overline{D} + d}{\overline{D}}\right)\ln\lambda + \frac{2l_a}{D_a - d} + \frac{4}{\sqrt{3}}\frac{l_b \times D_b}{D_b^2 - d^2} \qquad (3 - 19)$$

$$P = \frac{\bar{p}}{\sigma_s} \times \sigma_s \times \frac{\pi}{4}(D_b^2 - d^2) \qquad (3 - 20)$$

3.3.5　穿孔力公式

由图 3 - 11 可见，穿孔力由两部分组成，即穿孔针头部受到坯料给予的法向压力以及穿孔针侧表面受到坯料给予的摩擦力。

穿孔时，穿孔针前面的坯料（A 区）承受三向压应力状态，并且满足屈服准则（将符号代入后）$\sigma_z - \sigma_r = \sigma_s$，变形状态为一向压缩两向延伸（图 3 - 11）。穿孔针头部的压应力分布规律与镦粗时接触表面的压应力分布规律类似，只是边缘上的 σ_{za} 不再等于 σ_s，而是 $\sigma_{za} = \sigma_{ra} + \sigma_s$。

σ_{ra} 的数值取决于变形区 B 区的应力状态。该区域内的应力状态为三向压应力状态，并满足塑性条件

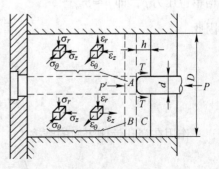

图 3 - 11　穿孔

$$\sigma_{rb} - \sigma_{zb} = \sigma_s$$

B 区的 σ_{zb} 是由于 C 区金属与穿孔针前进方向反向流动时，受到挤压筒壁及穿孔针表面的摩擦应力的阻碍而产生的。可见 σ_{zb} 的数值一方面与 τ_f 数值有关，另一方面还与 C 区坯料与挤压筒、穿孔针的接触面积有关。因此穿孔力 P 将随穿孔针穿入坯料的深度 h 值的增加而升高。但是实践表明，当穿孔针穿入坯料的深度达到穿孔针直径值时，穿孔力达到最大值，不再继续上升。这表明，虽说穿孔完了的管坯长度（h）在继续增加，但它们与挤压筒及穿孔针间的压应力很小，因此摩擦面积并没有增加。

由上分析可知，穿孔力 P 由两部分力组成，一部分是穿孔针端面上的压力 P'，另一部分是穿孔针侧表面的摩擦力 T。

考虑到热穿孔时摩擦系数较大，故可取 $\tau_f = 0.5\sigma_s$，因此在 C 区与 B 区的分界面上

$$\sigma_{sb} = \frac{\dfrac{1}{2}\sigma_s \times \pi(D + d)h}{\dfrac{\pi}{4}(D^2 - d^2)} = 2\sigma_s \frac{h}{D - d}$$

由于 $h \approx d$，故

$$\sigma_{zb} = 2\sigma_s \frac{d}{D - d}$$

在 B 区内

$$\sigma_{rb} - \sigma_{zb} = \sigma_s$$

将 σ_{zb} 代入上式，得

$$\sigma_{rb} = \sigma_s\left(1 + \frac{2d}{D - d}\right)$$

在 A 区与 B 区的分界面上

$$\sigma_{rb} = \sigma_{ra}$$

故

$$\sigma_{ra} = \sigma_s\left(1 + \frac{2d}{D - d}\right)$$

在 A 区内 $\qquad\qquad\qquad \sigma_z - \sigma_r = \sigma_s$

在边缘 a 点 $\qquad\qquad\qquad \sigma_{za} + \sigma_{ra} = \sigma_s$

将 σ_{ra} 值代入上式 $\qquad\qquad \sigma_{za} = 2\sigma_s\left(1 + \frac{d}{D - d}\right)$

虽说穿孔针端面上 σ_z 分布规律与镦粗时类似，但由于穿孔针前面的金属柱（图 3 – 11 中的虚线所示）的 d/h 比值很小，所以 σ_z 的分布曲线斜率很小，可以近似地以 σ_{za} 代替平均单位压力 $\bar{p}$，即 $\bar{p} \approx \sigma_{za}$

因此

$$\bar{p} = 2\sigma_s\left(1 + \frac{d}{D - d}\right) \qquad\qquad (3 - 21)$$

$$P' = \bar{p} \times F = \bar{p} \times \frac{\pi}{4}d^2$$

$$P' = \frac{\pi}{2}\sigma_s\left(1 + \frac{d}{D - d}\right)d^2$$

作用在穿孔针侧表面的摩擦力

$$T = \tau_f \times \pi d \times h \approx \frac{\sigma_s}{2}\pi d^2$$

所以穿孔力

$$P = P' + T$$

$$P = \frac{\pi}{2}d^2\left(2 + \frac{d}{D-d}\right)\sigma_s \qquad (3-22)$$

当用瓶式穿孔针时，式（3-22）中的 d，应该是穿孔针针体的大直径 d'，而不是头部的直径 d。这一点在计算时必须注意。

由式（3-22）可以看出，穿孔力的大小，除与坯料的 σ_s 值有关外，主要与穿孔针直径成正比，与挤压筒直径成反比，而与坯料长度无关。

有些书上介绍的穿孔力计算公式，按照穿孔针将其前面的全部金属柱与周围金属切开考虑，即穿插孔力为

$$P = \pi dH \times \frac{K}{2} \qquad (3-23)$$

式中 H——填充后坯料长度；

K——坯料平面变形抗力。

这显然是不合适的。因为在实际生产中，被穿孔针顶出的金属"萝卜头"的长度远比坯料长度短。因此用式（3-23）计算的穿孔力，对比较长的坯料来说，其值偏高。

3.3.6 反向挤压力公式

前面推导的挤压力计算公式，都是按照正向挤压考虑的。反向挤压时，由于坯料与挤压筒之间没有摩擦力，所以挤压力的组成将减少一个成分。把挤压筒的摩擦力那部分减去后，上述挤压力计算公式变成如下形式。

棒材单孔挤压

$$\frac{\bar{p}}{\sigma_s} = \left(1 + \frac{1}{\sqrt{3}}\cot\alpha\right)\ln\lambda + \frac{2l_a}{D_a}$$

$$P = \frac{\bar{p}}{\sigma_s} \times \sigma_s \times \frac{\pi}{4}D_b^2$$

棒材多孔及型材挤压

$$\frac{\bar{p}}{\sigma_s} = \left(1 + \frac{\sqrt[3]{a}}{\sqrt{3}}\cot\alpha\right)\ln\lambda + \frac{\Sigma l_s \cdot \Sigma l_a}{2\Sigma f}$$

$$P = \frac{\bar{p}}{\sigma_s} \times \sigma_s \times \frac{\pi}{4}D_b^2$$

管材挤压

$$\frac{\bar{p}}{\sigma_s} = \left(1 + \frac{1}{\sqrt{3}}\cot\alpha\frac{\overline{D}+d}{\overline{D}}\right)\ln\lambda + \frac{2l_a}{D_a-d}$$

$$P = \frac{\bar{p}}{\sigma_s} \times \sigma_s \times \frac{\pi}{4}(D_b^2 - d^2)$$

3.4 拉 拔

拉拔时的变形状态为两向压缩一向延伸（管材空拉时也有两向延伸一向压缩变形状态

出现），基本应力状态为两向压力一向拉应力。轴向拉应力 σ_z、径向压应力 σ_r 及周向压应力 σ_θ 在变形区内的分布情况，如图 3 – 12 所示。根据塑性条件可知，拉伸时模壁对坯料的压力数值不超过 σ_z，即 $\sigma_r \leqslant \sigma_z$。而且拉拔过程一般多在冷状态下进行，润滑条件较好，$f \leqslant 0.1$，因此坯料与模子接触表面的摩擦应力 τ_f 远小于切应力的最大值 k。根据这一特点，下面处理拉拔力的计算问题时将按照接触表面全部为常摩擦系数区（即 $\tau_f = f\sigma_n$）处理。同时在塑性条件中，将切应力略去不计，即采用近似塑性条件。这样既使问题简化，又不会带来明显的误差。

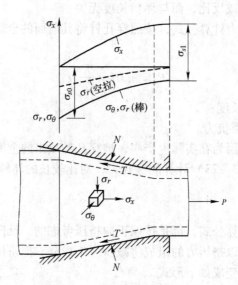

图 3 – 12　拉拔时的应力状态

3.4.1　棒、线材拉拔力计算公式

图 3 – 13 为棒、线材拉伸示意图。从变形区中取一厚度为 dx 的圆台分离体，并根据分离体上作用的应力分量推导微分平衡方程。

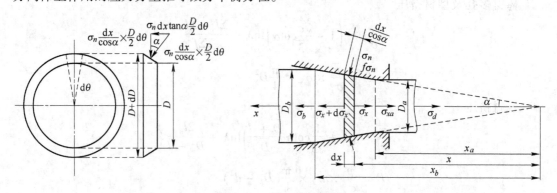

图 3 – 13　棒、线材拉伸

与棒材挤压时同理，先将分离体上所有作用力在 x 轴向的投影值求出，然后按照静力平衡条件，找出各应力分量间的关系。

作用在分离体两个底面上作用力的合力为

$$P_x = \frac{\pi D}{4}(D\mathrm{d}\sigma_x + 2\sigma_x \mathrm{d}D)$$

作用在分离体锥面上的法向正压力在轴方向的投影为

$$N_x = \frac{\pi}{2}\sigma_n D\mathrm{d}D$$

作用在分离体锥面上的剪力在轴方向的投影为

$$T_x = \frac{f}{2\tan\alpha}\pi\sigma_n D\mathrm{d}D$$

根据静力平衡条件 $\sum X = 0$，得

$$\frac{\pi}{4}D(D\mathrm{d}\sigma_x + 2\sigma_x \mathrm{d}D) + \frac{\pi}{2}\sigma_n D\mathrm{d}D + \frac{f}{2\tan\alpha}\pi\sigma_n D\mathrm{d}D = 0$$

整理后得

$$D\mathrm{d}\sigma_x + 2\sigma_x \mathrm{d}D + 2\sigma_n\left(1 + \frac{f}{\tan\alpha}\right)\mathrm{d}D = 0 \qquad (3-24)$$

将 σ_x 与 σ_n 的正负号代入塑性条件近似式，得

$$\sigma_x + \sigma_n = \sigma_s$$

把上式代入式（3-24），并引入符号 $B = \frac{f}{\tan\alpha}$，则式（3-24）可写成

$$\frac{\mathrm{d}\sigma_x}{B\sigma_x - (1+B)\sigma_x} = 2\frac{\mathrm{d}D}{D} \qquad (3-25)$$

将上式积分，得

$$\frac{1}{B}\ln\left[B\sigma_x - (1+B)\sigma_s\right] = 2\ln D + c$$

当 $D = D_b$ 时，$\sigma_x = \sigma_b$，代入上式得

$$c = \frac{1}{B}\ln\left[B\sigma_b - (1+B)\sigma_s\right] - 2\ln D_b$$

则

$$\frac{1}{B}\ln\frac{B\sigma_x - (1+B)\sigma_s}{B\sigma_b - (1+B)\sigma_s} = 2\ln\frac{D}{D_b}$$

$$\frac{B\sigma_x - (1+B)\sigma_s}{B\sigma_b - (1+B)\sigma_s} = \left(\frac{D}{D_b}\right)^{2B}$$

$$\frac{\sigma_x}{\sigma_s} = \frac{1+B}{B}\left[1 - \left(\frac{D}{D_a}\right)^{2B}\right] + \frac{\sigma_b}{\sigma_s}\left(\frac{D}{D_a}\right)^{2B}$$

当 $x = x_a$，$D = D_a$，$\sigma_x = \sigma_{xa}$，代入上式得

$$\frac{\sigma_{xa}}{\sigma_s} = \frac{1+B}{B}\left[1 - \left(\frac{D_a}{D_b}\right)^{2B}\right] + \frac{\sigma_b}{\sigma_s}\left(\frac{D_a}{D_b}\right)^{2B}$$

因为 $\lambda = \frac{D_b^2}{D_a^2}$，故

$$\frac{\sigma_{xa}}{\sigma_s} = \frac{1+B}{B}\left(1 - \frac{1}{\lambda^B}\right) + \frac{\sigma_b}{\sigma_s}\frac{1}{\lambda^B} \qquad (3-26)$$

式中, σ_b 为反拉力, 一般棒材拉伸无反拉力, 而线材滑动式连续拉伸时有反拉力。

当无反拉力时, 式 (3-26) 变成

$$\frac{\sigma_{xa}}{\sigma_s} = \frac{1+B}{B}\left(1 - \frac{1}{\lambda^B}\right)$$

如果 $B = 0$, 即在理想条件下, $f = 0$ 时, 式 (3-25) 变为

$$\frac{\mathrm{d}\sigma_x}{-\sigma_s} = 2\frac{\mathrm{d}D}{D}$$

积分上式得

$$\frac{\sigma_x}{\sigma_s} = -2\ln D + c$$

当 $D = D_b$, $\sigma_x = \sigma_b$, 代入上式, 得

$$c = \frac{\sigma_b}{\sigma_s} + 2\ln D_b$$

则

$$\frac{\sigma_x}{\sigma_s} = \frac{\sigma_b}{\sigma_s} + 2\ln\frac{D_b}{D}$$

当 $D = D_a$, $\sigma_x = \sigma_{xa}$, 代入上式, 得

$$\frac{\sigma_{xa}}{\sigma_s} = \frac{\sigma_b}{\sigma_s} + \ln\left(\frac{D_b}{D_a}\right)^2 \tag{3-27}$$

即

$$\frac{\sigma_{xa}}{\sigma_s} = \frac{\sigma_b}{\sigma_s} + \ln\lambda \tag{3-28}$$

如果 $\sigma_b = 0$, 则

$$\frac{\sigma_{xa}}{\sigma_s} = \ln\lambda \tag{3-29}$$

上述式 (3-26)、式 (3-27)、式 (3-28)、式 (3-29) 各式所计算的 σ_{xa} 是变形区与定径区分界面上的拉应力。由于定径区的摩擦力作用, 将使模口处棒材断面上的拉应力要比 σ_{xa} 稍大一些。

图 3-14 是从定径区取处的分离体, 取静力平衡

$$\mathrm{d}\sigma_x\frac{\pi}{4}D_a^2 = f\sigma_n\pi D_a\mathrm{d}x$$

$$\frac{D_a}{4}\mathrm{d}\sigma_x = f\sigma_n\mathrm{d}x$$

将已代入正负号的塑性条件近似式

$$\sigma_x + \sigma_n = \sigma_s$$

代入前式, 得

$$\frac{D_a}{4}\mathrm{d}\sigma_x = f(\sigma_s - \sigma_x)\mathrm{d}x$$

$$\frac{\mathrm{d}\sigma_x}{\sigma_s - \sigma_x} = \frac{4f}{D_a}\mathrm{d}x$$

积分

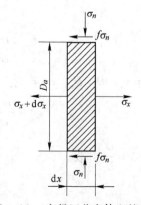

图 3-14   定径区分离体上的应力

$$\int_{\sigma_{xa}}^{\sigma_d} \frac{\mathrm{d}\sigma_x}{\sigma_s - \sigma_x} = \frac{4f}{D_a} \int_0^{l_a} \mathrm{d}x$$

$$\ln \frac{\sigma_s - \sigma_{xa}}{\sigma_s - \sigma_d} = \frac{4f}{D_a} l_a$$

$$\frac{\sigma_d}{\sigma_s} = 1 - \frac{1 - \dfrac{\sigma_{xa}}{\sigma_s}}{\mathrm{e}^{\frac{4fl_a}{D_a}}}$$

或

$$\frac{\sigma_d}{\sigma_s} = 1 - \frac{1 - \dfrac{\sigma_{xa}}{\sigma_s}}{\mathrm{e}^{c}} \tag{3-30}$$

式中　σ_d——模口处棒材断面上的轴向拉应力；

　　　σ_{xa}——变形区与定径区分界面上的拉应力；

　　　C——系数，$C = 4fl_a/D_a$；

　　　f——摩擦系数；

　　　l_a——模子定径区长度；

　　　D_a——模子定径区直径；

　　　σ_s——被拉伸坯料的变形能力，其值可按该道次拉伸前后的平均冷变形程度，查该
　　　　　　牌号的硬化曲线确定。

　　为便于计算，将式（3-27）、式（3-29）、式（3-30）制成综合计算曲线（图3-15）。计算时刻根据工艺参数直接从曲线中查得 σ_d/σ_s 值，然后再代入下式计算拉伸力

$$P = \frac{\sigma_d}{\sigma_s} \sigma_s \frac{\pi}{4} D_a^2 \tag{3-31}$$

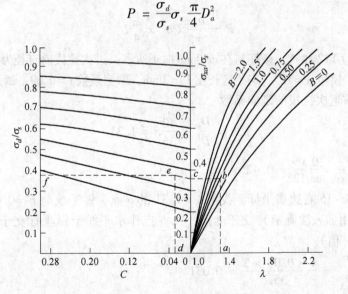

图 3-15　拉伸力计算曲线

计算步骤如下：

（1）计算出该道次拉伸系数

$$\lambda = \frac{D_b^2}{D_a^2}$$

（2）据摩擦条件确定摩擦系数 f 值，确定模角 α 值，并计算出系数

$$B = \frac{f}{\tan\alpha}$$

（3）根据上述两项参数（λ 及 B），从图 3 – 15 的右半部查得 σ_{xa}/σ_s 值。具体方法是，先在横坐标上找到 λ 的位置，做垂线与 B 值曲线相交（如果图中没有找到计算出的 B 值曲线，则用插入法确定交点），从交点作水平线，与纵坐标相交，其交点的纵坐标值即为 σ_{xa}/σ_s 值。

（4）计算出系数

$$C = 4fl_a/D_a$$

并在图 3 – 15 左边横坐标上找到相应位置，过该点作垂线，与图中的以 σ_{xa}/σ_s 值为起点的曲线相交（同理，如图中没有上述计算值的曲线，也用插入法确定交点），其交点的纵坐标值即为 σ_d/σ_s 值。

（5）计算出该道次平均加工硬化程度

$$\bar{\varepsilon} = \frac{1}{2}(\varepsilon_b + \varepsilon_a) = \frac{1}{2}\left(\frac{D_0^2 - D_b^2}{D_0^2} + \frac{D_0^2 - D_a^2}{D^2}\right)$$

式中　D_0——坯料退火时直径；

　　　　D_b——该道次拉伸前直径；

　　　　D_a——该道次拉伸后直径。

（6）根据 $\bar{\varepsilon}$ 值查该牌号的硬化曲线得 σ_s 值。

（7）拉伸力

$$P = \frac{\sigma_d}{\sigma_s} \times \sigma_s \times \frac{\pi}{4}D_a^2$$

例 3　拉伸 LY12 棒材，该坯料在 $\phi50mm$ 时退火，某道次拉拔前直径为 $\phi40mm$，拉拔后直径为 $\phi35mm$，模角 $\alpha = 12°$，定径区长度 $l_a = 3mm$，摩擦系数 $f = 0.09$，试计算拉拔力。

解：（1）该道次拉拔的延伸系数

$$\lambda = \frac{D_b^2}{D_a^2} = \frac{40^2}{35^2} = 1.31$$

（2）$B = \dfrac{f}{\tan\alpha} = \dfrac{0.09}{\tan12°} = 0.425$。

（3）在图 3 – 15 右边横坐标上找到 $\lambda = 1.31$ 的 a 点，做垂线与 $B = 0.425$（在 $B = 0.5$ 与 0.25 之间，用插入法确定）交于 b 点，从 b 点作水平线于纵坐标交于 c 点，$\sigma_{xa}/\sigma_s = 0.36$（即 σ_{xa}/σ_s 值）。

（4）$C = \dfrac{4fl_a}{D_a} = \dfrac{4 \times 0.09 \times 3}{35} = 0.031$。

在图 3 – 15 左边横坐标上找到 d 点。通过 d 点作垂线，与起点为 $\sigma_{xa}/\sigma_s = 0.36$ 的曲线相交（用插入法找到 e 点），过 e 点作水平线，与纵坐标相交于 f 点，得

$$\frac{\sigma_d}{\sigma_s} = 0.38$$

(5) $\bar{\varepsilon} = \dfrac{1}{2}\left(\dfrac{50^2 - 40^2}{50^2} + \dfrac{50^2 - 35^2}{50^2}\right) = \dfrac{1}{2}(36\% + 51\%) = 43.5\%$。

(6) 查 LY12 的硬化曲线，得 $\sigma_s = 260\mathrm{MPa}$。

(7) 拉伸力 $P = 0.38 \times 260 \times \dfrac{\pi}{4} \times 35^2 = 95\mathrm{kN}$。

3.4.2 管材空拉

管材空拉时，其外作用力与棒、线材拉拔时完全类似（图 3-16），只是分离体的横截面不同，σ_x 作用的面积不再是圆面积，而是圆环面积。另外，空拉时管材壁厚有所变化，它对制品尺寸公差是有意义的，但对于拉伸力计算，可以忽略，这将使计算公式简化。

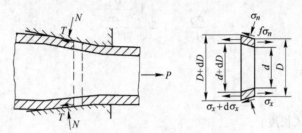

图 3-16 管材空拉时的受力情况

用棒材、线材拉伸同样的方法得以下微分平衡方程

$$(D^2 - d^2)\mathrm{d}\sigma_x + 2(D - d)\sigma_x \mathrm{d}D + 2\sigma_n D\mathrm{d}D + 2\sigma_n D\dfrac{f}{\tan\alpha}\mathrm{d}D = 0 \qquad (3-32)$$

在引用塑性条件时，必须注意管材空拉时与棒、线材拉拔的区别。σ_x 为 σ_1 这是共同的，但是管材空拉时，σ_n 不再等于，而是 $|\sigma_n| < |\sigma_\theta|$，即 σ_θ 是 σ_3，所以屈服准则为

$$\sigma_x + \sigma_\theta = \sigma_s \qquad (3-33)$$

由图 3-17 可以看出，σ_θ 乘以其所作用的面积，应等于 σ_n 乘以其作用面积后在 r 方向上的投影值，即

$$2\sigma_\theta s\mathrm{d}x = \int_0^\pi \sigma_n \dfrac{D}{2}\mathrm{d}\theta\mathrm{d}x\sin\theta$$

$$2\sigma_\theta s = \sigma_n \dfrac{D}{2}\int_0^\pi \sin\theta\mathrm{d}\theta$$

$$2\sigma_\theta s = \sigma_n \dfrac{D}{2}\big[-\cos\theta\big]_0^\pi$$

$$2\sigma_\theta s = \sigma_n D$$

或 $$\sigma_\theta = \dfrac{D}{D - d}\sigma_n$$

将上面 σ_θ 计算式代入式（3-33）得

$$\sigma_x + \dfrac{D}{D - d}\sigma_n = \sigma_s$$

与棒材拉拔类似可得

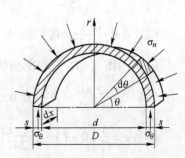

图 3-17 σ_θ 与 σ_n 的关系

$$\frac{\sigma_{xa}}{\sigma_s} = \frac{1+B}{B}\left(1 - \frac{1}{\lambda^B}\right) \tag{3-34}$$

如果 $B=0$，得

$$\frac{\sigma_{xa}}{\sigma_s} = \ln\lambda \tag{3-35}$$

将式（3-27）、式（3-29）与式（3-34）、式（3-35）对比，可以看出管材空拉时的公式与棒材、线材拉伸完全一样。本来棒材拉伸不过是管材拉的极限状态，所以上述结果是必然的。因此计算管材空拉时的拉伸力，也可以借用棒、线材拉伸力计算曲线（图3-15）只是要注意延伸系数的计算不一样。

当然定径区摩擦力的影响要有所不同，用棒材、线材拉伸是同样方法，可以导出

$$\frac{\sigma_d}{\sigma_s} = 1 - \frac{1 - \dfrac{\sigma_{xa}}{\sigma_s}}{e^{C_1}} \tag{3-36}$$

式中　　$C_1 = \dfrac{2fl_a}{D_a - s}$；

　　f——摩擦系数；

　　l_a——模子定径区长度；

　　D_a——模子定径区直径；

　　s——坯料壁厚。

将式（3-30）与式（3-36）两式对比可见，其形式也完全一样，只是系数 C_1 与 C 的内容不同。管材空拉是计算出 C_1 值后，依然可以利用图3-15中左边的曲线计算拉伸应力 σ_d。

同理，拉伸力

$$P = \frac{\sigma_d}{\sigma_s} \times \sigma_s \times \frac{\pi}{4}(D_a^2 - d^2)$$

式中　　D_a——该道次拉伸后管子外径；

　　d——该道次拉伸后管子内径。

例4　空拉LF2铝管，退火后第一道次，拉拔前坯料尺寸为 $\phi 30\text{mm} \times 4\text{mm}$，拉拔后尺寸为 $\phi 25\text{mm} \times 4\text{mm}$，模角 $\alpha = 12°$，定径区长 $l_a = 3\text{mm}$，$f = 0.1$，求拉拔力。

解：（1）$\lambda = \dfrac{30-4}{25-4} = 1.24$；

（2）$B = \dfrac{0.1}{\tan 12°} = 0.472$；

（3）由图3-15右半部曲线查得 $\sigma_{xa}/\sigma_s = 0.3$；

（4）$C_1 = \dfrac{2 \times 0.1 \times 3}{25-4} = 0.0286$，由图3-15左半部曲线查得 $\dfrac{\sigma_d}{\sigma_s} = 0.32$；

（5）$\bar{\varepsilon} = \dfrac{1}{2}\left[0 + \left(1 - \dfrac{1}{1.24}\right)\right] = 9.65\%$，查LF2硬化曲线得 $\sigma_s = 230\text{MPa}$；

（6）拉拔力

$$P = 0.32 \times 230 \times \frac{\pi}{4}(25^2 - 17^2) = 19.4\text{kN}$$

3.4.3* 管材有芯头拉拔

用芯头拉伸管材时，与空拉相比，其内表面增加了芯头给予的法向压应力及摩擦应力。有芯头拉伸的管材内表面质量比空拉好，而且壁厚是可以控制的（由模孔几芯头直径决定）。

由于管坯的内径总比直径稍大一些，因此在用芯头拉伸时，其变形区内总先有一段空拉段（或称减径段），然后才是减壁段（图 3 – 18），在空拉段，其拉应力的计算公式 σ_{xc} 可借用管材空拉的 σ_{xa} 计算式，即式（3 – 34）与式（3 – 35），可使用图 3 – 15 右边部分的计算曲线。

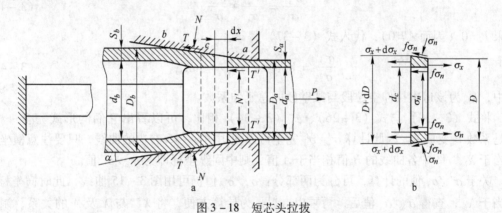

图 3 – 18　短芯头拉拔

在减壁段，由于受力情况变化，计算式必须另行推导。对于减壁段来说，空拉段完了时断面上的拉应力 σ_{xc}，相当于反拉力的作用。

3.4.3.1 短芯头拉拔

图 3 – 18a 中 c 断面上的拉应力 σ_{xc} 按式（3 – 34）或图 3 – 15 右边部分曲线计算。计算时，公式中（或曲线中）的延伸系数 λ，在这里就是空拉段的延伸系数 λ_{bc}，而

$$\lambda_{bc} = \frac{F_b}{F_c} = \frac{D_b - s_b}{D_c - s_c}$$

在减壁段（图 3 – 18 中的 c—a 段），坯料变形的特点是内径保持不变（$d_c = d_a$），外径有所减少，因此在这段中，坯料的变形减壁是主要的，减径是次要的，即 $|\varepsilon_r| > |\varepsilon_\theta|$，所以 $|\varepsilon_n| > |\varepsilon_\theta|$。为了简化，设减壁段中，管坯内、外表面所受的法向压应力 σ_n 相等，摩擦系数也相同，即 $\sigma_n = \sigma_n'$，$f = f'$。现在按图 3 – 18 所示的分离体受力情况，建立微分平衡方程。与空拉同理

$$2\sigma_x D\mathrm{d}D + (D^2 - d_a^2)\mathrm{d}\sigma_x + 2\sigma_n D\mathrm{d}D + \frac{2f}{\tan\alpha}\sigma_n(D + d_a)\mathrm{d}D = 0$$

屈服准则　　　　　　　　　　　　　　$\sigma_x + \sigma_n = \sigma_s$

代入上式，并经整理后得

$$(D^2 - d_a^2)\mathrm{d}\sigma_x + 2D\left\{\sigma_s\left[1 + \left(1 + \frac{d_a}{D}\right)\frac{f}{\tan\alpha}\right] - \sigma_x\left(1 + \frac{d_a}{D}\right)\frac{f}{\tan\alpha}\right\}\mathrm{d}D = 0 \quad (3-37)$$

以$\frac{d_a}{D}$代替$\frac{d_a}{D}$，$\overline{D} = \frac{1}{2}(D_c + D_a)$，并引入符号$B = \frac{f}{\tan\alpha}$，$A = \left(1 + \frac{d_a}{D}\right)B$，代入上式并积分得

$$\frac{\sigma_{xa}}{\sigma_x} = \frac{1 + A}{A}\left[1 - \left(\frac{1}{\lambda_{ca}}\right)^A\right] + \frac{\sigma_{xc}}{\sigma_s}\left(\frac{1}{\lambda_{ca}}\right)^A \qquad (3-38)$$

用以下符号代表式（3-38）等号右边的两部分

$$\frac{\sigma'_{xa}}{\sigma_s} = \frac{1 + A}{A}\left[1 - \left(\frac{1}{\lambda_{ca}}\right)^A\right] \qquad (3-39)$$

$$\frac{\sigma'_{xc}}{\sigma_s} = \frac{\sigma_{xc}}{\sigma_s}\left(\frac{1}{\lambda_{ca}}\right)^A \qquad (3-40)$$

这样一来，式（3-38）可写成

$$\frac{\sigma_{xa}}{\sigma_s} = \frac{\sigma'_{xa}}{\sigma_s} + \frac{\sigma'_{xc}}{\sigma_s} \qquad (3-41)$$

如果$B = 0$（因而$A = 0$），代入式（3-37）得

$$\frac{\sigma_{xa}}{\sigma_s} = \ln\lambda_{ca} + \ln\lambda_{bc} = \ln\lambda_{ba} \qquad (3-42)$$

式中，λ_{ba}为该道次拉伸空拉段与减壁段的总延伸系数。

将式（3-39）与式（3-26）、式（3-34）相比，可以看出它们的形式完全一样，只是系数B变成A。因此计算σ'_{xa}/σ_s完全可以使用图3-15右边的曲线，只要注意横坐标相当于λ_{bc}，图中各曲线的B值相当于A值，则中间纵坐标即为σ'_{xa}/σ_s值。

关于σ'_{xc}/σ_s值的计算，可分为两部分：σ_{xc}/σ_s值仍可用图3-15曲线，此时横坐标λ相当于λ_{bc}；查得σ_{xc}/σ_s值后，再乘以λ_{ca}^{-A}，为计算方便，将λ^{-A}与λ及A的关系，制成了曲线（图3-19），可以在图中直接找到λ_{ca}^{-A}值。

在有固定短芯头的情况下，定径区摩擦力对σ_d的影响与空拉时不同（图3-20），这时增加了内表面的摩擦应力。用棒材拉拔时的同样方法，可以得到

$$\frac{\sigma_d}{\sigma_s} = 1 - \frac{1 - \frac{\sigma_{xa}}{\sigma_s}}{e^{c_2}} \qquad (3-43)$$

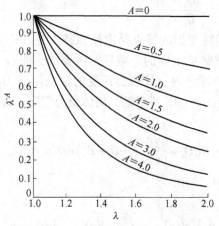

图3-19 λ^{-A}与λ及A的关系

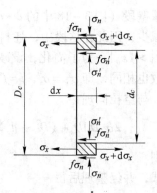

图3-20 定径区分离体上的应力

3.4 拉 拔

119

式中 $C_2 = \dfrac{4fl_a}{D_a - d_a} = \dfrac{2fl_a}{s_a}$；

D_a——该道次拉伸模定径区直径；

d_a——该道次拉伸芯头直径；

s_a——该道次拉伸后制品壁厚。

显然式（3-43）与式（3-30）、式（3-36）的形式完全相同。因此计算同样可以借用图 3-15 左边的曲线，只是横坐标是 C_2 值，图中各曲线的起点（在中间的纵坐标上）数值相当于 σ_{xa}/σ_s。

综上所述，固定短芯头拉拔时的拉拔力计算，要比空拉时稍许麻烦一点。下面通过例子，将计算步骤归纳一下。

例5 拉伸 H70 黄铜管，坯料在 $\phi40\text{mm} \times 5\text{mm}$ 时退火，其中某道次用短芯头拉拔，拉拔前尺寸为 $\phi30\text{mm} \times 4\text{mm}$，拉拔后为 $\phi25\text{mm} \times 3.5\text{mm}$，模角为 $\alpha = 10°$，$l_a = 4\text{mm}$，$f = 0.09$，求拉拔力。

解：（1）计算之前，先把各有关断面的坯料尺寸弄清楚。与空拉一样，假设空拉段的壁厚不变（单位：mm）

$$D_b = 30 \quad d_b = 22 \quad s_b = 4$$
$$D_a = 25 \quad d_a = 18 \quad s_a = 3.5$$
$$D_c = d_a + 2s_b = 26 \quad d_c = d_a = 18 \quad s_b = s_c = 4$$

（2）计算各阶段延伸系数

$$\lambda_{bc} = \frac{D_b - s_b}{D_c - s_c} = \frac{30 - 4}{26 - 4} = 1.18$$

$$\lambda_{ca} = \frac{(D_c - s_c)s_c}{(D_a - s_a)s_a} = \frac{(26 - 4)4}{(25 - 3.5)3.5} = 1.17$$

（3）计算系数

$$B = \frac{f}{\tan\alpha} = \frac{0.09}{\tan10°} = \frac{0.09}{0.176} = 0.51$$

$$A = \left(1 + \frac{d_a}{D}\right)B = \left[1 + \frac{18}{\frac{1}{2}(26 + 25)}\right] \times 0.51 = 0.87$$

$$C_2 = \frac{2fl_a}{s_a} = \frac{2 \times 0.09 \times 4}{3.5} = 0.206$$

（4）根据 $\lambda_{ca} = 1.17$ 及 $A = 0.87$，从图 3-15 右边曲线查得

$$\sigma'_{xa}/\sigma_s = 0.27$$

（5）根据 $\lambda_{bc} = 1.18$ 及 $B = 0.51$，从图 3-15 右边曲线查得

$$\sigma_{xc}/\sigma_s = 0.24$$

根据 $\lambda_{ca} = 1.17$ 及 $A = 0.87$，从图 3-19 查得 $\lambda_{ca}^{-A} = 0.87$，所以

$$\frac{\sigma'_{xc}}{\sigma_s} = \frac{\sigma_{xc}}{\sigma_s} \times \lambda_{ca}^{-A} = 0.24 \times 0.87 = 0.209$$

（6）$\dfrac{\sigma_{xa}}{\sigma_s} = \dfrac{\sigma'_{xa}}{\sigma_s} + \dfrac{\sigma'_{xc}}{\sigma_s} = 0.27 + 0.209 = 0.479$。

（7）根据 $\dfrac{\sigma_{xa}}{\sigma_s} = 0.479$ 及 $C_2 = 0.206$，在图 3 - 15 左边曲线查得

$$\frac{\sigma_d}{\sigma_s} = 0.58$$

（8）$\overline{\varepsilon} = \dfrac{1}{2}\left[\dfrac{(40-5)\times5 - (30-4)\times4}{(40-5)\times5} + \dfrac{(40-5)\times5 - (25-3.5)\times3.5}{(40-5)\times5}\right]$

$= 0.5(40.6\% + 56.7\%) = 48.7\%$

查 H70 黄铜硬化曲线得 $\sigma_s = 600\text{MPa}$。

（9）拉拔力

$$P = \frac{\sigma_d}{\sigma_s}\times\sigma_s\times\pi(D_a - s_a)s_a = 0.58\times60\times\pi(25-3.5)\times3.5 = 82.4\text{kN}$$

3.4.3.2　游动芯头拉拔

用游动芯头拉伸管材，其拉伸力比固定芯头小，更主要的是它可以用于长管材特别是用于绞盘式拉伸过程。

从图 3 - 21 可以看出，游动芯头拉拔时，其受力情况与固定芯头拉拔时的主要区别在于，减壁段（$c - a$ 段）坯料外表面的法向正压力 N_1 与内表面的法向正压力 N_2 的水平分力方向相反。因此使管坯断面上的拉应力相应减少。在拉拔过程中，芯头将在一定范围内"游动"。现按照芯头的前极限位置来推导拉拔力计算公式。

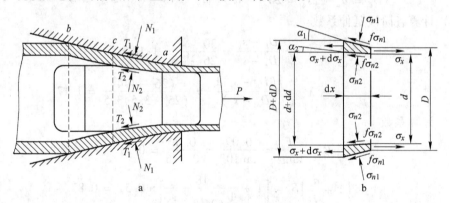

图 3 - 21　游动芯头拉拔

对于空位段及定径段的拉应力公式，与固定短芯头完全一样。

对于减壁段，按照图 3 - 21b 所示分离体的受力情况（图中假设管坯内外壁的摩擦系数相等），可列出平衡方程

$$(D^2 - d^2)\text{d}\sigma_x + 2\sigma_x\left[D + (D+d)B - d\times\frac{\tan\alpha_2}{\tan\alpha_1}\right]\text{d}D - 2\sigma_x(D+d)B\text{d}D = 0 \quad (3-44)$$

把式（3 - 44）与式（3 - 37）比较，可看出两式完全相似，区别在于式（3 - 44）中增加了 $\left(d\times\dfrac{\tan\alpha_2}{\tan\alpha_1}\right)$ 这一项，同时式（3 - 37）中的常量 d_a 在式（3 - 44）是变量 d，如果以减壁段的内径平均值 $\overline{d} = (d_c + d_a)/2$ 代替 d，用固定芯头相同的方法可以得到减壁段终了断面上的拉应力计算式

$$\frac{\sigma_{xa}}{\sigma_s} = \frac{1 + A - C}{A}\left[1 - \left(\frac{1}{\lambda_{ca}}\right)^A\right] + \frac{\sigma_{xc}}{\sigma_s}\left(\frac{1}{\lambda_{ca}}\right)^A \tag{3-45}$$

式中，$A = (1 + \bar{d}/\bar{D})B$；$\bar{d} = (d_c + d_a)/2$；$\bar{D} = (D_c + D_a)/2$；$B = f/\tan\alpha_1$；$C = \bar{d}/\bar{D}\tan\alpha_2/\tan c$；$\alpha_1$ 为模角；α_2 为芯头锥角。

式（3-45）只比式（3-38）增加了一项"C"，其他完全一样。因此将式（3-45）改写为

$$\frac{\sigma_{xa}}{\sigma_s} = \frac{1 + A}{A}\left[1 - \left(\frac{1}{\lambda_{ca}}\right)^A\right] + \frac{\sigma_{xc}}{\sigma_s}\left(\frac{1}{\lambda_{ca}}\right)^A - \frac{C}{A}\left[1 - \left(\frac{1}{\lambda_{ca}}\right)^A\right]$$

$$= \frac{\sigma'_{xa}}{\sigma_s} + \frac{\sigma'_{xc}}{\sigma_s} - \frac{C}{A}\left[1 - \left(\frac{1}{\lambda_{ca}}\right)^A\right] \tag{3-46}$$

而 σ_{xd}/σ_s 与 σ_{xa}/σ_s 的关系式仍用式（3-43）。

式（3-46）的前两项的计算与固定芯头完全一样。可见游动芯头拉拔时，其 σ_{xa}/σ_s 值要比固定的短芯头拉拔时小，因为式（3-46）的第三项前是负号。

现在举例说明游动芯头拉拔的计算方法。

例6 拉拔 H70 黄铜管，坯料在 $\phi40\text{mm} \times 5\text{mm}$ 时退火，其中某道次用游动芯头拉拔，拉拔前尺寸为 $\phi30\text{mm} \times 4\text{mm}$，拉拔后的尺寸为 $\phi25\text{mm} \times 3.5\text{mm}$，模角 $\alpha_1 = 10°$，芯头锥角 $\alpha_2 = 7°$，$l_a = 4\text{mm}$，$f = 0.09$，求拉拔力。

解：（1）与固定芯头拉伸一样，先将变形区各段几何尺寸弄清楚（单位均为 mm）：

$$D_b = 30 \quad d_b = 22 \quad D_a = 25 \quad d_a = 18$$

$$d_c = d_a + 2\Delta s\cot(\alpha_1 - \alpha_2)\sin\alpha_2 = 18 + 2 \times 0.5 \times \cot(10° - 7°)\sin7° = 20.33$$

$$D_c = d_c + 2s_c = 20.33 + 2 \times 4 = 28.33$$

（2）计算延伸系数

$$\lambda_{bc} = \frac{D_b - s_b}{D_c - s_c} = \frac{30 - 4}{28.33 - 4} = 1.07$$

$$\lambda_{ca} = \frac{(D_c - s_c)s_c}{(D_a - s_a)s_a} = \frac{(30 - 4)4}{(28.33 - 4)3.5} = 1.29$$

（3）计算系数 A、B、C_2

$$B = \frac{f}{\tan\alpha_1} = \frac{0.08}{\tan10°} = 0.512$$

$$A = \left(1 + \frac{\bar{d}}{\bar{D}}\right)B = \left(1 + \frac{19.17}{26.67}\right)0.512 = 0.88$$

$$C_2 = \frac{2fl_a}{s_a} = \frac{2 \times 0.09 \times 4}{3.5} = 0.206$$

（4）根据 $\lambda_{ca} = 1.29$ 及 $A = 0.88$，查图 3-15 得

$$\frac{\sigma'_{xc}}{\sigma_s} = 0.43$$

（5）根据 $\lambda_{bc} = 1.07$ 及 $B = 0.512$ 查图 3-15 得

$$\frac{\sigma_{xc}}{\sigma_s} = 0.08$$

根据 $\lambda_{ca} = 1.29$ 及 $A = 0.88$，查图 3 – 19 得

$$\left(\frac{1}{\lambda_{ca}}\right)^A = 0.84$$

$$\frac{\sigma'_{xc}}{\sigma_s} = 0.08 \times 0.84 = 0.065$$

（6）$C = \dfrac{\bar{d}}{D} \times \dfrac{\tan\alpha_2}{\tan\alpha_1} = \dfrac{19.17}{26.67} \times \dfrac{\tan7°}{\tan10°} = 0.502$

$$\frac{C}{A}\left[1 - \left(\frac{1}{\lambda_{ca}}\right)^A\right] = \frac{0.502}{0.88}(1 - 0.84) = 0.108$$

（7）$\dfrac{\sigma_{xa}}{\sigma_s} = 0.43 + 0.065 - 0.108 = 0.387$。

（8）根据 $\dfrac{\sigma_{xa}}{\sigma_s} = 0.387$ 及 $C_2 = 0.206$，在图 3 – 15 查得 $\dfrac{\sigma_d}{\sigma_s} = 0.50$ 而固定短芯头时，$\dfrac{\sigma_d}{\sigma_s} = 0.58$。

（9）拉拔力

$$P = 0.50 \times 600 \times \pi(25 - 3.5)3.5 = 70.9\text{kN}$$

用固定短芯头为 82.2kN。

3.5　平砧压缩矩形件

在此研究的问题是平面变形问题，即矩形件在平砧间压缩时，有一个方向（一般为垂直纸面的方向）不变形（工件的长度远大于工件的宽度和高度）。这里又可分为两种情况：一种是工件全部在平砧间，没有外端；另一种是工件的一部分在平砧间压缩，有外端。前者的平均单位压力计算公式的推导，与圆柱体镦粗类似，只是所引用的塑性条件和力平衡微分方程有所不同。后者的平均单位压力计算公式，根据变形区的几何因素 (l/h) 确定是否考虑外端的影响。当 $l/h \geq 1$ 时，不考虑外端的影响；当 $l/h < 1$ 时，考虑外端的影响。

3.5.1　无外端的矩形件压缩

3.5.1.1　常摩擦系数区接触表面压应力分布曲线方程

如图 3 – 22 所示，将 $\tau_f = f\sigma_y$（τ_f 与 σ_y 同号）代入平衡微分方程式（3 – 1）得

$$\frac{\mathrm{d}\sigma_x}{\mathrm{d}x} + \frac{2f\sigma_y}{h} = 0$$

再将屈服准则式（3 – 3）代入上式得

$$\frac{\mathrm{d}\sigma_y}{\mathrm{d}x} + \frac{2f\sigma_y}{h} = 0$$

积分上式得　　　$\sigma_y = Ce^{-\frac{2f}{h}x}$

式中，x 为坯料变形区半长度；h 为坯料厚度。

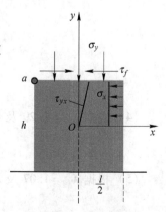

图 3 – 22　矩形件压缩

由边界条件确定积分常数，在边界点，$\sigma_x^a = 0$，$\tau_{xy}^a = 0$；由剪应力互等，$\tau_{yx}^a = 0$。注意到 σ_y 为负，代数值最小则由平面变形条件下屈服准则式（2-119）可得边界处

$$\sigma_y^a = -K$$

常摩擦系数区接触表面压应力分布曲线方程

$$\sigma_y = -Ke^{\frac{2f}{h}(\frac{1}{2}-x)} \qquad (3-47)$$

3.5.1.2 常摩擦应力区接触表面压应力分布曲线方程

如果接触面上的摩擦力很大，达到了剪应力的极限值 k，则用最大摩擦条件来表示。将 $\tau_f = -k = -K/2$ 及屈服准则式（3-3）代入平衡微分方程式（3-1）得

$$\frac{d\sigma_y}{dx} - \frac{K}{h} = 0$$

积分上式并利用边界条件得

$$\sigma_y = -K - \frac{2\sigma_s}{\sqrt{3}h}(\frac{l}{2} - x) \qquad (3-48)$$

3.5.1.3 摩擦应力递减区接触表面压应力分布曲线方程

设该区域范围为 $x = h$，τ_f 在此范围内呈线性分布

$$\tau_f = -\frac{Kx}{2h}$$

将上式及屈服准则式（3-3）代入平衡微分方程式（3-1）并积分得

$$\sigma_y = K\frac{x^2}{2h^2} + C$$

当 $x = h$ 时，$\sigma_y = \sigma_{yc}$，代入上式得

$$C = \sigma_{yc} - \frac{K}{2}$$

所以
$$\sigma_y = \sigma_{yc} - \frac{K}{2h^2}(h^2 - x^2) \qquad (3-49)$$

式中，σ_{yc} 可将 $x = h$ 代入式（3-2）确定，即

$$\sigma_{yc} = -\frac{K}{2f}\Big[1 + \frac{2f}{h}(x_b - h)\Big]$$

3.5.1.4 平均单位压力计算公式

考虑到变形体上单位压力 $p = -\sigma_y$，则

压缩力
$$P = 2\int_0^{\frac{l}{2}} p\,dx = 2\int_0^{\frac{l}{2}}(-\sigma_y)\,dx$$

平均单位压力
$$\bar{p} = \frac{2}{l}\int_0^{\frac{l}{2}} p\,dx = \frac{2}{l}\int_0^{\frac{l}{2}}(-\sigma_y)\,dx \qquad (3-50)$$

式中，σ_y 根据不同情况，将式（3-47）、式（3-48）及式（3-49）在接触面上积分，忽略摩擦应力递减区的影响，即可求得工程法平均单位压力计算公式（推导过程从略）。

整个接触面均为常摩擦系数区（全滑动）条件下

$$\frac{\bar{p}}{K} = \frac{e^x - 1}{x} \qquad x = \frac{fl}{h} \qquad (3-50a)$$

接触面均为常摩擦应力区（全黏着）条件下

$$\frac{\bar{p}}{K} = 1 + \frac{1}{4}\frac{l}{h} \qquad\qquad (3-50b)$$

3.5.2 平砧压缩矩形厚件

图 3 – 23 是不带外端（a）和带外端（b）的压缩
厚件的情况。实验确定的不带外端和带外端压缩时的
平均单位压力 $\bar{p}$ 和 $\bar{p}'$ 如图 3 – 24 所示。外端影响系数
$n_\sigma = \bar{p}'/\bar{p}$ 与 l/h 的关系如图 3 – 25 所示。

由图 3 – 24 可见，不带外端压缩时的 $\bar{p}$ 随 l/h 的增
加而增加；而带外端压缩时，在 $l/h < 1$ 的范围内 $\bar{p}'$ 随
l/h 的增加而减小，而在 $l/h > 1$ 时，$\bar{p}$ 与 $\bar{p}'$ 几乎一致。
上述导出的无外端压缩矩形件的平均单位压力计算公
式，都是随 l/h 增加而增加。它们仅仅反映了外摩擦对
$\bar{p}$ 的影响。

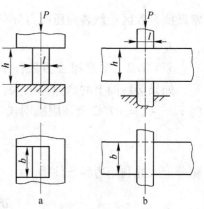

图 3 – 23　平砧压缩厚件
a—不带外端压缩；b—带外端压缩

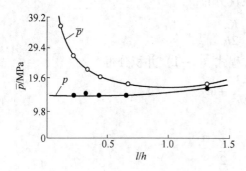

图 3 – 24　压缩高为 22.5mm 的铅试样，压缩率
为 7% 时 $\bar{p}-l/h$ 和 $\bar{p}'-l/h$ 的关系图
$\bar{p}'$—带外端；$\bar{p}$—不带外端

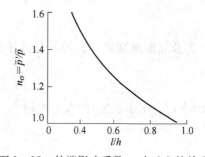

图 3 – 25　外端影响系数 n_σ 与 l/h 的关系

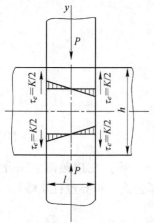

图 3 – 26　带外端压缩厚件

显然，带外端压缩时，不仅在接触区产生变形，外端也要
被牵连而变形。这样，在接触区与外端的分界面上，就要产生
附加的剪变形，并引起附加的剪应力，因此和无外端压缩时相
比，就要增加力和功。可见，l/h 越小，也就是工件越厚时，
剪切面就越大，总的剪切力也就越大，这时必须加大外力才能
使工件变形。当工件厚度一定时（即抗剪面一定时），接触长
度 l 越小，平均单位压力越大。因此，在外端的影响下，随 l/h
减小平均单位压力 $\bar{p}'$ 增加。

带外端压缩厚件的情况和坐标轴的位置如图 3 – 26 所示。
假定接触表面无摩擦，即 $\tau_f = 0$，再接触区与外端的界面上的剪
应力 $\tau_{xy} = \tau_e = K/2$，并沿 x 轴成线性分布，在垂直对称面处递
减到零。τ_{xy} 与 y 无关，只与 x 有关。

在平面变形状态下，平衡方程为

$$\frac{\partial \sigma_x}{\partial x} + \frac{\partial \tau_{yx}}{\partial y} = 0$$

$$\frac{\partial \tau_{xy}}{\partial x} + \frac{\partial \sigma_y}{\partial y} = 0 \tag{a}$$

按式（2-119），屈服准则为

$$(\sigma_x - \sigma_y)^2 + 4\tau_{xy}^2 = 4k^2 = K^2 \tag{b}$$

联解这三个方程式。把式（a）中的第一式对 y 微分；第二式对 x 微分

$$\frac{\partial^2 \sigma_x}{\partial x \partial y} + \frac{\partial^2 \tau_{yx}}{\partial y^2} = 0$$

$$\frac{\partial^2 \tau_{xy}}{\partial x^2} + \frac{\partial^2 \sigma_y}{\partial x \partial y} = 0$$

上两式相减（注意 $\tau_{xy} = \tau_{yx}$），并移项整理得

$$\frac{\partial^2 (\sigma_x - \sigma_y)}{\partial x \partial y} = \frac{\partial^2 \tau_{xy}}{\partial x^2} - \frac{\partial^2 \tau_{xy}}{\partial y^2} \tag{c}$$

由式（b）求得

$$\sigma_x - \sigma_y = \pm \sqrt{K^2 - 4\tau_{xy}^2} \tag{d}$$

因为这里 σ_x、σ_y 都为压应力，而绝对值 $|\sigma_y| > |\sigma_x|$，所以 $\sigma_x - \sigma_y$ 必为正值，故根号前取正号，把式（d）代入式（c），则

$$\frac{\partial^2 \sqrt{K^2 - 4\tau_{xy}^2}}{\partial x \partial y} = \frac{\partial^2 \tau_{xy}}{\partial x^2} - \frac{\partial^2 \tau_{xy}}{\partial y^2} \tag{e}$$

根据前述假定，τ_{xy} 与 y 轴无关，仅与 x 轴成线性关系，所以上式中含有对 y 微分的项全为零，由此得

$$\frac{\partial^2 \tau_{xy}}{\partial x^2} = 0$$

解此方程，得

$$\tau_{xy} = c_1 + c_c x$$

当 $x=0$ 时，$\tau_{xy}=0$，所以 $c_1=0$。此外，当 $x=l/2$ 时，$\tau_{xy}=K/2$，所以 $c_2 = K/l$。

于是

$$\tau_{xy} = \frac{K}{l} x \tag{f}$$

而

$$\frac{\partial \tau_{xy}}{\partial x} = \frac{K}{l} \tag{g}$$

考虑到 $\frac{\partial \tau_{xy}}{\partial y} = 0$，并把式（g）代入平衡方程（a）中，则

$$\frac{\partial \sigma_x}{\partial x} = 0$$

$$\frac{\partial \sigma_y}{\partial y} + \frac{K}{l} = 0$$

解这两个方程，得
$$\left.\begin{array}{l} \sigma_x = \varphi_1(y) \\[2mm] \sigma_y = -\dfrac{K}{l}y + \varphi_2(x) \end{array}\right\} \qquad (h)$$

式中，$\varphi_1(y)$、$\varphi_2(x)$ 分别为 y 和 x 的任意函数。

把式（f）、式（h）代入式（d），得

$$\varphi_1(y) + \frac{K}{l}y - \varphi_2(x) = \sqrt{K^2 - 4\left(\frac{K}{l}x\right)^2}$$

$$\varphi_1(y) + \frac{K}{l}y = \sqrt{K^2 - 4\left(\frac{K}{l}x\right)^2} + \varphi_2(x) = c$$

$$\varphi_1(y) = -\frac{K}{l}y + c$$

$$\varphi_2(x) = -\sqrt{K^2 - 4\left(\frac{K}{l}x\right)^2} + c$$

把这两个函数代入式（h）并由式（f）得

$$\left.\begin{array}{l} \sigma_x = -\dfrac{K}{l}y + c \\[3mm] \sigma_y = -\dfrac{K}{l}y - \sqrt{K^2 - 4\left(\dfrac{K}{l}\right)^2} + c \\[3mm] \tau_{xy} = \dfrac{K}{l}x \end{array}\right\} \qquad (3-51)$$

同样，积分常数 c 可按接触区与外端界面上在水平方向作用的合力为零的条件来确定，即

$$2\int_0^{h/2} \sigma_x \mathrm{d}y = 0$$

把式（3-51）代入此式，则

$$2\int_0^{h/2} \left(-\frac{K}{l}y + c\right)\mathrm{d}y = 0$$

积分后得

$$c = \frac{Kh}{4l}$$

代入式（3-51）中，并以 $y = h/2$ 代入，得接触表面的压力表达式

$$\sigma_y = -K\left[\frac{h}{4l} + \sqrt{1 - \left(\frac{2x}{l}\right)^2}\right]$$

所以
$$n_\sigma = \frac{\bar{p}}{K} = \frac{-2\int_0^{l/2} \sigma_y \mathrm{d}x}{Kl} = \frac{2\int_0^{l/2} K\left[\dfrac{h}{4l} + \sqrt{1 - \left(\dfrac{2x}{l}\right)^2}\right]\mathrm{d}x}{Kl} \qquad (3-52)$$

$$= \frac{\pi}{4} + \frac{1}{4} \times \frac{h}{l} = 0.785 + 0.25\frac{h}{l}$$

此式曾由斋藤导出，由式（3-52）作出的曲线如图 3-27 所示。

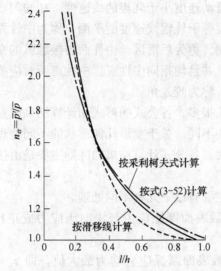

图 3 – 27　按不同公式计算的 n_σ 或 $\bar{p}/K$ 与 l/h 的关系

3.6　平辊轧制单位压力的计算

轧制是金属塑性加工领域中应用最广泛、最重要的加工方式，轧制压力是轧钢工艺和设备设计的基本参数之一。平辊轧制过程实际是一个连续镦粗过程。材料在变形区内的应力－变形状态、材料流动情况以及接触表面的应力分布规律，与平面变形条件下的镦粗过程都有相似之处。不同的是变形区形状不再是矩形，而且中性面的位置向出口偏移，不再处于对称位置。这是由工具为弧形形状所致。由图 3 – 28 可以看出，坯料在入辊缝处较厚，而出辊缝处较薄，这就是由于摩擦力引起的在轧制方向上的压应力 σ_x，从入辊处往里的增加速度要比从出辊处往里的增加速度慢。根据塑性条件，自然垂直压应力 σ_n 由入辊处往里的增加速度要比从出辊处往里的增加速度慢。因此 σ_n 的最大值（即中性面）的位置必然向出口处偏移。

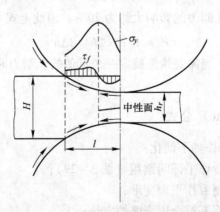

图 3 – 28　平辊轧制时接触面应力分布

在轧制过程中，靠近变形区的出口端，轧件的流动速度大于轧辊的线速度，而在靠近变形区的入口端，轧件的流动速度小于轧辊的线速度。在均匀变形假设条件下，变形区内一定存在着轧件的流动速度等于轧辊线速度的平面，称为中性面。由中性面至出口端，称为前滑区，中性面至入口端，称为后滑区。中性面与接触弧的交点，称为中性点。中性点两侧的摩擦方向是相反的，并且均指向中性点。中性点所对应的圆周角，称为中性角。整个接触弧所对应的圆周角，称为咬入角。

现有的轧制力计算公式很多，各公式的形式和计算结果区别也很大。这是由于推导这些公式时所采用的假设条件不同。关于变形几何形状的不同处理，虽使公式的形式有很大区别，但计算结果出入不大。各公式计算结果的区别主要是由接触表面摩擦规律的处理以及不同塑性条件所造成的。

接触表面的摩擦规律主要有以下几种不同处理。

（1）全滑动。整个接触表面摩擦应力与法向压应力成正比，即符合库仑摩擦定律：$\tau_f = f\sigma_n$。

（2）全黏着。整个接触表面摩擦应力均为最大值，即 $\tau_f = K/2$（K 称为平面变形抗力，在轧制理论中习惯用 K 代替 $2k$）。

（3）混合摩擦。根据具体轧制条件（f 及 $l/\bar{h}$ 值）接触表面可能出现不同的摩擦情况。轧制力计算公式和镦粗力计算公式类似，一般取如下形式：

$$P = \frac{\bar{p}}{\sigma_s} \times \sigma_s \times F$$

而

$$\frac{\bar{p}}{\sigma_s} = f(f, l/\bar{h}) = \varphi(f, \varepsilon, R)$$

式中　　l——轧辊与坯料的接触弧长度；

　　　　$\bar{h}$——变形区坯料的平均厚度；

　　　　ε——道次加工率，$\varepsilon = \Delta h / H$；

　　　　Δh——道次压下量，$\Delta h = H - h$；

　　　　R——轧辊半径。

设接触弧长的水平投影为 l，轧件的平均屈服应力为 $2k$，则单位宽度上的轧制力为：

$$P = 2kl$$

奥洛万认为，摩擦对轧制力的影响大约为 20%，因此上式可修正为：

$$P = 1.2 \times 2k\sqrt{R\Delta h}$$

该式简单，便于记忆，当需要快速确定一个近似的轧制力时，采用该近似式是非常方便的。

3.6.1　M. D. 斯通（Stone）公式

M. D. 斯通对轧制过程作如下简化：

（1）将轧制过程近似看作平锤间镦粗（图 3 - 29）；

（2）忽略宽展，将轧制看作平面变形；

（3）假设整个接触表面都符合库仑摩擦定律；

（4）σ_x 沿轧件高向、宽向均匀分布，在垂直横断面上没有切应力作用。

在变形区中用两个距离为 dx 并且垂直于 x 轴的平面截取分离体（图 3 - 29），将其上

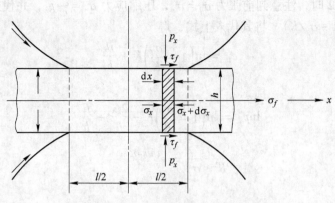

图 3 – 29　以平锤镦粗代替轧制

作用的各应力分量取静力平衡。

在前滑区有

$$(\sigma_x + \mathrm{d}\sigma_x)\bar{h} - \sigma_x\bar{h} + 2\tau_f\mathrm{d}x = 0$$

在后滑区有

$$(\sigma_x + \mathrm{d}\sigma_x)\bar{h} - \sigma_x\bar{h} - 2\tau_f\mathrm{d}x = 0$$

将上述两式化简合并得

$$\frac{\mathrm{d}\sigma_x}{\mathrm{d}x} \pm \frac{2\tau_f}{\bar{h}} = 0$$

式中，"＋"号为前滑区；"－"号为后滑区。

由上式得

$$\frac{\mathrm{d}\sigma_x}{\mathrm{d}x} = \mp\frac{2\tau_f}{\bar{h}}$$

应用库仑摩擦定律

$$\tau_f = fp_x$$

及能量塑性条件近似式

$$p_x - \sigma_x = K$$

即

$$\mathrm{d}p_x = \mathrm{d}\sigma_x$$

得出

$$\frac{\mathrm{d}p_x}{\mathrm{d}x} = \mp\frac{2\mu p_x}{\bar{h}}$$

式中，"－"号为前滑区；"＋"号为后滑区；p_x 为作用面上单位压力，取正值。

在前滑区

$$\frac{\mathrm{d}p_x}{\mathrm{d}x} = -\frac{2fp_x}{\bar{h}}$$

$$\frac{\mathrm{d}p_x}{p_x} = -\frac{2f}{h}\mathrm{d}x$$

将上式积分得

$$\ln p_x = -\frac{2f}{\bar{h}}x + c_1$$

将边界条件 $x = l/2$ 时，注意到前张力 $\sigma_f = \sigma_x$，压缩应力 $\sigma_y = -p_x$，并代入屈服准则 $\sigma_x - \sigma_y = K$ 得 $p_x = K(1 - \sigma_f/K)$。将其代入上式，得

$$c_1 = \ln\left(1 - \frac{\sigma_f}{K}\right)K + \frac{fl}{h}$$

所以

$$\ln p_x = \ln\left(1 - \frac{\sigma_f}{K}\right)K - \frac{2fx}{h} + \frac{fl}{h}$$

$$\frac{p_x}{K - \sigma_f} = e^{(fl/\bar{h} - 2f/\bar{h}x)} \tag{3-53}$$

在后滑区

$$\frac{\mathrm{d}p_x}{\mathrm{d}x} = \frac{2fp_x}{h}$$

$$\frac{\mathrm{d}p_x}{p_x} = \frac{2f}{h}\mathrm{d}x$$

上式积分，得

$$\ln p_x = \frac{2f}{h}x + c_2$$

将边界条件 $x = -l/2$ 时，$p_x = K(1 - \sigma_b/K)$ 代入上式，得

$$c_2 = \ln\left(1 - \frac{\sigma_b}{K}\right)K + \frac{fl}{h}$$

所以

$$\frac{p_x}{K - \sigma_b} = e^{(fl/\bar{h} + 2fx/\bar{h})} \tag{3-54}$$

式（3-53）与式（3-54）在整个接触表面范围内积分，即得轧制力计算公式

$$
\begin{aligned}
P &= \frac{B_1 + B_2}{2}\Big[\int_0^{l/2} (K - \sigma_f) e^{2f/\bar{h}(l/2 - x)}\,\mathrm{d}x + \int_{-l/2}^0 (K - \sigma_b) e^{2f/\bar{h}(l/2 + x)}\,\mathrm{d}x \Big] \\
&= \frac{B_1 + B_2}{2}\Big[-(K - \sigma_f)\frac{\bar{h}}{2f} + (K - \sigma_f)\frac{\bar{h}}{2f}e^{fl/\bar{h}} + (K - \sigma_b)\frac{\bar{h}}{2f}e^{fl/\bar{h}} - (K - \sigma_b)\frac{\bar{h}}{2f} \Big] \\
&= \frac{B_1 + B_2}{2} \times \frac{\bar{h}}{fl}\Big[\Big(K - \frac{\sigma_f + \sigma_b}{2}\Big)e^{fl/\bar{h}} - \Big(K - \frac{\sigma_f + \sigma_b}{2}\Big) \Big]
\end{aligned}
\tag{3-55}
$$

平均单位压力

$$\bar{p} = \frac{P}{\left(\dfrac{B_1 + B_2}{2}\right)l} = \frac{\bar{h}}{fl}\Big[\Big(K - \frac{\sigma_f + \sigma_b}{2}\Big)e^{fl/\bar{h}} - \Big(K - \frac{\sigma_f + \sigma_b}{2}\Big) \Big]$$

令 $\dfrac{fl}{h} = x$，则上式变为

$$p = \Big(K - \frac{\sigma_f + \sigma_b}{2}\Big)\frac{e^x - 1}{x} = K' \cdot \frac{e^x - 1}{x} \tag{3-56}$$

式中，σ_f、σ_b 为前、后张力；K' 为存在前后张力时的变形抗力。

式（3-56）就是计算轧制平均单位压力的斯通公式。系数 x 表示了摩擦系数 f 及变

形区几何因素 $l/\bar{h}$ 对平均单位压力的影响。

3.6.2* А. И. 采利柯夫（Целиков）公式

3.6.2.1 T. 卡尔曼（Karman）方程

T. 卡尔曼假设：（1）把轧制过程看成平面变形状态；（2）σ_x 沿轧件高向、宽向均匀分布；（3）接触表面摩擦系数 f 为常数，即 $\tau_f = fp_x$。从变形区中截取单元体（图 3-30），将作用在此单元体上的力向 x 轴投影，并取静力平衡

$$(\sigma_x + \mathrm{d}\sigma_x)(h_x + \mathrm{d}h_x) - \sigma_x h_x - 2p_x r\mathrm{d}\alpha\sin\alpha \pm 2fp_x r\mathrm{d}\alpha\cos\alpha = 0$$

展开上式，并略去高阶无穷小，得

$$\sigma_x \mathrm{d}h_x + h_x \mathrm{d}\sigma_x - 2p_x r\mathrm{d}\alpha\sin\alpha \pm 2fp_x r\mathrm{d}\alpha\cos\alpha = 0$$

$$\frac{\mathrm{d}(\sigma_x h_x)}{\mathrm{d}\alpha} = 2p_x r(\sin\alpha \pm f\cos\alpha) \qquad (3-57)$$

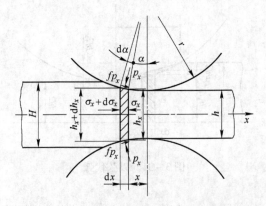

图 3-30 轧制时单元体上受力情况

式（3-57）为卡尔曼方程原形。式中"+"号适用于前滑区，"-"号适用于后滑区。后来史密斯假设图 3-30 中单元体的上、下界面为斜平面，则式（3-57）中的

$$r\mathrm{d}\alpha = \frac{\mathrm{d}x}{\cos\alpha}$$

式（3-57）变为

$$\mathrm{d}(\sigma_x h_x) = 2p_x \frac{\mathrm{d}x}{\cos\alpha}(\sin\alpha \pm f\cos\alpha)$$

展开上式，得

$$h_x \mathrm{d}\sigma_x + \sigma_x \mathrm{d}h_x - 2p_x \tan\alpha \mathrm{d}x \mp 2fp_x \mathrm{d}x = 0$$

$$\frac{\mathrm{d}\sigma_x}{\mathrm{d}x} + \frac{\sigma_x}{h_x}\frac{\mathrm{d}h_x}{\mathrm{d}x} - \frac{2p_x \tan\alpha}{h_x} \mp \frac{2fp_x}{h_x} = 0$$

将屈服准则的近似式

$$p_x - \sigma_x = K$$

和

$$\mathrm{d}p_x = \mathrm{d}\sigma_x$$

代入上式，得

$$\frac{\mathrm{d}p_x}{\mathrm{d}x} + \frac{(p_x - K)}{h_x}\frac{\mathrm{d}h_x}{\mathrm{d}x} - \frac{2p_x \tan\alpha}{h_x} \mp \frac{2fp_x}{h_x} = 0$$

注意到图 3 – 31 中的几何关系可知 $\dfrac{\mathrm{d}h_x}{\mathrm{d}x}=2\tan\alpha$，于是上式变为

$$\frac{\mathrm{d}p_x}{\mathrm{d}x}-\frac{K}{h_x}\frac{\mathrm{d}h_x}{\mathrm{d}x}\pm\frac{2fp_x}{h_x}=0 \tag{3 – 58}$$

式中，"＋"号为后滑区；"－"号为前滑区。

式（3 – 58）为卡尔曼方程的另一种形式。

3.6.2.2　采利柯夫公式

A. N. 采利柯夫假设，在接触角不大的情况下，接触弧 AB 可用弦 $\overline{AB}$ 来代替（图 3 – 31）显然 $\overline{AB}$ 的方程为

$$y=\frac{1}{2}h_x=\frac{1}{2}\Big(h+\frac{\Delta h}{l}x\Big)$$

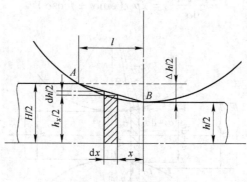

图 3 – 31　以弦代弧

微分上式得

$$\frac{\mathrm{d}x}{\mathrm{d}h_x}=\frac{l}{\Delta h}$$

$$\mathrm{d}x=\frac{l\,\mathrm{d}h_x}{\Delta h}$$

将式（3 – 58）改为

$$\mathrm{d}p_x-\frac{\mathrm{d}h_x}{h_x}K\pm\frac{2fp_x}{h_x}\mathrm{d}x=0$$

将计算 $\mathrm{d}x$ 值的公式代入上式，得

$$\mathrm{d}p_x-\frac{\mathrm{d}h_x}{h_x}\Big(K\mp\frac{2fl}{\Delta h}p_x\Big)=0$$

令 $\delta=\dfrac{2fl}{\Delta h}$，则上式变为

$$\frac{\mathrm{d}p_x}{\pm\delta p_x-K}=-\frac{\mathrm{d}h_x}{h_x}$$

积分上式得

$$\pm\frac{1}{\delta}\ln(\pm\delta p_x-K)=\ln\frac{1}{h_x}+C$$

式中，"＋"号为后滑区；"－"号为前滑区。

在前滑区

$$- \frac{1}{\delta}\ln(-\delta p_x - K) = \ln\frac{1}{h_x} + c$$

根据边界条件，在出口处 $h_x = h$，$p_x = K\left(1 - \frac{\sigma_f}{K}\right)$ 代入上式，得

$$C = -\frac{1}{\delta}\ln\left[-\delta\left(1 - \frac{\sigma_f}{K}\right)K - K\right] - \ln\frac{1}{h}$$

则

$$\frac{1}{\delta}\ln\left[\frac{\delta p_x + K}{\delta\left(1 - \frac{\sigma_f}{K}\right)K + K}\right] = \ln\frac{h_x}{h}$$

令 $\xi_1 = \left(1 - \frac{\sigma_f}{K}\right)$，则上式变为

$$\frac{\delta p_x + K}{(\delta\xi_1 + 1)K} = \left(\frac{h_x}{h}\right)^{\delta}$$

$$p_x = \frac{K}{\delta}\left[(\delta\xi_1 + 1)\left(\frac{h_x}{h}\right)^{\delta} - 1\right] \tag{3-59}$$

在后滑区

$$\frac{1}{\delta}\ln(\delta p_x - K) = \ln\frac{1}{h_x} + c$$

根据边界条件，在入辊处，$h_x = H$，$p_x = K\left(1 - \frac{\sigma_b}{K}\right)$，并令 $\xi_2 = 1 - \frac{\sigma_b}{K}$，同理可得

$$p_x = \frac{K}{\delta}\left[(\delta\xi_2 - 1)\left(\frac{H}{h_x}\right)^{\delta} + 1\right] \tag{3-60}$$

无张力时，式 (3-59)、式 (3-60) 分别变为

前滑区
$$p_x = \frac{K}{\delta}\left[(\delta + 1)\left(\frac{h_x}{h}\right)^{\delta} - 1\right] \tag{3-61}$$

后滑区
$$p_x = \frac{K}{\delta}\left[(\delta - 1)\left(\frac{H}{h_x}\right)^{\delta} + 1\right] \tag{3-62}$$

在前滑区与后滑区的分界处（中性面）$h_x = h_\gamma$，将此式代入式 (3-62) 中，并令两式的 p_x 相等，可得

$$\frac{h_\gamma}{h} = \left[\frac{1 + \sqrt{1 + (\delta^2 - 1)\left(\frac{H}{h}\right)^{\delta}}}{\delta + 1}\right]^{1/\delta} \tag{3-63}$$

$$\left(\frac{H}{h_\gamma}\right)^{\delta} = \frac{1}{\delta - 1}\left[(\delta + 1)\left(\frac{h_\gamma}{h}\right)^{\delta} - 2\right]$$

图 3-32 为式 (3-63) 的计算曲线。

将式 (3-61)、式 (3-62) 分别在前、后滑区内积分，得

$$P = \frac{B_1 + B_2}{2}\frac{K}{\delta}\left\{\int_h^{h_\gamma}\left[(\delta + 1)\left(\frac{h_x}{h}\right)^{\delta} - 1\right]dx + \int_{h_\gamma}^H\left[(\delta - 1)\left(\frac{H}{h_x}\right)^{\delta} + 1\right]dx\right\}$$

将计算 dx 值的公式代入上式

$$P = \frac{B_1 + B_2}{2} \times \frac{K}{\delta} \times \frac{l}{\Delta h} \left\{ \int_h^{h_\gamma} \left[(\delta + 1)\left(\frac{h_x}{h}\right)^\delta - 1 \right] \mathrm{d}h_x + \int_{h_\gamma}^H \left[(\delta - 1)\left(\frac{H}{h_x}\right)^\delta + 1 \right] \mathrm{d}h_x \right\}$$

积分并整理后得

$$P = \frac{B_1 + B_2}{2} \times \frac{K}{\delta} \times \frac{1}{\Delta h} \times h_\gamma \left[\left(\frac{H}{h_\gamma}\right)^\delta + \left(\frac{h_\gamma}{h}\right)^\delta - 2 \right] \tag{3-64}$$

平均单位压力

$$\bar{p} = \frac{P}{\left(\frac{B_1 + B_2}{2}\right) l} = K \frac{h_\gamma}{\Delta h \delta} \left[\left(\frac{H}{h_\gamma}\right)^\delta + \left(\frac{h_\gamma}{h}\right)^\delta - 2 \right] \tag{3-65}$$

将式（3-63）代入式（3-65）得

$$\frac{\bar{p}}{K} = \frac{2h}{\Delta h (\delta - 1)} \left(\frac{h_\gamma}{h}\right) \left[\left(\frac{h_\gamma}{h}\right)^\delta - 1 \right]$$

令 $\varepsilon = \dfrac{\Delta h}{H}$，则 $\dfrac{h}{H} = \dfrac{1 - \varepsilon}{\varepsilon}$。

上式变为

$$\frac{\bar{p}}{K} = \frac{2(1 - \varepsilon)}{\varepsilon(\delta - 1)} \left(\frac{h_\gamma}{h}\right) \left[\left(\frac{h_\gamma}{h}\right)^\delta - 1 \right] \tag{3-66}$$

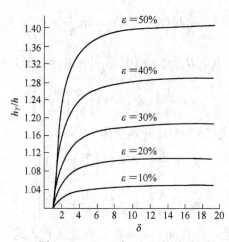

图 3-32　h_γ / h 与 δ、ε 的关系

图 3-33 为采利柯夫公式（3-66）的计算曲线。

例 7　在工作辊直径为 400mm 的轧机上轧制 H_{68} 黄铜带，带宽 $B = 500$mm，该道次轧前带厚 $H = 2$mm，轧后带厚 $h = 1$mm，设 $f = 0.1$，$\sigma_f = 220$MPa，$\sigma_b = 180$MPa。带材在该道次轧前为退火状态，即 $H_0 = 2$mm。试用采利柯夫和斯通公式计算轧制力。

解：（1）按采利柯夫公式（图 3-33）计算

$$l = \sqrt{R \Delta h} = \sqrt{200 \times 1} = 14.14 \text{mm}$$

$$\delta = \frac{2fl}{\Delta h} = \frac{2 \times 0.1 \times 14.14}{1} = 2.828$$

$$\varepsilon = \frac{2 - 1}{2} = 50\%$$

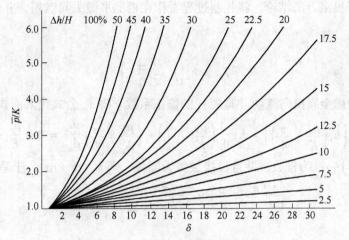

图 3-33 采利柯夫公式计算曲线

根据以上参数值查图 3-33 计算曲线得

$$\frac{\overline{p}}{K} = 1.68$$

轧件在变形区的平均冷变形程度

$$\overline{\varepsilon} = \frac{1}{2}\left(\frac{H_0 - H}{H_0} + \frac{H_0 - h}{H_0}\right) = \frac{1}{2}(0 + 50\%) = 25\%$$

根据 $\overline{\varepsilon}$ 查硬化曲线，得该牌号合金的平均变形抗力 $\overline{\sigma_s} = 600\text{MPa}$。

$$K' = K - \frac{\sigma_f + \sigma_b}{2} = 1.155 \times 600 - \frac{180 + 220}{2} = 493\text{MPa}$$

$$\overline{p} = \left(\frac{\overline{p}}{K}\right)K' = 1.68 \times 493 = 828.2\text{MPa}$$

$$P = \overline{p}Bl = 828.2 \times 500 \times 14.14 = 5855.4\text{kN}$$

（2）按斯通公式计算

$$\overline{h} = \frac{1}{2}(H + h) = \frac{1}{2}(2 + 1) = 1.5\text{mm}$$

$$x = \frac{fl}{\overline{h}} = \frac{0.1 \times 14.14}{1.5} = 0.943$$

$$\frac{\overline{p}}{K} = \frac{e^x - 1}{x} = \frac{e^{0.943} - 1}{0.943} = 1.662$$

$$\overline{p} = 1.662 \times 493 = 817.7\text{MPa}$$

$$P = 817.7 \times 500 \times 14.14 = 5781.1\text{kN}$$

两个公式计算结果相差 1.4%。

3.6.3* R. B. 西姆斯（Sims）公式

西姆斯令 $\sigma_x h_x = T_x$，又假设 $\sin\alpha \approx \tan\alpha \approx \alpha$，$\cos\alpha \approx 1$（参考图 3-30），假定接触表面摩擦应力为常数，且达到最大值，即 $\tau_f = f p_x = K/2$，则卡尔曼方程式（3-57）变为

$$\frac{\text{d}T_x}{\text{d}\alpha} = r(2p_x\alpha \pm K)$$

西姆斯又应用了奥洛万的结论,将扎制过程看作在粗糙平锤头间镦粗,并假定有屈服准则式 $p_x - \sigma_x = \frac{\pi}{4}K$,则

$$T_x = h_x\left(p_x - \frac{\pi}{4}K\right)$$

式中,$\pi/4$ 为考虑金属横向流动(宽展)的修正系数。将 T_x 公式代入前式得

$$\frac{d}{d\alpha}\left[h_x\left(\frac{p_x}{K} - \frac{\pi}{4}\right)\right] = h_x\frac{d}{d_\alpha}\left(\frac{p_x}{K} - \frac{\pi}{4}\right) + \left(\frac{p_x}{K} - \frac{\pi}{4}\right)\frac{dh_x}{d_\alpha} = 2ra\frac{p_x}{K} \pm r$$

最后,假设变形区 σ_s 为常数,并且设接触弧为圆弧,则 $h_x \approx h + r\alpha^2$,于是代入上式得

$$\frac{d}{d\alpha}\left(\frac{p_x}{K} - \frac{\pi}{4}\right) = \frac{\pi r\alpha}{2(h + r\alpha^2)} \pm \frac{r}{h + r\alpha^2}$$

积分上式得

$$\frac{p_x}{K} - \frac{\pi}{4} = \frac{\pi}{4}\ln\frac{h_x}{r} \pm \sqrt{\frac{r}{h}}\tan^{-1}\sqrt{\frac{r}{h}}\alpha + c \tag{3-67}$$

式中,"$+$" 号为前滑区;"$-$" 号为后滑区。

在轧件出口处,当 $\alpha = 0$,$h_x = h$ 时

$$\frac{p_x}{K} - \frac{\pi}{4} = \frac{T_x}{h} = 0$$

将此式代入式(3-67),得

$$C = -\frac{\pi}{4}\ln\frac{h}{r}$$

故

$$\frac{p_x}{K} = \frac{\pi}{4}\ln\frac{h_x}{h} + \frac{\pi}{4} + \sqrt{\frac{r}{h}}\tan^{-1}\sqrt{\frac{r}{h}}\alpha \tag{3-68}$$

在轧件入口处,当 $\alpha = \alpha_0$,$h_x = H$ 时

$$\frac{p_x}{K} - \frac{\pi}{4} = \frac{T_x}{H} = 0$$

将此式代入式(3-67),得

$$C = \sqrt{\frac{r}{h}}\tan^{-1}\sqrt{\frac{r}{h}}\alpha_0 - \frac{\pi}{4}\ln\frac{H}{r}$$

故

$$\frac{p_x}{K} = \frac{\pi}{4}\ln\frac{h_x}{H} + \frac{\pi}{4} + \sqrt{\frac{r}{h}}\tan^{-1}\sqrt{\frac{r}{h}}\alpha_0 - \sqrt{\frac{r}{h}}\tan^{-1}\sqrt{\frac{r}{h}}\alpha \tag{3-69}$$

在中性面处,$\alpha = \gamma$(中性角),式(3-68)与式(3-69)相等,得

$$\frac{\pi}{4}\ln\left(\frac{h}{H}\right) = 2\sqrt{\frac{r}{h}}\tan^{-1}\sqrt{\frac{r}{h}}\gamma - \sqrt{\frac{r}{h}}\tan^{-1}\sqrt{\frac{r}{h}}\alpha_0$$

$$\gamma = \sqrt{\frac{h}{r}}\tan\left[\frac{1}{2}\tan^{-1}\sqrt{\frac{\varepsilon}{1-\varepsilon}} + \frac{\pi}{8}\sqrt{\frac{h}{r}}\ln(1-\varepsilon)\right] \tag{3-70}$$

式中,$\varepsilon = \frac{\Delta h}{H}$。

将式(3-68),式(3-69)中的单位压力 p_x 分别在前、后滑区范围内积分并经整理后,得平均单位压力计算公式为

$$\frac{\bar{p}}{K} = \frac{\pi}{2}\sqrt{\frac{1-\varepsilon}{\varepsilon}}\tan^{-1}\sqrt{\frac{\varepsilon}{1-\varepsilon}} - \frac{\pi}{4} - \sqrt{\frac{1-\varepsilon}{\varepsilon}}\cdot\sqrt{\frac{r}{h}}\ln\left(\frac{h_\gamma}{h}\right) + \frac{1}{2}\sqrt{\frac{1-\varepsilon}{\varepsilon}}\cdot\sqrt{\frac{r}{h}}\ln\left(\frac{1}{1-\varepsilon}\right) \quad (3-71)$$

式中 h_γ ——中性面处轧件厚度。

$$\frac{h_\gamma}{h} = \frac{r}{h}\gamma^2 + 1 \quad (3-72)$$

图 3 – 34 为西姆斯公式（3 – 71）的计算曲线。

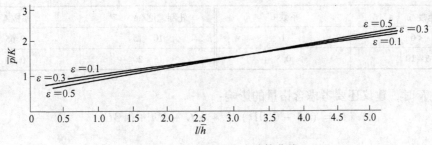

图 3 – 34 西姆斯公式计算曲线

3.6.4 * S. 艾克隆得（Ekelund）公式

S. 艾克隆得公式是用于热轧时计算平均压力的半经验公式，其公式

$$\bar{p} = (1 + m)(K + \eta \bar{\dot\varepsilon}) \quad (3-73)$$

式中 m ——表示外摩擦对单位压力影响的系数；

  η ——黏性系数；

  $\bar{\dot\varepsilon}$ ——平均应变速率。

第一项 $(1+m)$ 是考虑外摩擦的影响，m 可以用以下公式确定

$$m = \frac{1.6f\sqrt{R\Delta h} - 1.2\Delta h}{H + h} \quad (3-74)$$

式（3 – 73）中第二项中乘积 $\eta\dot\varepsilon$ 是考虑应变速度对变形抗力的影响。

其中平均应变速度 $\bar{\dot\varepsilon}$ 用下式计算：

$$\bar{\dot\varepsilon} = \frac{2v\sqrt{\Delta h/R}}{H + h} \quad (3-75)$$

把 m 值和 $\bar{\dot\varepsilon}$ 值代入式（3 – 73），并乘以接触面积的水平投影，则轧制力为

$$P = \frac{B_H + B_h}{2}\sqrt{R\Delta h}\left[\left(1 + \frac{1.6f\sqrt{R\Delta h} - 1.2\Delta h}{H + h}\right)\left(K + \frac{2\eta v\sqrt{\Delta h/R}}{H + h}\right)\right]$$

S. Ekelund 还给出计算 K（MPa）和 η（Pa·s）的经验公式

$$K = (14 - 0.01t)(1.4 + C + Mn) \quad (3-76)$$

$$\eta = 0.01(14 - 0.01t) \quad (3-77)$$

式中 t ——轧制温度，℃；

  C ——以%表示的碳含量；

  Mn ——以%表示的锰含量。

当温度 $t \geqslant 800$℃和锰含量 ≤1.0%时，这些公式是正确的。

f 用下式计算：

$$f = a(1.05 - 0.0005t)$$

对钢轧辊，$a = 1$；对铸铁轧辊，$a = 0.8$。

近来，对 S. 艾克隆得公式进行了修正，按下式计算黏性系数 $\eta(\text{Pa} \cdot \text{s})$：

$$\eta = 0.01(14 - 0.01)C'$$

式中 C'——取决于轧制速度的系数。

轧制速度/m·s⁻¹	系数 C'	轧制速度/m·s⁻¹	系数 C'
<6	1	10~15	0.65
6~10	0.8	15~20	0.60

计算 K 时，建议还要考虑含铬量的影响：

$$K = (14 - 0.01t)(1.4 + C + Mn + 0.3Cr)$$

3.7   电机传动轧辊所需力矩及功率

3.7.1   传动力矩的组成

欲确定主电动机的功率，必须首先确定传动轧辊的力矩。在轧制过程中，在主电动机轴上，传动轧辊所需力矩最多由下面四部分组成：

$$M = \frac{M_z}{i} + M_m + M_k + M_d \qquad (3-78)$$

式中 M_z——轧制力矩，用于使轧件塑性变形所需之力矩；

M_m——克服轧制时发生在轧辊轴承、传动机构等的附加摩擦力矩；

M_k——空转力矩，即克服空转时的摩擦力矩；

M_d——动力矩，此力矩为克服轧辊不匀速运动时产生的惯性力所必需的；

i——轧辊与主电机间的传动比。

组成传动轧辊的力矩的前三项为静力矩，即

$$M_j = \frac{M_z}{i} + M_m + M_k \qquad (3-79)$$

公式（3-79）指轧辊做匀速转动时所需的力矩。这三项对任何轧机都是必不可少的。在一般情况下，轧制力矩是最大的，只有在旧式轧机上，由于轴承中的摩擦损失过大，有时附加摩擦力矩才有可能大于轧制力矩。

在静力矩中，轧制力矩是有效部分，至于附加摩擦力矩和空转力矩是由轧机的零件和机构的不完善引起的有害力矩。

这样换算到主电动机轴上的轧制力矩与静力矩之比的百分数称为轧机的效率

$$\eta = \frac{\dfrac{M_z}{i}}{\dfrac{M_z}{i} + M_m + M_k} \times 100\% \qquad (3-80)$$

轧机效率随轧制方式和轧机结构不同（主要是轧辊的轴承构造）在相当大的范围内变化，即 $\eta = 0.5 \sim 0.95$。

动力矩只发生于不均匀转动进行工作的几种轧机中，如可调速的可逆式轧机，当轧制速度变化时，便产生克服惯性力的动力矩，其数值可由下式确定：

$$M_d = \frac{GD^2}{375} \times \frac{\mathrm{d}n}{\mathrm{d}t}$$

式中　G——转动部分的重量；

　　　D——转动部分的惯性直径；

　　　$\dfrac{\mathrm{d}n}{\mathrm{d}t}$——角加速度。

在转动轧辊所需的力矩中，轧制力矩是最主要的。确定轧制力矩有两种方法：按轧制力计算和利用能耗曲线计算。前者对板带材等矩形断面轧件计算较精确，后者用于计算各种非矩形断面的轧制力矩。

3.7.2　轧制力矩的确定

3.7.2.1　按金属对轧辊的作用力计算轧制力矩

该法是用金属对轧辊的垂直压力 P 乘以力臂 a，见图 3 – 35。即

$$M_{z1} = M_{z2} = Pa = \int_0^l x(P_y \pm t_y \tan\varphi)\,\mathrm{d}x \tag{3-81}$$

式中　M_{z1}，M_{z2}——上、下轧辊的轧制力矩。

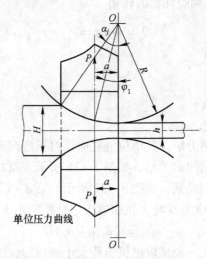

图 3 – 35　按轧制力计算轧制力矩

因为摩擦力在垂直方向上的分力相比很小，可以忽略，所以

$$a = \frac{\int_0^l x p_x \,\mathrm{d}x}{P} = \frac{\int_0^l x p_x \,\mathrm{d}x}{\int_0^l p_x \,\mathrm{d}x} \tag{3-82}$$

由式（3 – 82）可看出，力臂 a 实际上等于单位压力图形的重心到轧辊中心连线的距离。

为了消除几何因素对力臂 a 的影响，通常不直接确定出力臂 a，而是通过确定力臂系数 ψ 的方法来确定之，即

$$\psi = \frac{\varphi_1}{\alpha_j} = \frac{a}{l_j} \text{ 或 } a = \psi l_j$$

式中 φ_1——合压力作用角，见图 3-35；

     α_j——接触角；

     l_j——接触弧长度。

因此，转动两个轧辊所需的轧制力矩为：

$$M_z = 2Pa = 2P\psi l_j$$

式中的轧制力臂系数 ψ 根据大量实验数据统计，其范围为：

热轧铸锭时，$\psi = 0.55 \sim 0.60$；

热轧板带时，$\psi = 0.42 \sim 0.50$；

冷轧板带时，$\psi = 0.33 \sim 0.42$。

3.7.2.2   按能量消耗曲线确定轧制力矩

在很多情况下，按轧制时能量消耗来决定轧制力矩是合理的，因为在这方面有些资料，如果轧制条件相同时，其计算结果也较可靠。

轧制所消耗的功 A 与轧制力矩 M_z 间的关系为

$$M_z = \frac{A}{Q} = \frac{A}{\omega \cdot t} = \frac{AR}{vt} \tag{3-83}$$

式中 Q——轧件通过轧辊期间轧辊的转角，

$$Q = \omega \cdot t = \frac{v}{R} \cdot t$$

     ω——角速度，1/s；

     t——时间，s；

     R——轧辊半径，m；

     v——轧辊圆周速度，m/s。

利用能耗曲线确定轧制力矩，其单位能耗曲线对于型钢和钢坯轧制一般表示为每吨产品的能量消耗与总延伸系数间的关系，如图 3-36 所示。而对于板带材一般表示为每吨产品的能量消耗与板带厚度的关系，如图 3-37 所示。第 $n+1$ 道次的单位能耗（kW·h/N）为 $(a_{n+1} - a_n)$，如轧件重量为 G 吨，在该道次之总能耗 A（kW·h）为：

$$A = (a_{n+1} - a_n)G \tag{3-84}$$

因为轧制时的能量消耗一般是以电机负荷大小测量的，故在这种曲线中还包括有轧机传动机构中的附加摩擦力矩，但除去了轧机的空转消耗。因此，按能耗曲线确定的力矩将为轧制力矩 M_z 和附加摩擦力矩 M_m 之总和。

根据式（3-83）和式（3-84）得

$$\frac{M_z + M_m}{i} = \frac{999.6 \times 3600(a_{n+1} - a_n)G \cdot R}{t \cdot v} \tag{3-85}$$

如果用 $G = F_h \cdot L_h \cdot \rho; t = \frac{L_h}{v_h} = \frac{L_h}{v(1 + S_h)}$ 代入式（3-85）整理后得

$$\frac{M_z + M_m}{i} = 1803 \times 10^3 (a_{n+1} - a_n)\rho \cdot F_h \cdot D(1 + S_h) \tag{3-86}$$

式中　G——轧件重量，t；

　　　ρ——轧件的密度，t/m^3；

　　　D——轧辊工作直径，m；

　　　F_h——该道次轧后轧件横断面积，m^2；

　　　S_h——前滑；

　　　i——传动比。

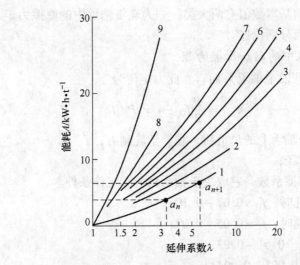

图 3 - 36　开坯、型钢和钢管轧机的典型能耗曲线

1—1150 半坯机；2—1150 初轧机；3—250 线材连轧件；4—350 棋盘式中型轧机；

5—700/500 钢坯连轧机；6—750 轨梁轧机；7—500 大型轧机；

8—250 自动轧管机；9—250 穿孔机组

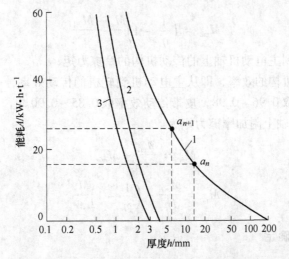

图 3 - 37　板带钢轧机的典型能耗曲线

1—1700 连轧机；2—三机架冷连轧低碳钢；3—五机架冷连轧铁皮

取钢的 $\rho = 7.8 t/m^3$，并忽略前滑影响，则

$$\frac{M_z + M_m}{i} = 1401 \times 10^4 (a_{n+1} - a_n) F_h D \qquad (3-87)$$

3.7.3 附加摩擦力矩的确定

在轧制过程中，轧件通过辊间时，在轴承中与轧机传动机构中有摩擦力产生，所谓附加摩擦力矩，是指克服这些摩擦力所需力矩，而且在此附加摩擦力矩的数值中，并不包括空转时轧机转动所需力矩。

组成附加摩擦力矩的基本数值有两大类，一为轧辊轴承中的摩擦力矩，另一项为传动机构中的摩擦力矩，下面分别论述。

3.7.3.1 轧辊轴承中的附加摩擦力矩

对上下两个轧辊（共四个轴承）而言，此力矩值为

$$M_{m1} = \frac{P}{2} f_1 \frac{d_1}{2} 4 = P d_1 f_1$$

式中 P——作用在四个轴承上的总负荷，它等于轧制力；

　　d_1——轧辊辊颈直径；

　　f_1——轧辊轴承摩擦系数，它取决于轴承构造和工作条件。

滑动轴承金属衬热轧时：$f_1 = 0.07 \sim 0.10$；

滑动轴承金属衬冷轧时：$f_1 = 0.05 \sim 0.07$；

滑动轴承塑料衬：$f_1 = 0.01 \sim 0.03$；

液体摩擦轴承：$f_1 = 0.003 \sim 0.004$；

滚动轴承：$f_1 = 0.003$。

3.7.3.2 传动机构中的摩擦力矩

这部分力矩即指减速机座、齿轮机座中的摩擦力矩。此传动系统的附加摩擦力矩根据传动效率按下式计算：

$$M_{m2} = \left(\frac{1}{\eta_1} - 1\right) \frac{M_z + M_{m1}}{i} \qquad (3-88)$$

式中 M_{m2}——换算到主电动机轴上的传动机构的摩擦力矩；

　　η_1——传动机构的效率，即从主电动机到轧机的传动效率，一级齿轮传动的效率一般取 $0.96 \sim 0.98$，皮带传动效率取 $0.85 \sim 0.90$。

换算到主电动机轴上附加摩擦力矩为

$$M_m = \frac{M_{m1}}{i} + M_{m2}$$

或

$$M_m = \frac{M_{m1}}{i\eta} + \left(\frac{1}{\eta} - 1\right) \frac{M_x}{i} \qquad (3-89)$$

3.7.4 空转力矩的确定

空转力矩是指空载转动轧机主机列所需的力矩，通常是根据转动部分轴承中的摩擦力计算的。

在轧机主机列中有许多机构，如轧辊、连接轴、人字齿轮及飞轮等，各有不同重量及不同的轴颈直径及摩擦系数。因此，必须分别计算。显然，空载转矩应等于所有转动机件空转力矩之和，当换算到主电动机轴上时，则转动每一个部件所需力矩之和为

$$M_K = \sum M_{Kn} \qquad (3-90)$$

式中　M_{Kn}——换算到主电动机轴上的转动每一个零件所需的力矩。

如果用零件在轴承中的摩擦圆半径与力来表示 M_{Kn}，则

$$M_{Kn} = \frac{G_n f_n d_n}{2 i_n} \qquad (3-91)$$

式中　G_n——该机件在轴承上的重量；

　　　f_n——在轴承上的摩擦系数；

　　　d_n——辊颈直径；

　　　i_n——电动机与该机件间的传动比。

将式（3-91）代入式（3-90）后得空转力矩为：

$$M_K = \sum \frac{G_n f_n d_n}{2 i_n} \qquad (3-92)$$

按上式计算甚为复杂，通常可按经验办法来确定

$$M_K = (0.03 \sim 0.06) M_H \qquad (3-93)$$

式中　M_H——电动机的额定转矩。

对新式轧机可取下限，对旧式轧机可取上限。

3.7.5* 静负荷图

为了校核和选择主电动机，除知其负荷值而外，尚须知轧机负荷随时间变化的图，力矩随时间变化的图称为静负荷图。绘制静负荷图之前，首先要决定轧件在整个轧制过程中在主电动机轴上的静负荷值，其次决定各道次的纯轧和间歇时间。

如上所述，静力矩按式（3-79）计算，静负荷图中的静力矩也可按式（3-79）加以确定。每一道次的轧制时间 t_n 可由下式确定：

$$t_n = \frac{L_n}{v_n} \qquad (3-94)$$

式中　L_n——轧件轧后长度；

　　　$\overline{v_n}$——轧件出辊平均速度，忽略前滑时，它等于轧辊圆周速度。

间隙时间按间隙动作所需时间确定或按现场数据选用。

已知上述各值后，根据轧制图表绘制出一个轧制周期内的电机负荷图。图 3-38 给出几类轧机的静负荷图。

3.7.6* 可逆式轧机的负荷图

在可逆式轧机中，轧制过程是轧辊在低速咬入轧件，然后提高轧制速度进行轧制，之后又降低轧制速度，实现低速抛出。因此轧制通过轧辊的时间由三部分组成：加速时间、稳定轧制时间和减速时间。

由于轧制速度在轧制过程中是变化的，所以负荷图必须考虑动力矩 M_d，此时负荷图

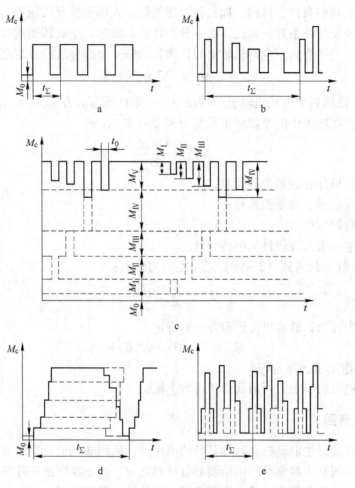

图 3-38　几种轧机的静负荷图

a—单独传动的连轧机或一道中轧一根轧件者；b—单机架轧机轧数道者；c—同时轧数根轧件者；
d—集体驱动的连轧机；e—集体驱动的连轧机，但两轧件的间隙时间大于轧件通过机组之间的时间

是由静负荷与动负荷组合而成的，见图 3-39。

　　如果主电动机在加速期的加速度用 a 表示，在减速期用 b 表示，则在各期间内的转动总力矩为

加速轧制期：

$$M_2 = M_j + M_d = \frac{M_z}{i} + M_m + M_k + \frac{GD^2}{375} \cdot a \qquad (3-95)$$

等速轧制期：

$$M_3 = M_j = \frac{M_z}{i} + M_m + M_k \qquad (3-96)$$

减速轧制期：

$$M_2 = M_j - M_d = \frac{M_z}{i} + M_m + M_k - \frac{GD^2}{375} \cdot b \qquad (3-97)$$

同样，可逆式轧机在空转时也分加速期、等速期和减速期。在空转时各期间的总力矩为

空转加速期：

$$M_1 = M_k + M_d = M_k + \frac{GD^2}{375} \cdot a \qquad (3-98)$$

空转等速期：

$$M_3' = M_k$$

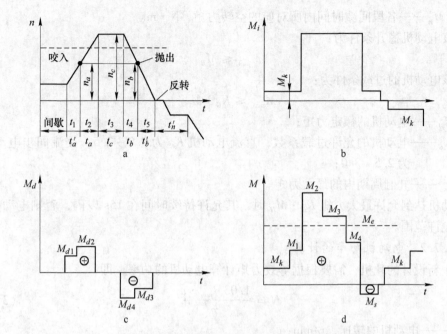

图 3-39 可逆式轧机的轧制速度与负荷图

a—速度图；b—静负荷图；c—动负荷图；d—合成负荷图

空转减速期：
$$M_5 = M_k - M_d = M_k - \frac{GD^2}{375} \cdot b \tag{3-99}$$

加速度 a 和 b 的数值取决于主电动机的特性及其控制路线。

3.7.7* 主电动机的功率计算

当主电动机的传动负荷图确定后，就可对电动机的功率进行计算。这项工作包括两部分：一是由负荷图计算出等效力矩不能超过电动机的额定力矩；二是负荷图中的最大力矩不能超过电动机的允许过载负荷和持续时间。

如果是新设计的轧机，则对电动机就不是校核，而是要根据等效力矩和所要求的电动机转速来选择电动机。

3.7.7.1 等效力矩计算及电动机的校核

轧件工作时电动机的负荷是间断式的不均匀负荷，而电动机的额定力矩是指电动机在此负荷下长期工作，其温升在允许的范围内的力矩。为此必须计算出负荷图中的等效力矩，其值按下式计算：

$$M_{jum} = \sqrt{\frac{\sum M_n^2 t_n + \sum M_n'^2 t_n'}{\sum t_n + \sum t_n'}} \tag{3-100}$$

式中　　M_{jum} ——等效力矩，N·m；

　　　$\sum t_n$ ——轧制时间内各段纯轧时间的总和，s；

　　　$\sum t_n'$ ——轧制周期内各段间隙时间的总和，s；

　　　M_n ——各段轧制时间内所对应的力矩，N·m；

M'_n——各段间隙时间内所对应的空转力矩，N·m。

校核电动机稳升条件为：

$$M_{jum} \leqslant M_H$$

校核电动机的过载条件为：

$$M_{max} \leqslant K_G \cdot M_H$$

式中　M_H——电动机的额定力矩；

　　K_G——电动机的允许过载系数，直流电动机 K_G 为 2.0～2.5；交流同步电动机 K_G 为 2.5～3.0；

　　M_{max}——轧制周期内的最大力矩。

电动机达到允许最大力矩 $K_G \cdot M_H$ 时，其允许持续时间在 15s 以内，否则电动机温生将超过允许范围。

3.7.7.2　电动机功率的计算

对于新设计的轧机，需要根据等效力矩计算电动机的功率，即

$$N = \frac{1.03 M_{jum} \cdot n}{\eta} \tag{3-101}$$

式中　n——电动机的转速，r/min；

　　η——由电动机到轧机的传动效率。

3.7.7.3　超过电动机基本转速时电动机的校核

当实际转速超过电动机基本转速时，应对超过基本转速部分对应的力矩加以修正，见图 3-40，即乘以修正系数。

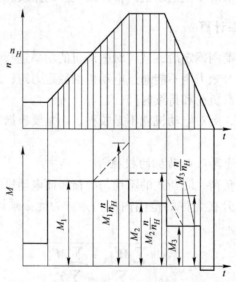

图 3-40　超过基本转速时的力矩修正图

如果此时力矩图形为梯形，如图 3-40 所示，则等效力矩为：

$$M_{jum} = \sqrt{\frac{M_1^2 + M_1 \cdot M + M^2}{3}} \tag{3-102}$$

式中　M_1——转速未超过基本转速时的力矩；

M——转速超过基本转速时乘以修正系数后的力矩。

即

$$M = M_1 \cdot \frac{n}{n_H}$$

式中 n——超过基本转速时的转速；

n_H——电动机的基本转速。

校核电动机过载条件为：

$$\frac{n}{n_H} \cdot M_{max} \leqslant K_G \cdot M_H$$

3.8* 工程法实际应用实例——不对称轧制力的工程法求解

由上下轧辊的转速、辊径、摩擦条件等变形条件的不同，形成了一种新的轧制方法——不对称轧制。大量的实验研究表明，与传统的对称轧制相比，不对称轧制能够降低单位压力分布，具有进一步轧薄的能力。工程法对不对称轧制理论的研究较早，许多成果成为目前不对称轧制设备校核、工艺制定的基本依据。

3.8.1 基本假定

假定轧辊为刚性，轧件为刚 – 塑性材料；假定变性区微分体上的正应力均匀分布，垂直于水平应力为主应力且塑性变形为平面变形问题；接触面摩擦应力 $\tau_f = mk$，对热轧 $m = 1$，$\tau = k$；变形区出入口金属均沿水平方向流动；接触弧与轧辊周长之比相对较小。不对称轧制变形区如图 3 – 41 所示。

由图 3 – 41 可知，依据摩擦力方向的特点变形区明显分为三个区域，即入口区域（后滑区）为 I 区；出口区域（前滑区）为 III 区；搓轧区域（上下表面摩擦力方向相反的中间区域）为 II 区。

3.8.2 单位压力分布求解

取自 I 区的单元体受力平衡如图 3 – 42 所示。该区的水平与垂直力平衡方程为

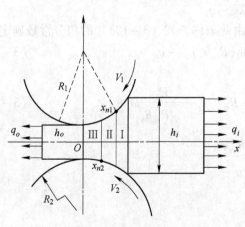

图 3 – 41 不轧制变形区

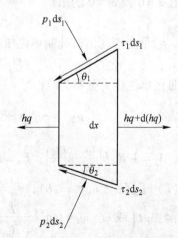

图 3 – 42 取自 I 区的单元体平衡

$$\frac{\mathrm{d}(hq)}{\mathrm{d}x} + p_1\tan\theta_1 + p_2\tan\theta_2 - (\tau_1 + \tau_2) = 0 \tag{3-103}$$

$$p = p_1 + \tau_1\tan\theta_1 = p_2 + \tau_2\tan\theta_2 \tag{3-104}$$

将式（3-103）展开，将式（3-104）代入前式，整理得

$$h\frac{\mathrm{d}q}{\mathrm{d}x} + (p+q)\frac{\mathrm{d}h}{\mathrm{d}x} = \tau_1\frac{x^2}{R_1^2} + \tau_2\frac{x^2}{R_2^2} + \tau_e \tag{3-105}$$

式中，$h = h_o + \dfrac{x^2}{R_{eq}}$，上下接触弧以统一抛物线方程表示，相当于等效接触弧方程，于是

$\dfrac{\mathrm{d}h}{\mathrm{d}x} = \dfrac{2x}{R_{eq}}$，$R_{eq} = \dfrac{2R_1R_2}{R_1+R_2}$，$\tau_e = \tau_1 + \tau_2$，$h$ 为变形区板材厚度变量，h_o 为出口厚度，R_1，R_2 为上下辊径，$\tau_1 = m_1 k$，$\tau_2 = m_2 k$ 为上下辊接触面摩擦剪应力。τ_e，R_{eq} 即所谓不对称轧制等效摩擦力与等效半径。主轴条件下的屈服准则为

$$p + q = 2k \tag{3-106}$$

式中，$k = \bar{\sigma}_s/\sqrt{3}$ 为平均屈服应力。将上式代入式（3-105）整理得

$$h\frac{\mathrm{d}p}{\mathrm{d}x} = -\left(\frac{\tau_1}{R_1^2} + \frac{\tau_2}{R_2^2}\right)x^2 + 2k\frac{2x}{R_{eq}} - \tau_e \tag{3-107}$$

上式对 x 积分的微分方程通解为

$$p = -Ax + 2k\ln(x^2 + R_{eq}h_o) + \frac{E}{\sqrt{R_{eq}h_o}}\omega + c^* \tag{3-108}$$

式中，$A = R_{eq}\left(\dfrac{\tau_1}{R_1^2} + \dfrac{\tau_2}{R_2^2}\right)$；$\omega = \tan^{-1}\dfrac{x}{\sqrt{R_{eq}h_o}}$；$E = R_{eq}h_o A - \tau_e R_{eq}$。

在区域 I，轧件所受摩擦力指向总是朝前，即板材速度慢于轧辊速度，金属相对于轧辊是朝（入口）后滑的，所以 $\tau_e = m_1 k + m_2 k$；III 区微分方程与 I 区完全相同，只是摩擦情形恰好相反，为 $\tau_e = -(m_1 + m_2)k$；搓轧区 II 因摩擦力方向相反，故对 $V_2 > V_1$ 的情况，$\tau_e = -m_1 k + m_2 k = (m_2 - m_1)k$。

边界条件：由于 $V_2 > V_1$，三区边界条件表示为：

（1）III 区：$(0 \leqslant x \leqslant x_{n2})$，$\tau_{e3} = -(m_1 + m_2)k$。

在 $x = 0$ 或 $\omega = 0$ 的出口

$$p_o = 2k - q_o$$

式中，p_o 是变形区出口轧制单位压力，因此由此条件，式（3-108）的积分常数确定为

$$c_3^* = 2k[1 - \ln(R_{eq}h_o)] - q_o \tag{3-109}$$

于是 III 区单位压力分布为

$$p_{III} = -A_3 x + 2k\ln(x^2 + R_{eq}h_o) + \frac{E_3}{\sqrt{R_{eq}h_o}}\omega + c_3^* \tag{3-110}$$

式中，$A_3 = -R_{eq}k\left(\dfrac{m_1}{R_1^2} + \dfrac{m_2}{R_2^2}\right)$；$E_3 = R_{eq}h_o A_3 - R_{eq}\tau_{e3}$。

（2）I 区：$(x_{n1} \leqslant x \leqslant L)$，$\tau_{e1} = m_1 k + m_2 k$。

在 $x = L\left(\text{或 } \omega = \omega_i = \tan^{-1}\dfrac{L}{\sqrt{R_{eq}h_o}}\right)$ 的入口

$$p_i = 2k - q_i$$

式中，p_i 是变形区入口轧制单位压力，因此由此条件，式（3-108）的积分常数确定为

$$c_1^* = 2k - q_i + A_1L - 2k\ln(L^2 + R_{eq}h_o) - \frac{E_1}{\sqrt{R_{eq}h_o}}\omega_i \tag{3-111}$$

式中，$A_1 = R_{eq}k\left(\dfrac{m_1^2}{R_1^2} + \dfrac{m_2}{R_2^2}\right)$；$E_1 = R_{eq}h_oA_1 - R_{eq}\tau_{e1}$；$L = \sqrt{R_{eq}h_ir}$。因此 I 区单位压力分布方程（特解）为

$$p_1 = -A_1x + 2k\ln(x^2 + R_{eq}h_o) + \frac{E_1\omega}{\sqrt{R_{eq}h_o}} + c_1^* \tag{3-112}$$

（3）II区：$(x_{n2} \leqslant x \leqslant x_{n1})$，$\tau_{e2} = (m_2 - m_1)k_{2o}$。由于在 $x = x_{n2}$（或 $\omega = \omega_{n2}$）处边界的连续性，则III区在 $x = x_{n2}$ 处压力（p_{III}）必须等于 II 区的压力（p_{II}），即 $p_{III} = p_{II}$。于是 c_3^* 与 c_2^* 存在下述关系：

$$-A_3x_{n2} + 2k\ln(x_{n2}^2 + R_{eq}h_o) + \frac{E_3\omega_{n2}}{\sqrt{R_{eq}h_o}} + c_3^* = -A_2x_{n2} + 2k\ln(x_{n2}^2 + R_{eq}h_o) + \frac{E_2\omega_{n2}}{\sqrt{R_{eq}h_o}} + c_2^* \tag{3-113}$$

式中，$A_2 = -R_{eq}k\left(\dfrac{m_1}{R_1^2} - \dfrac{m_2}{R_2^2}\right)$；$E_2 = R_{eq}h_oA_2 - R_{eq}\tau_{e2}$。

同时，由于在 $x = x_{n1}$ 处必须满足连续性条件，即 $p_1 = p_{II}$，故得到

$$-A_1x_{n1} + 2k\ln(x_{n1}^2 + R_{eq}h_o) + \frac{E_1\omega_{n1}}{\sqrt{R_{eq}h_o}} + c_1^* = -A_2x_{n1} + 2k\ln(x_{n1}^2 + R_{eq}h_o) + \frac{E_2\omega_{n2}}{\sqrt{R_{eq}h_o}} + c_2^* \tag{3-114}$$

式中，$\omega_{n1} = \tan^{-1}\dfrac{x_{n1}}{\sqrt{R_{eq}h_o}}$；$\omega_{n2} = \tan^{-1}\dfrac{x_{n2}}{\sqrt{R_{eq}h_o}}$。

由方程（3-113）得

$$c_2^* = (A_2 - A_3)x_{n2} + F^*\omega_{n2} + c_3^* \tag{3-115}$$

式中，$F^* = (E_3 - E_2)/\sqrt{R_{eq}h_o}$。

由方程（3-114）得

$$c_2^* = (A_2 - A_1)x_{n1} + E^*\omega_{n1} + c_1^* \tag{3-116}$$

式中，$E^* = (E_1 - E_2)/\sqrt{R_{eq}h_o}$。

将式（3-116）代入式（3-115）得

$$(A_2 - A_1)x_{n1} + E^*\omega_{n1} + c_1^* - (A_2 - A_3)x_{n2} - F^*\omega_{n2} - c_3^* = 0 \tag{3-117}$$

按体积不变方程，上下辊中性点位置 x_{n1}、x_{n2} 有以下关系：

$$x_{n1} = \sqrt{V_Ax_{n2}^2 + (V_A - 1)\frac{h_o}{R_A}} \tag{3-118}$$

式中，$V_A = \dfrac{V_2}{V_1}$；$R_A = \dfrac{1}{R_{eq}} - \dfrac{h_o}{2R_{eq}^2}$。

将式（3-118）代入式（3-117）则中性点 x_{n2} 可以通过二分法确定；一旦 x_{n2} 已知，x_{n1} 和 c_2^* 则可以从方程（3-118）及方程（3-115）分别求出。于是 II 区轧制压力分布方程（特解）可确定为

$$p_{\mathrm{II}} = -A_2 x + 2k\ln(x^2 + R_{eq}h_o) + \frac{E_2}{\sqrt{R_{eq}h_o}}\omega + c_2^* \qquad (3-119)$$

当常数 c_3^*、c_1^*、c_2^* 分别由方程（3-109）、方程（3-111）、方程（3-115）计算求出后，轧制压力 p_{III}，p_1，p_{II} 的分布则可由方程（3-110）、方程（3-112）、方程（3-119）分别确定。

3.8.3　轧制力与力矩积分

令上下辊施加的轧制力矩分别为 T_1、T_2，将摩擦剪应力沿接触弧积分得

$$T_1 = R_1\left(-\int_0^{x_{n2}} m_1 k\mathrm{d}x - \int_{x_{n2}}^{x_{n1}} m_1 k\mathrm{d}x + \int_{x_{n1}}^{L} m_1 k\mathrm{d}x\right) = R_1 m_1 k(L - 2x_{n1}) \qquad (3-120)$$

$$T_2 = R_2\left(-\int_0^{x_{n2}} m_2 k\mathrm{d}x - \int_{x_{n2}}^{x_{n1}} m_2 k\mathrm{d}x + \int_{x_{n1}}^{L} m_2 k\mathrm{d}x\right) = R_2 m_2 k(L - 2x_{n2}) \qquad (3-121)$$

总力矩为

$$T = T_1 + T_2 \qquad (3-122)$$

3.8.4　实验验证

上下辊径相同时，轧制速比对轧制力的影响见图 3-43。由图可见，解析结果与实验数据吻合较好。解析结果与实验数据均随着压下量的增加而增加，但随着轧制速比的增加而减小。

上下辊径相同时，坯料初始厚度对轧制力的影响如图 3-44 所示。结果表明，轧制力计算结果高于实验结果，部分计算结果高出 15%，原因是忽略了挫轧区纵向剪应力的影响。此外，图 3-44 还可以看出，坯料越厚，所需的轧制压力越大。

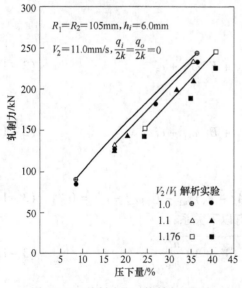

图 3-43　轧制速比对轧制力的影响

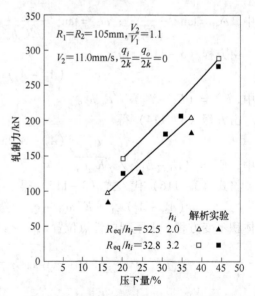

图 3-44　坯料初始厚度对轧制力的影响

上下辊径不同时，辊径的比值对轧制力的影响如图 3-45 所示。由图可见，计算结果与实验值总体吻合较好，最大误差大约 15%。轧辊异径时，压下量与轧制速比对轧制力的影响规律与图 3-43、图 3-44 中的同径轧制表现出的规律相似。

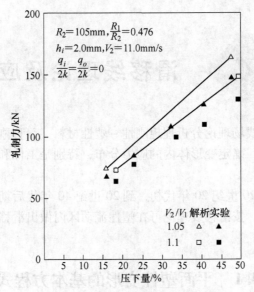

图 3 - 45　辊径比对轧制力的影响

思 考 题

3 - 1　你认为工程法存在什么问题?

3 - 2　在选用工程法有关公式时,主要应注意什么问题?

3 - 3　如果被压缩的矩形件的长度与宽度相比不是很大,要计算其总压力时,采用哪个公式和怎样处理比较合理? 为什么?

3 - 4　试解释图 3 - 24 所示压缩带外端矩形件时 $\bar{p}'$ 与 $l/\bar{h}$ 的关系曲线。

3 - 5　如何根据轧制条件选择计算轧制力的公式? 书中所介绍的几个轧制力计算公式各适用于什么样的轧制过程?

3 - 6　在推导拉拔力计算公式时采用近似塑性条件,为什么不会产生像锻压、轧制力计算公式的推导中采用近似塑性条件产生的那样明显的误差?

3 - 7　棒材拉拔时,金属在模孔中处于塑性状态,而出模孔后处于弹性状态的原因是什么?

习 题

3 - 1　在 500 轧机上冷轧钢带,$H = 1\text{mm}$,$h = 0.6\text{mm}$,$B = 500\text{mm}$,$\bar{\sigma}_s = 600\text{MPa}$,$f = 0.08$,$\sigma_f = 300\text{MPa}$,$\sigma_b = 200\text{MPa}$,试计算轧制力。

3 - 2　试推导光滑模拉拔时,拉拔应力 σ_{xa} 的表达式。

3 - 3　拉拔紫铜管,坯料尺寸为 $\phi 30\text{mm} \times 3\text{mm}$,制品尺寸为 $\phi 25\text{mm} \times 2.5\text{mm}$,$\bar{\sigma}_s = 400\text{MPa}$,$f = 0.1$,模角 $\alpha_1 = 10°$,$l_a = 3\text{mm}$,游动芯头锥角 $\alpha_2 = 7°$,试分别按固定芯头和游动芯头拉拔,计算拉拔力。

3 - 4　试任举一例说明工程法的基本出发点和假定条件以及用此法求解变形力的主要步骤。

3 - 5　以工程法推导光滑锥模(假定 $\tau_f = 0$)挤压圆棒材的挤压力计算公式。(忽略定径区的影响,不计挤压筒壁摩擦)

4 滑移线理论及应用

本章将讨论用滑移线场理论分析理想刚性－塑性材料（简称刚－塑性材料）的平面变形问题，分析的重点是：确定变形体内的应力分布，特别是工件和工具接触表面上的应力分布。

滑移线理论创立于 20 世纪 20 年代初，到 20 世纪 40 年代后期形成了较为完善的解平面变形问题的正确解法。按滑移线理论可在塑性流动区内做出滑移线场，借助滑移线场求出流动区内的应力分布。

4.1　平面塑性变形的基本方程式

平面变形时 $\varepsilon_z = 0$，则根据 Levy – Mises 方程可得

$$\varepsilon_z = \sigma_z' \mathrm{d}\lambda\,\frac{2}{3}\mathrm{d}\lambda\left[\sigma_z - \frac{1}{2}(\sigma_x + \sigma_y)\right] = 0$$

从而得到 $\sigma_z = (\sigma_x + \sigma_y)/2$。平面变形时的球应力分量 σ_m 为

$$\sigma_m = \frac{1}{3}(\sigma_x + \sigma_y + \sigma_z) = \frac{1}{3}\left[\sigma_x + \sigma_y + \frac{1}{2}(\sigma_x + \sigma_y)\right] = \frac{1}{2}(\sigma_x + \sigma_y) = -p$$

所以，σ_z 是中间主应力 σ_2，也是该点的平均应力。这是塑性平面应变的第一个特点。

平面变形时主应力 σ_1 和 σ_3 与一般应力分量之间的关系为：

$$\left.\begin{array}{l}\sigma_1\\\sigma_3\end{array}\right\} = \frac{1}{2}(\sigma_x + \sigma_y) \pm \sqrt{\frac{1}{4}(\sigma_x - \sigma_y)^2 + \tau_{xy}^2}$$

最大剪应力是　$\tau_{\max} = \frac{1}{2}(\sigma_1 - \sigma_3) = \left[\frac{1}{4}(\sigma_x - \sigma_y)^2 + \tau_{xy}^2\right]^{\frac{1}{2}}$

在屈服状态下，最大剪应力 $\tau_{\max} = k$。于是把以上关系代入可得

$$\begin{cases}\sigma_1 = -p + k\\\sigma_2 = -p\\\sigma_3 = -p - k\end{cases}$$

这说明在平面塑性流动问题中，物体各点的应力状态是一个相当于静水压力的均匀应力状态和一个在 xOy 平面内应力为 k 的纯剪应力之和。这是塑性平面应变的第二个特点。

4.2　滑移线场的基本概念

4.2.1　基本假设

（1）假设变形材料为各向同性的刚－塑性材料。这种材料的特性被认为是，屈服前处

于无变形的刚体状态，屈服开始便进入塑性流动状态。其应力 – 应变曲线如图 2 – 37 所示。这个假设是基于在材料塑性加工变形过程中，塑性变形很大，忽略弹性变形是允许的情况。

（2）假设塑性区各点的变形抗力是常数，即认为材料是在恒定的屈服应力下变形的。并且忽略各点的变形程度、变形温度和应变速率对变形抗力 σ_s 或 k 的影响。这个假设对于变形程度较大，应变速率不太大而其变形温度超过再结晶温度的热加工以及对有一定的预先加工硬化金属的冷加工都是适用的。

此外，还忽略了因温差而引起的热应力和因质点的非匀速运动而产生的惯性力。应指出，由于引用了上述假设，不可避免地会产生理论分析结果与实测结果的不一致，但是，已经证明，尽管理论有一定的局限性，而在分析挤压、拉拔、锻压和轧制等塑性加工过程时采用刚 – 塑性材料的假设并没有引起大的误差，在工程计算上是允许的。

4.2.2 基本概念

4.2.2.1 滑移线、滑移线网和滑移线场

滑移线理论主要是用以解析平面塑性变形问题的。板带材轧制，扁带的锻压、挤压和拉拔等均可以认为是平面变形问题。

在平面塑性变形时，金属的流动都平行于给定的 xOy 平面，而 z 轴方向无变形。平面变形条件下，塑性区内的各点应力状态的塑性条件为

$$\tau_{\max} = \pm \sqrt{\frac{1}{4}(\sigma_x - \sigma_y)^2 + \tau_{xy}^2} = k$$

式中，k 为屈服剪应力。按屈雷斯卡屈服准则，$k = \frac{1}{2}\sigma_s$；按密赛斯屈服准则，$k = \frac{1}{\sqrt{3}}\sigma_s$。

塑性变形体内各点最大切应力的轨迹称为滑移线。塑性区内任意一点处的两个最大剪应力相等且相互垂直，连接各点之最大剪应力方向并绘成曲线便得到两族正交的曲线，分别称为 α 滑移线和 β 滑移线。两族正交的滑移线在塑性区内构成的曲线网称为滑移线网，由滑移线网所覆盖的区域称为滑移线场（图 4 – 1）。

在变形体内任意一点 P，并以滑移线为边界在 P 点处取一曲边单元体，其应力和变形如图 4 – 2 所示。为以后计算方便，必须正确标记 α 和 β 两族滑移线。通常规定：若分别以

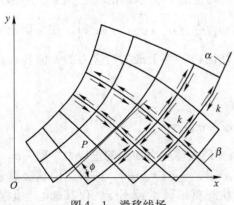

图 4 – 1　滑移线场

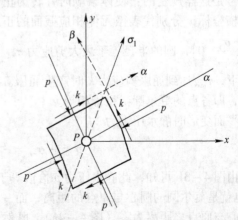

图 4 – 2　曲边单元体上静水压力 p 和屈服剪应力 k

α 线和 β 线构成一右手坐标系的横轴和纵轴，则代数值最大的主应力 σ_1 的作用线是在第 Ⅰ 和第 Ⅲ 象限内（σ_1 方向顺时针转 45°，必定是 α 线；逆时针转 45°，必定是 β 线）；α 线各点的切线与所取的 x 轴的夹角 ϕ，逆时针转为正，顺时针转为负（图 4 - 2 中 P 点处之夹角 ϕ 为正）。

4.2.2.2　平面变形时的应力和应变速率莫尔（Mohr）圆

在平面变形条件下，对于塑性变形区内某一点 P 的应力状态，用应力莫尔圆来表示是直观的（图 4 - 3b），相对应的物理平面如图 4 - 3a 所示。

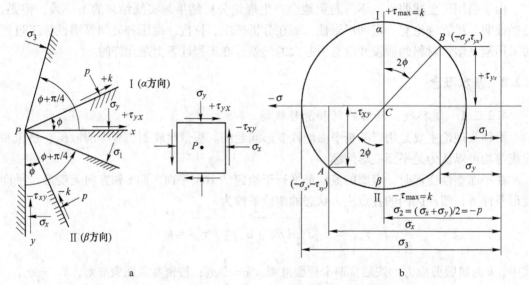

图 4 - 3　平面变形时的应力状态
a—物理平面；b—莫尔圆

图 4 - 3 中绘出了变形体内任意一点 P 的各特定平面上的应力。莫尔圆上的 A 点代表 Py 平面上的应力状态（$-\sigma_x$，$-\tau_{xy}$）；B 点代表 Px 平面上的应力状态（$-\sigma_y$，τ_{yx}）。第一最大剪应力面 Ⅰ 对应于莫尔圆上的 Ⅰ 点，Ⅰ 面的剪应力方向即 α 线的方向；第二最大剪应力面 Ⅱ 对应于莫尔圆上的 Ⅱ 点，Ⅱ 面的剪应力方向则是 β 线的方向。剪应力 τ_{xy} 或 τ_{yx} 的符号是这样规定的：使体素顺时针转为正，使体素逆时针转为负。莫尔圆上任一点的纵、横坐标，分别代表微元体相应截面的正应力与切应力，莫尔圆的圆心是 C，坐标为 $\left(\dfrac{\sigma_x + \sigma_y}{2},\ 0\right)$，圆的半径等于最大剪应力 $\tau_{max}\left(\tau_{max} = \sqrt{\dfrac{1}{4}(\sigma_x - \sigma_y)^2 + \tau x^2 y}\right)$，在平面变形条件下，$\tau_{max}$ 达到屈服剪应力 k 时产生屈服。在塑性区内，等于最大剪应力的 k 值各点都相同，即各点的莫尔圆半径皆相等。

平面变形时静水压力为

$$p = -\sigma_m = -\frac{1}{2}(\sigma_1 + \sigma_3)$$

由图 4 - 3b 可知，此静水压力 p 恰恰等于作用在最大剪应力面上的正应力，即 $-\sigma_2 = p$，也就是莫尔圆的圆心与原点的距离；而 $-\sigma_1 = p - k$，$-\sigma_3 = p + k$。纯剪应力状态莫尔圆圆心与原点之距离为零（图 4 - 4a）。既然塑性状态莫尔圆半径不变，仅其圆心与原点之距离变化，那么，在整个塑性变形区中任一点的应力状态，可视为纯剪应力状态与不同

静水压力 p 叠加而成。

假定材料是不可压缩的，即体积不变，则有 $\dot\varepsilon_1 + \dot\varepsilon_2 + \dot\varepsilon_3 = 0$。由于 $\dot\varepsilon_2 = \mathrm{d}\varepsilon_2/\mathrm{d}t = 0$（式中 t 表示时间），于是 $\dot\varepsilon_1 = -\dot\varepsilon_3$ 或 $\dot\varepsilon_2 = \dot\varepsilon_z = 0$，$\dot\varepsilon_x = -\dot\varepsilon_y$。

对于理想刚–塑性材料，平面变形时的应变速率莫尔圆如图 4–4b 所示，其图形与图 4–3b 是相似的。由图 4–4 可知，纯剪应力状态与一般平面变形状态下的应变速率莫尔圆相同，也就是塑性区内，每一单元体将产生纯剪的塑性变形。

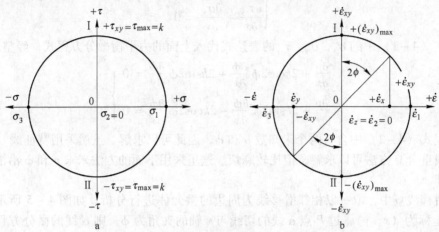

图 4–4 纯剪时的应力莫尔圆和平面变形时应变速率莫尔圆

前已述及，在通常情况下，p 对塑性应变无影响，因为对纯剪应力状态叠加以不同的静水压力，并不改变纯剪变形的性质。然而，对 k 为一定的塑性区内任意点 P 处与最大剪应力面成 ϕ 角的截面上，其应力分量 σ_x，σ_y，τ_{xy}（或 τ_{yx}）却与静水压力 p 有关，即

$$\left.\begin{array}{l}\sigma_x = -(p + k\sin2\phi) = -p - k\sin2\phi \\ \sigma_y = -(p - k\sin2\phi) = -p + k\sin2\phi \\ \tau_{xy} = k\cos2\phi\end{array}\right\} \tag{4-1}$$

式（4–1）表明，对 k 一定的刚塑性体，当已知滑移线场内任一点的 ϕ 角（α 族滑移线的切线与 ox 轴的夹角）和静水压力 p 后，则该点的应力分量 σ_x，σ_y，τ_{xy} 即可确定。

综上，平面塑性变形时，在塑性区内任一点上，总会找到两个互相垂直的 α 线方向和 β 线方向，它们二等分主方向。单元体产生纯剪塑性变形。由图 4–4 可见，剪应变最大的截面上，线应变（ε_α，ε_β）等于零。α 线和 β 线分别是两族滑移线。滑移线有以下特点：

（1）滑移线是塑性流动区内最大剪应力截面与流动平面的交线，即最大剪应力的迹线，是两族正交的曲线，过一点只能有两条滑移线。滑移线与主应力迹线相交为 45°角。

（2）滑移线分布于整个塑性区中并一直延伸到变形体的边界。

（3）力是产生变形的原因，应力场不同滑移线场亦随之而异，由已确定的滑移线场可求出相应的应力场。

（4）在滑移线场中，等于最大剪应力的 k 值各点认为相同，也就是各点之莫尔圆半径均相等，但各点的静水压力 p 则不相同，而且 p 与 ϕ 有关。

4.3 汉基（Hencky）应力方程

由式（4–1）可知，对于 k 一定的刚塑性体，必须在已知 p 和 ϕ 的前提下，才能确定塑性区内各点的应力分量。为了确定滑移线场中各点的应力分量，必须了解沿滑移线上 p 和 ϕ 的变化规律。这个规律已由汉基于 1923 年首先推导出来，故称为汉基应力方程。其推导方法如下：

按式（2-118）平面变形时的力平衡微分方程为

$$\begin{cases} \dfrac{\partial \sigma_x}{\partial x} + \dfrac{\partial \tau_{yx}}{\partial y} = 0 \\[3mm] \dfrac{\partial \tau_{xy}}{\partial x} + \dfrac{\partial \sigma_y}{\partial y} = 0 \end{cases}$$

将式（4-1）中的 σ_x，σ_y，τ_{xy} 的表达式代入上面的力平衡微分方程式，经整理得

$$\left. \begin{aligned} \frac{\partial p}{\partial x} + 2k\cos 2\phi \frac{\partial \phi}{\partial x} + 2k\sin 2\phi \frac{\partial \phi}{\partial y} = 0 \\[3mm] \frac{\partial p}{\partial y} + 2k\sin 2\phi \frac{\partial \phi}{\partial x} - 2k\cos 2\phi \frac{\partial \phi}{\partial y} = 0 \end{aligned} \right\} \tag{4-2}$$

方程式（4-2）中含有两个未知数 p 和 ϕ，因此可以求解。虽然采用特征线（特征线与滑移线重合）方法可以求解，但比较麻烦。这里采用下面的方法来求 p 和 ϕ 沿滑移线的变化规律。

在滑移线场中，取一以相邻滑移线为周边的微元体进行分析。如图 4-5 所示，任一点 P 的坐标为 (x, y)，过 P 点 α 线的切线与 x 轴的夹角为 ϕ，则 α 线的微分方程和 β 线的微分方程分别为

$$\frac{\mathrm{d}y}{\mathrm{d}x} = \tan\phi \tag{4-3}$$

$$\frac{\mathrm{d}y}{\mathrm{d}x} = -\tan(90° - \phi) = -\cot\phi \tag{4-4}$$

在式（4-2）的一阶非线性偏微分方程组中，有两个未知数 $p(x, y)$ 和 $\phi(x, y)$。这里，首先研究第一个函数 $p = p(x, y)$

$$\mathrm{d}p = \frac{\partial p}{\partial x}\mathrm{d}x + \frac{\partial p}{\partial y}\mathrm{d}y \tag{4-5}$$

在二维平面上 $p = p(x, y)$，x，y 为各自独立的变量，在整个所讨论的平面域里式（4-5）恒成立。$p = p(x, y)$ 是空间曲面，如图 4-6 所示。

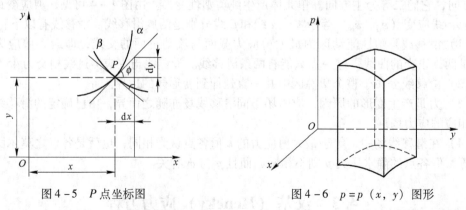

图 4-5 P 点坐标图   图 4-6 $p = p(x, y)$ 图形

现在要研究滑移线上的情况。在滑移线上 $y = y(x)$，即 x 和 y 不是两个独立的变量，而是具有一定的函数关系。此时 $p = p(x, y) = p[x, y(x)] = p(x)$，也就是说 p 既是中间变量

x、y 的函数，又是自变量 x 的复合函数（y 是中间变量，x 既是中间变量也是自变量）。

将式（4-5）全式除以 dx，或按复合函数求全导数的方法直接得出

$$\frac{\mathrm{d}p}{\mathrm{d}x} = \frac{\partial p}{\partial x}\frac{\mathrm{d}x}{\mathrm{d}x} + \frac{\partial p}{\partial y}\frac{\mathrm{d}y}{\mathrm{d}x}$$

或

$$\frac{\mathrm{d}p}{\mathrm{d}x} = \frac{\partial p}{\partial x} + \frac{\partial p}{\partial y}\frac{\mathrm{d}y}{\mathrm{d}x} \tag{4-6}$$

$\frac{\mathrm{d}p}{\mathrm{d}x}$ 称为 p 对 x 的全导数。实际上此时已将 $y = y(x)$ 代入 $p(x, y)$ 中，已不是研究一般平面域的问题，而是研究滑移线 $y = y(x)$ 上的情况了。即在 $\frac{\mathrm{d}p}{\mathrm{d}x}$ 中 p 已是单一自变量 x 的复合函数，$\frac{\partial p}{\partial x}$ 叫作 p 对 x 的偏导数。式（4-6）中的 $\frac{\mathrm{d}y}{\mathrm{d}x}$ 是滑移线 $y = y(x)$ 的导数，也是滑移线的斜率。

同理

$$\frac{\mathrm{d}\phi}{\mathrm{d}x} = \frac{\partial \phi}{\partial x} + \frac{\partial \phi}{\partial y}\frac{\mathrm{d}y}{\mathrm{d}x} \tag{4-7}$$

式中，$\phi = \phi(x, y) = \phi[x, y(x)] = \phi(x)$。

将 $\frac{\mathrm{d}y}{\mathrm{d}x} = \tan\phi$ 代入式（4-6）和式（4-7）并移项整理得

$$\frac{\partial p}{\partial x} = \frac{\mathrm{d}p}{\mathrm{d}x} - \frac{\partial p}{\partial y}\tan\phi \tag{4-8}$$

$$\frac{\partial \phi}{\partial x} = \frac{\mathrm{d}\phi}{\mathrm{d}x} - \frac{\partial \phi}{\partial y}\tan\phi \tag{4-9}$$

将式（4-8）和式（4-9）代入式（4-2）的第一式中，得到

$$\frac{\mathrm{d}p}{\mathrm{d}x} - \frac{\partial p}{\partial y}\tan\phi + 2k\left[\cos2\phi\frac{\mathrm{d}\phi}{\mathrm{d}x} + \frac{\partial \phi}{\partial y}(\sin2\phi - \cos2\phi\tan\phi)\right] = 0$$

式中，$\sin2\phi - \cos2\phi\tan\phi = \tan\phi$。

于是

$$\frac{\mathrm{d}p}{\mathrm{d}x} + 2k\cos2\phi\frac{\mathrm{d}\phi}{\mathrm{d}x} - \tan\phi\left(\frac{\partial p}{\partial y} - 2k\frac{\partial \phi}{\partial y}\right) = 0 \tag{4-10}$$

将式（4-9）代入式（4-2）中的第二式，得

$$\frac{\partial p}{\partial y} + 2k\left[\sin2\phi\frac{\mathrm{d}\phi}{\mathrm{d}x} - \frac{\partial \phi}{\partial y}(\sin2\phi\tan\phi + \cos2\phi)\right] = 0$$

式中，$\sin2\phi\tan\phi + \cos2\phi = 1$。

于是

$$\frac{\partial p}{\partial y} + 2k\sin2\phi\frac{\mathrm{d}\phi}{\mathrm{d}x} - 2k\frac{\partial \phi}{\partial y} = 0$$

或

$$\frac{\partial p}{\partial y} - 2k\frac{\partial \phi}{\partial y} = -2k\sin2\phi\frac{\mathrm{d}\phi}{\mathrm{d}x} \tag{4-11}$$

将式（4-11）代入式（4-10），得

$$\frac{\mathrm{d}p}{\mathrm{d}x} + 2k\cos2\phi\frac{\mathrm{d}\phi}{\mathrm{d}x} - \tan\phi\left(-2k\sin2\phi\frac{\mathrm{d}\phi}{\mathrm{d}x}\right) = 0$$

或

$$\frac{\mathrm{d}p}{\mathrm{d}x} + 2k\frac{\mathrm{d}\phi}{\mathrm{d}x}(\cos2\phi + \tan\phi\sin2\phi) = 0$$

于是，得到

$$\frac{\mathrm{d}p}{\mathrm{d}x} + 2k\frac{\mathrm{d}\phi}{\mathrm{d}x} = 0$$

等式两边乘以 $\mathrm{d}x$，则有 $\qquad dp + 2kd\phi = 0$

积分，得到沿 α 线 $\qquad p + 2k\phi = C_1 \qquad\qquad (4-12)$

式（4-12）和 $\dfrac{\mathrm{d}p}{\mathrm{d}x} + 2k\dfrac{\mathrm{d}\phi}{\mathrm{d}x} = 0$ 仅适用于 α 族滑移线，因为在公式推导过程中已经运用了 $\dfrac{\mathrm{d}y}{\mathrm{d}x} = \tan\phi$ 的条件。

采用同样的方法，沿 β 族滑移线，将 $\dfrac{\mathrm{d}y}{\mathrm{d}x} = -\cot\phi$ 代入式（4-6）和式（4-7），则得到

$$\frac{\mathrm{d}p}{\mathrm{d}x} - 2k\frac{\mathrm{d}\phi}{\mathrm{d}x} = 0$$

积分，得到沿 β 线 $\qquad p - 2k\phi = C_2 \qquad\qquad (4-13)$

式（4-13）和 $\dfrac{\mathrm{d}p}{\mathrm{d}x} - 2k\dfrac{\mathrm{d}\phi}{\mathrm{d}x} = 0$ 仅适用于 β 族滑移线，因为在公式推导过程中已经运用了 $\dfrac{\mathrm{d}y}{\mathrm{d}x} = -\cot\phi$ 的条件。

方程式（4-12）和式（4-13）称为汉基应力方程，由此方程可知在塑性区内，沿任意一滑移线上，C_1 或 C_2 为一常数，它们的数值可根据边界条件定出，如果利用滑移线网络的特性绘出滑移线场，就可解出塑性区内任意一点的 p 和 ϕ 值，从而求出任意一点的 σ_x、σ_y、τ_{xy}。

从 α 族滑移线中的一条滑移线转至另一条时，一般来说 C_1 会改变。同样从 β 族滑移线中的一条滑移线转至另一条时，C_2 也会改变。

但要注意在利用汉基方程进行计算时，ϕ 角应按弧度值计算。

4.4　滑移线场的几何性质

下面讨论由汉基方程推广而得的关于滑移线场的几何性质，这些性质有些彼此之间是有联系的，为了便于应用，分别叙述如下。

性质一　在同一条滑移线上，由 a 点到 b 点，静水压力的变化与滑移线切线的转角成正比，如图 4-7 所示。

若沿一条 α 线有

$$p_a + 2k\phi_a = p_b + 2k\phi_b$$

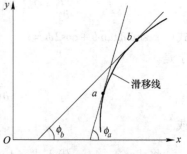

图 4-7　滑移线上转角的变化

即 $$p_a - p_b = -2k(\phi_a - \phi_b) \quad 或 \quad \Delta p = -2k\Delta\phi$$

若沿一条 β 线有

$$p_a - 2k\phi_a = p_b - 2k\phi_b$$

即 $$p_a - p_b = 2k(\phi_a - \phi_b) \quad 或 \quad \Delta p = 2k\Delta\phi$$

由此可见，滑移线弯曲得越厉害，静水压力变化得也就越剧烈。

性质二 在已知的滑移线场内（各点的夹角已知），只要知道一点的静水压力，即可求出场内任意一点的静水压力，从而可计算出各点的应力分量。

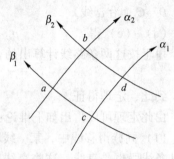

如图 4-8 所示，设滑移线已知，即已知滑移线上各点的夹角 ϕ_a、ϕ_b、ϕ_c 和 ϕ_d，如果又知道 p_a，则 p_d 可求出。根据性质一，沿 α 线由 a 点到 b 点，$p_b = p_a + 2k(\phi_a - \phi_b)$，沿 β 线由 b 点到 d 点，$p_d = p_a + 2k(\phi_a + \phi_d - 2\phi_b)$。

图 4-8 滑移线场中各点的应力关系

由此可见，如果正确地绘出了滑移线场，又知道了场内一点的静水压力，则全部区域内的静水压力问题都解决了。

性质三 直线滑移线上各点的静水压力相等。因直线滑移线上各点的夹角 ϕ 相等，由性质一可知 $\Delta p = 0$，故各点的 p 相同。

由此可进一步看出，单一直线滑移线上各点的 σ_x，σ_y 和 τ_{xy} 均不变。如果两族滑移线在整个区域内都是正交直线族，则整个区域内有不变的 σ_x，σ_y 和 τ_{xy}，这是均匀的应力状态，这样的滑移线场称为均匀直线场。

性质四 Hencky 第一定理：同族的两条滑移线与另族滑移线相交，其相交处两切线间的夹角是常数。如图 4-9 所示，α 族的两条滑移线与另族的 β 线相交，过此两点所引则有 α 线的切线间的夹角，不随 β 线的变动而变，即 $\phi_A - \phi_D = \phi_B - \phi_C =$ 常数。

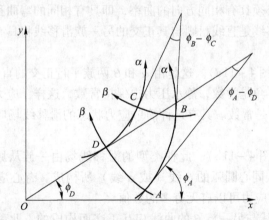

图 4-9 用于证明汉基第一定理的两对 α 线与 β 线
所围成的曲线四边形 $ABCD$

此定理的证明如下：在塑性变形区内任意取一由两条 α 线（AB 和 DC）和两条 β 线（AD 和 BC）所围成的曲线四边形 $ABCD$，则沿 $A \to B \to C$ 和沿 $A \to D \to C$ 两条路线，按汉基应力方程所算出的 A 点和 C 点的静水压力差（$p_C - p_A$）必须相等，据此来证明此定理。

根据汉基应力方程式（4-12）和式（4-13），有

A→B（沿 α 线） 　　　　　$p_A + 2k\phi_A = p_B + 2k\phi_B$ 　　　　　　　　（a）

B→C（沿 β 线） 　　　　　$p_B - 2k\phi_B = p_C - 2k\phi_C$ 　　　　　　　　（b）

（b）-（a）得 　　　　　　$p_C - p_A = 2k(\phi_A + \phi_C - 2\phi_B)$

A→D（沿 β 线） 　　　　　$p_A - 2k\phi_A = p_D - 2k\phi_D$ 　　　　　　　　（c）

D→C（沿 α 线） 　　　　　$p_D + 2k\phi_D = p_C + 2k\phi_C$ 　　　　　　　　（d）

（d）-（c）得 　　　　　　$p_C - p_A = 2k(2\phi_D - \phi_C - \phi_A)$

由于按这两条路线计算出的 $p_C - p_A$ 必须相等，所以有

$$\phi_A - \phi_D = \phi_B - \phi_C \qquad\qquad (4-14)$$

到此，定理得证。

由此定理可以得出如下推论：

（1）同族滑移线中，某一线段是直线时，则这族滑移线的其他条线段也是直线。这些直线段是另一族相交的滑移线的共有法线，这些滑移线有共同的渐屈线（图4-10）。

如图4-10所示，AB 为直线段，则

$$\phi_A - \phi_B = 0 = \phi_{A'} - \phi_{B'}$$

即

$$\phi_{A'} = \phi_{B'}$$

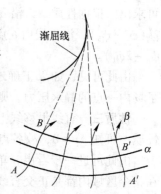

图4-10　B 族某一段为直线的滑移线场

这说明 $A'B'$ 也是直线段。在这种滑移线场中，每一条直线线段上（如沿 α 线）因 ϕ 和 p 相同，故其上的应力 σ_x，σ_y 和 τ_{xy} 是常数。但是，当由一条直线段转到另一条直线段时（如沿 β 线），则其应力有变化。具有这种应力状态的滑移线场叫做简单应力状态滑移线场。

（2）同族滑移线必须具有相同方向的曲率，即具有相同的弯曲程度。

（3）如果一族滑移线是直线，则与其正交的另一族滑移线将具有如图4-11所示的四种类型。

1）平行直线场（图4-11a）。这是由 α 和 β 两族平行正交的直线所构成的滑移线场。滑移线是直线时，其 ϕ 角是常数，静水压力也保持常数，这样，应力分量 σ_x，σ_y 和 τ_{xy} 在整个滑移线场中也一定是常数。具有这种简单应力状态的滑移线场叫做均匀应力状态滑移线场。

2）有心扇形场（图4-11b）。此种类型的滑移线场由一族从原点 o 呈径向辐射的 α 线（或 β 线）与另一族同心圆弧的 β 线（或 α 线）所构成。有心扇形场的中心 o 是应力的奇异点，过奇异点的应力可以有无穷多的数值。

3）由 α 的一族直线与另一族 β 的曲线相互正交而构成的。此种滑移线场称为一般简单应力状态的滑移线场（图4-11c）。

4）具有边界线的简单应力状态的滑移线场（图4-11d）。这种场的特点是直线滑移线是边界线（曲线滑移线的渐屈线）的切线，曲线滑移线乃是边界线的渐开线。

综上所述的推论可知，均匀应力状态区的相邻区域一定是简单应力状态的滑移线场，因为其中有一族滑移线只能是由直线组成。例如，图4-12a所示的 A 区是均匀应力状态

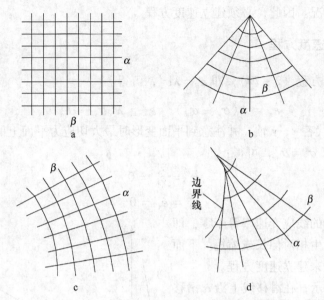

图4-11 四种简单应力状态的滑移线场

区，滑移线段 SL 是 A 区和 B 区的分界线，为 A 区和 B 区所公用。换成"由于 SL 是直线，则区域 B 中与 SL 同族的滑移线必定全部都是直线。"图4-12b 是有心扇形场 B 连接着两个平行直线场，o 点是应力奇异点，除了 o 以外，整个区域（A+B+C）应力场是连续的。

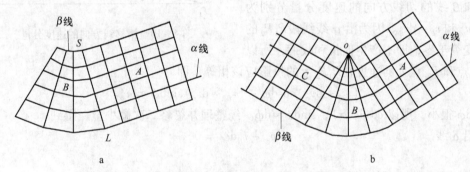

图4-12 滑移线场的组成

a—相邻区为均匀应力状态的简单应力状态区；b—由有心扇形场连接的两个均匀应力状态区

4.5 H. 盖林格尔（Geiringer）速度方程与速端图

在塑性加工变形过程中，一般情况下应力场和速度场都是不均匀的。因此，确定变形体中的速度场具有重要意义。

塑性变形时满足式（4-1）所求出的 σ_x，σ_y 和 τ_{xy} 仅是满足力平衡方程和屈服准则的静力许可值。建立滑移线场后还要检验其是否满足几何方程和体积不变条件，只有同时满足静力许可和运动许可的滑移线场，所求出的应力场以及由此而导出的有关单位压力公式才能是精确的。

此外，当知道滑移线场后，还可以了解到各点的位移和位移速度，进而可以分析变形区内各点的流动情况。因此，必须建立速度方程。

4.5.1　盖林格尔速度方程

根据塑性流动方程（2 – 70），即 $\dot{\varepsilon}_{ij} = \dot{\lambda}\sigma'_{ij}$，可得：

$$\dot{\varepsilon}_x = \dot{\lambda}(\sigma_x - \sigma_m) \qquad \dot{\varepsilon}_y = \dot{\lambda}(\sigma_y - \sigma_m)$$

用 α、β 线的切线代替 x、y 轴，并注意到平面变形时最大切应力平面上的正应力等于平均应力，即 $\sigma_x = \sigma_m$，$\sigma_y = \sigma_m$，可得：

$$\dot{\varepsilon}_\alpha = \dot{\varepsilon}_x = 0$$

$$\dot{\varepsilon}_\beta = \dot{\varepsilon}_y = 0$$

上式说明沿滑移线的线应变速率等于零，即沿滑移线方向不产生相对伸长或缩短。下面以此条件为出发点来建立速度方程。

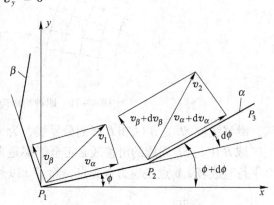

如图 4 – 13 所示，在滑移线上沿 α 滑移线取一微小线素 $\overline{P_1P_2}$ 和 $\overline{P_2P_3}$（因为线素很小，故可以用直线代替曲线）。P_1 点的速度为 v_1，其在 α 线和 β 线的切线方向的速度分量分别为 v_α 和 v_β；P_2 点的速度为 v_2，其在 α 线和 β 线的切线方向的速度分量分别为 $v_\alpha + \mathrm{d}v_\alpha$ 和 $v_\beta + \mathrm{d}v_\beta$。因为沿 α 线线段 $\overline{P_1P_2}$ 的线应变等于零，即不产生伸长和收缩，所以

图 4 – 13　滑移线方向的速度分量

在 P_1 点和 P_2 点处的速度在 $\overline{P_1P_2}$ 上的投影应该相等，即

$$(v_\alpha + \mathrm{d}v_\alpha)\cos\mathrm{d}\phi - (v_\beta + \mathrm{d}v_\beta)\sin\mathrm{d}\phi = v_\alpha$$

因为 $\mathrm{d}\phi$ 很小，所以 $\cos\mathrm{d}\phi \approx 1$，$\sin\mathrm{d}\phi \approx \mathrm{d}\phi$。经整理并忽略二次微小量，得到

沿 α 线 $\qquad\qquad\qquad\qquad \mathrm{d}v_\alpha - v_\beta\mathrm{d}\phi = 0$

同理

沿 β 线 $\qquad\qquad\qquad\qquad \mathrm{d}v_\beta + v_\alpha\mathrm{d}\phi = 0 \qquad\qquad\qquad\qquad (4 – 15)$

式（4 – 15）是 H. 盖林格尔于 1930 年提出的，一般称为速度协调方程，简称为盖林格尔速度方程。该式表明，对于均匀应力状态、简单应力状态，当滑移线是直线（$\mathrm{d}\phi = 0$）时，沿滑移线的速度是常数，将这种速度场称为均匀速度场，此区域做刚性运动。根据式（4 – 15）可以计算出塑性变形区内的速度场。如果已知沿滑移线的法向速度分量及一点的切向速度分量，则沿滑移线对式（4 – 15）进行积分，便可求得滑移线上各点的切向速度分量。

4.5.2　速端图

如前所述，在塑性变形区内，如果滑移线场已绘出，则按盖林格尔速度方程和相应的速度边界条件可求出速度场，但是计算速度场的工作比较麻烦。而采用速端图进行图解则是比较方便的。

4.5.2.1 绘制速端图的基本方法

如图 4 - 14 所示，$\overline{P_1P_2}$ 和 $\overline{P_2P_3}$ 乃是取在滑移线上的微小线素。在 P_1、P_2、P_3 点处其质点的合速度分别为 v_1、v_2 和 v_3。以 O 点为基点，画出各合速度矢量分别为 $\overline{OP_1'}$、$\overline{OP_2'}$、$\overline{OP_3'}$。因为滑移线无伸缩，所以 v_1、v_2 在线素 $\overline{P_1P_2}$ 上的投影必相等。在图 4 - 14 下部分中，作 $\overline{OQ}$ 平行 $\overline{P_1P_2}$，这样，v_1、v_2 在 $\overline{OQ}$ 方向上的投影都等于 $\overline{OQ}$，于是联结合速度矢量 $\overline{OP_1'}$、$\overline{OP_2'}$ 端点的线段 $\overline{P_1'P_2'}$ 必与 $\overline{OQ}$ 垂直。同理，$\overline{P_2'P_3'}$ 与 $\overline{P_2P_3}$ 也相互垂直。由此可以看出，如以一点作为基点，可以将滑移线上诸点之速度矢量画出来，联结诸速度矢量之端点所构成的线图（图 4 - 14 下部分中 $\overline{P_1'P_2'P_3'}$）称为速端图。速端图线与滑移线正交，速端图网络与滑移线网络正交。由于两族滑移线是相互垂直的，因此，在速度平面上相对应的两族速度矢端曲线也必然是相互垂直的。两族连续正交的速度矢端曲线网络所构成的速端图，即为速度场。

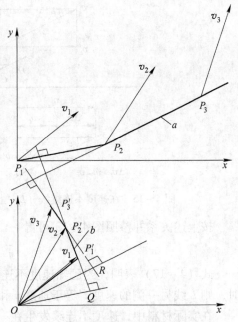

图 4 - 14 滑移线与速端图的正交性

4.5.2.2 速度不连续

分析盖林格尔速度方程，从式（4 - 15）可以看出，在滑移线场内，滑移线可能是速度不连续线。以式（4 - 15）中第一式为例，如果 v_α 和 v_β 能够满足该式，则 $v_\alpha + c$（常数）和 v_β 也能满足该式。可见，在同一条滑移线 α 上，两侧金属的切向速度可能有不同的数值，并可以证明，其切向速度差是一常数。同样，在同一条 β 线上，其切向速度也有这类性质。切向速度不连续，不破坏质点的连续条件。下面作进一步分析。

在刚塑性体内，塑性变形的产生是材料的一部分相对于材料的另一部分的移动所致的。这样，在塑性区及刚性区的边界上一定存在着速度不连续线。

如图 4 - 15 所示，以速度 v 流动的平行四边形体素 $ABCD$（厚度垂直纸面，并取单位厚度）横过速度不连续线 L 时，$ABCD$ 变成了 $A'B'C'D'$，其速度由 v 变成了 v'。将 v 和 v' 分解为速度不连续线的切线方向速度 v_t 和 v_t' 及法线方向速度 v_n 和 v_n'，则按秒流量（或秒体积）相等的原则，有

$$v_n \times AD = v_n'A'D' \tag{4 - 16}$$

因为 $AD = A'D'$，所以

$$v_n = v_n'$$

可见，沿速度不连续线 L 的法线方向的速度是连续的。可以理解，只要在不连续线中不发生材料的堆积和空洞，$v_n = v_n'$，即法线方向的速度连续是符合体积不变条件的。

由图 4 - 15 可知，在平行四边形体素横过 L 线其速度由 v 变成了 v' 时，因为 v_n 必等于 v_n'，所以其切向速度分量将不等而产生不连续，其不连续量为

$$\Delta v_t = v_t' - v_t$$

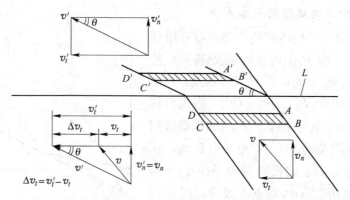

图 4 – 15　在速度不连续线（L）上，法向速度的连续性及切向速度的不连续性

按上述关系并参照图 4 – 13 可得

$$\vec{v'} = \vec{v} + \vec{\Delta v_t} \qquad\qquad (4-17)$$

式（4 – 17）表明，当已知速度不连续线 L 一侧的速度 v 及 L 线上的速度不连续量 Δv_t 时，则 L 线另一侧的速度 v' 等于速度 v 和速度不连续量 Δv_t 的矢量和。

在实际材料中，速度不连续发生在一个薄层中，而速度不连续线是这一薄层的极限位置。在层中切向速度由 v_t 连续变化到 v'_t。因为薄层的剪应变速率为 $\dfrac{\Delta v_t}{h}$，所以当层厚 h 趋于零时，则剪应变速率将变为无穷大。因为最大剪应力方向与最大剪应变速率方向一致，所以在极限上，速度不连续线的方向必须和滑移线的方向重合。

下面研究沿滑移线两侧速度不连续的性质。先研究 α 线的情况。如前所述，在 α 线的两侧法向速度是连续的，于是横过 α 线的 β 线的速度 v_β 在速度不连续线的 α 线两侧必然相等，而沿 α 线两侧的切向速度不等，分别用 $v'_{\alpha t}$ 和 $v''_{\alpha t}$ 表示。这样，在 α 线两侧沿 α 线分别采用盖林格尔速度方程（4 – 15），则

$$dv'_{\alpha t} - v_\beta d\phi = 0$$
$$dv''_{\alpha t} - v_\beta d\phi = 0$$

所以

$$dv'_{\alpha t} = dv''_{\alpha t}$$

或

$$dv'_{\alpha t} - dv''_{\alpha t} = 常数$$

由此得出，切向速度不连续量沿速度不连续线是一常数。

下面作几种存在速度不连续线的速端图，分别为：滑移线两侧为塑性区；一侧为刚性区，另一侧为塑性区；滑移线为速度间断直线。

如图 4 – 16a 所示，L 线是速度不连续线（也是滑移线），其在速端图上反映为两条线。如图 4 – 16b 所示，A、B 是速度不连续线 L 上的两点，在 L 线两侧与此两点相对应的点分别是 A'、A'' 和 B'、B''。如果用 oA'、oA'' 和 oB'、oB'' 分别表示 A 和 B 点在 L 线两侧的速度，则 L 线上线段 AB 在速端图上便反映两条线 $A'B'$（即 C' 线）和 $A''B''$（即 C'' 线）。按上述，在 A 点和 B 点处，L 线的法向速度分量必须连续，只切向速度分量产生不连续，而其速度不连续量分别为 $A'A''$ 和 $B'B''$。前已证明，沿 L 线切向速度不连续量为常数，即 $A'A'' =$

$B'B''$ = 常数。$A'A''$ 和 $B'B''$ 的方向分别为过 L 线上 A 点和 B 点的切线方向。由于速端图上的两条线 C' 和 C'' 必须在相应点与 L 线垂直（参照图 4-14），所以过速端图上的两条线在相应点所作的切线应彼此平行，即 C' 和 C'' 必须平行。

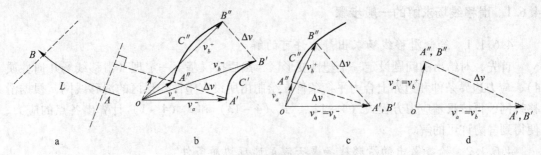

图 4-16 速度不连续线和速端图

L—速度不连续线

下面研究在速度不连续线一侧金属不产生塑性变形而作刚性移动或保持不动的情形。由于这一侧所有点都具有相同的速度（图 4-16 中的 $oA' = oB'$，移动速度为 v^-），则速度不连续线 L 上的 AB 线段在速端图上所反映的两条线中，其一归为一点（图 4-16c 中的 A' 或 B' 点），而另一条为其半径（$A'A''$ 或 $B'B''$）等于切向速度不连续量 Δv 的圆弧 $\overset{\frown}{A''B''}$，由图 4-16a、c 可见，$\overset{\frown}{A''B''}$ 所对的圆心角等于 L 线上的 AB 线段切线的转角。

对于 L 线是直线，并且在 L 线的一侧的金属不产生塑性变形仅作刚性移动或保持不动的情况（移动速度为 v^-），而另一侧为塑性区，移动速度为 v^+，两侧速度间断值为 Δv，由于 L 线上 AB 线段切线的转角等于零，滑移线两侧各点分别具有同一速度，所以 $A'A''$ 必须与 $B'B''$ 重合，此时 AB 线段在速端图上反映为两个点（即图 4-16d 中的 A' 或 B' 和 A'' 或 B''）。

如图 4-17 所示，交于 M 点的两条速度不连续线将流动平面分为 a、b、c、d 四个区。令 v_a、v_b、v_c、v_d 表示 M 点无穷小邻域内的速度；v_{ab}、v_{bc}、v_{cd}、v_{da} 表示 M 点附近的速度不连续量。按定义，则有

$$v_{ab} = v_a - v_b \qquad v_{bc} = v_b - v_c$$
$$v_{cd} = v_c - v_d \qquad v_{da} = v_d - v_a$$

将上式相加之后，结果为零。从而得出结论：两条速度不连续线相交于一点 M 附近的速度不连续量的矢量和为零。

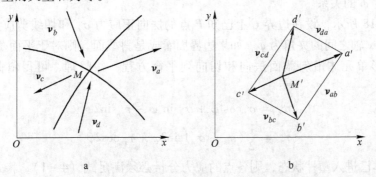

图 4-17 两条速度不连续线之交点处的速度和速度不连续量

4.6 滑移线场求解的一般步骤及应力边界条件

4.6.1 滑移线场求解的一般步骤

4.6.1.1 绘制滑移线场求出静力许可的解

首先，对给出的问题设定一个塑性变形区，然后按汉基第一定理（滑移线场几何性质4）、应力边界条件和边界上合力平衡条件，绘制出所设定塑性变形区的滑移线网，根据滑移线网，再按汉基应力方程式（4-12）、式（4-13）和式（4-1）计算出各点的应力，便得到静力许可的解。

4.6.1.2 检查做出的滑移线场是否满足速度边界条件

由于所做出的滑移线场是静力许可的，该滑移线场所对应的速度场不一定能满足运动许可条件。检查的方法是作速端图或利用某些速度边界条件解盖林格尔方程式（4-15），算出速度分布，借以检查是否满足其余的速度边界条件。一般来说，做速端图比较容易，而且作滑移线场和作速端图可以同时进行，同时研究应力和速度边界条件以及力平衡条件，从而做出静力许可和运动许可的解。

4.6.1.3 检查塑性变形区内塑性变形功

主要是检查塑性变形区内的塑性变形功是否有负值的地方，如果有负值则此解不正确。在滑移线场内，滑移线两侧的材料其相对运动的方向和剪切应力的方向相同，这时塑性变形功为正，否则为负。

全面考虑以上各项所做出的滑移线场是正确解，否则是不完全解。由以上可以看出，滑移线场求解时，首先必须知道边界条件。下面将详细介绍各种条件下的应力边界条件和所对应的滑移线场。

4.6.2 应力边界条件

如前所述，对某给定的平面塑性变形问题绘制其滑移线场时，需要利用其边界上的受力条件。材料成型过程中常见的边界有：工件与工具的接触面，工件不与工件接触的自由表面。在边界上，通常是给出法向正应力和切向剪应力。但是在建立滑移线场时需要知道的是静水压力 p 和角度 ϕ，这就需要找到边界上的法向正应力 σ_n 和切线剪应力 τ_n 与静水压力 p 和角度 ϕ 的关系。

如图 4-18 所示，设在边界 C 上已知 P 点的法向正应力 σ_n 和切线剪应力 τ_n，边界 C 的法线 N 与 ox 轴之间的夹角为 φ。如果边界面看成是斜截面，则对于平面塑性变形问题，对图中三角形单元体沿斜截面法向和切向列平衡方程，并整理，可得斜截面的应力公式为：

$$\sigma_n = \sigma_x\cos^2\varphi + \sigma_y\sin^2\varphi - \tau_{xy}\sin2\varphi$$

$$\tau_n = \frac{1}{2}(\sigma_x - \sigma_y)\sin2\varphi + \tau_{xy}\cos2\varphi \tag{4-18}$$

如果物体已进入塑性状态，则各点的应力分量必须满足式（4-1），将式（4-1）中的 σ_x，σ_y 和 τ_{xy} 之值代入式（4-18），则有

$$\sigma_n = -p - k\sin 2(\phi - \varphi)$$
$$\tau_n = k\cos 2(\phi - \varphi) \tag{4-19}$$

由式（4-19）得到

$$-p = \sigma_n + k\sin 2(\phi - \varphi)$$
$$\phi = \varphi \pm \frac{1}{2}\arccos\left(\frac{\tau_n}{k}\right) \tag{4-20}$$

如果取边界的法向与 x 轴一致，则滑移线与边界线的夹角为

$$\phi = \pm 0.5\arccos\left(\frac{\tau_n}{k}\right) \tag{4-21}$$

式（4-21）说明，滑移线伸展至边界时，其倾角取决于边界上剪应力的数值。

由于是平面塑性变形问题，静水压力还可以写成

$$-p = \sigma_m = \frac{1}{2}(\sigma_n + \sigma_t)$$

式中，σ_m 是平均应力；σ_t 是垂直于法线方向的正应力（如图4-18所示）。于是有

$$\sigma_t = -(2p + \sigma_n) \tag{4-22}$$

或

$$\sigma_t = 2\sigma_m - \sigma_n \tag{4-23}$$

综上所述，在边界 C 上，φ 角为已知（如边界 C 的法线与 x 轴一致，则 φ 角为零），再根据边界上已给出的 σ_n 和 τ_n，便可以确定出边界 C 上各处的 ϕ、p（或 $-\sigma_m$）和 σ_t，进而可以绘制出边界附近的滑移线场。以下分别介绍几种常见边界的应力条件。

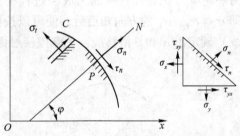

图4-18　边界上受力图

4.6.2.1　自由表面

塑性区域有可能扩展到自由表面附近。一般情况下自由表面的法向正应力 σ_n 和切向剪应力 τ_n 均为零，所以自由表面是主平面，自由表面的法线方向是一个主方向。不受力的自由表面有两种情况，即 $\sigma_1 = 0$ 或 $\sigma_3 = 0$。例如平锤头压入塑性半无限体时，在锤头两侧，显然会在压力下形成一个塑性区。由于被锤头挤出的金属受到外端的约束，所以平行于自由表面方向的主应力是压应力，且数值较大。可见，在自由表面上等于零的法向正应力是代数值最大的主应力，即 $\sigma_1 = \sigma_n = 0$。如前所述，代数值最大的主应力 σ_1 的方向应位于 $\alpha - \beta$ 右手坐标系的第一和第三象限内，由此便可定出 α 和 β 滑移线。在自由表面上各点的剪应力 τ_n 等于零，于是根据式（4-21）可确定出由各点引出的两条正交滑移线与自由表面分别成 $\pm \pi/4$ 角。

根据塑性条件 $\sigma_1 - \sigma_3 = 2k$，得到

$$\sigma_3 = -2k$$
$$\sigma_2 = -k = p$$

因此，发生在产生屈服的自由表面上各点的应力状态是，$\sigma_1 = 0$，$\sigma_2 = p = -k$，$\sigma_3 = -2k$。自由表面上的应力莫尔圆也证实了这一结论（图4-19）。此外，不带外端平板压

缩时，两个自由侧面上各点也有与此相同的应力状态。

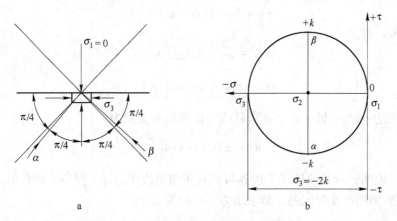

图 4 - 19　自由表面上的滑移线和莫尔圆

4.6.2.2　无摩擦的接触面

塑性变形过程中，润滑条件良好的光滑工具表面均可认为是无摩擦的接触面。在无摩擦的接触面上没有剪应力，因此接触面是主平面，其上的法向正应力是主应力。由于接触面上的主应力是由工具的压缩作用所引起的，是压应力，而且其数值（绝对值）可能是最大的，因此，该主应力是代数值最小的主应力 σ_3，即 $\sigma_n = \sigma_3$。与此主应力法向相垂直的另一主应力 σ_t，在材料加工成型过程中多数是压应力，并且是代数值最大的主应力 σ_1，即 $\sigma_t = \sigma_1$。σ_1 的方向知道后，便可以按照前述的方法（σ_1 方向顺时针转 45° 方向即为 α 线）确定出 α 和 β 滑移线。无摩擦接触面上各点的应力状态及滑移线如图 4 - 20 所示。

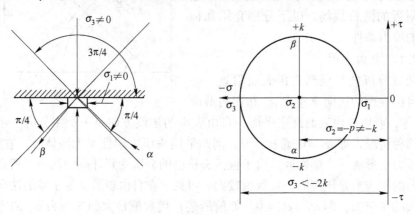

图 4 - 20　无摩擦接触面上的滑移线和莫尔圆

4.6.2.3　完全粗糙的接触面

在热加工成型过程中，工件与工具接触面上的摩擦力可能很大，以致在接触面上各点的摩擦剪应力 τ_f 达到了屈服剪应力，即 $\tau_f = \tau_n = k$。按式（4 - 21），此时两正交的滑移线与接触面的夹角分别是 0 和 $\pi/2$。由此得知，一条滑移线切于接触面，另一条滑移线与接触面正交。此时，α 与 β 线应根据接触表面切应力 τ 的正负指向情况来确定，即使体素顺时针转的切应力方向为 α 线方向，反之为 β 线方向。

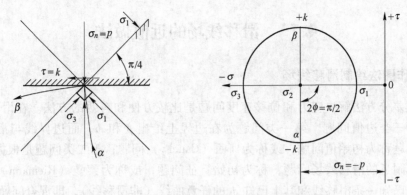

图 4 - 21 完全粗糙的接触面的滑移线和莫尔圆

4.6.2.4 库仑摩擦的接触面

库仑摩擦是指摩擦系数 f 在接触面上各点是常数。塑性加工过程中，除了无摩擦接触面和完全粗糙接触面外，还有按库仑摩擦的接触面。在这种接触面上，工件与工具产生相对滑动，摩擦剪应力 τ_f 为：$0 < \tau_f < k$。$\tau_f = \tau_n$，按库仑滑动摩擦规律

$$\tau_f = \tau_n = f\sigma_n$$

式中　σ_n——接触面上的法向正应力，在数值上等于该点的单位压力；

　　　f——滑动摩擦系数。

按式（4 -21）滑移线与接触面的夹角为

$$\phi = \frac{1}{2}\arccos\left(\frac{f\sigma_n}{k}\right) \tag{4-24}$$

通常，σ_n 在接触面上各点是不同的，也就是说，ϕ 角是变化的，滑移线是以变化的角度与接触面相交的。在这种情况下接触面上的法向正应力 σ_n 和其表层下的水平正应力 σ_t 都不是主应力。将摩擦切应力 τ_n 代入式（4-24），可求得 φ 的两个角。还要根据两个 σ_n 的代数值，在应力圆上标出 σ_n 后，找出 σ_n 与 σ_1 的转角关系。一旦 σ_1 方向确定，便可以绘制 α 和 β 滑移线。例如，如图 4 -22 所示，代数值最大的主应力 σ_1 所作用的平面与从接触面逆时针转 $\varphi + \dfrac{\pi}{4}$ 的平面相一致。应当指出，因为 $0 < \tau_n < k$，所以，其中一条滑移线将以 $\phi < \dfrac{\pi}{4}$ 的某一角度与接触面相交。

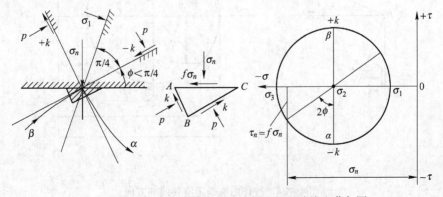

图 4 - 22 遵守库仑摩擦定律的接触面的滑移线和莫尔圆

4.7* 滑移线场的近似做法

4.7.1 按作图法绘制滑移线场

用数值差分方法解决应力和位移速度问题是比较方便和有效的方法。在滑移线场中，可以有如下三类边值问题。第一类问题为在边界上给出 p 和 ϕ，而边界线与滑移线不重合，这类问题称为初始值问题，或称为柯西（Cauchy）问题；第二类问题是根据给定的滑移线来求其附近的滑移线场问题，称为初始特征问题，或称为黎曼（Riemann）问题；第三类问题是已知一条滑移线和其上已知 ϕ 的任意曲线（非滑移线），即混合问题。

4.7.1.1 初始值问题（柯西问题）

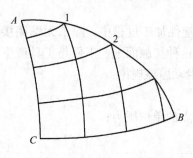

图 4 – 23 柯西问题求解的滑移线场

如图 4 – 23 所示，已知塑性区某一边界线 AB 上的应力数值，但 AB 不是滑移线，而 AC 和 BC 是待定的两条正交于 C 点的滑移线。柯西问题的内容是，根据边界曲线 AB 上的应力数值绘制出区域 ABC 内的滑移线网。这里，首先是确定 AB 线上 1 点和 2 点处 α 和 β 滑移线的方向。

在曲线 AB 上，已知应力 σ_x、σ_y 和 τ_{xy}，可按式（4 – 1）或作图法确定 α 和 β 滑移线的方向，即求出 ϕ 角。用作图法比较方便，其作法如下。

按已知的 σ_x、σ_y 和 τ_{xy} 作出莫尔圆（图 4 – 24b）。

在图 4 – 24b 中，用莫尔圆上的 A（σ_y，τ_{yx}）表示图 4 – 24a 的 Px 面上的应力分量，过 A 点引平行于 Px 的直线 AM 与莫尔圆相交于 M 点（也称极点），联结极点和莫尔圆的顶点 I 和 II，便可求出 α 和 β 滑移线的方向。根据平面几何可知圆心角 $\angle AC$ I（2ϕ）等于同弧所对的圆周角 $\angle AM$ I 的 2 倍，所以 M I 平行于 α 线，而 M II 平行于 β 线。

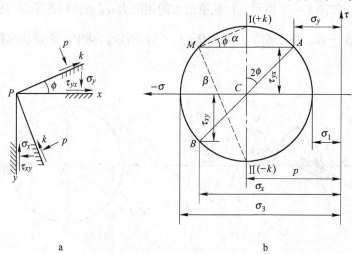

a   b

图 4 – 24 按作图法确定滑移线的方向

a—应力作用的截面；b—应力莫尔圆

用这种作图法绘制出如图 4 – 25 所示的曲线 AB 的 1 点和 2 点处的 α 和 β 线的方向。然后，便可按前述的等角网作图法确定出 3 点及其他各点，联结诸点可构成该区域的滑移线网。

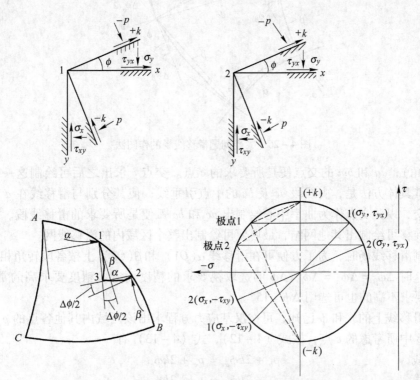

图 4 – 25　对柯西问题求滑移线场的作图法

在塑性成型过程中，工件与工具的接触面通常不是剪应力等于 k 的滑移线所在平面。接触面上的正应力 σ_n 和剪应力 τ_n 可通过实测获得。这时接触面上各点的 p 和 φ 之值可按式（4 – 20）求得。求出曲线 AB 的 p 和 φ 后，按汉基应力方程确定出该区域内其他各点的 p 和 φ。以 AB 线上的 1 点和 2 点为例，当求出 1 点和 2 点的 p 和 φ 后，根据汉基方程可直接求出 3 点的 p 值和 φ 值

$$p_3 = \frac{1}{2}(p_1 + p_2) + k(\phi_2 - \phi_1) \qquad (4 - 25)$$

$$\phi_3 = \frac{1}{2}(\phi_1 + \phi_2) + \frac{1}{4k}(p_2 - p_1) \qquad (4 - 26)$$

4.7.1.2　初始特征问题（黎曼问题）

如图 4 – 26 所示，O1 和 O2 为两条正交于 O 点的已知滑移线。根据已知条件用作图法绘制 O1 和 O2 区域内的滑移线网。下面近似地求过 a 点的 β 线和过 b 点的 α 线的交点 c。这里 ac 和 bc 分别为通过 a 点和 b 点的滑移线，其形状待定。

根据汉基第一定理，由 O 到 b 和 a 到 c，β 线的转角 $\Delta\phi_\alpha$ 应相等；同理，由 O 到 a 和 b 到 c，α 线的转角 $\Delta\phi_\alpha$ 应相等。交点 c 的绘制方法是，在 a 点和 b 点上分别作滑移线 α 和 β 的切线 1 和 2 及切线在该点的法线 n_α 和 n_β，然后由 a 点引出直线 an（an 顺 β 线转动的方向转动与 n_α 成 $\Delta\phi_\beta/2$ 角）和由 b 点引出另一条直线 bm（bm 顺 α 线转动的方向转动与 n_β

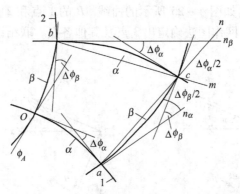

图 4 – 26　黎曼问题滑移线场的作图法

成 $\Delta\phi_\alpha/2$ 角），an 和 bm 的交点便是所要求的 c 点。交点 c 求出之后可绘制这一区域的滑移线网。其具体方法是，由线段 ac 及 bc 的中点引垂线，使其分别与滑移线在 a 点和 b 点的切线相交，以此交点作为曲率中心绘制出 ac 和 bc 弧便是所要求的滑移线段。沿已知滑移线逐次前移可绘制出其他网结，最后便可绘制出整个区域内的滑移线网。

在绘制滑移线场时，为了方便可在滑移线 $\alpha(O1)$ 和 $\beta(O2)$ 上按各段转角相等的办法取节点，这时 $\Delta\phi_\beta = \Delta\phi_\alpha = \Delta\phi$。$\Delta\phi$ 的选取视要求的精度而定。精度要求高的常用 $\Delta\phi = 5°$，精度要求不高的也可选用 $\Delta\phi = 15°$。

两条滑移线上的 p 和 ϕ 已知，可按汉基应力方程求出该区域内其他各点的 p 和 ϕ。对于图 4 – 26 中所考虑的 c 点，按式 (4 – 12)、式 (4 – 13) 有

沿 α 线　　　　　　　　　　$p_b + 2k\phi_b = p_c + 2k\phi_c$

沿 β 线　　　　　　　　　　$p_a - 2k\phi_a = p_c - 2k\phi_c$

联解此两式，得

$$p_c = \frac{1}{2}(p_a + p_b) + k(\phi_b - \phi_a) \tag{4 – 27}$$

$$\phi_c = \frac{1}{2}(\phi_a + \phi_b) + \frac{1}{4k}(p_b - p_a) \tag{4 – 28}$$

式 (4 – 27) 和式 (4 – 28) 还可以进一步简化。按式 (4 – 12)、式 (4 – 13)，有

沿 α 线　　　$p_0 + 2k\phi_0 = p_a + 2k\phi_a$　　或　　$p_a = p_0 + 2k(\phi_0 - \phi_a)$　　　　(a)

沿 β 线　　　$p_0 - 2k\phi_0 = p_b - 2k\phi_b$　　或　　$p_b = p_0 + 2k(\phi_b - \phi_0)$　　　　(b)

(b) + (a)，得

$$2k(\phi_b - \phi_a) = p_a + p_b - 2p_0$$

将此式代入式 (4 – 27)，得

$$p_c = p_a + p_b - p_0 \tag{4 – 29}$$

(b) – (a)，得

$$p_b - p_a = 2k(\phi_b + \phi_a) - 4k\phi_0$$

将此式代入式 (4 – 28)，得

$$\phi_c = \phi_a + \phi_b - \phi_0 \tag{4 – 30}$$

在式 (4 – 29) 和式 (4 – 30) 中，等式右边的 p_a、p_b、p_0 以及 ϕ_a、ϕ_b、ϕ_0 均为已知。当求出 c 点处之 p_c 和 ϕ_c 后，便可按式 (4 – 1) 求出该点处的应力分量 σ_x、σ_y 和 τ_{xy}。

4.7.1.3 混合问题

混合问题是给定一条滑移线 AM（已知 p 和 ϕ）与非滑移线 AB（仅知 ϕ），求其所包围的区域内之滑移线网（图4-27）。

如图4-28所示，设 AM 为给定的滑移线，AB 为已知 ϕ 的非滑移线（可以是直线或曲线），两者相交于 A 点。下面用作图法近似求 AB 线上之 E 点，即绘制滑移线 CE（β 线）。

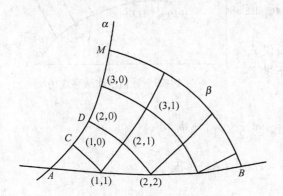

图4-27 混合问题的滑移线场情况

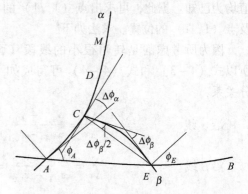

图4-28 对混合问题滑移线场的作图法

由 A 到 M 按等转角取 AC、CD 等。这样，由 A 到 C，ϕ 角增加了 $\Delta\phi_\alpha$。显然，过 C 点 α 线的法线与 x 轴（此处取 AB 为 x 轴）的夹角也将比过 A 点的增加了 $\Delta\phi_\alpha$。如取 AB 线上各点的 ϕ 角相同，（$\phi_A = \phi_E = \cdots$），则沿 β 线由 E 到 C 的转角 $\Delta\phi_\beta$ 应等于 $\Delta\phi_\alpha$。过 C 点与 α 线的法线之夹角 $\Delta\phi_\beta/2$ 作一直线与 AB 线相交于 E，E 点便为所求之点。如果 AB 线上各点之 ϕ 角不同，即 $\phi_A \neq \phi_E \neq \cdots$，则可先按几何关系确定 $\Delta\phi_\beta$。已知 $\Delta\phi_\beta$ 后再用作图法求出 E 点，具体作法如下。

如图4-28所示，过 C 点 α 线之法线与 x 轴的夹角为 $\phi_{\beta c} = \dfrac{\pi}{2} + \phi_A + \Delta\phi_\alpha$；过 E 点 β 线与 x 轴的夹角为 $\phi_{\beta E} = \dfrac{\pi}{2} + \phi_E$；所以由 E 到 C，β 线的转角为

$$\Delta\phi_\beta = \phi_{\beta C} - \phi_{\beta E} = \phi_A - \phi_E + \Delta\phi_\alpha$$

已知 $\Delta\phi_\beta$ 后，过 C 点与 α 线的法线之夹角 $\Delta\phi_\beta/2$ 作一直线与 AB 线相交于 E，E 点便为所求之点。

已知 CD 和 CE，便可按黎曼问题用作图法求出其他各节点。

4.7.2 用数值法作近似的滑移线场

在计算机广泛应用的今天，用数值法作近似的滑移线场，进而解决应力和位移速度问题是比较方便和有效的。

4.7.2.1 滑移线场

由4.7.1节所述的三类基本问题可知，终了都归结已知滑移线网络三个节点的 p、ϕ 和两个对角节点的坐标位置来求第四个节点处的 p 和 ϕ 及其坐标位置。关于第四个节点的 p 和 ϕ 可按式（4-29）和式（4-30）确定，而第四节点的位置可用下面的数值法求出，所用的计算公式是式（4-3）和式（4-4）。具体作法如下：

如图 4-29 所示，设 $o\alpha$ 和 $o\beta$ 为两条正交的
滑移线。若滑移线给定，则沿滑移线上各点的 ϕ
即为已知。将 $o\alpha$ 和 $o\beta$ 分别分成若干段，$o\alpha$ 线上
分为点 (0, 0)，点 (1, 0)，…，$o\beta$ 线上分为
点 (0, 0)，点 (0, 1)，…，在这些点上的 ϕ
值均为已知。据此，可求出点 (1, 1) 的 $\phi_{1,1}$ 值
及点 (1, 1) 的位置。求法如下：

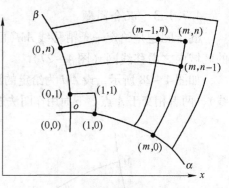

图 4-29　数值法作滑移线场

因为所考虑的是转角很小的线段（弧段），
所以式 (4-3) 和式 (4-4) 可写成如下的差
分关系：

沿 α 线
$$\frac{\Delta y}{\Delta x} = \frac{y_{1,1} - y_{0,1}}{x_{1,1} - x_{0,1}} = \tan \frac{1}{2}(\phi_{1,1} + \phi_{0,1})$$

沿 β 线
$$\frac{\Delta y}{\Delta x} = \frac{y_{1,1} - y_{1,0}}{x_{1,1} - x_{1,0}} = -\cot \frac{1}{2}(\phi_{1,1} + \phi_{1,0})$$

或写成
$$\left. \begin{array}{l} y_{1,1} - y_{0,1} = (x_{1,1} - x_{0,1})\tan \dfrac{1}{2}(\phi_{1,1} + \phi_{0,1}) \\[3mm] y_{1,1} - y_{1,0} = -(x_{1,1} - x_{1,0})\cot \dfrac{1}{2}(\phi_{1,1} + \phi_{1,0}) \end{array} \right\} \tag{4-31}$$

写成一般形式，则
$$\left. \begin{array}{l} y_{m,n} - y_{m-1,n} = (x_{m,n} - x_{m-1,n})\tan \dfrac{1}{2}(\phi_{m,n} + \phi_{m-1,n}) \\[3mm] y_{m,n} - y_{m,n-1} = -(x_{m,n} - x_{m,n-1})\cot \dfrac{1}{2}(\phi_{m,n} + \phi_{m,n-1}) \end{array} \right\} \tag{4-32}$$

式中的 ϕ 角可按式 (4-30) 求出，得
$$\phi_{1,1} = \phi_{0,1} + \phi_{1,0} - \phi_{0,0} \tag{4-33}$$
或
$$\phi_{m,n} = \phi_{m-1,n} + \phi_{m,n-1} - \phi_{m-1,n-1} \tag{4-34}$$

按式 (4-31) 和式 (4-33) 可求出 $x_{1,1}$、$y_{1,1}$ 及 $\phi_{1,1}$ 或按式 (4-32) 和式 (4-34)
可求出 $x_{m,n}$、$y_{m,n}$ 及 $\phi_{m,n}$，这样，便可绘制出近似的滑移线网。

4.7.2.2　速度场

用数值法求滑移线场的速度场简要叙述如下：

参照图 4-29，已知点 (0, 1) 和点 (1, 0) 处的沿滑移线之速度分量，可求点 (1,
1) 处的速度分量。例如已知 $v_{\alpha(0,1)}$、$v_{\alpha(1,0)}$、$v_{\beta(0,1)}$、$v_{\beta(1,0)}$，求 $v_{\alpha(1,1)}$、$v_{\beta(1,1)}$。具体求法
如下：

因为所考虑的是滑移线上转角很小的线段（弧段），所以盖林格尔速度方程可写成差
分形式，即

沿 α 线　　　　$\mathrm{d}v_\alpha - v_\beta \mathrm{d}\phi = 0$　　　写成　　　$\Delta v_\alpha = v_\beta \Delta \phi$　　　(a)

沿 β 线　　　　$\mathrm{d}v_\beta + v_\alpha \mathrm{d}\phi = 0$　　　写成　　　$\Delta v_\beta = -v_\alpha \Delta \phi$　　　(b)

把式 (a) 和式 (b) 写成一般形式，则得

沿 α 线　　$v_{\alpha(1,1)} - v_{\alpha(0,1)} = \dfrac{1}{2}\left[v_{\beta(1,1)} + v_{\beta(0,1)}\right] \times \left[\phi_{(1,1)} - \phi_{(0,1)}\right]$

沿 β 线　　$v_{\beta(1,1)} - v_{\beta(1,0)} = -\dfrac{1}{2}\left[v_{\alpha(1,1)} + v_{\alpha(1,0)}\right] \times \left[\phi_{(1,1)} - \phi_{(1,0)}\right]$

$$\left.\right\} \qquad (4-35)$$

联立求解式（4-35），便可求出 $v_{\alpha(1,1)}$ 和 $v_{\beta(1,1)}$。在塑性区其他诸点速度分量的求法可仿此进行，最后便求出所考虑区域的速度场。

4.7.3　利用电子计算机作滑移线场

前已述及，作近似滑移线场必须知道其各节点的倾角和坐标值。

如图4-30所示，取 O 为原点，并根据所要求的精度确定出 $\Delta\phi$ 值，然后对滑移线网中每一节点进行编号。如果以 $0-m$ 表示 α 族滑移线的编号顺序；以 $0-n$ 表示 β 族滑移线的编号顺序，则对滑移线网内的任意节点 (m, n)，其倾角用 $\phi_{m,n}$ 表示；其坐标值用 $x_{m,n}$，$y_{m,n}$ 表示。例如，对于滑移线与水平对称轴（x 轴）之第一个交点 E（图4-30），其倾角和坐标值为 $\phi_{0,0}$、$x_{0,0}$、$y_{0,0}$。由此沿 β 滑移线之节点 E_1、E_2、…、E_n 的倾角和坐标值为

$$\phi_{0,1}、x_{0,1}、y_{0,1}；\phi_{0,2}、x_{0,2}、y_{0,2}；…；\phi_{0,n}、x_{0,n}、y_{0,n}$$

参照图4-30，各节点之倾角及坐标值求法如下。

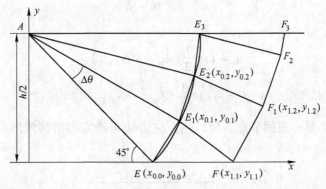

图4-30　用弦和节点坐标表示的粗糙平板间压缩薄件的部分滑移线网

节点 E：此点在水平对称轴（x 轴）上，如取 $\dfrac{h}{2} = 1$，则

$$\phi_{0,0} = \frac{3\pi}{4}$$

$$\phi_{0,0} = \frac{h}{2} = 1$$

$$y_{0,0} = 0$$

节点 E_1：此点在 β 滑移线 $EE_1E_2E_3$ 上，按已确定的转角 $\Delta\theta$ 及三角关系，则为

$$\phi_{0,1} = \frac{3\pi}{4} + \Delta\theta$$

$$\phi_{0,1} = \frac{1}{2} + 2\,\overline{AE}\sin\frac{\Delta\theta}{2}\cos\left(\frac{\pi}{4} + \frac{\Delta\theta}{2}\right)$$

$$= \frac{1}{2} + 2\sqrt{2}\sin\frac{\Delta\theta}{2}\cos\left(\frac{\pi}{4} + \frac{\Delta\theta}{2}\right)$$

$$y_{0,1} = 2\sqrt{2}\sin\frac{\Delta\theta}{2}\sin\left(\frac{\pi}{4} + \frac{\Delta\theta}{2}\right)$$

同理，可求出 E_2、E_3、$\cdots$、E_n 诸节点的倾角及坐标值。

节点 F：此点在水平对称轴上，根据混合问题的作图法（图 4-28），按三角关系，则

$$\phi_{1,1} = \frac{3\pi}{4}$$

$$x_{1,1} = x_{0,1} + y_{0,1}\tan\left(\frac{\pi}{4} + \frac{\Delta\theta}{2}\right)$$

$$y_{1,1} = 0$$

节点 F_1：此点的坐标，可由解包括弦 FF_1 和 E_2F_1 关系的联立方程组中得出。按此法可求出任意节点 (m, n) 的坐标值，求解如下。

如图 4-31 所示，$(m-1, n)$ 和 $(m, n-1)$ 为 (m, n) 的两个相邻节点，注意到 $\phi_{m,n} = \phi_{m,n-1} + \Delta\theta$，解式（4-32），则得

$$\begin{cases} x_{m,n} = \dfrac{y_{m-1,n} - y_{m,n-1} + ax_{m,n-1} - bx_{m-1,n}}{a - b} \\[2mm] y_{m,n} = \dfrac{ay_{m-1,n} - by_{m,n-1} + abx_{m,n-1} - abx_{m-1,n}}{a - b} \end{cases}$$

式中

$$a = \tan\frac{1}{2}(\phi_{m,n} + \phi_{m,n-1})$$

$$b = -\cot\frac{1}{2}(\phi_{m,n} + \phi_{m-1,n})$$

因为 (m, n) 是一般的节点，所以用上述方法可确定出滑移线网中所有节点的坐标值，直至边界为止。

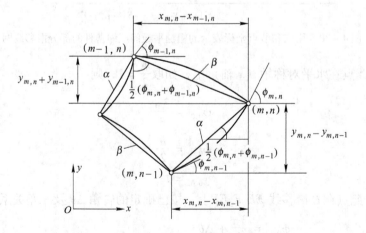

图 4-31　节点 (m, n) 的倾角和坐标计算值

计算机程序的框图如图 4-32 所示。按此框图编制源程序，便可作出给定 $\Delta\theta$、l 和 h 值的滑移线场。用类似的方法亦可作出相应的滑移线场的速端图。

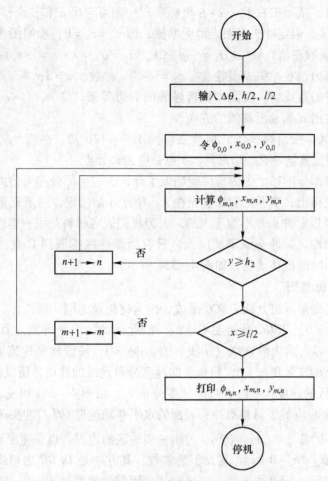

图 4 – 32 计算滑移线场节点倾角和坐标的框图

4.8 滑移线理论的应用实例

4.8.1 平冲头压入半无限体

刚性半冲头对理想塑性材料的压入问题是平面变形的典型实例。如图 4 – 33 所示，假定冲头和半无限体在 z 轴方向（垂直纸面的方向）的尺寸很大，则认为是平面变形。由于冲头的宽度与半无限体的厚度相比很小，所以塑性变形仅发生在表面的局部区域之内，又由于压入时在靠近冲头附近的自由表面上金属受挤压而凸起，所以该自由表面区域中亦发生塑性变形。下面分别研究其塑性变形开始阶段的滑移线场、速度场及单位压力公式。

4.8.1.1 绘制滑移线场

由于变形是对称的，所以只研究一侧的滑移线场。

（1）含自由表面的 AFD 区（图 4 – 33a），参照图 4 – 19a 所示的边界条件（$\sigma_1 = \sigma_y = 0$，$\sigma_3 = -2k$，$\sigma_2 = \sigma_m = -k = -p_D$），有 $p = k$，$\phi = \pi/4$。按柯西问题，在整个自由表面 AD 上已知 $p = p_0 = $ 常数时，整个三角形 AFD 中为均匀应力状态的直线场。σ_1（$=0$）为代

数值最大的主应力，从而按右手（$\alpha-\beta$ 坐标系）法则可定出 α 和 β 滑移线的方向。

（2）在 ACG 区，假定冲头表面光滑无摩擦，即 $\tau_f = \tau_n = 0$，参照图 4-20 所示的边界条件（$\sigma_3 = -\bar{p}$（$\bar{p}$ 取正值），$\sigma_1 = \sigma_x = -\bar{p} + 2k$，$\sigma_2 = \sigma_m = k - \bar{p} = -p_c$），沿 AC 边界上仅作用有均布的主应力，在冲头表面各点有 $p_c = \bar{p} - k = $ 常数、$\phi = 3\pi/4 = $ 常数，所以此区域也是均匀应力状态的直线场。按无摩擦接触表面的边界条件知 σ_1（$= \sigma_t$）是代数值最大的主应力，从而定出 α 和 β 滑移线的方向。

（3）在 AGF 区，按滑移线的几何性质参照图 4-12b 知，在两个三角形（$\triangle ADF$ 和 $\triangle ACG$）场之间的过渡场是有心扇形场。A 点是应力奇异点。

以上，对左半部分的三个区的滑移线场做了分析，右半部分亦可仿此进行，最后得出整体滑移线场。应指出，变形区塑性区先在 A、B 点开始出现，然后逐渐向内扩展。但是在没有扩展到 C 点以前冲头是不能压入的，因为我们假定材料是刚-塑性体，只要中间还存在有限宽度的刚性区，冲头就不能压入。只有当塑性区扩展到 C 点，冲头才能开始压入。此开始压入瞬间的滑移线场，如图 4-33a 所示。

4.8.1.2　作速端图

左半部的塑性变形区由 β 线 $DFGC$ 围成，因为材料设为刚-塑性体，所以在此 β 线以下的材料有 $v_\alpha = v_\beta = 0$。$DFGC$ 是速度不连线，沿此线的法向（即沿 α 线方向）速度分量 v_α 是连续的，并为零。因为沿直线（α 线）有，$\mathrm{d}\phi = 0$，按盖林格速度方程式（4-15），$v_\alpha = $ 常数，又因为 β 线下方 $v_\alpha = 0$，根据法向速度分量连续的性质，所以在整个塑性区 $v_\alpha = 0$。这样，在塑性区的速度仅有沿 β 线的速度分量 v_β。由图 4-33a 可见，在接触面 AC 上沿 β 线的速度分量 v_β 应等于材料沿冲头表面的水平移动速度 OH 与冲头运动速度 v_0 的矢量和，即 $v_\beta \cos 45° = v_0$ 或 $v_\beta = \sqrt{2}v_0$。$DFGC$ 为刚-塑性区的边界，也是速度不连续线。沿此线上速度不连线量 $\Delta v_\beta = v_\beta - 0 = v_\beta$，其大小是常数，其方向是 $DFGC$ 之切线方向。按盖林格速度方程式（4-15），沿 β 线有 $\mathrm{d}v_\beta + v_\alpha\mathrm{d}\phi = 0$，因整个塑性区 $v_\alpha = 0$，所以 $v_\beta = $ 常数。由于接触面 AC 上各点的 v_β 均等于 $\sqrt{2}v_0$，所以自由表面 AD 上各点的 v_β 也都等于 $\sqrt{2}v_0$。可见，沿 β 线的速度不连量为常数。综上所述，并参照图 4-16c 以速度不连续量为半径便可作出速端图 GF（圆弧）。由点作 $A1$，$A2$ 的垂线可得 $A1$，$A2$ 线上各点 v_β。应指出 CG 和 DF 是直线，所以 D 和 F（或 C 和 G）的 v_β 大小和方向是相等的。作出的速端图如图 4-33a 所示，在图中，$\overrightarrow{OG}$ 为 $\triangle ACG$ 内沿 β 线的位移速度；$\overrightarrow{O1}$ 为 $A1$ 线上沿 β 线各点的位移速度；$\overrightarrow{O2}$ 为 $A2$ 线上沿 β 线各点的位移速度；$\overrightarrow{OD}$（$= \overrightarrow{OF}$）为 $\triangle AFD$ 内沿 β 线的位移速度。

在速端图中，垂直速度分量为 v_0，满足了沿边界 AC 所给定的速度边界条件。

塑性变形中，金属的流动遵守秒流量相等的原则。按此，有

$$AC \times v_0 = v_\beta \times AF = v_\beta \times AC\cos 45° = v_\beta \times AC\frac{1}{\sqrt{2}}$$

所以
$$v_\beta = \sqrt{2}v_0$$

可见，上面所求之 v_β 是符合体积不变条件的。

4.8.1.3　单位压力公式

假设接触表面光滑而无摩擦，如图 4-33a 所示，按汉基应力方程式，沿 β 线 $DFGC$，有

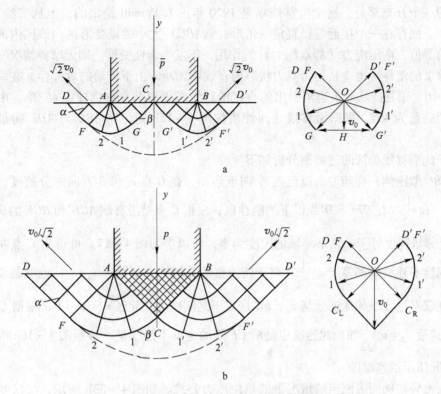

图 4-33 平锤头压入半无限体的滑移线场和速端图

a—按接触面光滑；b—按接触面粗糙（下标 L 和 R 分别表示左和右）

（左图为滑移线场；右图为速端图）

$$p_D - 2k\phi_D = p_C - 2k\phi_C \text{ 为 } p_C = \phi_D + 2k(\phi_C - \phi_D)$$

而 $\phi_D = \dfrac{\pi}{4}$，$p_D = k$；$\phi_C = \dfrac{3\pi}{4}$，代入上式，则

$$p_C = k + 2k\left(\frac{3\pi}{4} - \frac{\pi}{4}\right) = k(1 + \pi)$$

p_C 是接触表面 C 处的静水压力，而我们要求的是 σ_y（压缩应力为负），按式（4-1），有

$$\sigma_y = -p_C + k\sin2\phi_C = -k(1 + \pi) + k\sin\left(\frac{3\pi}{2}\right)$$

$$= -k(1 + \pi) - k = -5.14k$$

因为 AGC 区为均匀应力区，所以平均单位压力

$$\bar{p} = -\sigma_y = 5.14k$$

写成应力状态影响系数的形式，得

$$n_\sigma = \frac{\bar{p}}{2k} = 2.57 \tag{4-36}$$

以上，对于无摩擦情况下的滑移线场、速端图和单位压力公式做了详细的讨论，下面将对接触表面粗糙情况下的滑移线场、速端图和单位压力公式做简要叙述。

如图 4-33b 所示是冲头表面粗糙情况下的滑移线场和速端图。由于冲头足够粗糙，接触摩擦切应力 $\tau_f = k$，可认为等腰三角形 ABC 如同一个附着在冲头上的刚性金属帽。成为冲头的一个补充部分。这个滑移线场是 1920 年由 L. Prandtl 绘出的，他从实验观察到，粗糙冲头下面存在一个接近等腰直角三角形（△ABC）大小的难变形区，该区内的金属受到强烈的等值三向压应力（静水压力）的作用，不发生塑性变形。同无摩擦情况一样，在自由表面上的塑性区也应是均匀应力状态的直线场 ADF。由于流动的对称性，在垂直对称轴上 $\tau_{xy}=0$。于是，从冲头边角引出的直线滑移线必须与垂直对称轴成 45°角，由此定出 △ABC 两底角为 45°。根据滑移线几何性质按图 4 – 12b 知，在 ABC 与 ADF 间是有心扇形场。

对于此滑移线场区的速端图分析如下。

△ABC 似刚体一样随冲头以速度 v_0 向下运动，在 C 点 α 和 β 方向的分速度，即等于 $v_0\cos45°=v_0\dfrac{1}{\sqrt{2}}$。在 DFCF'D' 线以下的刚性区，根据 C 点是滑移线 ACF' 和 BCF 的交点，而 C 点的上邻域速度等于 v_0，下邻域的速度为零，所以参照图 4 – 17，可得出 C 点左邻域的速度和速度不连续量都等于 $v_0\dfrac{1}{\sqrt{2}}$。对于所考察的左侧整个塑性区 $v_\alpha=0$，也就是说，塑性区的速度仅有沿 β 线的速度分量 v_β。FC 线以下是刚性区，此区 $v_\alpha=v_\beta=0$，根据 C 点左邻域 C_L 的速度 $v_\beta=v_0\dfrac{1}{\sqrt{2}}$ 知，此速度也是沿 CF 线的速度不连续量。参照图 4 – 16c 可作出如图 4 – 33b 所示的速端图。

下面推导接触面表面粗糙情况下的单位压力公式。如图 4 – 33b 所示，按汉基应力方程沿 β 线 DFC

$$p_C = p_D + 2k(\phi_C - \phi_D)$$

和无摩擦接触面情况相同 $p_D=k$，$\phi_D=\dfrac{\pi}{4}$；$\phi_C=\dfrac{3\pi}{4}$，所以

$$p_C = k(1+\pi) \tag{4-37}$$

沿直线滑移线 AC 上之正应力 $-\sigma_n=p_C=$ 常数；剪应力 $\tau=k$。此时按 △ABC 之平衡条件可求出接触面上的平均单位压力 $\bar{p}$。

按图 4 – 34 所示，有

$$\bar{p}\times AO = kAC\times\cos45° + p_C\times AC\sin45°$$

$$AO = AC\times\cos45° = AC\sin45°$$

所以
$$\bar{p} = p_C + k \tag{4-38}$$

把式（4 – 37）代入此式，则

$$\bar{p} = k(1+\pi) + k = k(2+\pi) = 5.14k$$

或
$$n_\sigma = \frac{\bar{p}}{2k} = 2.57 \tag{4-39}$$

由式（4 – 36）和式（4 – 39）可见，两种情况滑移线场所得到的平均单位压力完全相同，这表明压缩厚件时，表面接触摩擦对 $\dfrac{\bar{p}}{2k}$ 影响不大。而应力状态影响系数 $n_\sigma=$ 2.57，数值如此之大的原因乃是受外区（或外端）的影响。

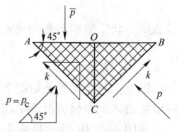

图 4 – 34　按 △ABC 之
平衡条件求 $\bar{p}$

顺便指出,以上所讨论的材料系指刚-塑性体,如假定材料是弹塑性体,则塑性区的边界可能如图 4-33 中之虚线所示。

4.8.2 平冲头压缩 $l/h < 1$ 的厚件

用两个平冲头从上、下两个方向相对压缩有限厚度之变形体的情况示于图 4-35 中。以下分别研究其滑移线场、速端图、平均单位压力和数值求解的实例。

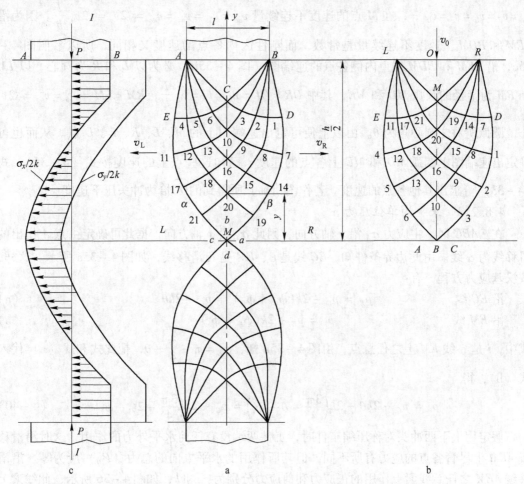

图 4-35 平砧压缩厚件 ($l/h < 1$) 时滑移线场、速端图和沿 I—I 断面上的应力分布

a—滑移线场;b—速端图;c—沿 I—I 断面上的应力分布

4.8.2.1 绘制滑移线场

工件的变形以水平对称轴 x 为对称,所以只研究 x 轴以上的部分。由于在垂直对称轴上 $\tau_{xy} = 0$,所以由冲头的角部 A,B 两点引出的两条滑移线必正交于垂直对称轴上,且与该轴交成 135° 和 45° 角。假定冲头表面粗糙,则形成的直角等腰三角形 ABC 好似附着在冲头上的金属帽。此时与滑移线 AC 和 BC 相连的是有心扇形场 ACE 和 BCD。压缩开始后,塑性区由 A,B 点开始逐渐扩大,也就是两个扇形场和按黎曼问题所确定的滑移线场 EC-DM 逐渐向下扩展,当 M 点到达 x 轴时,在塑性区内流动的金属便推动着两个刚性外区在

水平方向移动。如果工件的厚度有限，M 点到达 x 轴上时，塑性区还没有扩展到 A，B 点以外的自由表面上去，此时所绘制的滑移线场如图 4 – 35a 所示。

4.8.2.2　作速端图

如图 4 – 35a 所示，作为速度不连续线的滑移线在 M 点相交，并分成 a、b、c、d 四个区，已知 M 点左右邻域的水平移动速度为 $v_d = v_a = v_c = v_0 \dfrac{l}{h}$，参照图 4 – 17 之作图法，得

$$v_b = v_d = v_a = v_c = v_0 \frac{l}{h}$$，在 M 点的速度不连续量 $v_{ab} = v_{bc} = v_{cd} = v_{da} = \sqrt{2} v_a = \sqrt{2} v_0 \dfrac{l}{h}$。因为沿 AEM 和 BDM 上速度不连续量是常数，而刚性区内各点的速度又相同，所以参照图 4 – 16c，沿 AEM 和 BDM 线上内侧各点的速端图（图 4 – 35b）必为以 L 和 R 为圆心，以 LM 和 RM 为半径的圆弧 MD 和 ME，其中 $OR = OL = v_a = v_c = v_0 \dfrac{l}{h}$，$RM = LM = v_{ab} = v_{bc} = \sqrt{2} v_0 \dfrac{l}{h}$，圆弧所对之圆心角为 θ。由以上便可定出速端图上的 M、L、R、E、D 点。从而也可确定出速端图上圆弧 MD 和 ME 上各点的速度。已知这些点上的速度按式（4 – 35），式（4 – 33）可求出其他各点的速度。若作图精确，所得到的 $\overset{\frown}{OC}$ 恰为冲头压下速度。

4.8.2.3　求平均单位压力 $\bar{p}$

在 $\triangle ABC$ 区，主应力 σ_3 沿 y 轴方向，因此 σ_1 沿 x 轴方向，据此可确定由点 A 作出的滑移线为 α 线。由此边界条件知，EC 线是 β、EM 是 α 滑移线，如图 4 – 35a 所示。这样，按汉基应力方程，有

沿 EC 线　　　　　　$p_E = p_C - 2k(\phi_C - \phi_E) = p_C - 2k\theta$　　　　　　（a）

沿 EM 线　　　　　　$p_i = p_E + 2k(\phi_E - \phi_i)$　　　　　　（b）

式中，i 是 α 线 EM 上之任意点，由图 4 – 35a 知，$\phi_E = \pi - \dfrac{\pi}{4} - \theta$，把此式和式（a）代入式（b），得

$$p_i = p_C - 2k\theta + 2k\left(\frac{3\pi}{4} - \theta - \phi_i\right) = p_C + 2k\left(\frac{3\pi}{4} - 2\theta - \phi_i\right) \quad (4-40)$$

假定用上下两冲头对称压缩工件时，工件两端没有任何水平外力的作用，这时沿滑移线 AEM 上尽管各点的应力有所不同，但其所作用的水平方向的总力（P_H）应为零。沿滑移线 AEM 之任意线素上作用的正应力和剪应力分别为 p_i 和 k，如图 4 – 36 所示，此线素上所受的水平总力为：

$$\mathrm{d}P_H = p_i \sin(180 - \phi_i)\mathrm{d}s - k\cos(180 - \phi_i)\mathrm{d}s = P_i\mathrm{d}y - k\mathrm{d}x$$

把式（4 – 40）代入此式积分，并令 $\int \mathrm{d}P_H = 0$（工件水平方向无外力作用的边界条件），则得

$$P_H = \int_0^{h/2} \left[p_C + 2k\left(\frac{3\pi}{4} - 2\theta - \phi_i\right) \right] \mathrm{d}y - \int_0^{l/2} k\mathrm{d}s = 0$$

积分后解出

$$p_C = k\left(4\theta + \frac{l}{h} - \frac{3\pi}{2}\right) + \frac{4k}{h}\int_0^{h/2} \phi_i \mathrm{d}y$$

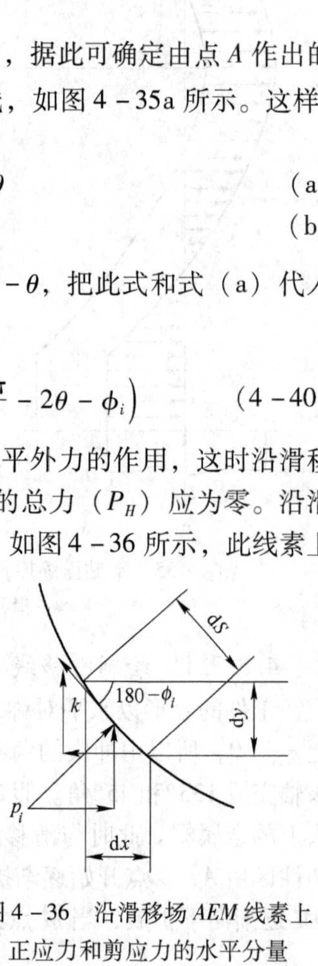

图 4 – 36　沿滑移场 AEM 线素上
正应力和剪应力的水平分量

式中，积分项 $\int_0^{h/2} \phi_i \mathrm{d}y$ 当知道 ϕ_i 和 y 的函数关系时可求解；当不知道其函数关系时，可用数值计算，用数值法计算可写成如下形式：

$$p_C \approx k\left(4\theta + \frac{l}{h} - \frac{3\pi}{2}\right) + \frac{4k}{h}\sum_{i=1}^{n}\phi_i\Delta y \qquad (4-41)$$

如图 4 – 35a 所示，AC 和 BC 是直线滑移线，沿此线 $p = p_c =$ 常数，按式（4 – 38），接触表面的平均单位压力

$$\overline{p} = p_C + k$$

$$n_\sigma = \frac{\overline{p}}{2k} = \frac{p_C}{2k} + 0.5 \qquad (4-42)$$

式（4 – 42）为接触表面粗糙条件下所求之平均单位压力公式。如果接触表面光滑无摩擦时，图 4 – 35a 中的△ABC 区域是直线滑移线场，该滑移线场与接触表面 AB 交成 45°和 135°。在此情况下的单位压力公式与式（4 – 42）相同。

例　取 $\frac{l}{h} = 0.121$、$h = 16.5$、$\theta = 75°$（1.31 弧度），计算如下。

本例之滑移线场按等角滑移线网绘制。具体作法是，取 l 为斜边长度画一等腰直角三角形，然后顺着三角形的两直角边作滑移线，于是按黎曼问题便可绘制出整个塑性区的滑移线网（图 4 – 37）。

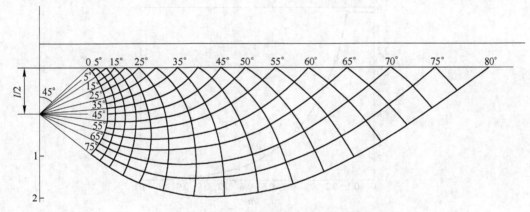

图 4 – 37　按等角距绘制的有心扇形滑移线网

由图 4 – 37 所取的数据列于表 4 – 1 中。从表 4 – 1 知，$\sum \phi_i\Delta y = 14.07$，按式（4 – 41），则

$$p_C \approx k(4 \times 1.31 + 0.121 - 1.5 \times 3.14) + \frac{4k}{16.5} \times 14.07 = 4.074k$$

表 4 – 1　由图 4 – 37 所取的计算数据

Δy	1.28	0.58	0.72	0.81	0.98	1.15	1.20	1.25	0.6
弧度 $\phi_i(°)$	1.05 (60)	1.13 (65)	1.31 (75)	1.48 (85)	1.66 (95)	1.83 (105)	2.00 (115)	2.18 (125)	2.31 (132.5)
$\phi_i\Delta y$	1.31	0.655	0.945	1.20	1.63	1.92	2.40	2.72	1.39

注：$\sum \phi_i\Delta y = 14.07$。

按式 (4-42)，则为

$$n_\sigma = \frac{\bar{p}}{2k} = \frac{4.074k}{2k} + 0.5 = 2.54 \qquad (4-43)$$

同理，对其他数据计算列于表 4-2 中。

表 4-2　$\dfrac{\bar{p}}{2k}$ 与 $\dfrac{l}{h}$ 关系的计算数据

弧度 θ/(°)	0.087 (5)	1.175 (10)	0.262 (15)	0.35 (20)	0.524 (30)	0.61 (35)	0.785 (45)	1.05 (60)	1.31 (75)	1.35 (77.3)
$\dfrac{l}{h}$	0.850	0.715	0.625	0.526	0.410	0.360	0.275	0.184	0.121	0.114
$\dfrac{\bar{p}}{2k}$	1.015	1.05	1.13	1.20	1.37	1.47	1.71	2.12	2.54	2.57

由表 4-2 可知，当 $\theta = 77.3°$ 或 $\dfrac{l}{h} = 0.114$ 时，$n_\sigma = \dfrac{\bar{p}}{2k} = 2.57$，即与式 (4-39) 之计算结果相同，所以当 $\dfrac{l}{h} < 0.114$ 时，可认为是压缩半无限体。用表 4-2 中的数据可作出如图 4-38 所示的 $\dfrac{\bar{p}}{2k} - \dfrac{l}{h}$ 图。

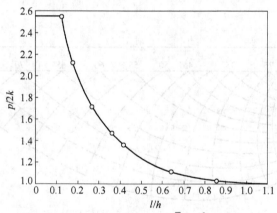

图 4-38　平砧压缩厚件时的 $\dfrac{\bar{p}}{2k}$ 与 $\dfrac{l}{h}$ 的关系图

按图 4-38 中的数据可写出如下的数学模型。

$$\left. \begin{aligned} \frac{\bar{p}}{2k} &= 0.14 + 0.43\,\frac{l}{h} + 0.43\,\frac{h}{l} \quad \left(\frac{l}{h} > 0.35\right) \\ \frac{\bar{p}}{2k} &= 1.6 - 1.5\,\frac{l}{h} + 0.14\,\frac{h}{l} \quad \left(\frac{l}{h} < 0.35\right) \end{aligned} \right\} \qquad (4-44)$$

滑移线场作出后，便已知各点的 p 和 ϕ，于是可按式 (4-1) 求出各点之 σ_x、σ_y 和 τ_{xy}。如图 4-35a 所示 C 点之 p_C 可按式 (4-41) 确定。已知 p_C 后，按汉基应力方程便可求出其他各点之 p，再按式 (4-1) 求出相应点之 σ_x、σ_y 和 τ_{xy}。

下面求 Ⅰ—Ⅰ 断面上的应力分布。

在垂直对称轴 Ⅰ—Ⅰ 断面上 $\phi_y = \dfrac{3\pi}{4}$，将此代入式 (4-40)，得

$$p_y = p_C - 4k\theta_y \qquad (4-45)$$

按式（4-1）

$$\sigma_x = -p_y - k\sin(2\phi_y) = -p_y - k\sin(2 \times 135°) = -p_y + k$$

$$\sigma_y = -p_y + k\sin(2 \times 135°) = -p_y - k$$

$$\tau_{xy} = k\cos(2 \times 135°) = 0$$

或

$$\left.\begin{array}{l} \dfrac{\sigma_x}{2k} = 0.5 - 0.5\dfrac{p_y}{k} \\[3mm] \dfrac{\sigma_y}{2k} = -\left(0.5 + 0.5\dfrac{p_y}{k}\right) \end{array}\right\} \qquad (4-46)$$

例如对 $\dfrac{l}{h} = 0.121$、$\theta = 75°$（1.31 弧度）、$p_C = 4.074k$ 按式（4-45），在 M 点处，有

$$p_y^M = p_C - 4k\theta = 4.074k - 4k \times 1.31 = -1.166k$$

按式（4-46），则

$$\frac{\sigma_x}{2k} = 0.5 - 0.5 \times (-1.166) = 1.08 \text{ 为拉应力}$$

$$\frac{\sigma_y}{2k} = -[0.5 + 0.5 \times (-1.166)] = 0.08 \text{ 为拉应力}$$

在 C 点 $p_y = p_y^C = 4.074k$ 按式（4-46），得

$$\frac{\sigma_x}{2k} = 0.5 - 0.5 \times 4.074 = -1.54 \text{ 为压应力}$$

$$\frac{\sigma_y}{2k} = -(0.5 + 0.5 \times 4.074) = -2.54 \text{ 为压应力}$$

同理，算得其他各点之 $\dfrac{\sigma_x}{2k}$，$\dfrac{\sigma_y}{2k}$，其结果如图 4-35c 所示。

计算结果表明，在压缩厚件时其中心部位有很大的拉应力出现，此例中拉应力 σ_x 大于 $2k$。可见，厚件压缩时，其应力分布是极不均匀的，这是压缩厚件时于中心部位产生断裂的力学原因。

顺便指出，式（4-43）和式（4-44），不仅可用于计算平砧压缩厚件 $\left(\dfrac{l}{h} < 1.0\right)$ 的平均单位压力，而且也可以用于计算粗轧厚件（$\dfrac{l}{h} < 1.0$，其中 l 为轧制变形区长度，h 为变形区平均厚度）的平均单位压力。

4.8.3　平板间压缩 $l/h > 1$ 的薄件

图 4-39 是在粗糙的平行砧间时的压缩情况、滑移线场、速端图及接触面上单位压力的分布。由于变形是对称的，所以仅示出左半部分。

4.8.3.1　绘制压缩薄件滑移线场

假设 AB 和 CD 是刚性和完全粗糙的平砧，接触面上的摩擦应力 $\tau_f = \tau_n = k$。按图 4-21 所示的应力边界条件知，一族滑移线与表面接触线（接触面与纸面的交线）垂直，而另一族滑移线则与表面接触线相切。

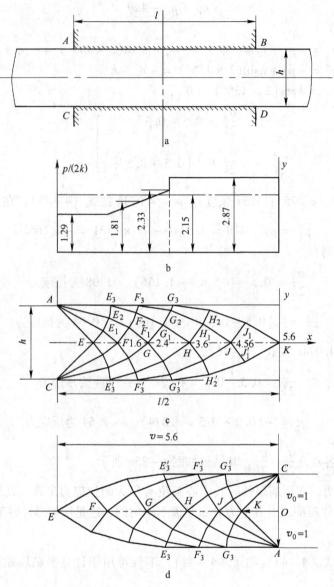

图 4-39　在粗糙的平行砧间压缩薄件

a—压缩情况；b—接触面上单位压力 $p/(2k)$ 的分布；c—滑移线场；d—速端图

平砧的拐角点 A 和 C 是应力奇异点。实验和理论分析表明，应力奇异点是应力集中之处，它往往成为滑移线的起点。这样，便以 A 和 C 为中心绘制出有心扇形场 AEE_3 和 CEE_3'。圆弧线，在 E_3 和 E_3' 点与平砧面（即表面接触线）垂直；并在 E 点与水平对称轴（x 轴）交成 135°和 45°角。

AE 为直线滑移线与 x 轴成 45°角，是有心扇形场的圆弧线。由于工件外端无水平方向的外力作用，所以水平方向的应力是代数值最大的，因而定出 AE 是 α 滑移线，而 $EE_1E_2E_3$ 是 β 滑移线。这样，可按混合问题作图法：给定一条滑移线 $EE_1E_2E_3$（已知 p 和 ϕ）与非滑移线的 x 轴（仅知 ϕ），绘制出整个左半部区域的滑移线网。图 4-39c 是按角距为15°作出的等角滑移线网。

滑移线场的形状和 $\frac{l}{h}$ 有关，当 $\frac{l}{h} = 2.4$ 时，塑性区为 $AECE_2'F_1'GF_1E_2A$；当 $\frac{l}{h} = 3.6$ 时，塑性区为 $AECE_3'F_2'G_1'HG_1F_2E_3A$，所以 $\frac{l}{h} \leqslant 2.4$ 时，刚性区遍及整个接触面；$\frac{l}{h} > 3.6$，在接触面上存在均匀压力区 AE_3、压力递增区和刚性区。

可见，在压缩过程中，工件由厚变薄，滑移线的外廓在不断变化，这种滑移线场称为不稳定场。图4-39c中示出的是某一压缩瞬间的滑移线场。

4.8.3.2 作速端图

如图4-39c所示，作为速度不连续线的两条滑移线相交于 K 点。参照图4-17的作图法，当上下平砧以 v_0 的速度压缩工件时，K 点左邻域的速度为 v_0（即图4-39c中之 $\overline{OK}$），速度不连续量为图4-39d中之 $\overline{AK}$ 和 $\overline{CK}$。滑移线 $G_3H_2J_1K$ 以上和 $G_3'H_2'J_1'K$ 以下是刚性区，而沿这两条速度不连续线上速度不连续量为常数，参照图4-16c之作图法沿这两条速度不连续线的速端图为图4-39d上之圆弧 G_3K 和 $G_3'K$ 已知这两个弧线上的速度按式（4-35）和式（4-33）便可作出如图4-39d所示的整个左半部区域的速端图。滑移线 AEC 左边之外区部分，作为刚性区以 v_1 的速度向左移动，按体积不变条件 $v_0\frac{l}{2} = v_1\frac{l}{2}$，则 $v_1 = \frac{l}{h}v_0$，如平砧以单位速度移动时，则 $v_1 = \frac{l}{h}$。$\frac{l}{h} = 5.6$ 时，若作图精确速端图上的 $OE \approx 5.6$。

4.8.3.3 求平均单位压 $\bar{p}$ 的数值解

因为在压缩过程中，没有施加任何水平方向的外力，所以在 E 点的 $\sigma_{Ex} = 0$，而此点之 $\phi_E = 135°$，则按式（4-1），有

故
$$\sigma_{Ex} = -p_E - k\sin(2 \times 135°) = 0$$
$$p_E = k$$

沿 β 线 EE_3，ϕ 角从 E 到 E_3 逆时针转了45°，即 $\phi_{E_3} - \phi_E = \frac{\pi}{4}$，按汉基应力方程，得

$$p_{E_3} = p_E + 2k(\phi_{E_3} - \phi_E) = p_E + \frac{1}{2}\pi k$$

把 $p_E = k$ 代入此式，则

$$p_{E_3} = p_E + \frac{1}{2}\pi k = k\left(1 + \frac{\pi}{2}\right) \approx 2.57k$$

或

$$\frac{p_{E_3}}{2k} \approx 1.29$$

沿 α 线 E_3F_2，ϕ 角从 E_3 到 F_2 顺时针转了15°（滑移线网是按15°的等角距绘制的），即 $\phi_{E_3} - \phi_{F_2} = \frac{\pi}{12}$，按汉基应力方程，得

$$p_{F_2} = p_{E_3} + 2k(\phi_{E_3} - \phi_{F_2}) = p_{E_3} + \frac{1}{6}\pi k$$

把 $p_{E3} = k\left(1 + \dfrac{\pi}{2}\right)$ 代入此式，则

$$p_{F_2} = k\left(1 + \frac{\pi}{2}\right) + \frac{1}{6}\pi k = k\left(1 + \frac{2}{3}\pi\right) \approx 3.09k$$

沿 β 线 F_2F_3，ϕ 角从 F_2 到 F_3 逆时针转了 15°，即 $\phi_{F_3} - \phi_{F_2} = \dfrac{\pi}{12}$，按汉基应力方程，得

$$p_{F_3} = p_{F_2} + 2k(\phi_{F_3} - \phi_{F_2}) = p_{F_2} + \frac{1}{6}\pi k$$

把 $p_{F_2} = k\left(1 + \dfrac{2\pi}{3}\right)$ 代入此式，则

$$p_{F_3} = k\left(1 + \frac{2\pi}{3}\right) + \frac{1}{6}\pi k = k\left(1 + \frac{5}{6}\pi\right) \approx 3.62k$$

或

$$\frac{p_{F_3}}{2k} \approx 1.81$$

同理，沿 F_3G_2 和 G_2G_3，得

$$p_{F_2} = k\left(1 + \frac{6\pi}{7}\right) \approx 4.66k$$

或

$$\frac{p_{G_3}}{2k} \approx 2.33$$

在 E_3、F_3、G_3 处，滑移线与表面接触线一致。这样，所求得的滑移线上的正应力 p_{E_2}、p_{F_3}、p_{G_3} 即是工件与工具接触面上相应点的正压力或单位压力。但是，对于 $G_3H_2J_1K$ 的区段，由于滑移线 G_3K 以上是刚性区，应力无法计算，所以只能用先求出该区的总垂直力也就是接触面上的总垂直力 P 的方法，然后计算其平均单位压力 p_m。

如图 4－40 所示，设 $\mathrm{d}s$ 为 α 滑移线 G_3K 上的微线素，则作用在该线素上的垂直力

$$\mathrm{d}P = k\sin\psi_i\mathrm{d}s + P_i\cos\psi_i\mathrm{d}s = k\mathrm{d}y + P_i\mathrm{d}x$$

所以沿 G_3K 上的总垂直力为

$$P = k\int_0^{h/2}\mathrm{d}y + \int_0^X p_i\mathrm{d}x \tag{4－47}$$

式中 X——G_3 到 y 轴的水平距离。

沿 α 线 G_3K 上任意点 I，按汉基方程，有

$$p_i = p_{G_3} + 2k(\phi_{G_3} - \phi_i)$$

如图 4－40 所示，ψ_i 是由 G_3 到 I 的滑移线转角，即 $\phi_{G3} - \phi_i = \psi_i$，代入上式，则

$$p_i = p_{G_3} + 2k\psi_i$$

把此式代入式（4－47），积分整理，得

$$P = k\frac{h}{2} + 2k\int_0^X\left(\frac{p_{G_3}}{2k} + \psi_i\right)\mathrm{d}x$$

$$= k\frac{h}{2} + p_{G_3}\int_0^X\mathrm{d}x + 2k\int_0^X\psi_i\mathrm{d}x$$

$$= k\frac{h}{2} + p_{G_3}X + 2k\int_0^X \psi_i \mathrm{d}x$$

或

$$\frac{P}{2k} = \frac{h}{4} + \frac{p_{G_3}}{2k}X + \int_0^X \psi_i \mathrm{d}x$$

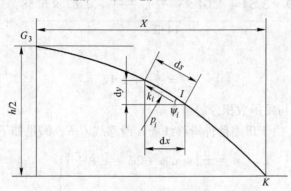

图 4-40 在线素 $\mathrm{d}s$ 上的垂直力

该区接触面上平均单位压力，为

$$\frac{p_m}{2k} = \frac{P}{2kX} = \frac{p_{G_3}}{2k} + \frac{\dfrac{h}{2} + 2\int_0^X \psi_i \mathrm{d}x}{2X} \tag{4-48}$$

式中之积分项 $\int_0^X \psi_i \mathrm{d}x$ ，可按图 4-39c 中之近似滑移线场作数值计算，即

$$\int_0^X \psi_i \mathrm{d}x = \sum \psi \Delta X$$

其计算结果列于表 4-3 中。

表 4-3 按图 4-39c 之滑移线场的计算结果

线　段	KJ_1	J_1H_2	H_2G_3
ΔX	1.65	2.1	2.83
ψ_i	0.654	0.393	0.131
ΔX	1.08	0.825	0.371

$$\sum \psi_i \Delta X = 1.08 + 0.825 + 0.371 = 2.28 \quad X = \sum \Delta X = 6.58$$

在此， $\dfrac{p_{G_3}}{2k} = 2.33$ 、 $\dfrac{h}{2} = 2.5$ 、 $X = 6.58$ 、 $\sum \psi \Delta X = 2.28$ ，把以上诸值代入式（4-48），得

$$\frac{p_m}{2k} = 2.33 + \frac{2.5 + 2 \times 2.28}{2 \times 6.58} \approx 2.87$$

如图 4-39b 所示，砧面上的平均压力 $\bar{p}$ 由以下各区段组成：

（1） AE_3 （3.54）为等压区段，此段 $\dfrac{p}{2k} \approx 1.29$ ；

（2） E_3G_3 （4.04）为压力递增区段，此段 $1.29 < \dfrac{p}{2k} < 2.33$ ；

（3）G_3M（6.58）为刚性区段，此段$\dfrac{p}{2k} \approx 2.87$。

所以砧面上的平均压力$\bar{p}$为

$$\bar{p} \approx 2k\,\frac{1.29 \times 3.54 + 4.04 \times \dfrac{1.29 + 2.33}{2} + 2.87 \times 6.58}{14.2} \approx 2k \times 2.17$$

或

$$n_\sigma = \frac{\bar{p}}{2k} \approx 2.17$$

（4）参变量积分与反函数积分的解析解。

1）参量积分法。由于压缩薄件滑移线场α滑移线G_3K，满足如下参数方程

$$\left.\begin{array}{l} x = \dfrac{h}{2}\Big(\sin 2\phi + 2\phi + 1 + \dfrac{\pi}{2}\Big) \\[3mm] y = \dfrac{h}{2}\cos 2\phi \end{array}\right\} \tag{a}$$

注意到沿α滑移线$x = 0$，$\phi = \phi_K = -\pi/4$ 或 $3\pi/4$；$x = X$，$\phi = \phi_{G_3} = 0$ 或 π，如图$4-40$所示，$\mathrm{d}x = \dfrac{h}{2}(2\cos 2\phi + 2)\,\mathrm{d}\phi$，代入式（$4-48$）

$$\begin{aligned} \frac{P}{2k} &= \frac{h}{4} + \frac{p_{G_3}}{2k}X - \int_{\phi_K}^{0}\phi \cdot \frac{h}{2}(2\cos 2\phi + 2)\,\mathrm{d}\phi \\[2mm] &= \frac{h}{4} + \frac{p_{G_3}}{2k}X - \frac{h}{4}\Big\{\big[2\phi\sin 2\phi + \cos 2\phi\big]_{\phi_K}^{0} + \frac{1}{2}\,(2\phi)^2\Big|_{\phi_K}^{0}\Big\} \\[2mm] &= \frac{p_{G_3}}{2k}X + \frac{h}{4}\,(2\phi_K\sin 2\phi_K + \cos 2\phi_K + 2\phi_K^2) \end{aligned}$$

$$\frac{p_m}{2k} = \frac{P}{2kX} = \frac{p_{G_3}}{2k} + \frac{h}{4X}(2\phi_K\sin 2\phi_K + \cos 2\phi_K + 2\phi_K^2) \tag{b}$$

上式即死区单位压力的解析解。将$\dfrac{h}{2} = 2.5$，$\phi = \phi_{G_3} = 0$代入式（a）

$$X = 2.5\Big(1 + \frac{\pi}{2}\Big) = 6.427$$

将$\dfrac{p_{G_3}}{2k} = 2.33$、$\dfrac{h}{2} = 2.5$、$X = 6.427$、$\phi_K = -\pi/4$代入式（b）

$$\frac{p_m}{2k} = 2.33 + \frac{5}{4 \times 6.427}\Big[2\Big(-\frac{\pi}{4}\Big)\sin 2\Big(-\frac{\pi}{4}\Big) + \cos 2\Big(-\frac{\pi}{4}\Big) + 2\Big(-\frac{\pi}{4}\Big)^2\Big] = 2.875$$

上述G_3K段解析解与前述数值结果$\dfrac{p_m}{2k} \approx 2.87$非常一致。说明 Hill 数值结果基本可靠。

2）反函数积分法。注意到式（a）并$\dfrac{h}{2} = 2.5$由式（$4-48$）有

$$\int_0^X \phi\,\mathrm{d}x = \int_0^{-\frac{\pi}{4}} x\,\mathrm{d}\phi = \int_0^{-\frac{\pi}{4}} \frac{h}{2}\Big(\sin 2\phi + 2\phi + 1 + \frac{\pi}{2}\Big)\mathrm{d}\phi = -2.26$$

上述反函数积分结果代入式（$4-48$），得到与参量积分结果完全一致的解析解为

$$\frac{p_m}{2k} = \frac{P}{2kX} = \frac{p_{G_3}}{2k} + \frac{\dfrac{h}{2} + 2\displaystyle\int_0^X \psi_i \,\mathrm{d}x}{2X} = 2.33 + \frac{2.5 + 2 \times (-2.26)}{2 \times 6.427} = 2.876$$

解析解作为一把标尺可以检验数值结果的精度，例如：本问题 $\dfrac{l}{h} = 5.6$，$\dfrac{h}{2} = 2.5$ 则 y 轴左侧滑移线场长度（工件长度的一半）的精确值为

$$\frac{l}{2} = \frac{5.6h}{2} = 5.6 \times 2.5 = 14$$

解析解的计算结果为： $\dfrac{l}{2} = 3.54 + 4.04 + 6.427 = 14$

前述 Hill 数值解为： $\dfrac{l}{2} = 3.54 + 4.04 + 6.58 = 14.16$

显然数值计算 $X = \Sigma \Delta X = 6.58$ 造成上述误差，X 的准确值（解析值）为 6.427。

以上仅以薄件滑移线场数值分析为例说明参量积分、反函数积分解析此类问题的有效性、科学性与解析性。研究表明：均匀直线场、有心扇形场等诸多滑移线场均可用相应的直线、圆、摆线、对数螺线、渐屈线等诸多参数方程或其组合表示。这为有效解决滑移线场复杂边界数值计算开辟新的亮点。

按同样的数值方法，对 $\dfrac{l}{h} = 1.6$、3.6、6.6 的计算结果列于表 4 - 4 中。

表 4 - 4 $\bar{p}/2k$ 与 l/h 关系的计算数据

$\bar{p}/2k$	1.6	3.6	5.6	6.6
l/h	1.11	1.65	2.17	2.4

用表 4 - 4 中所列数据可做出如图 4 - 41 所示的 $\dfrac{\bar{p}}{2k}$ - $\dfrac{l}{h}$ 图。

在 $\dfrac{l}{h} > 1$ 时，图 4 - 41 中之曲线可用下式代替

$$\frac{\bar{p}}{2k} = 0.75 + 0.25 \frac{l}{h} \qquad (4 - 49)$$

式（4 - 49）可用于计算粗糙砧面压缩薄件 $\left(\dfrac{l}{h} > 1\right)$ 时的

$\dfrac{\bar{p}}{2k}$，亦可用于计算热轧 $\left(\dfrac{l}{h} > 1\right)$ 的薄板坯和中厚板时的 $\dfrac{\bar{p}}{2k}$，

但这时 l、$\bar{h}$ 分别表示变形区的平均长度和平均厚度。

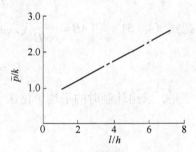

图 4 - 41 压缩薄件 （$l/h > 1$）
时的 $\bar{p}/k$ - l/h 图

4.9 滑移线理论在轧、挤、压方面的应用实例

4.9.1 平辊轧制厚件 （$l/\bar{h} < 1$）

将轧制厚件简化成斜平板间压缩厚件，并参照压缩厚件滑移线场的画法，得到平辊轧

制厚件的滑移线场，如图 4 – 42 所示。由于轧制时其滑移线场是不随时间而变的，故此种场称为稳定场。

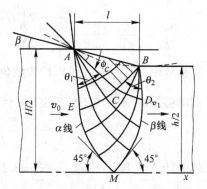

下面研究按滑移线场确定平均单位压力 $\bar{p}$ 的方法。

在稳定轧制过程中，整个轧件处于力的平衡状态。此时，在接触面上作用有法向正应力 σ_n 和切向剪应力 τ_f。如图 4 – 42 所示，滑移线 AC 与接触面 AB 之夹角为 $-(\phi_c - \beta)$。于是，按式（4 – 1），在接触面上的单位正压力和摩擦剪应力

$$\left.\begin{array}{r} p_n = -\sigma_n = p_c + k\sin2(\phi_c - \beta) \\ \tau_f = k\cos2(\phi_c - \beta) \end{array}\right\} \qquad (4-50)$$

图 4 – 42   轧制厚件（$l/\bar{h} < 1$）时的滑移线场

由于整个轧件处于平衡，所以作用在轧件上的力的水平投影之和应为零，即

$$p_n AB\sin\beta = \tau_f AB\cos\beta \qquad (4-51)$$

或

$$p_n = \frac{\tau_f}{\tan\beta}$$

式中，β 为 AB 弦的倾角，且有 $\beta = \dfrac{\alpha}{2}$（$\alpha$ 是轧制时的咬入角）。

轧制总压力为

$$P = p_n AB\cos\beta + \tau_f AB\sin\beta$$

把式（4 – 51）和 $AB = \dfrac{l}{\cos\beta}$ 代入此式，得

$$P = \frac{\tau_f l}{\cos\beta}\left(\frac{\cos\beta}{\tan\beta} + \sin\beta\right) = \frac{2\tau_f l}{\sin2\beta}$$

于是，求出轧制时的平均单位压力为

$$\bar{p} = \frac{P}{l} = \frac{2\tau_f}{\sin2\beta}$$

把式（4 – 50）代入，得

$$\bar{p} = \frac{2k\cos2(\phi_c - \beta)}{\sin2\beta} \qquad (4-52)$$

或

$$n_\sigma = \frac{\bar{p}}{2k} = \frac{\cos2(\phi_c - \beta)}{\sin2\beta} \qquad (4-53)$$

式中，ϕ_c 按满足静力和速度条件的滑移线场来确定。而在确定 ϕ_c 时，在运算式中必含有 p_c，把式（4 – 50）代入式（4 – 51），则有

$$p_c = \frac{k\cos2(\phi_c - \beta)}{\sin\beta} \qquad (4-54)$$

式（4 – 54）表明，p_c 和 ϕ_c 不是独立的。这样，在确定 ϕ_c 时，可先取一系列的 ϕ_c，由式

（4－54）求出 p_c。然后绘制滑移线场得一系列的 $\phi_M = \dfrac{3\pi}{4}$ 之点，取其中沿 AEM 和 BDM 线上水平力为零的点 M。过 M 点作一水平轴线求出 $\dfrac{l}{h}$ 值（$\bar{h} = \dfrac{H+h}{2}$，$l = \sqrt{R\,(H-h)}$，R 为轧辊半径），与此对应的 ϕ_c 和 p_c，便满足了上述的静力和速度条件。把此 ϕ_c 值代入式（4－53），便可求出与此 $\dfrac{l}{h}$ 相对应的 $\dfrac{\bar{p}}{2k}$。

图4－43 是用上述方法作出的，在 $\dfrac{l}{h} = 0.27$ 时之滑移线场及沿 I—I 断面上的应力分布图。图中示出，纵向应力（轧制方向）σ_n 在表面层为压应力，其值为 $1.83k$；中心层为拉应力，其值为 $1.61k$。垂直应力（压下方向）是压应力，其值由表面层的 $3.35k$ 递减到中心层的 $0.4k$。剪应力 τ_{xy} 由表面层向内递减到零，然后改变符号。分析表明，轧制厚件时产生双鼓变形是与其应力的分布相对应的。

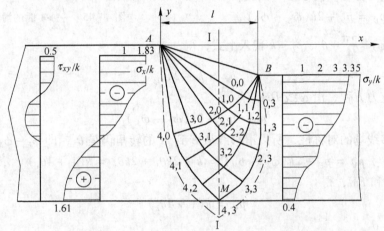

图4－43　轧制时的滑移线场及沿 I—I 断面上的应力分布（$l/\bar{h} = 0.27$）

用不同的咬入角作出的 $\dfrac{\bar{p}}{2k}$ 与 $\dfrac{l}{h}$ 曲线示于图4－44 中。图中表明，在 $\dfrac{l}{h}$ 较小时，咬入角 α 对 $\dfrac{\bar{p}}{2k}$ 的影响较大，考虑到工程计算上的方便性和可靠性常常采用 $\alpha = 0$ 时的计算式（4－44）。

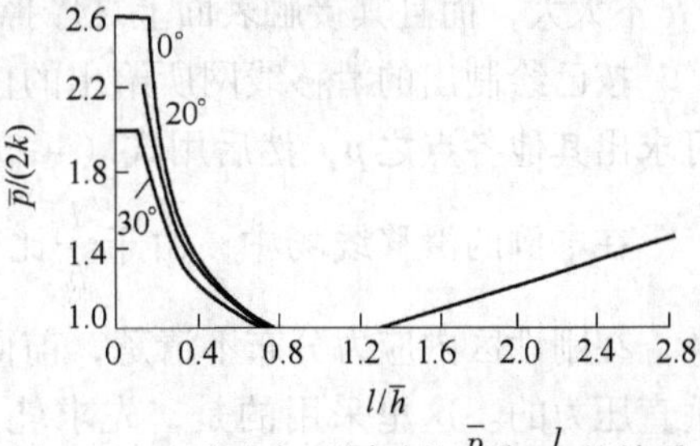

图4－44　咬入角不同时的 $\dfrac{\bar{p}}{2k}$ 与 $\dfrac{l}{h}$ 的关系

轧制时，接触面上各点的正应力 p_n 和摩擦剪应力 τ_f 是可以通过实测得知的，这时可按下述方法绘制滑移线场，从而近似确定变形体内的应力场。

参照式（4－50），有

$$p_n = -\sigma_n = p_x + k\sin 2(\phi_x - \beta_x)$$

$$\tau_f = k\cos 2(\phi_x - \beta_x) \tag{4－55}$$

式中　β_x——过接触弧上任意点 x 作轧辊圆周切线与 x 轴所夹之负角（顺时针为负）；

ϕ_x——过 x 点滑移线与 x 轴所夹之负角；

p_x——在接触弧上 x 点处的静水压力。

已知 p_n 和 τ_f 按式（4-55）可求出接触弧上任意点 x 的 ϕ_x 和 p_x。然后，按前述的柯西问题作图法绘制出滑移线网，直到于水平轴（x 轴）正交并和该轴交成135°和45°为止。滑移线场作出后，按已知的 ϕ_x 和 p_x 可求出其他各点的 ϕ 和 p。最后，按式（4-1）求出其应力场。

4.9.2　平辊轧制薄件（$l/\bar{h}>1$）

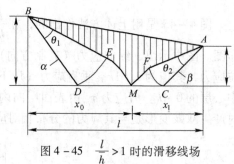

将轧制薄件简化成斜平板间压缩薄件，并参照压缩薄件滑移线场的画法，得到平辊轧制薄件的滑移线场如图4-45所示。张角 θ_1、θ_2 与各点应力状态确定方法概述如下。

图 4-45　$\dfrac{l}{h}>1$ 时的滑移线场

按汉基应力方程，沿 β 线 DE，有

$$p_E = p_D + 2k(\phi_E - \phi_D)$$

而 $\phi_D = \dfrac{3\pi}{4}$、$\phi_E = \dfrac{3\pi}{4} + \theta_1$、$p_D = k$ 代入上式，得

$$p_E = k + 2k\theta_1$$

按汉基应力方程，沿 α 线 DE，有

$$p_M = p_E + 2k(\phi_E - \phi_M)$$

由于上下滑移线场的对称性，所以滑移线从 E 到 M 的转角仍是 θ_1，即 $\phi_E - \phi_M = \phi_1$，故

$$p_M = p_E + 2k(\phi_E - \phi_M) = k + 2k\theta_1 + 2k\theta_1 = k(1 + 4\theta_1)$$

同理，沿 CF 和 FM，得

$$p_M = k(1 + 4\theta_2)$$

从而得出 $\theta_1 = \theta_2$。

滑移线场的形状既同 $l/\bar{h}$ 有关，也同接触表面的摩擦有关。本例中之滑移线场，仅在 $l/\bar{h}$ 不太大，而且其接触表面上之摩擦剪应力 τ_f 尚未达到 k 的条件下才是可能的。

按已绘制出的滑移线网所给出的任意点的 p（例如，在 C 点和 D 点之 $p = p_C = p_D = k$），可求出其他各点之 p，然后用式（4-1）便可求出各点之 σ_x、σ_y 和 τ_{xy}。

在本例的滑移线场中，由于 $\dfrac{l}{h}$ 比较小，所以其刚性区扩展到整个接触面上。前已述及，在刚性区内应力分布不清楚，前面是用求 $AFMEB$ 上的总压力来确定接触面上的平均垂直压力的。这里采用的是，先求轧制轴线（x 轴）上的 σ_y 来确定该轴上的总垂直力，即轧制力 P，然后按 $\bar{p} = \dfrac{P}{l}$，求得单位平均压力。用上述方法作了 $\dfrac{\bar{p}}{2k}$ 与 $\dfrac{l}{h}$ 图（图4-44）。

4.9.3　横轧圆坯

二辊横轧圆坯与平砧压缩厚件（图4-35）相类似，其滑移线场、速端图和平均单位压力 $\bar{p}$ 都可以按前述方法求得。图4-46是按 A. Д. 托姆列诺夫（Томденов）的计算而绘制的滑移线网和应力分布。

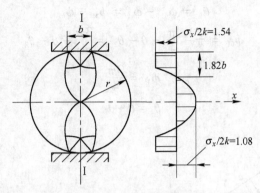

图 4-46 二辊横轧时沿 I—I 断面纵向应力 σ_x 的分布

图中示出，作为滑移线的两条速度不连续线在工件中心处相交，于该中心处产生剧烈的剪变形，又加上在中心处有较大的水平方向拉应力存在，导致圆坯中心疏松，这便是二辊横轧和斜轧出现孔腔（图 4-47a）的主要原因之一。

图 4-48 是三辊横轧时的滑移线场。这种场除在坯料的外缘形成三个刚性区 $A_2O_1B_1$、$A_3O_2B_2$、$A_1O_3B_3$ 外，在坯料的中心区域还形成一个凹边六角形的刚性区。在塑性区和刚性区的边界上剪变形剧烈又加上在 O_1、O_2、O_3 处产生拉应力最大，所以此处易产生横裂。由于轧制时坯料是旋转的，因而会出现如图 4-47b 所示的环腔（或环裂）。

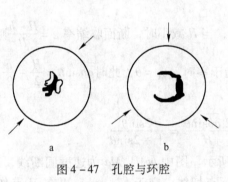

图 4-47 孔腔与环腔

a—孔腔；b—环腔

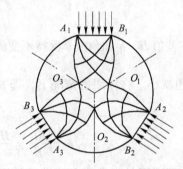

图 4-48 三辊横轧的滑移线场

4.9.4 在光滑模孔中挤压（或拉拔）板条

在光滑模孔中挤压（或拉拔）板条，如果板条厚度（垂直纸面方向的尺寸）足够大，仅有工件厚度的减薄与长度的增加，则属平面变形问题。按前述的绘制滑移线网及作速端图的方法做出如图 4-49 所示的滑移线网和速端图。

由于挤压过程是在无摩擦条件下进行的，α 线与接触面 ab 成 $\frac{3}{4}\pi$ 角，整个滑移线场是由一个具有均匀应力状态的三角形（abc）直线场连接两个不对称的有心扇形场所构成的。在对称轴的出口处 $\sigma_x^M = 0$，为代数值最大的主应力，据此亦可确定场中的 σ、β 线方向在水平对称轴（x 轴）上，两条滑移线正交于 M 点，并与 x 轴交成 135°和 45°角。按汉基第一定理式（4-14），有

$$\theta_1 = \phi_{a1} - \phi_c = \phi_M - \phi_{b1}$$

又 $\qquad \phi_{b1} = \pi - \dfrac{\pi}{4} - \theta - \theta_2 = \dfrac{3\pi}{4} - \theta - \theta_2$

而 $\qquad \phi_M = \dfrac{3\pi}{4}$

所以 $\qquad \theta_1 = \theta + \theta_2$

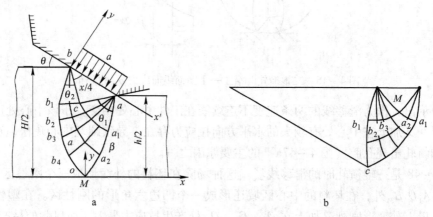

图 4 - 49   平面挤压时的滑移线场和速端图

a—滑移线场；b—速端图

在差值 $H-h$ 和角度 θ 保持不变的前提下，当 H 减小时，断面收缩率 $\varepsilon = \dfrac{H-h}{H}$ 则增大，而 θ_2 角减小。在极限的情况下，即 θ_2 角度趋于零时，$\theta_1 = \theta$，此时 $\overline{ab}\sin\theta = \dfrac{H}{2} - \dfrac{h}{2}$，断面收缩率

$$\varepsilon = \frac{\Delta h}{H} = \frac{H-h}{H} = \frac{2\,\overline{ab}\sin\theta}{H} = \frac{2\sin\theta}{1+2\sin\theta} \tag{a}$$

此情况下的滑移线和速端图如图 4 - 50 所示。图中 bcM, Ma 为速度间断线，速端图的画法为：先从 O 点出发画出 v_0，作 b 点、c 点切线，交于 b^+，c^+；再在 M 点作切线，交于 M^+；最后从 M 点出发，引与 Ma 相平行的直线，交于 v_1 末端。

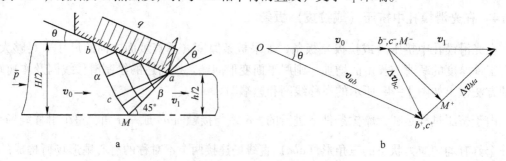

a   b

图 4 - 50 $\varepsilon = \dfrac{2\sin\theta}{1+2\sin\theta}$ 时，挤压板条的滑移线场及速端图

a—滑移线场；b—速端图

下面，求此滑移线场的平均单位挤压力 $\bar{p}$。

凹模出口无摩擦，也无其他阻力，挤压力全部作用于死区边界 ab 上，按接触面无摩擦和其上单位正压力均匀分布的条件，可建立如下的平衡关系式，即

$$P = \bar{p} \times H = 2q \times \overline{ab} \times \sin\theta$$

式中，P 为总挤压力；$\bar{p}$ 为平均单位挤压力。

前已述及，三角形 abc 是均匀应力状态直线场。

根据 $\triangle ABC$ 刚性块平衡条件，参照图 4-49 和式（4-38），则

$$q \cdot \frac{1}{2} \overline{ab} = k \cdot \overline{bc}\cos45° + p_c \cdot \overline{bc}\sin45°, q = p_c + k \tag{b}$$

按前已述的方法确定出 α 及 β 滑移线，并按汉基应力方程，沿 α 线 bcM，有

$$p_M + 2k\phi_M = p_c + 2k\phi_c$$

或

$$p_c = p_M + 2k(\phi_M - \phi_c)$$

因为从 M 到 C 的转角为 θ，所以上式可写成

$$p_c = p_M + 2k\theta \tag{c}$$

式中，p_M 可按边界条件确定。在挤压时出口端无任何外加力，所以在出口 M 点处 $\sigma_x = 0$，按式（4-1），有

$$\sigma_x = -p_M - k\sin2\phi_M$$

将 $\phi_M = 135°$ 代入此式，得 $p_M = k$，并注意到式（c）和式（b）则得

$$\bar{p} = \frac{2q \times \overline{ab}\sin\theta}{H} = 2k(1 + \theta)\varepsilon \tag{4-56}$$

把式（a）代入式（4-56），则

$$n_\sigma = \frac{\bar{p}}{2k} = (1 + \theta)\varepsilon = \frac{2(1 + \theta)\sin\theta}{1 + 2\sin\theta} \tag{4-57}$$

当 $\theta = \frac{\pi}{6}$ 时，$\frac{\bar{p}}{2k} = 0.762$。

4. 10* 滑移线场的矩阵算子法简介

矩阵算子法是从正交的滑移线段开始，将滑移线的曲率半径用均匀收敛的双幂级数表示，级数的系数用列向量表示，应用矩阵算法和叠加原理来求解滑移线场。

4.10.1 矩阵算子法的发展概述

矩阵算子法起源于英国。1967 年英国的欧云（Ewing）首先提出用双幂级数表示滑移线场基本方程的通解——电报方程。同年，希尔（Hill）提出滑移线场构成的位置矢量叠加原理。这些为矩阵算子法奠定了理论基础。

1968 年，柯灵斯（Collins）证明：如果采用级数表示滑移线场基本方程的通解，则滑移线场及其速度场的建立可归结为少数几个基本矩阵算子的代数运算。

1973 年后，戴郝斯特（Dewhurst）和柯灵斯对此法作了进一步的完善，写出了系统的矩阵算子程序。至此，这一方法基本定型。以后，一些学者利用这种方法求解了一系列塑

性力学问题。

矩阵算子法是近 20 多年来滑移线场理论与计算机技术相结合所取得的重要成果。

4.10.2　矩阵算子法的基本原理

4.10.2.1　滑移线场理论的基本方程

A　曲率半径

如图 4-51 所示，设 α 线和 β 线的曲率半径分别为 R 和 S，方向角分别为 α 和 β，则可导出

$$
\left.\begin{aligned}
\frac{\partial S}{\partial \alpha} + R = 0 \qquad 沿 \alpha 线 \\
\frac{\partial R}{\partial \beta} - S = 0 \qquad 沿 \beta 线
\end{aligned}\right\} \tag{4-58}
$$

式（4-58）表明滑移线场内任一点的曲率半径是转角变量的函数。

B　移动坐标

如图 4-52 所示，由滑移线上任意点 P 作切线，设与 x 轴相交成 ϕ 角，由直角坐标系的原点 O 沿 ϕ 方向得 $\overline{X}$ 轴，逆时针旋转 $90°$ 得 $\overline{Y}$ 轴，此即为移动坐标轴。可推导出 $\overline{X}$、$\overline{Y}$ 与滑移线转角之间的关系

$$
\left.\begin{aligned}
\frac{\partial \overline{Y}}{\partial \alpha} + \overline{X} = 0 \qquad 沿 \alpha 线 \\
\frac{\partial \overline{X}}{\partial \beta} - \overline{Y} = 0 \qquad 沿 \beta 线
\end{aligned}\right\} \tag{4-59}
$$

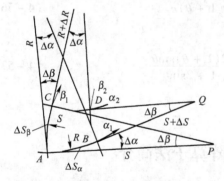

图 4-51　滑移线场的曲率半径和转角

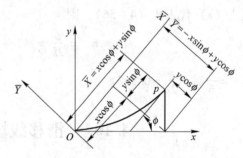

图 4-52　滑移线场的移动坐标

C　速度方程

将盖林格尔速度方程式（4-15）改写成

$$
\left.\begin{aligned}
\frac{\partial v_\alpha}{\partial \alpha} - v_\beta = 0 \qquad 沿 \alpha 线 \\
\frac{\partial v_\beta}{\partial \beta} + v_\alpha = 0 \qquad 沿 \beta 线
\end{aligned}\right\} \tag{4-60}
$$

上述滑移线场的基本方程式（4-58）～式（4-60）均为电报方程型，即

$$
\left.\begin{aligned}
\frac{\partial^2 f}{\partial \alpha \partial \beta} + f = 0 \\
\frac{\partial^2 f}{\partial \alpha \partial \beta} + g = 0
\end{aligned}\right\} \tag{4-61}
$$

由于上述方程的线性特点，故可采用希尔建议的叠加原理。

4.10.2.2 滑移线曲率半径的级数表示方法

滑移线场中任意点的曲率半径均可用其幂级数解表示。如图 4-53 所示的四边网络滑移线场中，OA 和 OB 为起始滑移线，其曲率半径分别为 R_0 和 S_0。OA 上任意点 A'，其切线和基切线（过基点 O 的切线）的夹角为 α，其曲率半径 $R_{A'}$ 可用幂级数解表示为

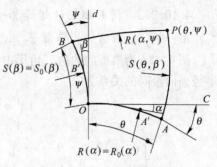

图 4-53 四边网络滑移线场

$$
\left.
\begin{aligned}
R_{A'} &= R_0(\alpha) = \sum_{n=0}^{\infty} a_n \frac{\alpha^n}{n!} \\
S_{B'} &= S_0(\beta) = \sum_{n=0}^{\infty} b_n \frac{\beta^n}{n!}
\end{aligned}
\right\}
$$

同理

上式改写为矩阵形式：

$$
R_{A'} = R_0(\alpha) = [\alpha_0 \alpha_1 \alpha_2 \cdots \alpha_n]
\begin{bmatrix}
a_0 \\ a_1 \\ a_2 \\ \vdots \\ a_n
\end{bmatrix}
\tag{4-62}
$$

式中，$\alpha_n = \dfrac{\alpha^n}{n!}$。

由于 α 给定后，行阵 $[\alpha_0 \alpha_1 \alpha_2 \cdots \alpha_n]$ 只是 α 的函数，故曲率半径可用幂级数解的系数列向量（矩阵）V 表示，即

$$
V_{0A} =
\begin{bmatrix}
a_0 \\ a_1 \\ a_2 \\ \vdots \\ a_n
\end{bmatrix},
\quad
V_{0B} =
\begin{bmatrix}
b_0 \\ b_1 \\ b_2 \\ \vdots \\ b_n
\end{bmatrix}
\tag{4-63}
$$

由此可推导出过任意点 P（图 4-54）两滑移线的曲率半径：

$$
\left.
\begin{aligned}
R(\alpha, \psi) &= \sum_{n=0}^{\infty} r_n(\psi) \frac{\alpha^n}{n!} \\
S(\theta, \beta) &= \sum_{n=0}^{\infty} s_n(\theta) \frac{\beta^n}{n!}
\end{aligned}
\right\}
\tag{4-64}
$$

上式中系数 $r_n(\psi)$ 和 $s_n(\theta)$ 由下式确定：

$$
\left.
\begin{aligned}
r_n(\psi) &= \sum_{m=0}^{n} a_{n-m} \frac{\psi^m}{m!} - \sum_{m=n+1}^{\infty} b_{m-n-1} \frac{\psi^m}{m!} \\
s_n(\theta) &= \sum_{m=0}^{n} b_{n-m} \frac{\theta^m}{m!} - \sum_{m=n+1}^{\infty} a_{m-n-1} \frac{\theta^m}{m!}
\end{aligned}
\right\}
\tag{4-65}
$$

4.10.2.3 滑移线场的矩阵算子

A 中心扇形场的矩阵算子

图 4–54 为典型的曲边三角形中心扇形场网络，OA 为起始滑移线，转角为 θ。其曲率半径列向量间的关系为

$$\left.\begin{array}{l} V_{OP} = r_n(\psi) = P_\psi^* V_{OA} \\ V_{AP} = s_n(\theta) = Q_\theta^* V_{OA} \end{array}\right\} \tag{4-66}$$

式中，$P_\psi^* = \begin{bmatrix} \psi_0 & 0 & 0 & \cdots \\ \psi_1 & \psi_0 & 0 & \cdots \\ \psi_2 & \psi_1 & \psi_0 & \cdots \\ \vdots & \vdots & \vdots & \vdots \\ \psi_n & \psi_{n-1} & \psi_{n-2} & \cdots \end{bmatrix}$，其中，$\psi_m = \dfrac{\psi^m}{m!}$;

$$Q_\theta^* = -\begin{bmatrix} \theta_1 & \theta_2 & \theta_3 & \cdots \\ \theta_2 & \theta_3 & \theta_4 & \cdots \\ \theta_3 & \theta_4 & \theta_5 & \cdots \\ \vdots & \vdots & \vdots & \vdots \\ \theta_n & \theta_{n+1} & \theta_{n+2} & \cdots \end{bmatrix}，\text{其中，} \theta_m = \dfrac{\theta^m}{m!}。$$

P_ψ^*、P_θ^* 称为基本矩阵算子，已编成标准子程序，计算时调用方便。

B 四边形滑移线场网络的矩阵算子

如图 4–55 所示，对这类滑移线场网络，可按叠加原理，视为两中心扇形场的组合。按式（4–65），可得

$$\left.\begin{array}{l} V_{BP} = r_n(\psi) = P_\psi^* V_{OA} + Q_\psi^* V_{OB} \\ V_{AP} = s_n(\theta) = P_\theta^* V_{OB} + Q_\theta^* V_{OA} \end{array}\right\} \tag{4-67}$$

同理还可求出其他情况（如光滑边界、摩擦边界、自由边界等）时的矩阵算子。

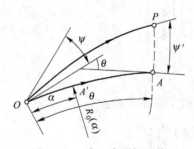
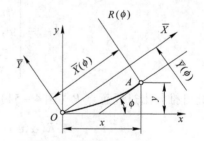

图 4–54　中心扇形场网络　　　　图 4–55　曲率半径 $R(\phi)$ 随 x、y 变化图

4.10.2.4 滑移线场节点坐标的确定

确定滑移线场节点坐标的基本思路是：首先将滑移线场的曲率半径 R、S 转换为移动坐标 $\overline{X}$、$\overline{Y}$，然后将 $\overline{X}$、$\overline{Y}$ 转换为直角坐标 x、y。

欧云证明：滑移线上任一点 A 的曲率半径 $R(\phi)$ 级数展开式系数和移动坐标 $\overline{X}(\phi)$、$\overline{Y}(\phi)$ 级数展开式系数间存在简单对应关系。当滑移线曲率半径为正（即转角 ϕ 逆时针方向增大）时（图 4–55），曲率半径和移动坐标用幂级数确定如下：

$$R(\phi) = \sum_{n=0}^{\infty} r_n \frac{\phi^n}{n!}$$

$$\overline{X}(\phi) = \sum_{n=0}^{\infty} t_n \frac{\phi^n}{n!}$$

$$\overline{Y}(\phi) = -\sum_{n=0}^{\infty} t_n \frac{\phi^{n+1}}{(n+1)!}$$

式中，系数 t_n 和 r_n 之间存在下列对应关系：

$$t_{-1} = t_0 = 0 \qquad t_1 = r_0 \qquad t_{n+1} + t_{n-1} = r_n \tag{4-68}$$

此时，移动坐标和直角坐标间存在简单的转换关系：

$$\left.\begin{array}{l} x = \overline{X}\cos\phi - \overline{Y}\sin\phi \\ y = \overline{X}\sin\phi + \overline{Y}\cos\phi \end{array}\right\} \tag{4-69}$$

对于曲率半径为负（即转角 ϕ 顺时针增大）的滑移线，则

$$\left.\begin{array}{l} \overline{X}(\phi) = -\sum_{n=0}^{\infty} t_n \frac{\phi^n}{n!} \\ \overline{Y}(\phi) = \sum_{n=0}^{\infty} t_n \frac{\phi^{n+1}}{(n+1)!} \end{array}\right\} \tag{4-70}$$

$$\left.\begin{array}{l} x = \overline{X}\cos\phi + \overline{Y}\sin\phi \\ y = -\overline{X}\sin\phi + \overline{Y}\cos\phi \end{array}\right\} \tag{4-71}$$

故若已知滑移线曲率半径即可求出其节点坐标。

这样，滑移线场的建立可归结为有限个矩阵算子运算。借助于电子计算机，可迅速准确地建立滑移线场及速度场。

矩阵算子除了能顺利解决直接型问题外，还可以通过矩阵算子代数方程求逆来解出间接型问题，这是此法最大的特点。此外，矩阵算子法求解的精度不取决于级数截留项数。当截留项数不少于 6 项时，可获得 5 位精确数值。增加截留项数则会显著增加计算时间。

应指出的是，矩阵算子法仍然建立在定性地已知滑移线的基础上。若对所求解问题的滑移线场的情况一无所知时，应采用有限元法。

思　考　题

4－1　纯剪应力状态叠加以不同的静水压力 p 时，对其纯剪变形的性质有何影响？为什么？

4－2　为什么说同族滑移线必须具有相同方向的曲率？

4－3　和工程法比较滑移线法有何特点？

4－4　如何用滑移线法研究金属流动问题？

4－5　静水压力的概念是什么，如果已知应力状态，如何确定该点的静水压力 p？

习　题

4－1　试按单元的力平衡条件导出式（4－1）。

4-2 试证明沿滑移线方向线应变 $\varepsilon_\alpha = \varepsilon_\beta = 0$。

4-3 用光滑直角模挤压（平面变形），压缩率为50%，假定工件的屈服剪应力为 k，试按图4-56中所示的滑移线场求平均单位挤压力 $\bar{p}$。

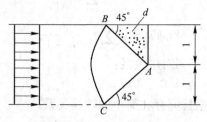

图4-56 用光滑直角模挤压

4-4 用光滑平锤头压缩顶部被削平的对称楔体（图4-57）夹角为 2δ，$AB = l$，试求其平均单位压力 $\bar{p}$，并解出 $\delta = 30°$、$90°$时 $\dfrac{\bar{p}}{2k} = ?$

4-5 假定某一工件的压缩过程是平面塑性变形，其滑移线场如图4-58所示：α 滑移线是直线族，β 滑移线是一族同心圆，$p_C = 90\mathrm{MPa}$，$k = 60\mathrm{MPa}$，试求 C 点和 D 点的应力状态。

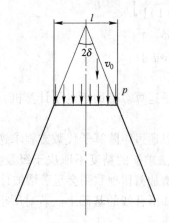

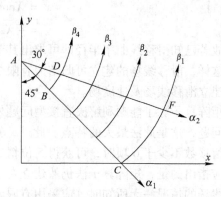

图4-57 用光滑锤头压缩削平对称楔体   图4-58 带有心扇形场的滑移线场

4-6 如图4-59所示滑移场，已知 F 点静水压力 $p_F = 100\mathrm{MPa}$，屈服剪应力 k 为 $50\mathrm{MPa}$，试求 C 点应力状态。

4-7 用粗糙锤头压缩矩形件，发生平面变形，滑移线如图4-60所示，求水平对称轴上 C 点的应力状态？

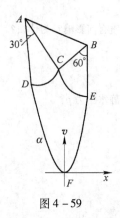

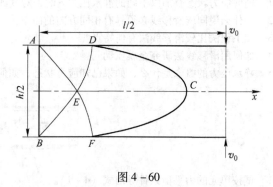

图4-59   图4-60

5 极限分析原理

前述工程法一般只能求解工具与工件接触面上的应力分布问题；滑移线法除求解工具与工件接触面上的应力分布外，还可研究工件内部的应力分布与流动情况，但一般只限于求解平面变形问题。本章将介绍上下界定理，利用这些定理在材料成型时所需功率的上下界限中寻求更接近真实解的成型力和能以及材料的流动情况，此方法又称为极限分析法，其中在成型功率的上限中寻求最小值的方法称为上界法。由于极限分析法远超过工程法与滑移线法所能解析成型问题的范围，故20世纪70年代以来已逐渐成为材料成型领域中进行工艺设计与工艺分析的有力工具。

5.1 极限分析的基本概念

如前所述，材料成型要得到应力与应变的真实解必须具备如下条件：（1）在整个变形体内部必须满足静力平衡方程；（2）整个变形体内部必须满足几何方程、协调方程与体积不变条件；（3）必须满足变形材料的物理方程，包括塑性条件与本构方程（应力应变关系方程）；（4）必须满足位移（或速度）边界条件 $u_i = \overline{u_i}$ 或 $v_i = \overline{v_i}$，以及应力边界条件。由于实际材料成型中求出满足以上条件的真实解相当困难，因而在极值定理的基础上放松一些条件寻求解的上界最小值或下界最大值就称之为极限分析法。

理想刚-塑性材料的极限分析法包括：

上界法：对工件变形区设定一个只满足几何方程、体积不变条件与速度边界条件的速度场，称运动许可速度场，相应条件称运动许可条件；根据后文将证明的上界定理可知，采用以上速度场确定的成型功率及相应的成型力值大于真实解，据此寻求其中最小值的解析方法称上界法。

下界法：对工件变形区设定一个只满足静力平衡方程、应力边界条件且不破坏屈服条件的应力场，称静力许可应力场，相应条件称静力许可条件；根据后文将证明的下界定理可知，以上应力场确定的成型功率及相应的成型力值小于真实解，据此寻求其中最大值的解析方法称下界法。

理论与实验均已证明真实解介于两者之间，由于任何成型过程都存在诸多满足运动许可条件的速度场与满足静力许可条件的应力场，因此存在诸多上界解或下界解，如何在诸多上界解中寻求最小的或在诸多下界解中寻求最大的才能得到更接近真实的解，这是极值原理解析成型问题的关键。

由于设定运动许可速度场较静力许可应力场容易，而且上界解又能满足成型设备强度和功率验算上安全的要求，故上界法应用较广泛。本章将重点讲授极限分析基本原理。

5.2 虚功原理

虚功原理是证明极值定理的基础，故本节重点证明虚功原理。

5.2.1 虚功原理表达式

为了对虚功原理有较清楚的概念，我们首先研究平面变形状态以及应力场和速度场连续的情况。由式（2－118），平面变形状态下应力分量满足平衡方程

$$\frac{\partial \sigma_x}{\partial x} + \frac{\partial \tau_{yx}}{\partial y} = 0 \qquad \frac{\partial \tau_{yx}}{\partial x} + \frac{\partial \sigma_y}{\partial y} = 0 \qquad (5-1)$$

以及应力边界条件

$$\sigma_x \cos\theta + \tau_{yx}\sin\theta = p_x \qquad \tau_{yx}\cos\theta + \sigma_y\sin\theta = p_y \qquad (5-2)$$

此式是由边界 B 上（图 5－1）所截取体素 oab 的平衡条件 $\Sigma F_x = 0$ 和 $\Sigma F_y = 0$ 导出的。p_x、p_y 是通过边界上任意点 A 的单位表面力在 x，y 方向上的分量，此式也可由式（2－8）直接写出。

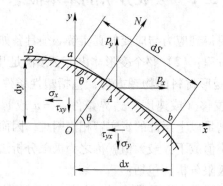

图 5－1 应力边界条件

由变形体各点位移速度分量 v_x，v_y 按几何方程式（2－111）可求出应变速率分量

$$\dot{\varepsilon}_x = \frac{\partial v_x}{\partial x}$$

$$\dot{\varepsilon}_y = \frac{\partial v_y}{\partial y} \qquad (5-3)$$

$$\dot{\varepsilon}_{xy} = \frac{1}{2}\left(\frac{\partial v_x}{\partial y} + \frac{\partial v_y}{\partial x}\right)$$

若变形体的体积为 V，表面积为 F，在外力 p_i 的作用下，物体内存在应力场 σ_{ij}，当给物体以微小的虚位移增量 du_i 时，物体内的应变增量相应为 $\mathrm{d}\varepsilon_{ij}$，这时外力在虚位移上所作的虚功等于物体内应力在虚变形上所作的虚功。虚功方程的表达式为：

$$\int_F p_i \mathrm{d}u_i \mathrm{d}F = \int_V \sigma_{ij}\mathrm{d}\varepsilon_{ij}\mathrm{d}V$$

若将上式两边同时除以时间增量 $\mathrm{d}t$，则可得虚功率方程

$$\int_S p_i v_i \mathrm{d}S = \int_V \sigma_{ij}\dot{\varepsilon}_{ij}\mathrm{d}V$$

式中 v_i——虚速度；

ε_{ij}——虚速度对应的应变速率。

在平面变形状态下应力和速度连续时的虚功原理可表示为

$$\int_B (p_x v_x + p_y v_y)\mathrm{d}S = \int_F (\sigma_x \dot{\varepsilon}_x + \sigma_y \dot{\varepsilon}_y + 2\tau_{xy}\dot{\varepsilon}_{xy})\mathrm{d}F \tag{5-4}$$

式中，左边的积分式表示外力功率；右边的积分式表示内部变形功率。式中 $\mathrm{d}F$ 为 F 区的面素；$\mathrm{d}S$ 为边界 B 上的线素。下面证明此定理。

式 (5-4) 右边的积分可写成

$$\int_F (\sigma_x \dot{\varepsilon}_x + \sigma_y \dot{\varepsilon}_y + 2\tau_{xy}\dot{\varepsilon}_{xy})\mathrm{d}F$$

$$= \int_F \sigma_x \frac{\partial v_x}{\partial x}\mathrm{d}F + \int_F \sigma_y \frac{\partial v_y}{\partial y}\mathrm{d}F + \int_F \tau_{xy}\left(\frac{\partial v_y}{\partial x} + \frac{\partial v_x}{\partial y}\right)\mathrm{d}F$$

$$= \int_F \left[\frac{\partial}{\partial x}(\sigma_x v_x) + \frac{\partial}{\partial y}(\sigma_y v_y)\right]\mathrm{d}F + \int_F \left[\frac{\partial}{\partial x}(\tau_{yx} v_y) + \frac{\partial}{\partial y}(\tau_{xy} v_x)\right]\mathrm{d}F -$$

$$\int_F \left[\left(v_x \frac{\partial \sigma_x}{\partial x} + v_y \frac{\partial \sigma_y}{\partial y} + v_y \frac{\partial \tau_{xsy}}{\partial x} + v_x \frac{\partial \tau_{xsy}}{\partial y}\right)\right]\mathrm{d}F \tag{5-5}$$

按格林 (Green) 公式：若 D 为以闭曲线 L 为界的单连域，且 $P(x, y)$ 和 $Q(x, y)$ 及其一阶导数在 D 域上连续，则

$$\iint_D \left(\frac{\partial P}{\partial x} + \frac{\partial Q}{\partial y}\right)\mathrm{d}x\mathrm{d}y = \int_L (P\mathrm{d}x - Q\mathrm{d}y)$$

$$\iint_D \left(\frac{\partial P}{\partial x} + \frac{\partial Q}{\partial y}\right)\mathrm{d}x\mathrm{d}y = \int_L [P\cos(x,n) + Q\cos(y,n)]\mathrm{d}S$$

用此式可把二重积分用线积分表示，于是式 (5-5) 可写成

$$\int_F (\sigma_x \dot{\varepsilon}_x + \sigma_y \dot{\varepsilon}_y + 2\tau_{xy}\dot{\varepsilon}_{xy})\mathrm{d}F$$

$$= \int_B (\sigma_x v_x \cos\theta + \sigma_y v_y \sin\theta + \tau_{xy} v_y \cos\theta + \tau_{xy} v_x \sin\theta)\mathrm{d}S -$$

$$\int_F \left[v_x \left(\frac{\partial \sigma_x}{\partial x} + \frac{\partial \tau_{yx}}{\partial y}\right) + v_y \left(\frac{\partial \tau_{yx}}{\partial x} + \frac{\partial \sigma_y}{\partial y}\right)\right]\mathrm{d}F$$

按平衡方程式 (5-1)，上式右边第二积分式为零；按应力边界条件式 (5-2)，上式右边第一积分式为

$$\int_B [(\sigma_x \cos\theta + \tau_{xy}\sin\theta)v_x + (\tau_{xy}\cos\theta + \sigma_y \sin\theta)v_y]\mathrm{d}S = \int_B (p_x v_x + p_y v_y)\mathrm{d}S$$

由此证得式 (5-4)。

由以上推导可见，只要应力满足力平衡微分方程式 (5-1) 和应力边界条件式 (5-2)，而应变速率和位移速度满足几何关系式 (5-3)，则表示虚功原理的式 (5-4) 就成立，在这个式子中应力和应变速率以及表面力和位移速度没有必要建立物理上的因果关系，它们可各自独立选择。

5.2.2 存在不连续时的虚功原理

上述虚功 (率) 方程 (5-4) 是在假设变形体内的应力场和速度场均连续的条件下

得出的，然而，材料变形时，其内往往存在应力场和速度场不连续的情况，因此必须讨论应力或速度间断面的存在对虚功（率）方程的影响。下面来研究存在速度不连续和应力不连续时的虚功原理。

如图 5-2 所示，用速度不连续线 L 把 F 区分割为 F_1 和 F_2 区。在这两个区内应力和速度是连续的。这样，F_1 区的边界线为 B_1 和 L；F_2 区的边界线为 B_2 和 L。如前所述，在速度不连续线上法向速度分量是连续的，即 $v_{n1} = v_{n2}$；切向速度分量 v_t 可产生不连续，其不连续量为 $\Delta v_t = v_{t1} - v_{t2}$。$F_2$ 对 F_1 区单位界面上作用的法向和切向力分量分别为 N_{12} 和 T_{12}；而 F_1 对 F_2 区则为 N_{21} 和 T_{21}。因为在 F_1 和 F_2 区虚功原理式（5-4）分别成立，所以，在 F_1 区

$$\int_{B_1} (p_x v_x + p_y v_y)\, dS + \int_L (N_{12} v_{n1} + T_{12} v_{t1})\, dS = \int_{F_1} (\sigma_x \dot{\varepsilon}_x + \sigma_y \dot{\varepsilon}_y + 2\tau_{xy} \dot{\varepsilon}_{xy})\, dF$$

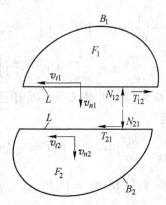

图 5-2　存在速度不连续

在 F_2 区

$$\int_{B_2} (p_x v_x + p_y v_y)\, dS + \int_L (N_{21} v_{n2} + T_{21} v_{t2})\, dS = \int_{F_2} (\sigma_x \dot{\varepsilon}_x + \sigma_y \dot{\varepsilon}_y + 2\tau_{xy} \dot{\varepsilon}_{xy})\, dF$$

把两式相加，则

$$\int_B (p_x v_x + p_y v_y)\, dS + \int_L (N_{12} v_{n1} + T_{12} v_{t1} + N_{21} v_{n2} + T_{21} v_{t2})\, dS$$

$$= \int_F (\sigma_x \dot{\varepsilon}_x + \sigma_y \dot{\varepsilon}_y + 2\tau_{xy} \dot{\varepsilon}_{xy})\, dF \tag{5-6}$$

因为　　　　　　　　　　　　$v_{n1} = v_{n2} \quad v_{t1} - v_{t2} = \Delta v_t$

所以　　　　　　　　　　　　$N_{21} = -N_{12} \quad T_{21} = -T_{12} = \tau$

$$\int_B (p_x v_x + p_y v_y)\, dS - \int_L \tau \Delta v_t\, dS = \int_F (\sigma_x \dot{\varepsilon}_x + \sigma_y \dot{\varepsilon}_y + 2\tau_{xy} \dot{\varepsilon}_{xy})\, dF \tag{5-7}$$

存在几个速度不连续线的情况，对每个速度不连续线，分别求出相当于上式左边的第三积分项。然后把它们相加，即 $\sum_{i=1}^{n} \int_{L_i} \tau \cdot \Delta v_t\, dS$ 或简写为 $\sum \int \tau \cdot \Delta v_t\, dS$。这样，在速度场中存在速度不连续线时应附加剪切功，此时的虚功原理为

$$\int_B (p_x v_x + p_y v_y)\, dS - \int_L \tau \Delta v_t\, dS = \int_F (\sigma_x \dot{\varepsilon}_x + \sigma_y \dot{\varepsilon}_y + 2\tau_{xy} \dot{\varepsilon}_{xy})\, dF \tag{5-8}$$

这表明，当存在速度间断面时，外力功还要克服速度间断面上的剪切能耗。

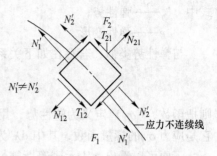

图 5 - 3 存在应力不连续

如图 5 - 3 所示，在应力场中存在应力不连续时，由力平衡关系正应力 N_{12} 和 N_{21}，剪应力 T_{12} 和 T_{21} 是连续的，仅正应力 N_1' 和 N_2' 是不连续的，例如过盈配合的两个套筒，在这两个套筒的界面上就产生这种不连续，这时一个套筒的环向受拉应力（$N_1' > 0$），另一个受环向压应力（$N_2' < 0$）。假定沿应力不连续线上速度是连续的，则沿此线上：$v_{n1} = v_{n2}$，$v_{t1} = v_{t2}$。此时 $N_{12} = -N_{21}$，$T_{21} = -T_{12}$。在图 5 - 2 和式（5 - 6）中若把 L 看成是应力不连续线（省去重新画图和推导），由于式（5 - 6）中左边第二积分式为零，则应力场存在应力不连续线时对虚功原理式（5 - 4）无影响。

上面推证的是平面变形状态下的虚功原理。可以证明只要应力满足平衡方程式（2 - 1）和边界条件式（2 - 8）以及表示应变速率和位移速度关系的几何方程式（1 - 41），则对一般三维变形问题的虚功原理也成立，参照式（5 - 8），此时的表达式为

$$\int_F p_i v_i \mathrm{d}F = \int_V \sigma_{ij} \dot{\varepsilon}_{ij} \mathrm{d}V + \sum \int_{F_D} \tau \Delta v_t \mathrm{d}F \tag{5 - 9}$$

式中　p_i——表面上任意点处的单位表面力；

　　　v_i——表面上任意点处的位移速度；

　　　σ_{ij}——应力状态的应力分量；

　　　$\dot{\varepsilon}_{ij}$——应变速率状态的应变速率分量；

　　　Δv_t——沿速度不连续面 F_D 上的切向速度不连续量；

　　　τ——沿速度不连续面 F_D 上作用的剪应力。

$$\int_F p_i v_i \mathrm{d}F = \int_F (p_x v_x + p_y v_y + p_z v_z) \mathrm{d}F$$

$$\int_V \sigma_{ij} \dot{\varepsilon}_{ij} \mathrm{d}V = \int_V (\sigma_{xx} \dot{\varepsilon}_{xx} + \sigma_{yy} \dot{\varepsilon}_{yy} + \sigma_{zz} \dot{\varepsilon}_{zz} + \tau_{xy} \dot{\varepsilon}_{xy} + \tau_{yx} \dot{\varepsilon}_{yx} +$$

$$\tau_{yz} \dot{\varepsilon}_{yz} + \tau_{zy} \dot{\varepsilon}_{zy} + \tau_{zx} \dot{\varepsilon}_{zx} + \tau_{xz} \dot{\varepsilon}_{xz}) \mathrm{d}V$$

在 $p_i v_i$ 和 $\sigma_{ij} \dot{\varepsilon}_{ij}$ 中，重复的两字母下标规定对 x，y，z 求和，这就是所说的求和约定。

再强调一下式（5 - 9）中应力和应变速率、表面力和位移速度没有必要建立物理上的因果关系，它们可以各自独立选择。

5.3　最大塑性功原理

为证明最大塑性功原理先介绍塑性势。

大家知道，单位体积内形状改变的弹性能为

$$U_f = \frac{1}{12G} \left[(\sigma_x - \sigma_y)^2 + (\sigma_y - \sigma_z)^2 + (\sigma_z - \sigma_x)^2 + 6(\tau_{xy}^2 + \tau_{yz}^2 + \tau_{zx}^2) \right]$$

$$\frac{\partial U_f}{\partial \sigma_x} = \frac{1}{2G} \left(\sigma_x - \frac{\sigma_x + \sigma_y + \sigma_z}{3} \right) = \frac{1}{2G} (\sigma_x - \sigma_m) = \frac{\sigma_x'}{2G} = \varepsilon_x'^e$$

$$……$$

式中　U_f——弹性势；

　　　e——弹性变形。

　　与弹性势类似，若存在如下关系：

$$d\varepsilon_{ij} = \frac{\partial f(\sigma_{ij})}{\partial \sigma_{ij}} d\lambda'' \tag{5-10}$$

则把函数 $f(\sigma_{ij})$ 定义为塑性势，用来表征塑性应变增量同加载曲面关系的"势函数"，它是应力 σ_{ij} 的标量函数，其中 $d\lambda''$ 为瞬时正值比例系数。

　　下面可以看出，表示密赛斯塑性条件的函数式是塑性势。按密赛斯塑性条件式（2-18）则

$$f(\sigma_{ij}) = (\sigma_x - \sigma_y)^2 + (\sigma_y - \sigma_z)^2 + (\sigma_z - \sigma_x)^2 + 3(\tau_{xy}^2 + \tau_{yx}^2 +$$
$$\tau_{yz}^2 + \tau_{zy}^2 + \tau_{zx}^2 + \tau_{xz}^2) - 2\sigma_s^2 = 0 \tag{5-11}$$

上式对 σ_x 求偏导，则

$$\frac{\partial f(\sigma_{ij})}{\partial \sigma_x} = 4\left[\sigma_x - \frac{1}{2}(\sigma_y + \sigma_z)\right] = 6\sigma'_x$$

由式（5-10）得

$$d\varepsilon_x = 4\left[\sigma_x - \frac{1}{2}(\sigma_y + \sigma_z)\right]d\lambda'' = 6\sigma'_x d\lambda''$$

同理

$$d\varepsilon_y = 4\left[\sigma_y - \frac{1}{2}(\sigma_x + \sigma_y)\right]d\lambda'' = 6\sigma'_y d\lambda''$$

$$d\varepsilon_z = 4\left[\sigma_z - \frac{1}{2}(\sigma_x + \sigma_y)\right]d\lambda'' = 6\sigma'_z d\lambda''$$

$$d\varepsilon_{xy} = 6\tau_{xy}d\lambda''$$

$$d\varepsilon_{yz} = 6\tau_{yz}d\lambda''$$

$$d\varepsilon_{zx} = 6\tau_{zx}d\lambda''$$

所以　　　　$$\frac{\partial f(\sigma_{ij})}{\partial \sigma_{ij}} = 6\sigma'_{ij}$$

　　如令 $d\lambda'' = \dfrac{d\lambda}{6}$，上式就和式（2-71）一致。这样，若适合列维-密赛斯流动法则，屈服函数式（5-11）就是塑性势。

　　下面来看一下，把式（5-11）作为塑性势时式（5-10）的几何意义。为了简化取应力主轴为坐标轴，此时式（5-11）为

$$f(\sigma_1,\sigma_2,\sigma_3) = (\sigma_1 - \sigma_2)^2 + (\sigma_2 - \sigma_3)^2 + (\sigma_3 - \sigma_1)^2 - 2\sigma_s^2 = 0 \tag{5-12}$$

　　在 2.4 节中曾讲过此函数所代表的屈服曲面如图 5-4 所示。曲面上的任意点 $P_1(\sigma_1, \sigma_2, \sigma_3)$ 表示物体产生屈服时的点应力状态 $(\sigma_1, \sigma_2, \sigma_3)$，由式（5-12）可知，在屈服状态下

$$f(\sigma_1 + d\sigma_1, \sigma_2 + d\sigma_2, \sigma_3 + d\sigma_3) = 0$$

或　　　　$$\frac{\partial f}{\partial \sigma_1}\bigg|_{P_1}d\sigma_1 + \frac{\partial f}{\partial \sigma_2}\bigg|_{P_1}d\sigma_2 + \frac{\partial f}{\partial \sigma_3}\bigg|_{P_1}d\sigma_3 = 0$$

此式为通过曲面上 $P_1(\sigma_1, \sigma_2, \sigma_3)$ 点的切平面方程。此方程可写成

$$A(x - x_1) + B(y - y_1) + C(z - z_1) = 0$$

式中
$$A = \frac{\partial f}{\partial \sigma_1}\Big|_{P_1} \qquad B = \frac{\partial f}{\partial \sigma_2}\Big|_{P_1} \qquad C = \frac{\partial f}{\partial \sigma_3}\Big|_{P_1}$$

$$\mathrm{d}\sigma_1 = x - x_1 \qquad \mathrm{d}\sigma_2 = y - y_1 \qquad \mathrm{d}\sigma_3 = z - z_1$$

由空间解析几何可知，此方程是通过点 $M_1(x_1, y_1, z_1)$ 的法矢量 $\boldsymbol{n} = (A, B, C)$ 确定的。

由式 (5-10) 可知，$\mathrm{d}\varepsilon_1 : \mathrm{d}\varepsilon_2 : \mathrm{d}\varepsilon_3 = \dfrac{\partial f}{\partial \sigma_1}\Big|_{P_1} : \dfrac{\partial f}{\partial \sigma_2}\Big|_{P_1} : \dfrac{\partial f}{\partial \sigma_3}\Big|_{P_1} = A : B : C$，所以塑性应变增量的矢量 $\mathrm{d}\dot{\boldsymbol{\varepsilon}}$ 应与通过屈服曲面上之 $P_1(\sigma_1, \sigma_2, \sigma_3)$ 点位置的外法线方向一致，这就是把式 (5-11) 作为塑性势时式 (5-10) 的几何意义，或密赛斯屈服准则与列维-密赛斯流动法则相适合的几何意义。

如 2.4 节中所述，由屈服柱面上的任意点 $P_1(\sigma_1, \sigma_2, \sigma_3)$ 和原点 O 的连线 OP_1 表示主应力合矢量；OP_1 在圆柱轴上的投影 ON 表示静水压力 $p = -\sigma_m$ 的矢量和；而 P_1N 表示主偏差应力 $\sigma_1' = \sigma_1 + p$、$\sigma_2' = \sigma_2 + p$、$\sigma_3' = \sigma_3 + p$ 的矢量和。因为静水压力 p 对屈服条件无影响，所以可以只研究 $oN = 0$ 或 $\sigma_1 + \sigma_2 + \sigma_3 = 0$，即 π 平面上的屈服曲线（图 5-4）。

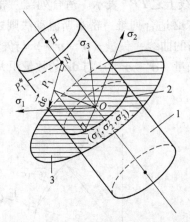

图 5-4 密赛斯屈服曲面和屈服曲线
1—屈服曲面；2—屈服曲线；3—π 平面

单位体积内塑性变形功的增量为
$$\begin{aligned}
\mathrm{d}A &= \sigma_{ij}\mathrm{d}\varepsilon_{ij} = \sigma_x\mathrm{d}\varepsilon_x + \sigma_y\mathrm{d}\varepsilon_y + \sigma_z\mathrm{d}\varepsilon_z + 2(\tau_{xy}\mathrm{d}\varepsilon_{xy} + \tau_{yz}\mathrm{d}\varepsilon_{yz} + \tau_{zx}\mathrm{d}\varepsilon_{zx}) \\
&= \sigma_1\mathrm{d}\varepsilon_1 + \sigma_2\mathrm{d}\varepsilon_2 + \sigma_3\mathrm{d}\varepsilon_3 = \sigma_i\mathrm{d}\varepsilon_i
\end{aligned} \tag{5-13}$$
而 $\sigma_1 = \sigma_1' - p$，$\sigma_2 = \sigma_2' - p$，$\sigma_3 = \sigma_3' - p$ 代入上式，并注意
$$\mathrm{d}\varepsilon_1 + \mathrm{d}\varepsilon_2 + \mathrm{d}\varepsilon_3 = 0$$
则得
$$\mathrm{d}A = \sigma_1'\mathrm{d}\varepsilon_1 + \sigma_2'\mathrm{d}\varepsilon_2 + \sigma_3'\mathrm{d}\varepsilon_3 = \sigma_i'\mathrm{d}\varepsilon_i \tag{5-14}$$
按矢量代数，两矢量的数量积
$$\boldsymbol{a} \cdot \boldsymbol{b} = a_x b_x + a_y b_y + a_z b_z \tag{5-15}$$
考虑到应力主轴和应变增量主轴一致，对比式 (5-13) ~ 式 (5-15) 可知，塑性变形功增量 $\mathrm{d}A$ 等于主偏差应力矢量 $\boldsymbol{\sigma}'$ 与塑性主应变增量矢量 $\mathrm{d}\boldsymbol{\varepsilon}$ 的数量积或等于主应力矢量 $\boldsymbol{\sigma}'$ 与塑性主应变增量矢量 $\mathrm{d}\boldsymbol{\varepsilon}$ 的数量积。

现考虑产生同一塑性应变增量（$d\varepsilon_1$，$d\varepsilon_2$，$d\varepsilon_3$）或 $d\varepsilon_i$ 的另一虚拟应力状态（σ_1^*，σ_2^*，σ_3^*）或 σ_i^*（$d\varepsilon_i$ 与 σ_i^* 未必适合列维－密赛斯流动法则）。假定此应力状态不破坏屈服条件，并用屈服曲面上的另一点 P_1^* 表示（图 5-4）。此时单位体积的塑性功增量为

$$dA^* = \sigma_1^* d\varepsilon_1 + \sigma_2^* d\varepsilon_2 + \sigma_3^* d\varepsilon_3 = \sigma_i^* d\varepsilon_i = \boldsymbol{\sigma}^* \cdot d\boldsymbol{\varepsilon} \tag{5-16}$$

或

$$dA^* = \sigma_1'^* d\varepsilon_1 + \sigma_2'^* d\varepsilon_2 + \sigma_3'^* d\varepsilon_3 = \sigma_i'^* d\varepsilon_i = \boldsymbol{\sigma}'^* \cdot d\boldsymbol{\varepsilon}$$

由式（5-13）、式（5-14）、式（5-16）可知

$$dA - dA^* = (\sigma_1' - \sigma_1'^*) d\varepsilon_1 + (\sigma_2' - \sigma_2'^*) d\varepsilon_2 + (\sigma_3' - \sigma_3'^*) d\varepsilon_3$$
$$= (\sigma_i' - \sigma_i'^*) d\varepsilon_i = (\boldsymbol{\sigma}' - \boldsymbol{\sigma}'^*) \cdot d\boldsymbol{\varepsilon} \tag{5-17a}$$

或

$$dA - dA^* = (\sigma_1 - \sigma_1^*) d\varepsilon_1 + (\sigma_2 - \sigma_2^*) d\varepsilon_2 + (\sigma_3 - \sigma_3^*) d\varepsilon_3$$
$$= (\sigma_i - \sigma_i^*) d\varepsilon_i = (\boldsymbol{\sigma} - \boldsymbol{\sigma}^*) \cdot d\boldsymbol{\varepsilon} \tag{5-17b}$$

可见，$dA - dA^*$ 等于矢量（$\boldsymbol{\sigma} - \boldsymbol{\sigma}^*$）或（$\boldsymbol{\sigma}' - \boldsymbol{\sigma}'^*$）与 $d\boldsymbol{\varepsilon}$ 的数量积。矢量（$\boldsymbol{\sigma}' - \boldsymbol{\sigma}'^*$）也可用图 5-5 中 π 平面屈服曲线上之 PP^* 表示。适合列维－密赛斯流动法则之 $\boldsymbol{\sigma}'$ 和 $d\boldsymbol{\varepsilon}$ 如图 5-5 之 OP 和 PQ；与 $d\boldsymbol{\varepsilon}$ 未必适合列维－密赛斯流动法则之虚拟的偏差应力 $\boldsymbol{\sigma}'^*$ 如图中之 OP^*。由于屈服轨迹是外凸的曲线，矢量（$\boldsymbol{\sigma}' - \boldsymbol{\sigma}'^*$）与矢量 $d\boldsymbol{\varepsilon}$（如图 5-5 中之 PP^* 与 PQ）的夹角 θ 为锐角。所以矢量（$\boldsymbol{\sigma}' - \boldsymbol{\sigma}'^*$）与 $d\boldsymbol{\varepsilon}$ 的数量积大于或等于零。按式（5-17a）得

$$(\sigma_i' - \sigma_i'^*) d\varepsilon_i \geqslant 0 \tag{5-18a}$$

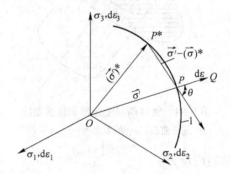

图 5-5　在 π 平面上的屈服曲线
1—屈服曲线

由式（5-17b），并对照图 5-4，也可得

$$(\sigma_i - \sigma_i^*) d\varepsilon_i \geqslant 0 \tag{5-18b}$$

对于有九个应力分量 σ_{ij} 的一般情况，按式（5-13），塑性功的增量为

$$dA = \boldsymbol{\sigma} \cdot d\boldsymbol{\varepsilon}$$

式中，$\boldsymbol{\sigma}$ 和 $d\boldsymbol{\varepsilon}$ 为 n 维（这里 $n = 9$）矢量，这时式（5-18）也成立，可写成

$$(\sigma_{ij}' - \sigma_{ij}'^*) d\varepsilon_{ij} \geqslant 0$$

或

$$(\sigma_{ij} - \sigma_{ij}^*) d\varepsilon_{ij} \geqslant 0$$

上式是对单位体积而言，对体积为 dV 的单元，则

$$(\sigma_{ij}' - \sigma_{ij}'^*) d\varepsilon_{ij} dV \geqslant 0$$

或

$$(\sigma_{ij} - \sigma_{ij}^*)\mathrm{d}\varepsilon_{ij}\mathrm{d}V \geq 0$$

而对体积为 V 的刚 – 塑性体，则

$$\left.\begin{aligned}\int_V (\sigma_{ij}' - \sigma_{ij}'^*)\mathrm{d}\varepsilon_{ij}\mathrm{d}V \geq 0 \\ \int_V (\sigma_{ij} - \sigma_{ij}^*)\mathrm{d}\varepsilon_{ij}\mathrm{d}V \geq 0\end{aligned}\right\} \tag{5-19}$$

把应变增量 $\mathrm{d}\varepsilon_{ij}$ 换成应变速率 $\dot{\varepsilon}_{ij}$，则上式可写成

$$\int_V (\sigma_{ij}' - \sigma_{ij}'^*)\dot{\varepsilon}_{ij}\mathrm{d}V \geq 0$$

或

$$\int_V (\sigma_{ij} - \sigma_{ij}^*)\dot{\varepsilon}_{ij}\mathrm{d}V \geq 0 \tag{5-20}$$

式（5-19）或式（5-20）为最大塑性功原理的表达式。此原理表明，对刚 – 塑性材料，当应变增量 $\mathrm{d}\varepsilon_{ij}$（或应变速率 $\dot{\varepsilon}_{ij}$）给定时，在所有满足屈服准则的应力场中，与给定应变增量 $\mathrm{d}\varepsilon_{ij}$（或 $\dot{\varepsilon}_{ij}$）符合列维 – 密赛斯关系的应力场 σ_{ij} 所做的塑性功最大。

5.4 下界定理

假定变形材料为刚 – 塑性体，对该变形体，其位移（或速度）和应力边界条件如图5-6所示。对于位移速度（或位移增量）v_i 已知，而应力（或单位表面力）未知的表面域（如工具和工件的接触面）用 F_v 表示；对应力（或单位表面力）已知，而位移速度（或位移增量）未知的表面域（如加工变形时的自由表面，又如轧制时外加已知张力或推力的作用面等）用 F_p 表示。F_D 为速度不连续面。此时要确定的是 F_v 上的单位压力或变形力。

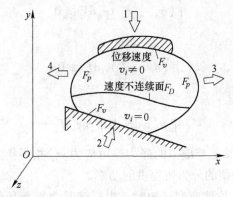

图5-6 位移（或速度）和应力边界条件
1—可动工具的作用；2—固定工具的作用；3—外加单位力；4—自由表面

假想在塑性变形体内存在着满足力平衡条件、应力边界条件和不破坏塑性条件的某一虚拟的静力许可的应力状态 σ_{ij}^*。但是这个应力状态并不保证和变形体的真正应力状态 σ_{ij} 一致，而真实的应力场必然是静力许可的。按虚功原理式（5-9）并注意塑性变形时速度不连续面上的真实剪应力 τ 达到屈服剪应力 k，则作用在物体表面上的单位表面力 p_i 和内部的真实应力 σ_{ij} 间存在如下的关系

$$\int_F p_i v_i \mathrm{d}F = \int_V \sigma_{ij} \dot{\varepsilon}_{ij} \mathrm{d}V + \sum \int_{F_D} k \Delta v_t \mathrm{d}F \qquad (5-21)$$

式中 v_i——外表面上材料质点位移速度；

       $\dot{\varepsilon}_{ij}$——按列维 – 密赛斯流动法则，由 σ_{ij} 所确定的应变速率分量；

       Δv_t——在速度不连续面上的速度不连续量；

  V, F——工件的体积和表面积。

对于我们所虚拟的静力许可应力状态 σ_{ij}^* 以及由此应力状态而导出的单位表面力 p_i^*，虚功原理式（5-9）也成立，即

$$\int_F p_i^* v_i \mathrm{d}F = \int_V \sigma_{ij}^* \dot{\varepsilon}_{ij} \mathrm{d}V + \sum \int_{F_D} \tau^* \Delta v_t \mathrm{d}F \qquad (5-22)$$

在变形体表面上，已知表面力的区域为 F_p，已知位移速度 v_i 的区域为 F_v，所以

$$\int_F p_i v_i \mathrm{d}F = \int_{F_p} p_i v_i \mathrm{d}F + \int_{F_v} p_i v_i \mathrm{d}F \qquad (a)$$

$$\int_F p_i^* v_i \mathrm{d}F = \int_{F_p} p_i^* v_i \mathrm{d}F + \int_{F_v} p_i^* v_i \mathrm{d}F \qquad (b)$$

因为虚拟的静力许可应力 σ_{ij}^* 满足表面上的应力边界条件，所以在 F_p 上 $p_i = p_i^*$。于是，由式（a）减去式（b），则

$$\int_F p_i v_i \mathrm{d}F - \int_F p_i^* v_i \mathrm{d}F = \int_{F_v} (p_i - p_i^*) v_i \mathrm{d}F \qquad (c)$$

把式（5-21）和式（5-22）代入式（c）得

$$\int_{F_v} (p_i - p_i^*) v_i \mathrm{d}F = \int_V (\sigma_{ij} - \sigma_{ij}^*) \dot{\varepsilon}_{ij} \mathrm{d}V + \sum \int_{F_D} (k - \tau^*) \Delta v_t \mathrm{d}F$$

由于 $\tau^* \leqslant k$，则上式等号右边的第二积分大于或等于零。按最大塑性功原理式（5-20）

$$\int_V (\sigma_{ij} - \sigma_{ij}^*) \dot{\varepsilon}_{ij} \mathrm{d}V \geqslant 0$$

所以

$$\int_{F_v} (p_i - p_i^*) v_i \mathrm{d}F \geqslant 0$$

或

$$\int_{F_v} p_i^* v_i \mathrm{d}F \leqslant \int_{F_v} p_i v_i \mathrm{d}F \qquad (5-23)$$

这样，所谓下界定理就是与虚拟的静力许可应力 σ_{ij}^* 相平衡的外力所提供的功率小于或等于与真实应力 σ_{ij} 相平衡的外力所提供的功率。

因此，在 F_v 上，即在位移速度已知时，根据满足力平衡条件、应力边界条件和不破坏塑性条件所虚拟的静力许可应力场 σ_{ij}^*，求出未知的单位表面力 p_i^*（如单位压力）就给出了下界解，也就是由静力许可应力场所估计的变形力不大于由真实应力场正确求得的变形力。从这个意义上讲第3章中用工程法所确定的变形力属于下界变形力。

5.5   上界定理

上界定理的前提是按满足几何方程、体积不变条件和位移速度（或位移增量）边界条

件来设定变形体内部的运动许可速度场。在这种场内沿某截面 F_D 的切线方向位移速度可以是不连续的，但如前所述沿 F_D 的法线方向位移速度必须连续。

如上述，把变形体表面分成位移速度已知域 F_v 和单位表面力已知域 F_p，令 v_i^* 为虚拟的运动许可的位移速度。由 v_i^* 按几何方程式（1-41）求出的应变速率为 $\dot{\varepsilon}_{ij}^*$；而由 $\dot{\varepsilon}_{ij}^*$ 按列维-密赛斯流动法则式（2-69）求出的应力为 σ_{ij}^*。这样确定的应力未必满足力平衡条件和应力边界条件；但是此应力 σ_{ij}^* 却与虚拟的运动许可应变速率 $\dot{\varepsilon}_{ij}^*$ 适合列维-密赛斯流动法则。注意到虚拟的运动许可的应变速率 $\dot{\varepsilon}_{ij}^*$ 与真实应力未必适合于列维-密赛斯流动法则，所以按最大塑性功原理式（5-20），则

$$\int_V (\sigma_{ij}^* - \sigma_{ij})\dot{\varepsilon}_{ij}^* \, dV \geq 0$$

或

$$\int_V \sigma_{ij}^* \dot{\varepsilon}_{ij}^* \, dV \geq \int_V \sigma_{ij}\dot{\varepsilon}_{ij}^* \, dV \tag{5-24}$$

对于必然满足静力许可条件的真实应力 σ_{ij} 和运动许可位移速度 v_i^* 以及沿速度不连续面 F_D 上的切向速度不连续量 Δv_t^*，虚功原理式（5-9）成立，所以

$$\int_F p_i v_i^* \, dF = \int_V \sigma_{ij}\dot{\varepsilon}_{ij}^* \, dV + \sum \int_{F_D} \tau \Delta v_t^* \, dF$$

由不等式（5-24），得

$$\int_F p_i v_i^* \, dF \leq \int_V \sigma_{ij}^* \dot{\varepsilon}_{ij}^* \, dV + \sum \int_{F_D} \tau \Delta v_t^* \, dF$$

而

$$\int_F p_i v_i^* \, dF = \int_{F_v} p_i v_i^* \, dF + \int_{F_p} p_i v_i^* \, dF$$

代入上式，则

$$\int_{F_v} p_i v_i^* \, dF + \int_{F_p} p_i v_i^* \, dF \leq \int_V \sigma_{ij}^* \dot{\varepsilon}_{ij}^* \, dV + \sum \int_{F_D} \tau \Delta v_t^* \, dF$$

由于虚拟的运动许可位移速度场满足 F_v 上的位移速度边界条件，所以在 F_v 上 $v_i^* = v_i$，并注意到真实应力场 σ_{ij} 在 F_D 上的切应力分量 τ 总是小于或等于屈服准则所确定的切应力极限 k，即 $k \geq \tau$，则得

$$\int_{F_v} p_i v_i \, dF \leq \int_V \sigma_{ij}^* \dot{\varepsilon}_{ij}^* \, dV + \sum \int_{F_D} k \Delta v_t^* \, dF - \int_{F_p} p_i v_i^* \, dF$$

或

$$J \leq J^* = \dot{W}_i + \dot{W}_s + \dot{W}_b \tag{5-25}$$

式中　$\dot{\varepsilon}_{ij}^*$——按运动许可速度场确定的应变速率；

Δv_i^*——在运动许可速度场中，沿速度不连续面上的切向速度不连续量。

式（5-25）左边的积分表示真实外力功率 J；右边各积分项表示按虚拟的运动许可速度场确定的功率 J^*，其中第一积分项表示内部塑性变形功率 $\dot{W}_i$，第二积分项表示速度不连续面（包括工具与工件的接触面）上的剪切功率 $\dot{W}_s$，第三积分项表示克服外加力（如轧制时的张力和推力）所需的功率 $\dot{W}_b$。

由式（5-25）可见"真实的外力功率决不会大于按运动许可速度场所确定的功率"，

也就是不会大于按式（5－25）右边各项计算的功率，这就意味按运动许可速度场所确定的功率，对实际所需的功率给出上界值，这就是所谓的上界定理。由上界功率所确定的变形力便是上界的变形力。

若把惯性力功率 $\dot{W}_k$、变形体内部孔隙扩张功率 $\dot{W}_p$ 和表面变化功率 $\dot{W}_\gamma$ 也考虑进去，则

$$J \leqslant J^* = \dot{W}_i + \dot{W}_s + \dot{W}_b + \dot{W}_k + \dot{W}_p + \dot{W}_\gamma \qquad (5-26)$$

（1）内部塑性变形功率 $\dot{W}_i$

$$\dot{W}_i = \int_V \sigma_{ij} \dot{\varepsilon}_{ij} \mathrm{d}V = \int_V \sigma_e \dot{\varepsilon}_e \mathrm{d}V$$

对刚－塑性体 $\sigma_e = \sigma_s$，由式（2－95）

$$\dot{\varepsilon}_e = \sqrt{\frac{2}{3}(\dot{\varepsilon}_x^2 + \dot{\varepsilon}_y^2 + \dot{\varepsilon}_z^2 + 2\dot{\varepsilon}_{xy}^2 + 2\dot{\varepsilon}_{yz}^2 + 2\dot{\varepsilon}_{zx}^2)} = \sqrt{\frac{2}{3}\dot{\varepsilon}_{ij}\dot{\varepsilon}_{ij}} \qquad (5-27)$$

所以

$$\dot{W}_i = \sigma_s \int_V \dot{\varepsilon}_e \mathrm{d}V = \sigma_s \sqrt{\frac{2}{3}} \int_V \sqrt{\dot{\varepsilon}_{ij}\dot{\varepsilon}_{ij}} \mathrm{d}V \qquad (5-28)$$

（2）剪切功率 $\dot{W}_s$：包括速度不连续面剪切所耗的功率 $\dot{W}_D$ 和工具与工件接触摩擦所耗的功率 $\dot{W}_f$。

$$\dot{W}_s = \dot{W}_f + \dot{W}_D = \int_{F_f} \tau_f |\Delta v_f| \mathrm{d}F + k\int_{F_D} |\Delta v_t| \mathrm{d}F$$

式中摩擦剪应力 τ_f 可按式（2－9）或式（2－11）确定，但上界法中常用式（2－11）确定 τ_f，即 $\tau_f = mk = m\dfrac{\sigma_s}{\sqrt{3}}$，于是

$$\dot{W}_s = m\frac{\sigma_s}{\sqrt{3}} \int_{F_f} |\Delta v_f| \mathrm{d}F + \frac{\sigma_s}{\sqrt{3}} \int_{F_D} |\Delta v_t| \mathrm{d}F \qquad (5-29)$$

相对错动速度或速度不连续量的绝对值 $|\Delta v_t|$ 和 $|\Delta v_f|$ 可结合具体成型过程确定。

（3）附加外力功率 $\dot{W}_b$。例如，带前后张力（或推力）轧制时（注意 p_i 与 v_i 方向相同时，$p_i v_i$ 为正，p_i 与 v_i 方向相反时 $p_i v_i$ 为负），则

$$\dot{W}_b = -\int_{F_p} p_i v_i \mathrm{d}F = \sigma_b F_0 v_0 - \sigma_f F_1 v_1 \qquad (5-30)$$

式中　σ_f，σ_b——前、后张应力；

　　　F_1，F_0——轧制前、后轧件断面积；

　　　v_1，v_0——轧件前、后端的前进速度。

（4）惯性功率 $\dot{W}_k$。对高速成型过程惯性力的影响不能忽略，此时

$$\dot{W}_k = \int_{F_k} \frac{\rho}{g} \mathrm{d}l \mathrm{d}F \frac{v_i}{t} \frac{v_i}{2} = \frac{\rho}{2g} \int_{F_k} v_i^3 \mathrm{d}F \qquad (5-31)$$

式中　ρ——变形体的密度；

　　　g——重力加速度。

（5）孔隙扩张功率 $\dot{W}_p$ 和表面变化功率 $\dot{W}_\gamma$。这两项功率都是研究塑性变形时工件内部

损伤所必需的。

塑性变形时工件内部亿万个极其微小的孔隙在外力作用下会发生扩张或压合，因而工件的表观体积也会相应地增加或减少，所以

$$\dot{W}_p = v_V p \qquad (5-32)$$

式中　v_V——体积变化率；

　　　p——单位表面积的外压力。

塑性变形时由缺陷引起的内表面也会变化，与此相应工件的表面能也发生变化。与变形能比较，此能量一般可以忽略。然而，对于工件内部存在许多缺陷，由于这些缺陷表面扩大而引起表面能增加较多时，就应当考虑这个能量 $\dot{W}_\gamma$

$$\dot{W}_\gamma = \gamma \frac{\mathrm{d}s}{\mathrm{d}t} \qquad (5-33)$$

式中　γ——表面比能，即产生每一单位新表面面积所需的能量；

　　$\dfrac{\mathrm{d}s}{\mathrm{d}t}$——新表面产生率。

上面各项功率中 $\dot{W}_i$，$\dot{W}_s$ 总为正值，而其他各项功率是需要附加的功率为正值、需要扣出的功率为负值。例如当工件流动速度加快时、孔隙扩张和工件内部缺陷表面扩大时 $\dot{W}_k$、$\dot{W}_p$ 和 $\dot{W}_\gamma$ 为正。

一般情况，$\dot{W}_k$、$\dot{W}_p$ 和 $\dot{W}_\gamma$ 与 $\dot{W}_i + \dot{W}_s + \dot{W}_b$ 比较可以忽略，此时 J^* 可由式（5-25）确定。

假定材料是由速度不连续面分割的许多刚性块所组成，并认为材料的塑性变形仅是由各刚性块相对滑动引起的，刚性块内 $\dot{\varepsilon}_{ij} = 0$，此时式（5-25）右边第一积分项即物体内塑性变形功率为零；此外，当表面 F_p 仅是自由表面时，上式右边第三积分项也为零；对于这种情况式（5-25）可写成

$$J \leqslant J^* = \dot{W}_s \qquad (5-34)$$

最后指出，式（5-25）或式（5-26）中的 J 可结合具体成型过程确定，例如镦粗、挤压和拉拔

$$J = Pv \qquad (5-35)$$

轧制

$$J = M\omega \qquad (5-36)$$

式中　P——作用力；

　　　v——作用力移动速度；

　　　M——纯轧力矩；

　　　ω——轧辊角速度。

5.6*　理想刚-塑性体解的唯一性定理

设理想刚-塑性体的总表面积为 F，体积为 V。此物体在表面 F_p 上受 p_i 的作用进入屈服状态，并在 F_v 上已知速度 v_i，而 $F = F_v + F_p$。

设 σ_{ij}、v_i 和 σ_{ij}^*、v_i^* 是塑性变形体两个可能的应力状态以及与其相应的速度场。σ_{ij}、σ_{ij}^* 是静力许可的；v_i、v_i^* 是运动许可的；而且由 v_i、v_i^* 按几何方程所确定的应变速率 $\dot\varepsilon_{ij}$、$\dot\varepsilon_{ij}^*$ 与相应的 σ_{ij} 和 σ_{ij}^* 分别适合于列维 – 密赛斯流动法则和密赛斯塑性条件。

若不考虑重力和惯性力的影响，则以下各情况虚功原理分别成立：

$$\int_F p_i v_i \, dF = \int_V \sigma_{ij} \dot\varepsilon_{ij} \, dV + \sum \int_{F_{D1}} k \, | \Delta v_t | \, dF_{D1} \qquad (a)$$

$$\int_F p_i^* v_i^* \, dF = \int_V \sigma_{ij}^* \dot\varepsilon_{ij}^* \, dV + \sum \int_{F_{D2}} k \, | \Delta v_t^* | \, dF_{D2} \qquad (b)$$

$$\int_F p_i v_i^* \, dF = \int_V \sigma_{ij} \dot\varepsilon_{ij}^* \, dV + \sum \int_{F_{D2}} \tau \, | \Delta v_t^* | \, dF_{D2} \qquad (c)$$

$$\int_F p_i^* v_i \, dF = \int_V \sigma_{ij}^* \dot\varepsilon_{ij} \, dV + \sum \int_{F_{D1}} \tau^* \, | \Delta v_t | \, dF_{D1} \qquad (d)$$

需说明，对适合列维 – 密赛斯流动法则和密赛斯屈服准则者，即 σ_{ij} 与 $\dot\varepsilon_{ij}$ 和 σ_{ij}^* 与 $\dot\varepsilon_{ij}^*$，由于进入屈服，则速度不连续面上的剪应力应为屈服剪应力 k；对于未必适合流动法则和屈服准则者，即 σ_{ij}^* 与 $\dot\varepsilon_{ij}$ 和 σ_{ij} 与 $\dot\varepsilon_{ij}^*$，由于未进入屈服，则速度不连续面上的剪应力分别为 τ^* 和 τ。

由式（a）+式（b）–式（c）–式（d），得

$$\int_F (p_i - p_i^*)(v_i - v_i^*) \, dF = \int_V (\sigma_{ij} - \sigma_{ij}^*)(\dot\varepsilon_{ij} - \dot\varepsilon_{ij}^*) \, dV +$$

$$\int_{F_{D1}} (k - \tau^*) \, | \Delta v_t | \, dF_{D1} + \int_{F_{D2}} (k - \tau) \, | \Delta v_t^* | \, dF_{D2} \qquad (5-37)$$

由于在 F_p 表面上 $p_i = p_i^*$ 和在 F_v 表面上 $v_i = v_i^*$，所以，式（5–37）左边应为零。根据最大塑性功原理式（5–20）

$$\int_V (\sigma_{ij} - \sigma_{ij}^*) \dot\varepsilon_{ij} \, dV \geqslant 0$$

和

$$\int_V (\sigma_{ij}^* - \sigma_{ij}) \dot\varepsilon_{ij}^* \, dV \geqslant 0$$

也就是式（5–37）右边第一积分式是非负的；注意到 $k \geqslant \tau$ 和 $k \geqslant \tau^*$，则式（5–37）右边的第二、三积分式也是非负的。因此，式（5–37）右边各项都必为零，才能满足此式左边为零的条件。由此得

$$\sigma_{ij} = \sigma_{ij}^*$$

这样，如果一个问题有两个或更多的完全解，则这些解的应力场（除刚性区外）是唯一的。这就是所谓的理想刚 – 塑性体解的唯一性定理。

思　考　题

5–1　说明何为静力许可条件、何为运动许可条件，按上界定理要求设定的速度场应满足哪些条件？

5–2　真实解（完全解）应满足哪些条件？

5–3　满足运动许可条件的应变速率场与满足静力许可条件的应力场间有何物理关系？

5-4　存在应力不连续与存在速度不连续时对虚功原理有何影响？试给出表达式。

习　题

5-1　试证明最大塑性功原理

$$\int_V (\sigma_{ij} - \sigma_{ij}^0)\dot{\varepsilon}_{ij}\mathrm{d}V \geq 0$$

式中，σ_{ij}^0 为初始偏差应力场。

5-2　试叙述虚功原理，写出其表达式，并以平面变形为例给予说明。

5-3　什么是上界定理，试用最大塑性功原理和虚功原理证明上界定理。

5-4　对刚-塑性体写出塑性变形时内部变形功率的表达式。

6 上界法在成型中的应用

6.1　上界法简介

6.1.1　上界法解析的基本特点

　　上界法是在极值原理的基础上以上界定理为依据，对给定的工件形状、尺寸和性能以及工具与工件接触面的速度条件，首先设定满足体积不变条件、几何方程、速度边界条件的运动许可速度场，进而求上界功率，然后对上界功率所含待定参量求导以实现最小化；再利用内外功率平衡求出相应的力、能与变形参数。由于设定运动许可速度场可参考实验测得的变形体上坐标网格的流动情况，通常认为比设定静力许可应力场（下界法）容易，而且求得的变形力略高于真实解，故上界法成为极值原理应用的首选，近年来相对发展较快。

　　上界法适合于解析给出几何形状与性能的初始流动问题，也可根据实验观察瞬时速度场及变形功率大小优化设定变形区几何形状，进而容易得到比较可靠的结果；近年来发展的上界元技术以及流函数设定连续速度场的方法表明上界法也可成功研究金属流动问题。而下界法则不能提供关于流动与变形的基本数据。

　　上界法一般只能用于变形抗力（或流动应力）为常量的理想刚－塑性材料，但在一定条件下也可以处理应变速率敏感材料。此时，$\sigma_e = f(\dot{\varepsilon}_e)$，$\int_V \sigma_e \dot{\varepsilon}_e \mathrm{d}V = \int_V f(\dot{\varepsilon}_e) \dot{\varepsilon}_e \mathrm{d}V$。上界法不像下界法和滑移线法那样能预测应力分布。但近年已有人在这方面开发出预测工件内部应力的某些方法。滑移线法尽管能计算力、能参数和应力分布并可研究金属流动问题，但解决平面变形以外的轴对称或三维成型问题的方法尚有待深入研究。

6.1.2　上界法解析成型问题的范围

　　（1）力、能参数计算。实践表明，用上界法计算塑性加工成型过程的力、能参数是比较成熟的，计算的结果比实际略高，但通常不超过15%。由于上界法所确定的力、能参数是高估值，这对于保证塑性成型过程的顺利进行以及选择设备和设计模具都是十分有利的。因此，在金属塑性成型领域内经常采用上界法。

　　（2）分析金属流动规律。包括变形过程速度场、位移场的确定。工件边界上的位移（如轧制时的宽展）确定后，便可预测变形后工件的尺寸。

　　（3）确定塑性加工成型极限，确定最佳的模具尺寸和成型条件，例如，拉拔时由上界法确定的拉拔应力（单位拉拔力）小于工件出模后屈服极限来确定该道拉拔的极限面缩率；拉拔时的最佳模角等。

（4）研究塑性加工中的温度场。例如可把快速成型过程看成是绝热过程。此时成型过程所需的功，几乎全部转为热。因此在变形工件中，必然存在一种温度分布。由各区的变形功可以预测温度分布。

（5）可以确定估算摩擦因子 m 的测定方法，还可用上界法导出的有关公式评价塑性成型过程的润滑效果。

（6）可以分析塑性成型过程中出现缺陷的原因及其防止措施。例如可以确定轧制和锻压时工件内部空隙缺陷的压合条件以及分析拉拔和挤压过程的中心开裂原因。

总之上界法已用于研究材料成型的各种工艺过程，如轧制、自由锻、模锻、拉拔、挤压（包括正、反挤压和复合挤压等）、旋压和冲压等。

6.1.3 上界功率计算的基本公式

利用上界法分析材料成型问题的关键是根据材料的流动模式设计与真实速度场尽可能接近的运动许可速度场。上界法解析成型问题主要采用三角形速度场（Johnson 上限模式）与连续速度场（Avitzur 上限模式），三角形速度场主要用于解平面变形问题。假定变形体是由速度不连续线分割成几个三角形的刚性块所组成的，并假定已知单位表面力的表面 F_p 为自由表面，前已述及，在此特殊情况下，应采用式（5-25），此时，

$$J^* = \dot{W}_s \tag{6-1}$$

式中，$\dot{W}_s$ 按式（5-29）确定。

连续速度场模式认为塑性变形区的速度连续变化，非塑性变形区为刚性区，在刚－塑性区的边界上存在速度间断。连续速度场即可解平面变形问题，也可解轴对称问题，如果速度场选择合适，数学方法得当，也可成功解析三维变形问题，此时应采用式（5-25）：

$$J^* = \int_V \sigma_{ij}^* \dot{\varepsilon}_{ij}^* \, dV + \sum \int_{F_D} k\Delta v_i^* \, dF - \int_{F_p} p_i v_i^* \, dF$$

或

$$J^* = \dot{W}_i + \dot{W}_s + \dot{W}_b \tag{6-2}$$

在求得此上界功率的式子中一般都含有待定参数。求此上界功率中的最小值 $J_{\min}^*$（即最小的上界值）来确定力能参数。令 $J_{\min}^* = J$，进而由式（5-35）或式（5-36）便可求出变形力的最小上界值。

6.2 三角形速度场解析平面变形压缩实例

6.2.1 光滑平冲头压缩半无限体

此种压缩情况的滑移线场解法在前章已讲过。下面按上界三角形速度场方法求解。参照滑移线场，假定此时的变形区速度不连续线和速端图如图6-1所示。

由于变形的对称性，下面只研究垂直对称轴的左侧部分。$BCDE$ 以下的材料为刚性区，此区内位移速度为零。这就决定了刚性区以上的材料，其流动路线如图6-1中之虚线所示。三角形 ABC 以速度 Δv_{BC} 沿刚性区的边界 BC 滑动，显然此速度应当是三角形 ABC

向下移动速度 v_0 与水平速度 v_x 的矢量和即 $\Delta v_{BC} = v_x + v_0$。参照图 4-15 和式（4-17），速度 Δv_{BC} 与速度不连续线 AC 上的速度不连续量 Δv_{AC} 之矢量和等于三角形 ADC 的水平移动速度 Δv_{DC}，即 $\Delta v_{DC} = \Delta v_{BC} + \Delta v_{AC}$。同理速度 Δv_{DC} 与速度不连续线 AD 上的速度不连续量 Δv_{AD} 之矢量和等于三角形 ADE 沿 DE 方向的移动速度 Δv_{DE}，即 $\Delta v_{DE} = \Delta v_{DC} + \Delta v_{AD}$。这样，便可作出图 6-1b 所示的速端图。因为 $BCDE$ 以下的材料为移动速度等于零的刚体，速度 Δv_{BC}、Δv_{DC} 和 Δv_{DE} 分别为 BC、DC 和 DE 线上的速度不连续量；AC 和 AD 线上的速度不连续量为 Δv_{AC} 和 Δv_{AD}。图 6-1b 中之 θ 为待定参数。由图 6-1 可见，在 DE、AD、AC 和 BC 上的速度不连续量为

$$\Delta v_{DE} = \Delta v_{AD} = \Delta v_{AC} = \Delta v_{BC} = \frac{v_0}{\sin\theta}$$

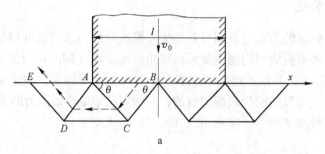
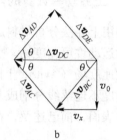

图 6-1　光滑冲头压缩半无限体

a—速度不连续线；b—速端图

在 DC 上的速度不连续量为

$$\Delta v_{DC} = \frac{2v_0}{\tan\theta}$$

如取垂直纸面方向的厚度为 1，按体积不变或秒流量相等的原则，$v_0 \cdot AB = \Delta v_{DE}\sin\theta \cdot AE$，$AE = AB$；$v_0 \cdot AB = \Delta v_{DC} \cdot \frac{AB}{2}\tan\theta$，从而得 $\Delta v_{DE} = \frac{v_0}{\sin\theta}$，$\Delta v_{DC} = \frac{2v_0}{\tan\theta}$。

因为作速端图时，参照图 6-1a 作出了边界速度 v_0，并且按几何关系作出的速度不连续线满足秒流量相等原则，这样，上述的速度场是满足体积不变条件和位移速度边界条件的，也就是运动许可的速度场。

假定平冲头和半无限体在纸面法线方向的尺寸很大，则平冲头压入问题可看作是平面应变问题，从而可取纸面法线方向的长度为单位尺寸。由于取单位厚度，速度不连续面的面积 ΔF 可用其线段长度表示。分别为

$$BC = AC = AD = DE = \frac{l}{4\cos\theta}$$

而 $DC = \frac{l}{2}$。因为冲头面是光滑的，所以接触摩擦功率为零。这里仅计算速度不连续面上的剪切功率，按式（6-1）

$$J^* = \sum k\,|\Delta v_t|\,\Delta F = k(4 \cdot \Delta v_{DE} \cdot DE + \Delta v_{DC} \cdot DC)$$

$$= k\left(4 \times \frac{lv_0}{4\cos\theta\sin\theta} + \frac{2v_0}{\tan\theta} \times \frac{l}{2}\right) = klv_0\left(\frac{2}{\tan\theta} + \tan\theta\right)$$

令 $x = \tan\theta$, 由 $\dfrac{\mathrm{d}J^*}{\mathrm{d}x} = 0$, 得到 $x = \tan\theta = \sqrt{2}$ 或 $\theta = 54°42'$。按 $J^*_{\min} = J$, 并注意到 $J = \bar{p}\dfrac{l}{2}v_0$,

则 $\bar{p}\dfrac{l}{2}v_0 = klv_0\left(\dfrac{2}{\sqrt{2}} + \sqrt{2}\right)$, 从而得到此上界解中最小的 $\dfrac{\bar{p}}{2k}$, 即

$$\frac{\bar{p}}{2k} = \frac{2}{\sqrt{2}} + \sqrt{2} = 2.83 \tag{6-3}$$

在此情况下, 按滑移线场求解的 $\dfrac{\bar{p}}{2k} = 2.57$。可见最小上界解 $\dfrac{\bar{p}}{2k} = 2.83$ 比滑移线场解略高。

6.2.2　在光滑平板间压缩薄件（$l/h > 1$）

在光滑平板间压缩厚件（$l/h < 1$）时的 $\bar{p}/2k$ 与 l/h 的关系图如图 4-38 所示。而 $l/h > 1$ 时, $\bar{p}/2k$ 取决于 l/h 是否是整数。如果 l/h 是整数, 则滑移线场是如图 6-2a 所示的与接触面成 45° 的直线场, 此时 $\bar{p} = 2k$ 或 $\bar{p}/2k = 1$。

当 l/h 不为整数时, 若为图 6-2b 所示的滑移线场, 则靠近压板的自由表面上 σ_y 不为零, 这与实际不符。因此当 l/h 不是整数时滑移线场必含有曲线段, 格林（Green）曾作出过这种滑移线场, 这里不予介绍。然而在这种情况下用上界法是简单的。下面研究 l/h 不是整数, 且 $l/h > 1$ 时的上界解。

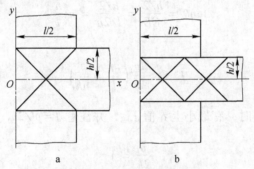

图 6-2　光滑平板压缩薄件
a—l/h 为整数；b—l/h 不为整数

假定在此情况下的速端图和速度不连续线如图 6-3 所示。图中之交叉线表示速度不连续线, 并与接触面相交为 θ 角。下面仅研究四分之一部分, 材料的流动路线如图 6-3 之虚线。速度不连续线 AB、BC 和 CD 的速度不连续量分别为 Δv_{AB}、Δv_{BC}、Δv_{CD}, 参照图 4-15 和式（4-17）, 1 区的速度（上压板速度）v_0 与 Δv_{CD} 的矢量和为 2 区的速度 v_2, 方向为水平方向；v_2 与 Δv_{BC} 的矢量和为 3 区的速度 v_3, 但 v_3 的垂直分量必为 v_0, v_3 与 Δv_{AB} 之矢量和为 4 区的速度 v_4。这样便可作出如图 6-3b 之速端图。

由图 6-3 可知各速度不连续线上的速度不连续量为

$$\Delta v_{CD} = \Delta v_{BC} = \Delta v_{AB} = \frac{v_0}{\sin\theta}$$

速度不连续线段的长度为

$$CD = BC = AB = \frac{l/2}{n\cos\theta}$$

式中, n 为速度不连续线与水平对称轴交点的个数（图 6-3 中 $n = 3$）。

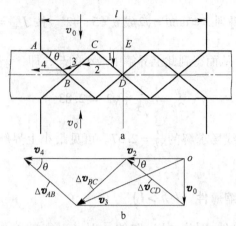

图 6-3　光滑平板间压缩薄件时的速度不连续线和速端图
a—速度不连续线；b—速端图

因为接触面光滑，所以忽略接触摩擦功率。由式（6-1）

$$J^* = \sum k \, | \Delta v_t | \, \Delta F = nk \frac{v_0}{\sin\theta} \frac{l/2}{n\cos\theta} = \frac{klv_0}{2}\Big(\tan\theta + \frac{1}{\tan\theta}\Big)$$

如图 6-3 所示

$$\tan\theta = \frac{h/2}{CE} = \frac{h/2}{l/2n} = n\,\frac{h}{l}$$

则

$$J^* = \frac{klv_0}{2}\Big(\frac{nh}{l} + \frac{l}{nh}\Big) \tag{a}$$

由 $\dfrac{\mathrm{d}J^*}{\mathrm{d}n} = 0$，可知 $n = l/h$ 时，有最小上界值 $J^*_{\min}$，并注意 $J = \bar{p}l/2v_0$，则得

$$\frac{\bar{p}}{2k} = 1$$

这是可以理解的，因为此时 $n = l/h$ 为整数，所以 $\dfrac{\bar{p}}{2k} = 1$。可我们是研究 l/h 不为整数的情况，并令此时 $n = 1$ 代入式（a），由 $J = J^*$ 得

$$\frac{\bar{p}}{2k} = \frac{1}{2}\Big(\frac{h}{l} + \frac{l}{h}\Big) \tag{6-4}$$

若令此时 $n = 2$ 代入式（a），则得

$$\frac{\bar{p}}{2k} = \frac{1}{2}\Big(\frac{2h}{l} + \frac{l}{2h}\Big) \tag{6-5}$$

把式（6-4）、式（6-5）与格林按滑移线场求得正确解相比（图 6-4）可知，式（6-4）适于 $1 \leqslant l/h \leqslant \sqrt{2}$ 的范围，式（6-5）适于 $\sqrt{2} \leqslant l/h \leqslant 2$ 的范围。而且在最坏的情况下（$l/h = \sqrt{2}$）与格林解的差别仅为 2%。可见，所得的上界解相当接近于正确解。

顺便指出，在设计平面变形抗力（$K = 2k = 1.155\sigma_s$）的实验测定方法时最好使 l/h 为整数。

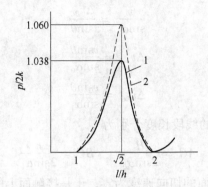

图 6 - 4　光滑平板压缩时上界解与正确解的比较

1—格林正确解；2—上界解

6.3　三角形速度场解析粗糙辊面轧板

假定接触面全粘着并以弦代弧，采用单个三角形速度场（指水平轴上部），此时速度不连续线与速端图如 6 - 5 所示，下面仅研究水平对称轴上部情况。BC 以右和 AC 以左分别为前后外端，并各自以水平速度 v_1 和 v_0 移动。因为接触面全黏着，则三角形 ABC 沿 AB 以轧辊周速 v 运动，AC 和 BC 为速度不连续线，其上速度不连续量为 Δv_{AC} 和 Δv_{BC}。

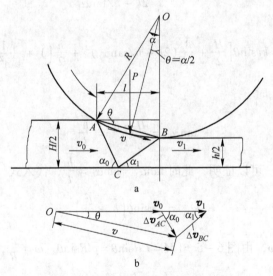

图 6 - 5　轧制时以弦代弧且表面全黏着时采用的三角形速度场

a—速度不连续线；b—速端图

参照图 4 - 15 和图 4 - 17，v_0 和 Δv_{AC} 的矢量和为 ΔABC 区的速度 v；v 和 Δv_{BC} 的矢量和为 v_1。

在 AC 和 BC 上的速度不连续量可按下法确定，由图 6 - 5b，按正弦定理有

$$\frac{v}{\sin(180 - \alpha_0)} = \frac{\Delta v_{AC}}{\sin\theta}$$

$$\frac{v}{\sin\alpha_1} = \frac{\Delta v_{BC}}{\sin\theta}$$

或

$$\Delta v_{AC} = \frac{v\sin\theta}{\sin\alpha_0}$$

$$\Delta v_{BC} = \frac{v\sin\theta}{\sin\alpha_1}$$

由图 6-5a，AC 和 BC 的线段长度分别为

$$AC = \frac{H}{2\sin\alpha_0} \qquad BC = \frac{h}{2\sin\alpha_1}$$

因为表面全黏着，所以接触面的切向速度为零，于是接触面上的摩擦功率也为零。

按式 (6-1)

$$J^* = k(\Delta v_{AC} \cdot AC + \Delta v_{BC} \cdot BC)$$

把前面各式代入有

$$J^* = kv\sin\theta\left(\frac{H}{2\sin^2\alpha_0} + \frac{h}{2\sin^2\alpha_1}\right) \tag{b}$$

由图 6-5 知

$$l = \frac{H}{2\tan\alpha_0} + \frac{h}{2\tan\alpha_1} \tag{c}$$

或

$$\tan\alpha_0 = \frac{H}{2l - h/\tan\alpha_1}$$

代入式 (a) 得

$$J^* = kv\sin\theta\left[\frac{H}{2} + \frac{1}{2H}(2l - h/\tan\alpha_1)^2 + \frac{h}{2}\left(1 + \frac{1}{\tan^2\alpha_1}\right)\right]$$

由 $\dfrac{\mathrm{d}J^*}{\mathrm{d}\alpha_1} = 0$ 得 $J^* = J^*_{\min}$ 时

$$\tan\alpha_1 = \frac{H + h}{2l} = \frac{\bar{h}}{l} \tag{d}$$

把式 (d) 代入式 (c) 可以证明，此时 $\tan\alpha_1 = \tan\alpha_0 = \dfrac{\bar{h}}{l}$，代入式 (a) 得

$$J^*_{\min} = kv\sin\theta\left(\bar{h} + \frac{l^2}{h}\right) \tag{e}$$

按式 (5-36)，$J = M\omega$，由图 6-5 知 $M = PR\sin\theta = \bar{p}lR\sin\theta$，$\omega = \dfrac{v}{R}$，于是

$$J = \bar{p}lv\sin\theta$$

按 $J = J^*_{\min}$，由式 (e) 得

$$\frac{\bar{p}}{2k} = 0.5\frac{\bar{h}}{l} + 0.5\frac{l}{h} \tag{6-6}$$

式 (6-6) 计算结果与热轧厚板、初轧板坯、热轧薄板坯和热轧宽扁钢实测结果符合较好，图 6-6 为按上式计算与实测值的比较。

可看出按上式得到的 $\bar{p}/2k$ 与 $l/\bar{h}$ 的变化规律与滑移线法图 4-44 一致。因为 $l/\bar{h}$ 在 0.3~3 范围内热轧，图 6-6 中三角形速度场模式与滑移线场接近。

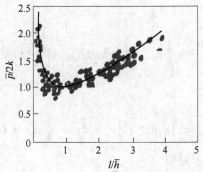

图 6-6 按式（6-6）计算 $\dfrac{p}{2k}$ 与横井－美坂实测比较

6.4 连续速度场解析扁料平板压缩

6.4.1 扁料平板压缩（不考虑侧面鼓形）

6.4.1.1 速度场的确定

在变形体内若 v_i 及其按几何方程确定的 $\dot{\varepsilon}_{ij}$ 连续变化，则此速度场为连续速度场。此时应按式（6-2）确定上界功率。扁料平板压缩不考虑侧面鼓形时，速度场设定如图 6-7 所示。假定砧面光滑，上压板以 $-v_0$ 向下运动，下压板以 $+v_0$ 向上运动。若 z 轴向（垂直纸面）的应变极小，仍是一个适合于用直角坐标描述的平面应变问题。假定宽向无变形，即 $v_z = 0$，$\dot{\varepsilon}_z = 0$，σ_0 为外加的水平力。坐标原点取在中心点 O 上，因变形对称，为简化仅研究的四分之一部分并取单位宽度（垂直纸面厚度取1），在水平和垂直对称轴上

$$v_y\big|_{y=0} = 0 \qquad v_x\big|_{x=0} = 0$$

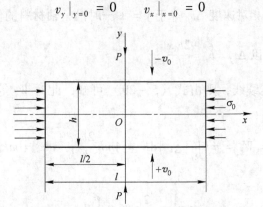

图 6-7 扁料的平板压缩（侧面无鼓形）

假定位移速度的垂直分量 v_y 与坐标 y 呈线性关系

$$v_y = -\frac{2y}{h}v_0$$

此式满足 $y=0$，$v_y=0$；$y = \pm\dfrac{h}{2}$，$v_y = \mp v_0$ 的速度边界条件，按体积不变条件，平面变形时 $\dot{\varepsilon}_x = -\dot{\varepsilon}_y$，由式（2-111），有

$$\dot{\varepsilon}_y = \frac{\partial v_y}{\partial y} = -\frac{2}{h}v_0$$

所以 $\dot{\varepsilon}_x = -\dot{\varepsilon}_y = \frac{2}{h}v_0$ 或 $\dot{\varepsilon}_x = \frac{\partial v_x}{\partial x} = \frac{2}{h}v_0$。因为无鼓形，即 v_x 与 y 无关则上式可写成 $\frac{\mathrm{d}v_x}{\mathrm{d}x} = \dot{\varepsilon}_x = \frac{2}{h}v_0$，所以

$$v_x = \int \dot{\varepsilon}_x \mathrm{d}x = \int \frac{2}{h}v_0 \mathrm{d}x = \frac{2}{h}v_0 x + C$$

由 $x = 0$，$v_x = 0$ 求出 $C = 0$，于是得

$$v_x = \frac{2}{h}v_0 x$$

这样，此压缩情况的运动许可速度场为

$$v_x = \frac{2v_0}{h}x \qquad v_y = -\frac{2v_0}{h}y \qquad v_z = 0 \qquad (6-7)$$

运动许可的应变速率场为

$$\dot{\varepsilon}_x = -\dot{\varepsilon}_y = \frac{2v_0}{h} \qquad \dot{\varepsilon}_z = 0$$

因为无鼓形，所以 $\dot{\varepsilon}_{xy} = \dot{\varepsilon}_{yz} = \dot{\varepsilon}_{zx} = 0$，即 x、y、z 轴为主轴，有时这类速度场也称平行速度场。

6.4.1.2　上界功率

按式（5-27）和式（5-28），则

$$\dot{W}_i = \frac{2}{\sqrt{3}}\sigma_s \int_V \dot{\varepsilon}_x \mathrm{d}V = 2k\int_V \dot{\varepsilon}_x \mathrm{d}V = 4 \times 2k \int_0^{l/2} \left(\int_0^{h/2} \frac{2v_0}{h} \mathrm{d}y \right) \mathrm{d}x = 4 \times 2kv_0 \frac{l}{2} \quad (6-8)$$

工件对工具表面的相对速度 Δv_f 等于 $y = \pm\frac{h}{2}$ 时沿 x 轴材料的位移速度分量，因为无鼓形，v_x 与 y 无关，所以 $\Delta v_f = v_x = \frac{2v_0 x}{h}$。

假定没有速度不连续线，则由式（5-29）可知，此时 $\dot{W}_s$ 等于接触表面摩擦功率 $\dot{W}_f$，即

$$\dot{W}_s = \dot{W}_f = mk\int_{F_f} |\Delta v_f| \mathrm{d}F = 4mk\frac{2v_0}{h}\int_0^{l/2} x\mathrm{d}x = mk\frac{l^2}{h}v_0 \qquad (6-9)$$

在 $x = l/2$ 处

$$v_x = \frac{2}{h}v_0 x = \frac{v_0}{h}l$$

假定外加的应力 σ_0 沿件厚均匀分布，则克服的外加功率应为

$$\dot{W}_b = 4 \times \frac{h}{2}v_x\sigma_0 = 4 \times \frac{h}{2}\frac{v_0 l}{h}\sigma_0 = 2lv_0\sigma_0 \qquad (6-10)$$

所以

$$J^* = \dot{W}_i + \dot{W}_f + \dot{W}_b = 4kv_0 l + mk\frac{l^2}{h}v_0 + 2lv_0\sigma_0$$

由 $J = 2\bar{p}lv_0$，$J = J^*$，得 $\dfrac{\bar{p}}{2k}$ 的上界值为

$$\frac{\bar{p}}{2k} = 1 + \frac{m}{4}\frac{l}{h} + \frac{\sigma_0}{2k}$$

当 m 取 1 时

$$\frac{\bar{p}}{2k} = 1 + 0.25\frac{l}{h} + \frac{\sigma_0}{2k} \tag{6-11}$$

这和平均能量法得到的结果相同。因为按平均能量法

$$\frac{\bar{p}lv_0}{2} = \sigma_s\,\dot{\bar{\varepsilon}}_e\frac{h}{2}\frac{l}{2} + \tau_f\frac{l}{2}\overline{\Delta v_f} + \sigma_0\frac{h}{2}v_x\,\big|_{x=l/2} \tag{f}$$

把 $v_x\big|_{x=l/2} = v_0\dfrac{l}{h}$，$\Delta\bar{v}_f = \dfrac{1}{2}v_0\dfrac{l}{h}$，$\tau_f = mk$，$\dot{\bar{\varepsilon}}_e = \dfrac{2}{\sqrt{3}}\dfrac{2v_0}{h}$，$\sigma_s = \sqrt{3}k$ 代入式（f），便得到式 （6-11）。在无外加应力 σ_0 时式（6-11）与工程法得到的式（3-50b）一致。

6.4.2 扁料平板压缩（考虑侧面鼓形）

前种情况是砧面光滑、侧面无鼓形的压缩情况，无论在 $y = \pm\dfrac{h}{2}$ 的表面上或 $y = 0$ 的中心层 x 方向的速度分量 v_x 是一样的。实际上由于表面摩擦，使中心层的 v_x 比表层大，而导致出现鼓形（图6-8）。于是从表层到内层便产生速度梯度，因此引起剪应变速率 $\dot{\varepsilon}_{xy}$ 而使内部变形功率增加，但由于接触面上工件对工具的相对滑动速度减小（和无鼓形比较），表面摩擦功率相应变小。

图6-8 粗糙砧面压缩工件的侧面鼓形

6.4.2.1 速度场的设定

假定 v_x 沿 y 轴是按指数函数变化，注意到式（6-7），则

$$v_x = Av_0\frac{2x}{h}e^{-2by/h}$$

式中，A、b 为待定参数。

由于体积不变和 $\dot{\varepsilon}_z = 0$，则

$$\dot{\varepsilon}_x = \frac{\partial v_x}{\partial x} = \frac{2Av_0}{h}e^{-2by/h} = -\dot{\varepsilon}_y = \frac{\partial v_y}{\partial y}$$

所以

$$v_y = -\frac{2Av_0}{h}\int e^{-2by/h}\mathrm{d}y = \frac{A}{b}v_0 e^{-2by/h} + f(x)$$

由于变形的对称性，$y = 0$ 时，$v_y = 0$，由此边界条件可求出 $f(x) = -\dfrac{A}{b}v_0$。这样，便可得到如下的运动许可速度场

$$v_z = 0 \quad v_x = Av_0 \frac{2x}{h}e^{-2by/h} \quad v_y = \frac{A}{b}v_0(e^{-2by/h} - 1)$$

在 $y = \frac{h}{2}$ 的表面上，$v_y = -v_0$，所以

$$v_y \big|_{y=h/2} = \frac{A}{b}v_0(e^{-b} - 1) = -v_0$$

因此

$$\frac{A}{b} = \frac{1}{(1 - e^{-b})} \quad \text{或} \quad A = \frac{b}{1 - e^{-b}}$$

于是

$$v_x = \frac{b}{1 - e^{-b}}v_0\frac{2x}{h}e^{-2by/h}$$

$$v_y = \frac{1}{1 - e^{-b}}v_0(e^{-2by/h} - 1)$$

$$v_z = 0$$

这样，该式中便仅剩下一个待定参数 b。

按此速度场由几何方程可写出如下的应变速率场

$$\dot{\varepsilon}_x = -\dot{\varepsilon}_y = \frac{\partial v_x}{\partial x} = \frac{2bv_0}{(1 - e^{-b})h}e^{-2by/h}$$

$$\dot{\varepsilon}_{xy} = \frac{1}{2}\left(\frac{\partial v_x}{\partial y} + \frac{\partial v_y}{\partial x}\right) = \frac{1}{2} \times \frac{\partial v_x}{\partial y} = \frac{-2b^2v_0x}{(1 - e^{-b})h^2}e^{-2by/h}$$

$$\dot{\varepsilon}_{zx} = \dot{\varepsilon}_{yz} = \dot{\varepsilon}_z = 0$$

6.4.2.2　上界功率与平均单位压力

由式（5-27）和式（5-28）有

$$\dot{W}_i = 2k\int_V \sqrt{\dot{\varepsilon}_x^2 + \dot{\varepsilon}_{xy}^2}\,dV = 2k\frac{b}{1 - e^{-b}}\frac{2v_0b}{h^2} \times 4\int_0^{l/2}\left[\int_0^{h/2}e^{-2by/h}\sqrt{\left(\frac{h}{b}\right)^2 + x^2}\,dy\right]dx$$

$$= 4kv_0\left\{\frac{1}{2}\sqrt{1 + \left(\frac{b}{h}\right)^2\left(\frac{l}{2}\right)^2} + \frac{h}{b}\ln\left[\frac{l}{2}\frac{b}{h} + \sqrt{1 + \left(\frac{b}{h}\right)^2\left(\frac{l}{2}\right)^2}\right]\right\} \quad (6-12)$$

当 $b = 0$ 时，得

$$\dot{W}_i = 4 \times 2kv_0\frac{l}{2}$$

即式（6-8），又接触表面上的摩擦应力 $\tau_f = mk$，接触表面上的速度不连续量 $\Delta \overline{v}_f = v_x\big|_{y=h/2} = \frac{b}{1 - e^{-b}}v_0\frac{2x}{h}e^{-b}$。

所以，接触面摩擦动率为

$$\dot{W}_f = \int_{F_f}\tau_f|\Delta v_f|\,dF = 4mk\frac{2bv_0}{(1 - e^{-b})h}e^{-b}\int_0^{l/2}x\,dx = mk\frac{be^{-b}v_0}{(1 - e^{-b})}\frac{l^2}{h} \quad (6-13)$$

假定外加应力 σ_0 沿 h 均布，对于新的速度场虽然表面层和中心层 v_x 不同，但假定取平均值，所以外加功率 $\dot{W}_b$ 仍按式（6-10）计算。把式（6-12）、式（6-13）和式（6-10）代入式（5-25），并注意这里 $\dot{W}_s = \dot{W}_f$，便可求出 J^*。由 $\frac{dJ^*}{db} = 0$ 可求出 $J^* = J^*_{\min}$ 时的

$$b = \frac{3}{1 + \left(\frac{2}{m}\right)\left(\frac{l}{h}\right)}, \text{按} J^* = J_{\min}^* \text{以及} J = 2\overline{p}lv_0 \text{有}$$

$$\frac{\overline{p}}{2k} = 1 + \frac{m}{4}\frac{l}{h} - \frac{3}{2}\frac{\left(\frac{m}{4}\right)^2}{1 + 2\left(\frac{m}{4}\right)\left(\frac{h}{l}\right)} + \frac{\sigma_0}{2k} \qquad (6-14)$$

若不计侧面鼓形，上式右边第三项为零。

取 m 为 1 和外加应力 σ_0 为零时，按式（6-11）和式（6-14）以及由滑移线场数值解得到的式（4-49）计算做出如图 6-9 所示的 $\overline{p}/2k - l/h$ 的关系图。由图 6-9 可知，不考虑侧面鼓形得到的上界 $\overline{p}/2k$ 值比考虑侧面鼓形得到的大。按滑移线场数值解得到的 $\overline{p}/2k$ 比按上面两种上界法得到的都低。

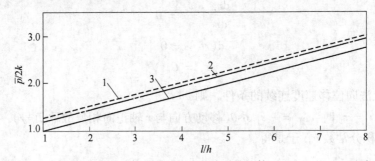

图 6-9 按各种方法计算的 $\overline{p}/2k - l/h$ 关系的比较（$m = 1.0$，$\sigma_0 = 0$）

1—按式（6-11）不考虑鼓形；2—按式（6-14）考虑鼓形；3—按式（4-49）滑移线场数值解

6.5 楔形模平面变形拉拔和挤压

通过楔形模孔进行平面变形拉拔和挤压如图 6-10 所示，对此种变形情况，可用许多方法建立运动许可速度场。下面介绍阿维瑟方法。

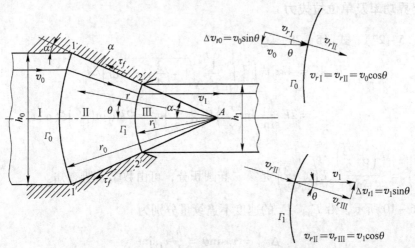

图 6-10 通过楔形模孔进行平面变形拉拔和挤压

α—流线

6.5.1　速度场的建立

由速度不连续线 $\widehat{11'}$（Γ_0 线）、$\widehat{22'}$（Γ_1 线）、$\overline{12}$ 和 $\overline{1'2'}$（把工件和工具接触线也看作速度不连续线）包围的区域（Ⅱ区）称为塑性区。在此区域内只有 r 方向位移速度 v_r。Ⅲ和Ⅰ区为前后外区，这两个区分别以速度 v_1 和 v_0 沿轴向移动。未变形的Ⅰ区金属通过 Γ_0 进入塑性变形区（Ⅱ），再通过 Γ_1 变形完毕，其流线如图 6-10 所示。下面取圆柱面坐标系建立运动许可速度场。由于 $v_z = v_\theta = 0$，参照式（1-28）

$$\dot{\varepsilon}_r = \frac{\partial v_r}{\partial r} \quad \dot{\varepsilon}_\theta = \frac{v_r}{r} \quad \dot{\varepsilon}_{r\theta} = \frac{1}{2} \times \frac{\partial v_r}{r\partial \theta} \tag{g}$$

按体积不变条件，则

$$\frac{\mathrm{d}v_r}{\mathrm{d}r} + \frac{v_r}{r} = 0$$

或

$$\mathrm{d}(rv_r) = 0$$

积分得

$$rv_r = C$$

根据边界 $\widehat{22'}$ 上法向位移速度连续的条件，则

$$r = r_1 \text{ 时}, v_{r\text{Ⅲ}} = -v_1\cos\theta（\text{移动方向与} r \text{轴正向相反故取负号}）$$

按此确定积分常数 c，于是得

$$v_r = -\frac{r_1}{r}v_1\cos\theta \tag{h}$$

代入式（g），则

$$\dot{\varepsilon}_r = -\dot{\varepsilon}_\theta = \frac{r_1}{r^2}v_1\cos\theta$$

$$\dot{\varepsilon}_{r\theta} = \frac{r_1 v_1}{2r^2}\sin\theta$$

6.5.2　上界功率及单位拉拔力

按式（5-27）、式（5-28）

$$\dot{W}_i = 4kr_1v_1 \int_0^\alpha \left(\int_{r_1}^{r_0} \frac{1}{r^2} \sqrt{1 - \frac{3}{4}\sin^2\theta}\, r\mathrm{d}r \right) d\theta$$

$$= 2k\frac{h_1}{\sin\alpha}\ln\left(\frac{r_0}{r_1}\right)E\left(\alpha, \frac{\sqrt{3}}{2}\right)v_1 = 2kh_1\ln\left(\frac{r_0}{r_1}\right)\xi(\alpha)v_1$$

式中，$\xi(\alpha) = \dfrac{E\left(\alpha, \dfrac{\sqrt{3}}{2}\right)}{\sin\alpha}$，$E\left(\alpha, \dfrac{\sqrt{3}}{2}\right)$ 是第二椭圆积分，可由数学手册查知。

如图 6-10 所示，沿 Γ_0，Γ_1 的速度不连续量分别为

$$\Delta v_{t0} = v_0\sin\theta = \frac{h_1}{h_0}v_1\sin\theta$$

$$\Delta v_{t1} = v_1\sin\theta$$

沿工具和工件的接触面，按式（h）

$$\Delta v_f = -\frac{r_1}{r} v_1 \cos\alpha$$

按式（5-29）则

$$\dot{W}_s = \int_{r_1}^{r_0} \tau_f \frac{r_1}{r} v_1 \cos\alpha \mathrm{d}r + 2k\left(r_0 \int_0^\alpha \frac{h_1}{h_0} v_1 \sin\theta \mathrm{d}\theta + r_1 \int_0^\alpha v_1 \sin\theta \mathrm{d}\theta\right)$$

$$= h_1 v_1 \left[\tau_f \cot\alpha \ln\left(\frac{r_0}{r_1}\right) + \frac{2k(1-\cos\alpha)}{\sin\alpha}\right]$$

按式（5-25）

$$J^* = \dot{W}_i + \dot{W}_s$$

按 $J = J^*$，并注意，拉拔功率 $J = \sigma_1 h_1 v_1$；挤压功率 $J = \sigma_0 h_0 v_0 = \sigma_0 h_1 v_1$，所以在不考虑挤压缸壁摩擦时，对同样 τ_f、α 和面缩率 ψ，相对单位拉拔力 $\frac{\sigma_1}{2k}$ 和 $\frac{\sigma_0}{2k}$ 的上界值为

$$\frac{\sigma_1}{2k} = \frac{\sigma_0}{2k} = \left[\xi(\alpha) + \frac{\tau_f}{2k}\cot\alpha\right]\ln\frac{h_0}{h_1} + \frac{1-\cos\alpha}{\sin\alpha} \qquad (6-15)$$

按式（6-15）计算的结果如图6-11所示。

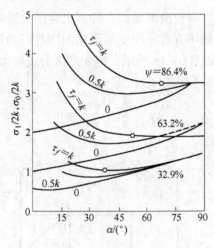

图6-11　按式（6-15）计算的 $\sigma_0/2k$，$\sigma_1/2k$ 与 α、τ_f 和 ψ 的关系

由图6-11可见，$\sigma_1/2k$，$\sigma_0/2k$ 最低时的模角 α 随 ψ 和 τ_f 的增大而增加。

如图6-12所示，死区界面倾角 α'。死区金属与流动金属界面间，由于速度不连续引起的剪切功率与 $\alpha = \alpha'$，$\tau_f = k$ 时的摩擦功率相同。此时 $\sigma_1/2k$，$\sigma_0/2k$ 可由图6-11上 $\tau_f = k$ 的曲线确定。在该图 $\tau_f = k$ 的曲线上，$\sigma_1/2k$，$\sigma_0/2k$ 最小值的模角用 α_{opt} 表示。与 $\alpha > \alpha_{opt}$ 的变形情况相比，出现图6-12表示的 $\alpha' = \alpha_{opt}$ 的死区，而得到低的 $\sigma_1/2k$，$\sigma_0/2k$ 上界值。因为低的上界值接近正确值，所以若 $\tau_f = k$，则 $\alpha > \alpha_{opt}$ 的情况，应取对应 α_{opt} 时的上界值。这就是图6-11所示的水平线。由该图也可以看出，当 $\tau_f = 0.5k$ 和 $\tau_f = 0$ 时，α 角接近90°仍会出现死区，因为形成后者具有低的上界值，也就是不出现死区的上界值（虚线）比出现死区的上界值（水平实线）高。

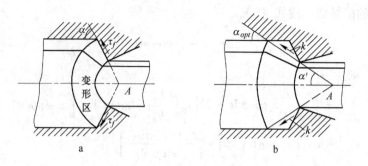

图 6 - 12　死区的形成

a—无死区；b—有死区

6.6* 上界定理解析轴对称压缩圆环

6.6.1 子午面上速度不连续线为曲线

粗糙工具压缩圆环由于轴对称，在圆周方向不存在位移速度 v_θ，但由式（2 - 122）可知，若存在径向位移速度 v_r，即使沿圆周 v_r 一样，也会产生圆周方向的应变速率 $\dot\varepsilon_\theta$，由体积不变条件可知，轴对称问题不存在平面变形问题的刚性三角形速度场，而在子午面上的速度不连续线呈曲线形式。如图 6 - 13 所示，把变形区分成I、II、III区。设II区的 $v_{zII} = -\alpha$，注意到式（2 - 122）并按体积不变条件

$$\frac{\partial v_r}{\partial r} + \frac{v_r}{r} + \frac{\partial v_z}{\partial z} = 0$$

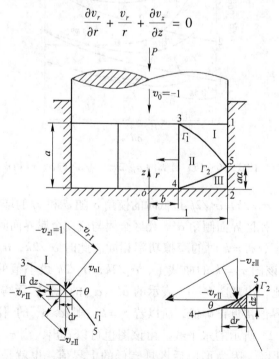

图 6 - 13　用粗糙工具压缩圆环（按小林史郎）

则

$$\frac{\partial v_r}{\partial r} + \frac{v_r}{r} = 0$$

假定 v_r 沿 z 方向均布，上式可写成

$$\frac{\mathrm{d}v_r}{v_r} = -\frac{\mathrm{d}r}{r}$$

积分得

$$v_r = \frac{c}{r}$$

按秒流量相等原则

$$-1(1 - b^2)\pi = 2\pi b a v_{rb}$$

所以当 $r = b$ 时，$v_{rb} = -\dfrac{1 - b^2}{2ba}$，于是积分常数 $c = -\dfrac{1 - b^2}{2a}$。从而得 Ⅱ 区的

$$v_{r\mathrm{II}} = -\frac{1 - b^2}{2ar}$$

其他两区速度场为

Ⅰ 区： $v_{r\mathrm{I}} = 0 \quad v_{z\mathrm{I}} = -1$

Ⅲ 区： $v_{r\mathrm{III}} = 0 \quad v_{z\mathrm{III}} = 0$

由式（2 – 122）可知，此两区的应变速率分量均为零，Ⅱ 区的应变速率分量为

$$\begin{aligned}
\dot{\varepsilon}_r &= (1 - b^2)/2ar^2 \\
\dot{\varepsilon}_\theta &= -(1 - b^2)/2ar^2 \\
\dot{\varepsilon}_z &= 0 \\
\dot{\varepsilon}_{rz} &= \dot{\varepsilon}_{r\theta} = \dot{\varepsilon}_{\theta z} = 0
\end{aligned} \tag{a}$$

下面来确定速度不连续线 Γ_1，Γ_2 的方程。由于穿过速度不连续线法向速度是连续的，则得

$$\frac{v_{z\mathrm{I}} - v_{z\mathrm{II}}}{v_{r\mathrm{II}}} = -\tan\theta$$

或

$$\frac{\mathrm{d}Z_{35}}{\mathrm{d}r} = -\frac{(1 - a)2ar}{1 - b^2}$$

积分得

$$Z_{35} = -\frac{1 - a}{1 - b^2}ar^2 + c$$

当 $r = 1$，$Z = a\alpha$，所以 $c = a\alpha + \dfrac{1 - a}{1 - b^2}a$，从而得 Γ_1 线的方程为

$$Z_{35} = -\frac{a(1 - a)}{1 - b^2}(1 - r^2) + a\alpha \tag{b}$$

同理得 Γ_2 线的方程为

$$Z_{45} = \frac{a\alpha(r^2 - b^2)}{1 - b^2} \tag{c}$$

该例中仅 Ⅱ 区消耗内部变形功率。把式（a）代入式（5 – 27），并由式（5 – 28），得 Ⅱ 区的内部变形功率为

$$\dot{W}_i = \sigma_s \frac{2}{\sqrt{3}}(1 - b^2)\frac{\pi}{a}\int_b^1 \frac{1}{r}\left(\int_{Z45}^{Z35} dz\right)dr = \frac{\pi\sigma_s}{\sqrt{3}}\left[2\ln\left(\frac{1}{b}\right) - (1 - b^2)\right] \tag{d}$$

沿速度不连续线 Γ_1，Γ_2 和 1—5 面上的剪切功率按式（5 – 29）确定。在 Γ_1 线上的速度不连续量为

$$|\Delta v_t|_{35} = \sqrt{(1 - a)^2 + \frac{(1 - b^2)^2}{4a^2 r^2}} = \frac{1}{2ar}\sqrt{(1 - a)^2 4a^2 r^2 + (1 - b^2)^2}$$

沿 Γ_1 上的微线段长度 $dS = \sqrt{dz^2 + dr^2} = \sqrt{1 + \left(\frac{dz}{dr}\right)^2}\,dr$，则

$$\dot{W}_{D35} = \frac{2\pi\sigma_s}{\sqrt{3}}\int |\Delta v_t|_{35} dS = \frac{\pi\sigma_s}{\sqrt{3}}\left[a(1 - \alpha)^2 \times \frac{4}{3} \times \frac{1 + b + b^2}{1 + b} + \frac{1}{a}(1 - b^2)(1 - b)\right]$$

同理

$$\dot{W}_{D45} = \frac{\pi\sigma_s}{\sqrt{3}}\left[a\alpha^2 \frac{4}{3} \times \frac{1 + b + b^2}{1 + b} + \frac{1}{a}(1 - b^2)(1 - b)\right]$$

沿粗糙面 1—5 上的摩擦功率为

$$\dot{W}_{f15} = 2\pi\frac{\sigma_s}{\sqrt{3}}(1 - \alpha)a$$

$$\dot{W}_s = \dot{W}_{D35} + \dot{W}_{D45} + \dot{W}_{f15} \tag{e}$$

由式（5 – 25），则

$$J^* = \dot{W}_i + \dot{W}_s$$

按 $J = J^*$ 并注意到 $J = \bar{p}\pi(1 - b^2)\times 1$，则得

$$\frac{\bar{p}}{\sigma_s} = \frac{1}{\sqrt{3}}\left[\frac{2}{1 - b^2}\ln\left(\frac{1}{b}\right) - 1\right] + \frac{2a}{1 - b^2}\left[\frac{2}{3\sqrt{3}} \times \frac{1 + b + b^2}{1 + b}(1 - 2\alpha + 2\alpha^2)\right.$$

$$\left. + (1 - \alpha)\frac{1}{\sqrt{3}}\right] + 2(1 - b)\frac{1}{\sqrt{3}a} \tag{6-16}$$

把式（6 – 16）对 α 求导，便可求出 $\frac{\bar{p}}{\sigma_s}$ 取最小值时的 α 值和 $\frac{\bar{p}}{\sigma_s}$ 的最好上界解，此时

$$\alpha = \frac{1}{2}\left(1 + \frac{3}{4} \times \frac{1 + b}{1 + b + b^2}\right) \tag{6-17}$$

上述方法也可用于拉拔和挤压。

6.6.2　平行速度场解析圆环压缩

实验表明，圆环压缩某瞬间，存在中性层，其位置用圆柱坐标系中之 r_n 表示，如图 6 – 14 所示。根据圆环尺寸和摩擦条件不同有两种情况：（1）$r_n \leqslant r_1$，此时金属沿径向全部外流；（2）$r_1 < r_n < r_0$，此时中性层两侧的金属沿相反方向流动。

根据以上基本实验事实，假定圆环为刚 – 塑性材料，接触面上的摩擦应力为 $\tau_f = m\dfrac{\sigma_s}{\sqrt{3}}$，忽略圆环内外侧面的鼓形（圆环不太厚、每步压下率很小时，允许这些简化），建立平行速度场（应变速率与 z 轴无关），并确定中性层参数如下。

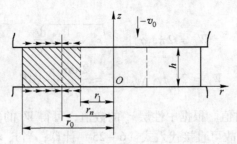

图 6 - 14　圆环的压缩

（1）确定速度场：

$$v_\theta = 0 \qquad v_z = \frac{-zv_0}{h} \qquad v_r = v_r(r,z) \tag{6-18}$$

$$\dot{\varepsilon}_\theta = \frac{v_r}{r} \qquad \dot{\varepsilon}_z = -\frac{v_0}{h} \qquad \dot{\varepsilon}_r = \frac{\partial v_r}{\partial r} \tag{6-19}$$

$$\dot{\varepsilon}_{r\theta} = \dot{\varepsilon}_{rz} = \dot{\varepsilon}_{\theta z} = 0$$

按体积不变条件

$$\dot{\varepsilon}_\theta + \dot{\varepsilon}_r + \dot{\varepsilon}_z = \frac{v_r}{r} + \frac{\partial v_r}{\partial r} + \left(-\frac{v_0}{h} \right) = 0$$

或

$$\frac{1}{r} \times \frac{\partial}{\partial r}(rv_r) - \frac{v_0}{h} = 0$$

积分后得

$$v_r = \frac{1}{2} \times \frac{v_0}{h}r + \frac{B(z)}{r}$$

$B(z)$ 可由边界条件确定。当 $r = r_n$ 时 $v_r = 0$ 代入上式，得

$$B(z) = \frac{-1}{2} \times \frac{v_0}{h}r_n^2$$

代回原式得速度场与应变速率为：

$$v_r = \frac{1}{2} \times \frac{v_0}{h}r\left[1 - \left(\frac{r_n}{r} \right)^2 \right] \qquad v_\theta = 0 \qquad v_z = \frac{-z}{h}v_0 \tag{6-20}$$

$$\dot{\varepsilon}_\theta = \frac{1}{2} \times \frac{v_0}{h}\left[1 - \left(\frac{r_n}{r} \right)^2 \right] \qquad \dot{\varepsilon}_z = \frac{-v_0}{h} \qquad \dot{\varepsilon}_r = \frac{1}{2} \times \frac{v_0}{h}\left[1 + \left(\frac{r_n}{r} \right)^2 \right] \tag{6-21}$$

由上可知，在上述的速度场中只含有一个特定参数 r_n，故可按 $J^* = J_{min}^*$ 确定真实速度场下的 r_n。

（2）r_n 的确定：

按式（5-25）

$$J^* = \dot{W}_i + \dot{W}_f \tag{6-22}$$

$$\dot{W}_i = \int_{r_1}^{r_0}\int_0^{2\pi}\int_0^h \sigma_s\dot{\varepsilon}_e r\mathrm{d}z\mathrm{d}\theta\mathrm{d}r \tag{6-23}$$

把式（6-21）代入计算等效应变速率的式（5-27）中，得

$$\dot{\varepsilon}_e = \frac{v_0}{h}\sqrt{1 + \frac{r_n^4}{3r^4}}$$

代入式（6 – 23），得

$$\dot{W}_i = 2\pi v_0 \sigma_s \int_{r_1}^{r_0} \sqrt{r^4 + \frac{1}{3}r_n^4}\,\frac{\mathrm{d}r}{r} \tag{6 – 24}$$

$$\dot{W}_f = 2\int_{F_f} \tau_f \,|\,\Delta v_f\,|\,\mathrm{d}F = \frac{2m\sigma_s}{\sqrt{3}}\int_{F_f} v_r \mathrm{d}F \tag{6 – 25}$$

应指出，$\dot{W}_f$ 应取绝对值。根据中性层 r_n 的数值，可得 $\dot{W}_f$ 的两种表达式：当 $r_n < r$ 时，由式（6 – 20），v_r 为正，故可直接代入式（6 – 25）计算；当 $r_n > r$ 时，由式（6 – 20），v_r 为负，为使 $\dot{W}_f$ 为正，代入式（6 – 25）计算时应加一负号。

注意到式（6 – 20）的第一式，将式（6 – 24），式（6 – 25）代入式（6 – 22），按 $\dfrac{\partial J^*}{\partial r_n} = 0$ 可确定 r_n。

对于 $r_1 < r_n < r_0$ 时，得出

$$\frac{r_n}{r_0} \approx \frac{2\sqrt{3}m\dfrac{r_0}{h}}{\left(\dfrac{r_0}{r_1}\right)^2 - 1}\left\{\sqrt{1 + \frac{\left(1 + \dfrac{r_1}{r_0}\right)\left[\left(\dfrac{r_0}{r_1}\right)^2 - 1\right]}{2\sqrt{3}m\dfrac{r_0}{h}}} - 1\right\} \tag{6 – 26}$$

当 $r_n = r_1$ 时，注意使 $\dfrac{\partial J^*}{\partial r_n} = 0$ 的式中 $\dfrac{r_1}{r_n} = 1$，得

$$m\frac{r_0}{h} = \frac{1}{2\left(1 - \dfrac{r_1}{r_0}\right)}\ln\left[\frac{3\left(\dfrac{r_0}{r_1}\right)^2}{1 + \sqrt{1 + 3\left(\dfrac{r_0}{r_1}\right)^4}}\right] \tag{6 – 27}$$

顺便指出，根据此式，可通过实验估计 m 值。为此，准备各种 r_1，r_0 和 h 的圆环，施加小压下率（如取 3% ~ 5%），找出压后内径不变即 $r_n = r_1$ 时的 r_1，r_0 和 h，代入式（6 – 27）中便可估算出 m 值，也可由该式作出计算曲线，如图 6 – 15 所示。

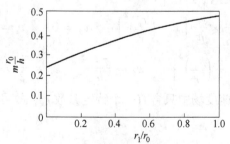

图 6 – 15　$r_n = r_1$ 时 $m\dfrac{r_0}{h}$ 与 $\dfrac{r_1}{r_0}$ 的关系曲线（按 Avitzur B.）

6.7*　球面坐标系解析拉拔挤压圆棒（Avitzur B.）

6.7.1　速度场的确定

拉拔和挤压圆棒的分区图以及各区的速度场如图 6 – 16 和图 6 – 17 所示。由图 6 – 16

可知，Ⅰ区和Ⅲ区只有均匀的轴向速度 v_0 和 v_1。由秒流量相等，得

$$v_0 = v_1 \left(\frac{R_1}{R_0} \right)^2 \tag{6-28}$$

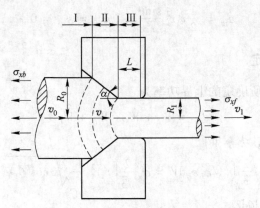

图 6-16 拉拔和挤压圆棒的分区图

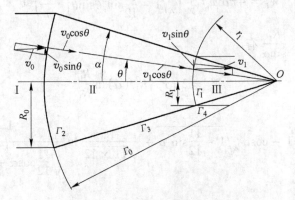

图 6-17 各区的速度场

Ⅰ区金属未变形，通过 Γ_2 进入塑性变形区，再通过 Γ_1 变形完毕。在Ⅱ区内，$v_\theta = v_\varphi = 0$。v_r 可按秒流量相等原则确定。在Ⅲ区，$R = r_1 \sin\theta$，$\mathrm{d}R = r_1 \cos\theta \mathrm{d}\theta$。与 $\mathrm{d}R$，$\mathrm{d}\theta$ 对应部分的秒流量为

$$2\pi R \mathrm{d}R v_1 = 2\pi v_1 r_1^2 \sin\theta\cos\theta \mathrm{d}\theta \tag{f}$$

与此部分对应的Ⅱ区的秒流量为

$$-2\pi(r\sin\theta)r\mathrm{d}\theta v_r \tag{g}$$

由式（f）= 式（g）得

$$v_r = -v_1 r_1^2 \frac{\cos\theta}{r^2} \tag{6-29}$$

因为 v_r 与球坐标系 r 轴的正向相反，故加负号。

由式（1-29），在Ⅱ区内的应变速率为

$$\dot{\varepsilon}_r = \frac{\partial v_r}{\partial r} \qquad \dot{\varepsilon}_\theta = \frac{v_r}{r} \qquad \dot{\varepsilon}_\varphi = \frac{v_r}{r} = -(\dot{\varepsilon}_r + \dot{\varepsilon}_\theta)$$

$$\dot{\varepsilon}_{r\theta} = \frac{1}{2r}\frac{\partial v_r}{\partial \theta} \qquad \dot{\varepsilon}_{\theta\varphi} = \dot{\varepsilon}_{r\varphi} = 0 \tag{6-30}$$

把式（6-29）代入此式，得

$$\dot{\varepsilon}_r = -2\dot{\varepsilon}_\theta = -2\dot{\varepsilon}_\varphi = 2v_1 r_1^2 \frac{\cos\theta}{r^3}$$

$$\dot{\varepsilon}_{r\theta} = \frac{1}{2}v_1 r_1^2 \frac{\sin\theta}{r^3} \qquad \dot{\varepsilon}_{\theta\varphi} = \dot{\varepsilon}_{r\varphi} = 0 \tag{6-31}$$

6.7.2 上界功率的确定

由运动许可速度场所确定的上界功率为

$$J^* = \dot{W}_i + \dot{W}_f + \dot{W}_D + \dot{W}_B \tag{6-32}$$

6.7.2.1 内部变形功率 $\dot{W}_i$

$$\dot{W}_i = \sigma_s \sqrt{\frac{2}{3}} \int_V \sqrt{\dot{\varepsilon}_{ij}\dot{\varepsilon}_{ij}}\,\mathrm{d}V = \sigma_s \frac{2}{\sqrt{3}} \int_V v_1 r_1^2 \frac{1}{r^3} \sqrt{3\cos^2\theta + \frac{1}{4}\sin^2\theta}\,\mathrm{d}V$$

式中，$\mathrm{d}V = 2\pi r(\sin\theta)r\mathrm{d}\theta\mathrm{d}r$。

$$\dot{W}_i = 4\pi\sigma_s v_1 r_1^2 \int_0^\alpha \left(\sqrt{1 - \frac{11}{12}\sin^2\theta}\sin\theta \int_{r_1}^{r_0} \frac{\mathrm{d}r}{r} \right)\mathrm{d}\theta$$

注意到 $\dfrac{r_0}{r_1} = \dfrac{R_0}{R_1}, r_1 = \dfrac{R_1}{\sin\alpha}$ 有

$$\dot{W}_i = 2\pi\sigma_s v_1 R_1^2 f(\alpha)\ln\frac{R_0}{R_1} \tag{6-33}$$

式中，$f(\alpha) = \dfrac{1}{\sin^2\alpha}\left(1 - \cos\alpha\sqrt{1 - \dfrac{11}{12}\sin^2\alpha} + \dfrac{1}{\sqrt{11\times 12}}\ln\dfrac{1 + \sqrt{\dfrac{11}{12}}}{\sqrt{\dfrac{11}{12}}\cos\alpha + \sqrt{1 - \dfrac{11}{12}\sin^2\alpha}} \right)$

$$\tag{6-34}$$

对于非常小的 α，$f(\alpha)$ 趋于 1，式（6-33）可简化为

$$\dot{W}_i = 2\pi\sigma_s v_1 R_1^2 \ln\frac{R_0}{R_1}$$

6.7.2.2 剪切功率和摩擦功率（$\dot{W}_f + \dot{W}_D$）

Γ_1，Γ_2 表面是速度不连续面，穿过该表面法向速度分量是连续的，其切向速度分量是不连续的。由于 Γ_1 左侧和 Γ_2 右侧切向速度分量均为零。所以沿 Γ_1 和 Γ_2 的速度不连续量分别为 $\Delta v_1 = v_1\sin\theta$ 和 $\Delta v_2 = v_0\sin\theta$。于是沿 Γ_1 和 Γ_2 上的剪切功率为

$$\dot{W}_{D_{1,2}} = \int_{\Gamma_1 + \Gamma_2} k\,|\Delta v_t|\,\mathrm{d}F = \frac{\sigma_s}{\sqrt{3}}\left(\int_{\Gamma_1} \Delta v_1 \mathrm{d}F + \int_{\Gamma_2} \Delta v_2 \mathrm{d}F \right)$$

$$= 4\pi v_1 r_1^2 \frac{\sigma_s}{\sqrt{3}} \int_0^\alpha \sin^2\theta\mathrm{d}\theta = \frac{2}{\sqrt{3}}\sigma_s \pi v_1 R_1^2 \left(\frac{\alpha}{\sin^2\alpha} - \cot\alpha \right) \tag{6-35}$$

因为模具是静止的，沿圆锥表面 Γ_3 上的速度不连续量，其数值相当于圆锥表面上工件的径向速度分量 $\Delta v_f = v_1 r_1^2 \dfrac{\cos\alpha}{r^2}$。表面剪切应力或摩擦应力取 $\tau_f = m\dfrac{\sigma_s}{\sqrt{3}}$。沿 Γ_3 面上摩擦功率为

$$\dot{W}_{f3} = \int_{\varGamma_3} \tau_f |\Delta v_f| \mathrm{d}F = m\frac{\sigma_s}{\sqrt{3}} \int_{\varGamma_3} v_1 \left(\frac{R_1}{R}\right)^2 \cos\alpha \mathrm{d}F$$

$$= 2\pi v_1 R_1^2 (\cot\alpha) m\frac{\sigma_s}{\sqrt{3}} \int_{R_1}^{R_0} \frac{\mathrm{d}R}{R} = \frac{2\sigma_s}{\sqrt{3}} m\pi v_1 R_1^2 (\cot\alpha) \ln\frac{R_0}{R_1} \tag{6-36}$$

由图 6-16 可见，沿 III 区（定径带）圆柱面 $\varGamma_4$ 速度不连续量为 $\Delta v_f = v_1$。在此表面上的摩擦功率为

$$\dot{W}_{f4} = \int_{\varGamma_4} \tau_f |\Delta v_f| \mathrm{d}F = \frac{2\sigma_s}{\sqrt{3}} m\pi v_1 R_1 L \tag{6-37}$$

$$\dot{W}_D + \dot{W}_f = \dot{W}_{D1} + \dot{W}_{D2} + \dot{W}_{f3} + \dot{W}_{f4} = \frac{2\sigma_s}{\sqrt{3}} \pi v_1 R_1^2 \cdot$$

$$\left[\frac{\alpha}{\sin^2\alpha} - \cot\alpha + m\cot\alpha\ln\left(\frac{R_0}{R_1}\right) + m\frac{L}{R_1}\right] \tag{6-38}$$

6.7.2.3 附加外力功率（$\dot{W}_b$）
对于拉拔

$$\dot{W}_b = -\int_{F_D} p_i v_i \mathrm{d}F = \pi v_0 R_0^2 \sigma_{rb} = \pi v_1 R_1^2 \sigma_{xb} \tag{6-39}$$

因为后张力与工件前进方向相反，故 $\dot{W}_b$ 取正。

对于挤压

$$\dot{W}_b = -\int_{F_D} p_i v_i \mathrm{d}F = -\pi v_1 R_1^2 \sigma_{xf} \tag{6-40}$$

因为前张力与工件前进方向一致，故 $\dot{W}_b$ 取负。

6.7.3 外功率以及单位变形力的确定

令拉拔挤压外功率等于上界功率有

拉拔：
$$\pi v_1 R_1^2 \sigma_{xf} = J = J^* \tag{6-41}$$

挤压：
$$-\pi v_0 R_0^2 \sigma_x = J = J^* \tag{6-42}$$

应注意，对于挤压，σ_{xb} 是压应力，即图 6-16 中的 σ_{xb} 须反向，故式（6-42）加负号以便 $J > 0$。

单位拉拔力 σ_{xf} 和挤压力 σ_{xb}：

由式（6-32）、式（6-33）、式（6-38）～式（6-41）：

对于拉拔

$$\frac{\sigma_{xf}}{\sigma_s} = \frac{\sigma_{xb}}{\sigma_s} + 2f(\alpha)\ln\left(\frac{R_0}{R_1}\right) + \frac{2}{\sqrt{3}}\left[\frac{\alpha}{\sin^2\alpha} - \cot\alpha + m(\cot\alpha)\ln\left(\frac{R_0}{R_1}\right) + m\frac{L}{R_1}\right] \tag{6-43}$$

对于挤压

$$\frac{\sigma_{xb}}{\sigma_s} = \frac{\sigma_{xf}}{\sigma_s} - 2f(\alpha)\ln\left(\frac{R_0}{R_1}\right) - \frac{2}{\sqrt{3}}\left[\frac{\alpha}{\sin^2\alpha} - \cot\alpha + m(\cot\alpha)\ln\left(\frac{R_0}{R_1}\right) + m\frac{L}{R_1}\right] \tag{6-44}$$

上述两式中 $f(\alpha)$ 按式（6-33）确定。

克服的各种功率对相对拉拔力的影响按式（6-43）作出曲线如图 6-18 所示。由图

可见，存在最佳模角。

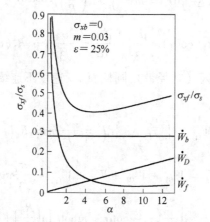

图 6-18　各种功率对相对拉拔应力的影响

6.7.4　最佳模角或相对模长的确定

下面按相对拉拔（或挤压）应力最小值来确定最佳模角。为此，对式（6-43）求导并令其等于零，即

$$\frac{\partial}{\partial \alpha}\left(\frac{\sigma_{xf}}{\sigma_s}\right) = 0$$

或

$$\frac{\partial}{\partial \alpha}\Big[f(\alpha)\ln\Big(\frac{R_0}{R_1}\Big)\Big] + \frac{2}{\sqrt{3}} \times \frac{1}{\sin^2\alpha}\Big[\Big(1 - \frac{\alpha\cos\alpha}{\sin\alpha}\Big) - \frac{1}{2}m\ln\Big(\frac{R_0}{R_1}\Big)\Big] = 0 \qquad (h)$$

或由式（6-33a）

$$\frac{\partial}{\partial \alpha}[f(\alpha)] = \frac{2}{\sin\alpha}\Big[\sqrt{1 - \frac{11}{12}\sin^2\alpha} - (\cos\alpha)f(\alpha)\Big] \qquad (i)$$

把式（i）代入式（h）有

$$2\sin\alpha\Big[\sqrt{1 - \frac{11}{12}\sin^2\alpha} - (\cos\alpha)f(\alpha)\Big]\ln\Big(\frac{R_0}{R_1}\Big) +$$

$$\frac{1}{\sqrt{3}}\Big[2(1 - \alpha\cot\alpha) - m\ln\Big(\frac{R_0}{R_1}\Big)\Big] = 0 \qquad (6-45)$$

实际上，常常 $\alpha < 45°$；此时 $f(\alpha) \approx 1, \frac{\partial}{\partial \alpha}[f(\alpha)] = 0$，注意到，$\alpha\cot\alpha \approx 1 - \frac{1}{3}\alpha^2$，从而得最佳模角 α_{opt}

$$\alpha_{opt} \approx \sqrt{\frac{3}{2}m\ln\Big(\frac{R_0}{R_1}\Big)} \qquad (6-46)$$

由

$$x = \frac{R_0 - R_1}{\tan\alpha_{opt}} = \frac{R_0 - R_1}{\tan\sqrt{\frac{3}{2}m\ln(R_0/R_1)}}$$

得最佳的相对模长为

$$\frac{x}{R_1} = \frac{(R_0/R_1) - 1}{\tan\sqrt{\frac{3}{2}m\ln(R_0/R_1)}} \tag{6-47}$$

6.8* 三角速度场解析轧制缺陷压合力学条件

对于大型的钢锭或者连铸钢坯，铸造过程中在铸锭内部产生一些微小缺陷，如微裂纹、缩孔、气泡等。这些缺陷在开坯轧制时，如果不能压合，将直接影响产品的质量。为了防止这一问题的产生，旧式的生产中有时采用对钢锭在轧制前先进行锻压。这不但增加了工序，降低了生产效率，同时也增加了大量的能量消耗。研究在轧制中缺陷的压合是十分重要的，可以通过力学解析了解压合的临界条件，从而改善轧制的质量。本节将用上界三角形速度场推导热轧厚板中心气孔缺陷压合的力学判定条件，并提出改善厚板轧制质量的工艺措施。

6.8.1 三角形速度场

粗轧展宽道次 b/h 接近于 10 时，可视为平面变形。设接触面全黏着并以弦代弧，用三角形速度场（仅研究水平对称轴上半部）对轧件中心无缺陷塑性流动的情况进行分析，速度不连续线与速端图如图 6-19a、b 所示。

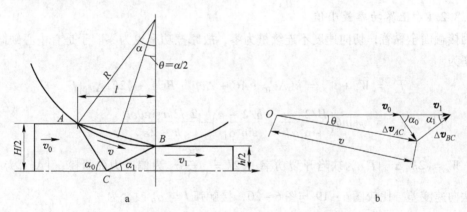

图 6-19 热轧板三角形速度场（a）与速端图（b）

由图 6-19a，BC 以右和 AC 以左为外端，各自以水平速度 v_1 和 v_0 移动。三角形 ABC 沿 AB 以轧辊周速 v 运动，AC 和 BC 为速度不连续线，其对应的速度不连续量为 Δv_{AC} 和 Δv_{BC}；v_0 和 Δv_{AC} 的矢量和为 ΔABC 区速度 v，v 和 Δv_{BC} 的矢量和为 v_1，如图 6-19b 所示。按正弦定理

$$\frac{v}{\sin(180° - \alpha_0)} = \frac{\Delta v_{AC}}{\sin\theta}, \Delta v_{AC} = \frac{v\sin\theta}{\sin\alpha_0}; \frac{v}{\sin\alpha_1} = \frac{\Delta v_{BC}}{\sin\theta}, \Delta v_{BC} = \frac{v\sin\theta}{\sin\alpha_1} \tag{6-48}$$

设高为 2ε 的缺陷存在于变形区，速度场如图 6-20 所示。与图 6-19 相比，有缺陷后的 AC 和 BC 的线段长度分别为：

$$AC = \frac{H/2 - \varepsilon}{\sin\alpha_0} \quad BC = \frac{h/2 - \varepsilon}{\sin\alpha_1} \tag{6-49}$$

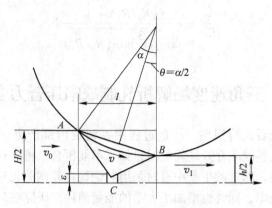

图 6-20 存在中心缺陷的速度场

由体积不变条件，压下速度满足

$$v\sin\theta \cdot l = v_x(\bar{h} - 2\varepsilon) \qquad v_x = \frac{lv\sin\theta}{h - 2\varepsilon} = v_n \qquad (6-50)$$

式中，$\bar{h} = \dfrac{H + h}{2}$。

6.8.2 总功率与开裂条件

6.8.2.1 上界功率最小值

因接触面全黏着，切向速度不连续量为零，故摩擦功率也为零。于是有中心缺陷的上界功率为

$$\begin{aligned}
J^* &= \dot{W}_s + \dot{W}_\varepsilon = k(\Delta v_{AC} \cdot AC + \Delta v_{BC} \cdot BC) + \sqrt{2}k|\Delta v_n|\Gamma_\varepsilon \\
&= kv\sin\theta\left(\frac{H/2 - \varepsilon}{\sin^2\alpha_0} + \frac{h/2 - \varepsilon}{\sin^2\alpha_1}\right) + \frac{2\sqrt{2}kv\sin\theta\varepsilon l}{h - 2\varepsilon}
\end{aligned} \qquad (6-51)$$

式中，$\dot{W}_\varepsilon = \sqrt{2}k|\Delta v_n|\Gamma_\varepsilon$ 为缺陷开裂功率；$\sqrt{2}k = \sqrt{\dfrac{2}{3}}\sigma_s$ 为偏应力矢量模；$|\Delta v_n|$ 为 Γ_ε 面上的法向速度差。比较图 6-19 与图 6-20，接触弧 l 与 α_0 改变为

$$l = \frac{H/2 - \varepsilon}{\tan\alpha_0} + \frac{h/2 - \varepsilon}{\tan\alpha_1} \qquad \tan\alpha_0 = \frac{H - 2\varepsilon}{2l - \dfrac{h - 2\varepsilon}{\tan\alpha_1}}$$

代入式（6-51）得

$$J^* = kv\sin\theta\left[\left(\frac{H}{2} - \varepsilon\right) + \frac{\left(2l - \dfrac{h - 2\varepsilon}{\tan\alpha_1}\right)^2}{2(H - 2\varepsilon)} + \left(\frac{h}{2} - \varepsilon\right)\left(1 + \frac{1}{\tan^2\alpha_1}\right) + \frac{2\sqrt{2}l\varepsilon}{h - 2\varepsilon}\right] \quad (6-52)$$

$$J^*\big|_{\varepsilon\to 0} = kv\sin\theta\left[\frac{H}{2} + \frac{1}{2H}\left(2l - \frac{h}{\tan\alpha_1}\right)^2 + \frac{h}{2}\left(1 + \frac{1}{\tan^2\alpha_1}\right)\right] \qquad (6-53)$$

式（6-53）为式（6-52）中 $\varepsilon\to 0$ 时的无缺陷板材轧制上界功率。

对式（6-52）求导，令 $\dfrac{dJ^*}{d\alpha_1} = 0$，并整理得

$$\frac{\mathrm{d}J^*}{\mathrm{d}\alpha_1} = kv\sin\theta\Big[\frac{1}{(H-2\varepsilon)}\Big(2l - \frac{h-2\varepsilon}{\tan\alpha_1}\Big)(h-2\varepsilon)\csc^2\alpha_1 - 2\Big(\frac{h}{2}-\varepsilon\Big)\cot\alpha_1\csc^2\alpha_1 \Big] = 0$$

$$\tan\alpha_1 = \frac{H+h-4\varepsilon}{2l} = \frac{\bar{h}-2\varepsilon}{l} = \frac{\bar{h}}{l} - \frac{2\varepsilon}{l} \tag{6-54}$$

表明满足式（6-54）时，式（6-52）有如下最小值：

$$J^*_{\min} = kv\sin\theta\Big[\Big(\frac{H}{2}-\varepsilon\Big) + \frac{l^2\Big(2-\dfrac{h-2\varepsilon}{\bar{h}-2\varepsilon}\Big)^2}{2(H-2\varepsilon)} + \Big(\frac{h}{2}-\varepsilon\Big)\Big(1+\frac{l^2}{(\bar{h}-2\varepsilon)^2}\Big) + \frac{2\sqrt{2}l\varepsilon}{\bar{h}-2\varepsilon}\Big] \tag{6-55}$$

注意到轧制功率 $J = M\omega$，由图6-19，$M = PR\sin\theta = \bar{p}lR\sin\theta$，$\omega = \dfrac{v}{R}$，于是

$$J = \bar{p}lv\sin\theta \tag{6-56}$$

令轧制功率 $J = J^*_{\min}$，将式（6-55）、式（6-56）代入该式整理得

$$\frac{\bar{p}}{2k} = \frac{1}{2}\Big[\frac{\bar{h}}{l} - \frac{2\varepsilon}{l} + \frac{l\Big(2-\dfrac{h-2\varepsilon}{\bar{h}-2\varepsilon}\Big)^2}{2(H-2\varepsilon)} + \Big(\frac{h}{2}-\varepsilon\Big)\frac{l}{(\bar{h}-2\varepsilon)^2} + \frac{2\sqrt{2}\varepsilon}{\bar{h}-2\varepsilon}\Big] \tag{6-57}$$

当 $\varepsilon = 0$，此时 $l = \dfrac{H/2}{h/l} + \dfrac{h/2}{h/l}$，式（6-57）变为

$$\frac{\bar{p}}{2k}\Big|_{\varepsilon=0} = 0.5\frac{\bar{h}}{l} + 0.5\frac{l}{\bar{h}} \tag{6-58}$$

上式即无缺陷轧板三角形速度场最小上界应力状态系数值。

6.8.2.2 缺陷压合临界条件

由式（6-57），$\dfrac{\partial}{\partial\varepsilon}\Big(\dfrac{\bar{p}}{2k}\Big)\Big|_{\varepsilon\to 0} = 0$，整理得

$$\frac{2\sqrt{2}}{h} - \frac{2}{l} + \frac{4\Big(l-\dfrac{lh}{2\bar{h}}\Big)\dfrac{\bar{h}-h}{\bar{h}^2}}{H} + \frac{4\Big(l-\dfrac{lh}{2\bar{h}}\Big)^2}{lH^2} + \frac{l(2h-\bar{h})}{\bar{h}^3} = 0$$

$$\frac{l^2}{h^2} + \sqrt{2}\frac{l}{h} - 1 = 0$$

取上式正根作为临界条件：

$$\Big(\frac{l}{h}\Big)_{\text{critical}} = \frac{\sqrt{2+4}-\sqrt{2}}{2} = 0.518 \qquad \Big(\frac{\bar{h}}{l}\Big)_{\text{critical}} = \frac{2}{\sqrt{2+4}-\sqrt{2}} = 1.932 \tag{6-59}$$

由式（6-59）得到下列判据：对板材轧制过程，如果动态几何参数满足

$$l/\bar{h} \leqslant (l/\bar{h})_{\text{critical}} = 0.518 \text{ 或 } \bar{h}/l \geqslant (\bar{h}/l)_{\text{critical}} = 1.932 \tag{6-60}$$

轧件中心缺陷将出现开裂。式中，$l = \sqrt{R\Delta h} = \sqrt{R(H-h)}$ 为接触弧；$\bar{h} = (H+h)/2$ 为变形区平均高度。

此判据也可表述为：对板材轧制过程当动态几何参数满足

$$l/\bar{h} > 0.518 \text{ 或 } \bar{h}/l < 1.932 \tag{6-61}$$

轧制中心缺陷将趋于压合。

应指出：对轧制不同道次，尽管辊径一定，式（6-60）中的 $l/\bar{h}$ 会因轧制力、道次压下量及坯料几何条件不同而是一个动态变量；当轧制道次确定时，$l/\bar{h}$ 是道次压下量 ε

（$\varepsilon = \Delta h / H$）、单位宽度轧制力 P，以及 l/H 和 B/H 的函数。如果参数 $l/\overline{h}$ 值大于 0.518，则该道次轧制将使坯料中心气孔等缺陷趋于压合；否则，将使上述缺陷形成的中心裂纹扩展。

平锤头锻压可视轧制变形区入口 H 等于出口 h，即 $\overline{h} = (H + h)/2 = 2h/2 = h$，代入式（6 - 60）得

$$l/h \leqslant (l/h)_{\text{critical}} = 0.518 \qquad (6 - 62)$$

该式与锻压矩形件开裂条件一致。

6.8.3　讨论

升高开轧温度、降低变形速率，增加 Δh、咬入时加后推力均增大接触弧 l，故有利于坯料压合；H 不变时，增大辊径 R、相对压下率 ε 及单位宽度轧制力 P 也有利于缺陷压合。

判据 $(l/\overline{h})_{\text{critical}} = 0.518$，恰好落在塔尔诺夫斯基以大量实验研究矩形件压缩得到 $l/h < 0.5 \sim 0.6$ 时侧面出现双鼓形，而 $l/h > 0.5 \sim 0.6$ 出现单鼓形的范围内。双鼓形锻件中心受拉，单鼓中心受压。同理，$l/\overline{h} > 0.518$ 表明轧件中心所受压应力限制裂纹扩展，有利于压合；而 $l/\overline{h} \leqslant 0.518$ 则轧件中心受拉应力导致裂纹扩展不利于压合。滑移线场参量积分表明变形区内平均应力为压应力的区域不会发生裂纹扩展。而满足压合条件 $l/\overline{h} > 0.518$ 的轧制变形区中心的平均应力为压应力。

以上推导基于刚塑性第一变分原理，不反映材料特性对压合的影响，缺陷 2ε 未明确缺陷长高之比的相对概念是速度场的不足之处。

6.8.4　应用例

用厚 320mm、宽 2000mm 的 Q345B 连铸坯分别轧制厚 140mm 与 85mm 的特厚板，分别用再结晶 + 未再结晶控轧（CR）及再结晶控轧，辊径 $R = 560/510$mm，计算压合条件见表 6 - 1、表 6 - 2。以下仅以表 6 - 1 中 No.0 道次压合条件计算为例详述计算步骤：$\varepsilon = (320 - 290.011)/320 = 9.37\%$，$l/\overline{h} = \sqrt{560 \times (320 - 290.011)}/305.006 = 0.425 < 0.518$，该道次为中心缺陷开裂轧制。

表 6 - 1　140mm 特厚板 CR 压下规程计算分析

No.	H/mm	h/mm	$\varepsilon/\%$	轧制力/$\text{kN} \cdot \text{m}^{-1}$	$l/\overline{h}$	判别	备注
0	320.00	290.011	9.37	10340.9	0.425	开裂	不合理
1	290.01	264.843	8.68	8708	0.428	开裂	不合理
2	264.84	244.025	7.86	8041.9	0.424	开裂	不合理
3	244.46	209.302	14.37	10298	0.618	压合	合理
4	209.30	180.018	13.98	9640.8	0.659	压合	合理
5	180.02						待温
6	180.02	166.942	0.0726	13415.9	0.493	开裂	不合理
7	166.94	156.258	0.0640	12372.4	0.479	开裂	不合理
8	156.26	147.889	0.0535	12116.4	0.450	开裂	不合理
9	147.89	144.993	0.0196	7833.8	0.275	开裂	不合理
10	144.99	142.845	0.0148	7502.2	0.241	开裂	不合理
11	142.85	141.030	0.0127	7489.3	0.223	开裂	不合理
12	141.03						空过

表 6-2 85mm 特厚板再结晶轧制压下规程计算分析

No.	H/mm	h/mm	ε/%	轧制力/kN·m^{-1}	$l/\bar{h}$	判别	备注
0	320.00	280.553	12.327	12141.6	0.495	开裂	$\Delta h = 39.45$mm 合理
1	280.55	246.998	11.960	10043.8	0.520	压合	合理
2	248.38	209.686	15.579	10188.6	0.641	压合	合理
3	209.69	174.119	16.962	10273.6	0.735	压合	合理
4	174.12	142.460	18.183	10103.7	0.841	压合	合理
5	142.46	117.848	17.276	9654.8	0.902	压合	合理
6	117.85	99.213	15.813	8673	0.941	压合	合理
7	99.21	93.732	5.525	4527.3	0.574	压合	合理，整型
8	93.73	89.117	4.923	3697	0.555	压合	合理，整型
9	89.12	85.462	4.101	3914.6	0.518	压合	合理，整型

表 6-1 表明纵轧第 3、4 道次勉强满足压合条件，其余 10 道均不满足，故压下率分配不合理。而表 6-2 按压合条件采用减量化再结晶轧制 85mm 特厚板，不仅无精轧待温，且轧制道次大为减少（注意表 6-1 的 0~12 道次相当于表 6-2 的 0~5 道次）。单板机时由 4min 减到 2min，机时产量提高 1 倍。可观的是表 6-2 粗轧道次压下量、单位宽度轧制压力明显增加，导致全部满足压合条件（因设备绝对压下量 $\Delta h_{max} = 40$mm，故 No.0 道判为合理），轧后特厚板性能见表 6-3，达到 Q345D 级要求并有一定富余量，Z 向性能达到 Q345-Z35 要求，探伤全部合格，有效提高了特厚板内部质量。

表 6-3 再结晶轧制的 85mm 特厚板力学性能

位置	R_{eL}/MPa	R_m/MPa	A/%	-20℃ 冲击 A_{kv}/J			0℃ 冲击 A_{kv}/J			Z 向性能/%		
1/4	310	490	34	95	80	135	158	148	156	54.5	66.5	62.5
1/2	285	490	26.5	76	63	63	109	120	130			

6.9* 三角速度场求解精轧温升

本节提出以上界三角形速度场计算高速线材精轧阶段温升的方法。由于线材精轧轧制速度快，散热条件差，可认为线材轧制的外功几乎全部转换为热，即温升来自于变形区三角形速度场速度不连续线所做的剪切功。三角形速度场确定的总上界功率最小值决定了变形区内全部温升的总和，以此原理推导出高速线材精轧机组温升计算公式。

6.9.1 导言

以变形区为计算单位，轧制变形功引起的温升 ΔT_d 为

$$\Delta T_d = \frac{\dot{W} t_c}{V \rho S} = \frac{W}{mc} \qquad (6-63)$$

式中，$\dot{W}$、W 分别为变形所需总功率与功；V 为变形区体积，m 为变形区内轧件质量，

$m = V\rho$；$S = c$，ρ 分别为材料轧制温度的比热与密度；t_c 为接触时间。即变形区内材料由入口到出口截面的时间。而变形功 W 可表示为

$$W = M\alpha \tag{6-64}$$

或

$$W = \dot{W}t_c \tag{6-65}$$

式中，M 为轧制力矩；α 为接触角。

由于部分塑性功耗以位错、空位形式储存于轧件内部（约占 2% ~ 5%），故式（6-63）变为

$$\Delta T_d = \frac{\eta \dot{W} t_c}{V\rho S} = \frac{\eta W}{mc} \tag{6-66}$$

式中，η 为功热转换系数，取 0.95 ~ 0.98。

由式（6-64）、式（6-65）可得

$$\dot{W} = \frac{W}{t_c} = \frac{M\alpha}{t_c} = M\dot{\alpha} = \frac{Mv}{R} \tag{6-67}$$

式中，$\dot{\alpha}$、v 为轧辊角速度与线速度；R 为轧辊半径。

总轧制力矩与单辊力矩分别为

$$M = \frac{\dot{W}}{\dot{\alpha}} \qquad M = \frac{\dot{W}}{2\dot{\alpha}} \tag{6-68}$$

式中，$\dot{W}$ 由上界功率的最小值确定。

6.9.2　线材精轧变形

高速线材精轧指完成粗、中轧后的第 16 ~ 25 架轧制，孔型为椭圆-圆孔型系统。第 16 架（精轧第一架）入口线坯截面为圆，轧后出口线坯截面为椭圆，假设出口椭圆长轴与入口圆坯直径 D_0 相等，即保持变形中椭圆长轴不变的平面变形条件，则孔型如图 6-21a 所示，变形模型如图 6-22 所示。第 18、20、22、24 架与第 16 架孔型及轧后椭圆长轴不变的假设相同。第 17 架（精轧第二架）入口线坯截面为椭圆轧后出口线坯截面为圆，假设入口椭圆短轴 D_1 与出口圆坯直径相等，即保持变形中椭圆短轴不变的平面变形条件，则孔型如图 6-21b 所示。第 19、21、23、25 架与第 17 架孔型及假设相同。

应指出，对精轧机组正是由于假定偶道次（椭圆孔型）轧制时椭圆长轴不变，奇道次（圆孔型）轧制时椭圆短轴不变，方能使各轧制道次满足平面变形条件。在此基本假定条件下才能使用平面变形上界三角形速度场。以下以第 16 架，图 6-21a 为例，阐述基本解析步骤。

图 6-22 所示为第 16 架变形区。图 6-23 所示是平面变形全黏着轧制上界三角形速度场与速端图，采用以弦代弧假定，垂直纸面方向为宽向即不变形方向，图中 AC、BC 为速度不连续线即温升"热线"。

由图 6-23 按体积不变方程

$$v_0 \frac{\pi}{4} D_0^2 = v_1 \frac{\pi}{4} D_0 D_1 \qquad v_1 = v_0 \frac{D_0}{D_1} \tag{6-69}$$

式中，D_1 为本道次出口椭圆短轴。由图 6-23

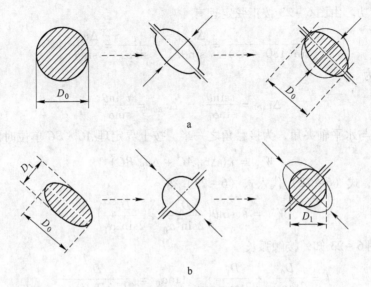

图 6-21 精轧孔型
a—第 16 架椭圆孔；b—第 17 架圆孔

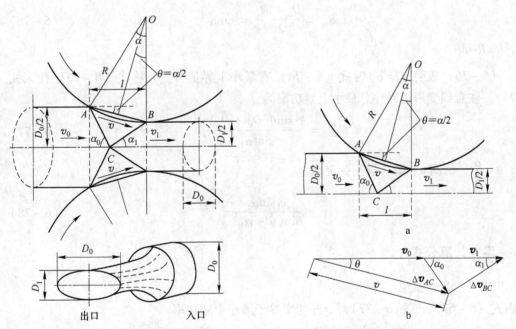

图 6-22 第 16 架变形区   图 6-23 平面变形轧制三角形速度场（a）与速端图（b）

$$v_0 \frac{D_0}{2} = v_1 \frac{D_1}{2} \qquad v_1 = v_0 \frac{D_0}{D_1} \tag{6-70}$$

上述两式的一致性，表明可用图 6-23 速端图计算图 6-22 的速度不连续量。图 6-22 轧后椭圆长轴不变的假定满足平面变形条件，故由图 6-23 得

$$AC = \frac{D_0}{2\sin\alpha_0} \qquad BC = \frac{D_1}{2\sin\alpha_1} \tag{6-71}$$

由于高速线材精轧为热轧故为全黏着，即三角形 ABC 以轧辊圆周速度 v 运动，这意味着沿

AB 不消耗摩擦功。由图 6 - 23 按正弦定理有

$$\frac{v}{\sin(180 - \alpha_0)} = \frac{\Delta v_{AC}}{\sin\theta} \qquad \frac{v}{\sin\alpha_1} = \frac{\Delta v_{BC}}{\sin\theta}$$

速度不连续量为

$$\Delta v_{AC} = \frac{v\sin\theta}{\sin\alpha_0} \qquad \Delta v_{BC} = \frac{v\sin\theta}{\sin\alpha_1} \qquad (6-72)$$

式中，θ 为 AB 与水平轴夹角，为接触角之一半。按上界定理 AC、BC 单位时间的功耗为

$$\dot{W}^* = k(\Delta v_{AC}AC + \Delta v_{BC}BC) \qquad (6-73)$$

把式（6 - 71）、式（6 - 72）代入式（6 - 73）得

$$\dot{W}^* = kv\sin\theta\left(\frac{D_0}{2\sin^2\alpha_0} + \frac{D_1}{2\sin^2\alpha_1}\right) \qquad (6-74)$$

由图 6 - 22、图 6 - 23 知，接触弧长

$$l = \frac{D_0}{2\tan\alpha_0} + \frac{D_1}{2\tan\alpha_1} \qquad \tan\alpha_0 = \frac{D_0}{2l - D_1/\tan\alpha_1} \qquad (6-75)$$

把式（6 - 75）代入式（6 - 74），然后对 α_1 求导，令 $\mathrm{d}\dot{W}^*/\mathrm{d}\alpha_1 = 0$，解得

$$\tan\alpha_0 = \frac{D_0 + D_1}{2l} = \tan\alpha_1 \qquad (6-76)$$

式中，$l = R\sin\alpha$。

式（6 - 76）表明 $\alpha_0 = \alpha_1$ 时式（6 - 74）有最小上界值 $\dot{W}^*_{\min}$。将式（6 - 76）代入式（6 - 74），注意到变形区对称总最小上界功率为

$$\dot{W}^*_{\min} = \frac{kv\sin\theta(D_0 + D_1)}{\sin^2\alpha_1} \qquad (6-77)$$

式中，$\theta = \dfrac{\alpha}{2}$。由图 6 - 22，按正弦定理

$$v = \frac{v_1\sin\alpha_1}{\sin(\theta + \alpha_1)} \qquad (6-78)$$

6.9.3 温升计算公式

6.9.3.1 温升模型

由式（6 - 67）、式（6 - 77），令外功率等于最小上届功率

$$\dot{W}_{\min} = \frac{Mv}{R} = \frac{kv\sin\theta(D_0 + D_1)}{\sin^2\alpha_1} \qquad M = \frac{kR\sin\theta(D_0 + D_1)}{\sin^2\alpha_1}$$

上式代入式（6 - 66），注意到式（6 - 64），整理得

$$\Delta t_p = \frac{kv\eta\sin\theta(D_0 + D_1)}{J\rho cD_1v_1\sin^2\alpha_1} \qquad (6-79)$$

式中，J 为热功当量。

式（6 - 79）即采用轧制力矩法与上界三角形速度场推导的高速线材精轧道次温升计算模型。

6.9.3.2 变形区体积计算

入口为圆，出口为椭圆的轧制变形区体积有三种方法计算。

按圆台体积：出口椭圆折合成圆直径 $\bar{D} = \sqrt{D_1 D_0}$

$$V = \frac{\pi l}{3}\Big[\Big(\frac{D_0}{2}\Big)^2 + \Big(\frac{\bar{D}}{2}\Big)^2 + \frac{D_0 \bar{D}}{4}\Big] \tag{6-80}$$

按出入口平均直径的圆柱体积：

$$V = \frac{\pi l}{4}\Big(\frac{\bar{D} + D_0}{2}\Big)^2 \tag{6-81}$$

精确体积计算：对图 6-22 圆变椭圆道次，圆弧 AB 对应的精确变形区体积为

$$V = \frac{\pi D_0}{4}\int_0^l h_x \,\mathrm{d}x = \frac{\pi D_0}{4}\int_0^l (2R + D_1 - 2\sqrt{R^2 - x^2})\,\mathrm{d}x$$

$$= \frac{\pi D_0 l}{4}\Big[(2R + D_1) - \sqrt{R^2 - l^2} - \frac{R^2}{l}\alpha\Big]$$

将上式代入式（6-79）整理得

$$\Delta t_p = \frac{4k\eta\sin\theta(D_0 + D_1)\alpha}{\pi\rho c l \sin^2\alpha_1\Big[\Big(2 + \dfrac{D_1}{R}\Big) - \cos\alpha - \dfrac{R}{l}\alpha\Big]} \tag{6-82}$$

式（6-82）为变形区精确体积的温升计算公式。

6.9.4 计算与实测结果

6.9.4.1 计算结果

某高速线材厂第 16~25 架为 45°交替悬臂无扭摩根精轧机组，其温升研究对生产具有重要意义。现以第 16 架（精轧第一架）为例计算 Q235 钢，成品规格为 $\phi6.5\text{mm}$ 的 400MPa 级超细晶粒线材在精轧的道次温升，机组参数见表 6-4。

表 6-4　$\phi6.5\text{mm}$ 线材精轧计算参数

机 架	孔 型	出口面积 F/mm^2	工作辊径 D/mm	出口速度/$\text{m}\cdot\text{s}^{-1}$
15	圆	299.00	216.952	7.768
16	椭圆	249.10	203.940	9.324
17	圆	205.10	197.657	11.324
18	椭圆	164.70	205.834	14.102
19	圆	132.00	152.250	17.595
20	椭圆	101.70	157.290	22.838
21	圆	83.13	154.560	27.939
22	椭圆	64.45	158.847	36.037
23	圆	52.11	156.660	44.571
24	椭圆	40.62	160.020	57.179
25	圆	33.18	158.025	70.000

由表 6-4，第 16 架（椭圆孔），$F_{25} = 33.18\text{mm}^2$，$v_{25} = 70\text{m/s}$，$D_{16} = 203.94\text{mm}$；来坯直

径:$D_0 = 2\sqrt{\dfrac{299.00}{\pi}} = 19.51\text{mm}$,$v_0 = \dfrac{F_{25}v_{25}}{F_{16}} = \dfrac{33.18 \times 70}{19.51^2 \times \pi/4} = 7.769\text{m/s}$；轧后面积 F_{16} $= 249.10\text{mm}^2$。

椭圆短轴（注意长轴不变）：$\dfrac{\pi}{4}D_0D_1 = 249.10\text{mm}$,$D_1 = 16.26\text{mm}$,$l_{16} = \sqrt{R_{16}\Delta h}$ = 18.2mm,$\varepsilon_{16} = \ln\dfrac{D_0}{D_1} = \dfrac{19.51}{16.26} = 0.182$,$v_{16} = \dfrac{F_{25}v_{25}}{F_{16}} = 9.324 \times 10^3\text{mm/s}$;$\dot\varepsilon_{16} = \dfrac{v_{16}}{l_{16}}\dfrac{\Delta h}{H} = 85.34\text{s}^{-1}$。

用东北大学轧制技术及连轧自动化国家重点实验室实测 Q235 变形抗力模型

$$\sigma_s = 4055.179 \times \varepsilon^{0.18847} \times \dot\varepsilon^{\left(0.37397\frac{T}{1000}-0.24541\right)} \times e^{\left(-3.43195\frac{T}{1000}\right)}$$

入口测温仪显示 $T_0 = 854.9\text{℃}$，将 ε_{16}、$\dot\varepsilon_{16}$、T_0 值代入上式，$\sigma_s = 217.53\text{MPa}$,$k = \sigma_s/\sqrt{3} = 125.59\text{MPa}$。

$\theta = \dfrac{1}{2}\sin^{-1}\dfrac{l_{16}}{R_{16}} = 0.08972\text{rad}$,$\sin\theta = 0.0896$,$\alpha = 0.17944$；由式（6-76），$\tan\alpha_1 = \dfrac{19.51 + 16.26}{2 \times 18.2} = 0.98269$,所以 $\alpha_1 = 0.776669\text{rad}$,$\sin^2\alpha_1 = 0.49127$。变形区精确体积为

$$V = \dfrac{\pi D_0 l}{4}\left[(2R + D_1) - \sqrt{R^2 - l^2} - \dfrac{R^2\alpha}{l}\right] = 4.84 \times 10^{-6}\text{m}^3$$

对低碳钢取 $\rho = 7.8 \times 10^3\text{kg/m}^3$,$\eta = 0.95$,$c = 0.62 \times 10^3\text{J/(kg·℃)}$,$J = 1\text{Nm/J}$。将上述各量代入式（6-82）

$$\Delta t_{16} = 11.87\text{℃}$$

计算 17 架温升应注意椭圆长轴为压下方向（短轴不变）；入口温度为 866.77℃，其他各道次类推。各机架温升计算结果如表 6-5 所示。

表 6-5　上界法计算的各道次温升（精确体积）

道　　次	入口 $T/\text{℃}$	温升 $\Delta T/\text{℃}$	出口 $T/\text{℃}$	实测总温升 $\Delta T/\text{℃}$
16	854.9	11.87	866.77	11.97
17	866.77	11.12	877.89	22.99
18	877.89	16.5	894.4	39.49
19	894.4	16.29	910.69	55.78
20	910.69	18.88	929.57	74.66
21	929.57	18.71	948.28	93.37
22	948.28	14.9	963.18	108.27
23	963.18	14.95	978.13	123.22
24	978.13	18.8	999.82	142.02
25	996.93	18.93	1015.86	160.95
总温升		160.95		142.83

6.9.4.2　实测结果

表 6-5 最后一行为某厂轧制超级钢 $\phi6.5\text{mm}$ 线材精轧机组入口与出口测温仪随机实

测温度差的 12 次记录平均值，由表 6 - 4 可知，入口温度均值为 854℃，出口均值为 996.83℃，实测温升均值为 142.83℃，计算的累积温升为 160.95℃，较实测高 18.12℃，相对累计误差为 $\Delta = \dfrac{160.95 - 142.83}{160.95} = 11.3\%$。

变形区体积计算的影响：$\overline{D} = \sqrt{D_1 D_0} = 17.81\mathrm{mm}$，代入式（6-80）、式（6-81），按圆台体积：$V = 4.98 \times 10^{-6}\mathrm{m}^3$；按圆柱体积：$V = 4.98 \times 10^{-6}\mathrm{m}^3$；代入式（6-79）

$$\Delta T_{16} = 11.54℃$$

与前述道次温升计算误差：$\Delta = \dfrac{11.87 - 11.54}{11.87} = 2.8\%$；以弦代弧体积与变形区精确体积误差为

$$\Delta = \frac{4.98 - 4.84}{4.98} = 2.8\%$$

这是式（6-79）道次温升较式（6-82）计算结果低 0.33℃（2.8%）的根本原因。这表明，采用以弦代弧计算变形区体积，累计温升将获得更低的上界值

$$\Delta T = 160.95 - 160.95 \times 2.8\% = 156.4℃$$

应指出，计算结果高于实测值的原因一是温升是由高于真实功率"上界功率"转换而来的，二是计算中忽略了轧辊与坯料接触的热传导、线材热辐射、空气对流的温降，尽管高速变形时这部分热量很小。

6.10* 连续速度场解析板带轧制

6.10.1 参数方程与速度场

如图 6-24 所示，板带轧制因宽度 B 与接触弧长 l 比值远大于 1，故为平面变形问题。可采用 Karman 假设，即轧件长、宽、高为主方向，σ_x、v_x 沿高向、横向均布，变形区内

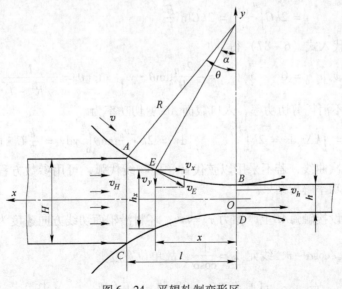

图 6-24 平辊轧制变形区

距出口截面为 x 处的厚度 h_x 方程、参数方程与秒流量方程为

$$h_x = 2R + h - 2\sqrt{R^2 - x^2} \qquad (6-83)$$

$$\left.\begin{array}{l} h_x = 2R + h - 2R\cos\alpha \\ x = R\sin\alpha \end{array}\right\} \qquad (6-84)$$

$$v_H H = v_h h = v_x h_x = v\cos\alpha_n h_n = C = \frac{V}{tB} \qquad (6-85)$$

式中，V、t、B 为被轧制体积、时间与宽度。于是由几何方程并注意 $\dot\varepsilon_z = 0$，得应变速率场与速度场分别为

$$\dot\varepsilon_x = -\frac{\partial v_x}{\partial x} = \frac{2xC}{\sqrt{R^2 - x^2}(2R + h - 2\sqrt{R^2 - x^2})^2} = -\dot\varepsilon_y \qquad (6-86)$$

$$v_x = \frac{C}{h_x} = \frac{C}{2R + h - 2\sqrt{R^2 - x^2}} \qquad v_z = 0$$

$$v_y = \int \dot\varepsilon_y \partial y = \frac{-2xCy}{\sqrt{R^2 - x^2}(2R + h - 2\sqrt{R^2 - x^2})^2} \qquad (6-87)$$

上式当 $x=0$，$v_x = v_h$；$x=l$，$v_x = v_H$；$y=0$，$v_y = 0$。注意到 $\dot\varepsilon_x + \dot\varepsilon_y + \dot\varepsilon_z = 0$，故式（6-86）、式（6-87）满足运动许可条件。

6.10.2　上界功率及最小值

注意到 $k = \dfrac{\sigma_s}{\sqrt{3}}$，将式（6-86）代入式（5-28）可得

$$\begin{aligned} \dot W_i &= 2k\int_V \sqrt{\frac{1}{2}\dot\varepsilon_{ij}\dot\varepsilon_{ij}}\,dV = 2k\int_V \dot\varepsilon_x dxdy \\ &= 4k\int_0^l \int_0^{\frac{h_x}{2}} \frac{2xC}{\sqrt{R^2 - x^2}(2R + h - 2\sqrt{R^2 - x^2})^2}dydx \\ &= 2kC\int_h^H \frac{du}{u} = 2kC\ln\frac{H}{h} \end{aligned} \qquad (6-88)$$

将 $x=0$ 与 $x=l$ 代入式（6-87）得

$$v_y\big|_{x=0} = 0 \qquad v_y\big|_{x=l} = -\frac{2v_H}{H}\tan\theta \cdot y \qquad \tan\theta = \frac{l}{\sqrt{R^2 - l^2}}$$

故出口截面 BD 不消耗剪切功率，入口截面 AC 剪切功率为

$$\dot W_s = \int_s k\Delta v_t ds = 2k\int_0^{\frac{H}{2}}|v_y|_{x=l}|dy = 2k\frac{2v_H}{H}\tan\theta\int_0^{\frac{H}{2}}ydy = \frac{k}{2}C\cdot\tan\theta \qquad (6-89)$$

因辊面为二次曲线，若不采用以弦代替、抛物线代弧，可用参数方程（6-84）经参量积分得到摩擦功率解析结果。

由图 6-24 设接触弧 AB 上摩擦力 $\tau_f = mk$，坯料沿辊面切线方向速度为 $\dfrac{v_x}{\cos\alpha}$，E 点速度间断量为 $\Delta v_f = v_x/\cos\alpha - v$，线元 $ds = \dfrac{dx}{\cos\alpha}$，故单位宽度上

$$\dot W_f = 2mk\left[\int_0^{x_n}\left(\frac{v_x}{\cos\alpha} - v\right)\frac{dx}{\cos\alpha} - \int_{x_n}^l\left(\frac{v_x}{\cos\alpha} - v\right)\frac{dx}{\cos\alpha}\right]$$

式中，后滑区 $\dfrac{v_x}{\cos\alpha} - v$ 为负值，故积分式前为"－"号；α_n 为中性角；x_n 为中性面到出口距离；将式（6-87）直接代入上式

$$\dot{W}_f = 2mk\Big[\int_0^{x_n} \frac{C\mathrm{d}x}{\cos^2\alpha(2R+h-2\sqrt{R^2-x^2})} - \int_0^{x_n} \frac{v}{\cos\alpha}\mathrm{d}x +$$

$$\int_{x_n}^l \frac{v}{\cos\alpha}\mathrm{d}x - \int_{x_n}^l \frac{C\mathrm{d}x}{\cos^2\alpha(2R+h-2\sqrt{R^2-x^2})}\Big]$$

将式（6-84）第二式微分代入上式，并注意 $x=0$，$\alpha=0$；$x=x_n$，$\alpha=\alpha_n$；$x=l$，$\alpha=\theta$，则得

$$\dot{W}_f = 2mk\Big[\int_0^{\alpha_n} \frac{CR\mathrm{d}\alpha}{\cos\alpha(2R+h-2R\cos\alpha)} - \int_0^{\alpha_n} vR\mathrm{d}\alpha - \int_{\alpha_n}^{\theta} \frac{CR\mathrm{d}\alpha}{\cos\alpha(2R+h-2R\cos\alpha)} + \int_{\alpha_n}^{\theta} vR\mathrm{d}\alpha\Big]$$

式中

$$\int_0^{\alpha_n} \frac{\mathrm{d}\alpha}{\cos\alpha(2R+h-2R\cos\alpha)} = \frac{1}{2R+h}\Big[\ln\tan\Big(\frac{\pi}{4}+\frac{\alpha_n}{2}\Big) + \frac{2R}{\sqrt{h^2+4Rh}}\tan^{-1}\frac{\sqrt{h^2+4Rh}\sin\alpha_n}{(2R+h)\cos\alpha_n-2R}\Big]$$

$$\int_{\alpha_n}^{\theta} \frac{\mathrm{d}\alpha}{\cos\alpha(2R+h-2R\cos\alpha)} = \frac{1}{2R+h}\Big\{\ln\frac{\tan\Big(\frac{\pi}{4}+\frac{\theta}{2}\Big)}{\tan\Big(\frac{\pi}{4}+\frac{\alpha_n}{2}\Big)} + \frac{2R}{\sqrt{h^2+4Rh}}\Big[\tan^{-1}\frac{\sqrt{h^2+4Rh}\sin\theta}{(2R+h)\cos\theta-2R} -$$

$$\tan^{-1}\frac{\sqrt{h^2+4Rh}\sin\alpha_n}{(2R+h)\cos\alpha_n-2R}\Big]\Big\}$$

将上述两式代入前式并整理，摩擦功率为

$$\dot{W}_f = 2mkvR(\theta-2\alpha_n) + \frac{2mkCR}{2R+h}\Big\{2\ln\tan\Big(\frac{\pi}{4}+\frac{\alpha_n}{2}\Big) - \ln\tan\Big(\frac{\pi}{4}+\frac{\theta}{2}\Big) + \frac{2R}{\sqrt{h^2+4Rh}}\times$$

$$\Big[2\tan^{-1}\frac{\sqrt{h^2+4Rh}\sin\alpha_n}{(2R+h)\cos\alpha_n-2R} - \tan^{-1}\frac{\sqrt{h^2+4Rh}\sin\theta}{(2R+h)\cos\theta-2R}\Big]\Big\}$$

$$(6-90)$$

将式（6-88）、式（6-89）、式（6-90）代入下式并整理得到单位宽度轧制上界功率为

$$J^* = \dot{W}_i + \dot{W}_s + \dot{W}_f = 2kC\ln\frac{H}{h} + \frac{kC}{2}\tan\theta + 2mkvR(\theta-2\alpha_n) + \frac{2mkCR}{2R+h}$$

$$\Big\{\ln\frac{\tan^2\Big(\frac{\pi}{4}+\frac{\alpha_n}{2}\Big)}{\tan\Big(\frac{\pi}{4}+\frac{\theta}{2}\Big)} + \frac{2R}{\sqrt{h^2+4Rh}}\Big[2\tan^{-1}\frac{\sqrt{h^2+4Rh}\sin\alpha_n}{(2R+h)\cos\alpha_n-2R} - \tan^{-1}\frac{\sqrt{h^2+4Rh}\sin\theta}{(2R+h)\cos\theta-2R}\Big]\Big\}$$

$$(6-91)$$

式（6-91）功率最小化有两种方法：

（1）局部最小化。将上式对 α_n 求导，令 $\dfrac{\partial J^*}{\partial\alpha_n}=0$

$$\cos^2\alpha_n - \frac{2R+h}{2R}\cos\alpha_n + \frac{C}{2vR} = 0$$

解二次方程可得使轧制功率获最小上界值的 α_n 为

$$\alpha_n = \cos^{-1}\left[\left(0.5 + \frac{h}{4R}\right) + 0.5\sqrt{\left(1 + \frac{h}{2R}\right)^2 - \frac{2C}{Rv}}\right] \qquad (6-92)$$

上式中 C 为单位宽度秒流量,按式(6-85)由实验测定。将式(6-92)代入式(6-91)可得到最小上界功率 $J_{\min}^*$。

(2)整体最小化。采用搜索法,将 $C = v\cos\alpha_n h_n$, $h_n = 2R + h - 2R\cos\alpha_n$ 代入式(6-91),然后搜索函数 $f(\alpha_n, m)$ 的最小值。此法可得到使上界功率最小时 α_n 与 m 的关系曲线以及最小上界功率 $J_{\min}^*$。

6.10.3　轧制力能参数

设接触弧上任一点单位压力为 p,该点轧辊垂直分速度为 v_y,该点的压下功率为 $p \cdot v_y$,设总压力为 $F = \bar{p}Bl$,令上下辊总压下功率等于最小上界功率 $J_{\min}^*$,有

$$J = 2\bar{p}Bl\frac{1}{\theta}\int_0^\theta v_y\mathrm{d}\alpha = 2F\frac{1}{\theta}\int_0^\theta v\sin\alpha\mathrm{d}\alpha = 2Fv\frac{1-\cos\theta}{\theta} = J_{\min}^* \qquad (6-93)$$

应力状态影响系数、每辊轧制力、力矩为

$$n_\sigma = \frac{\bar{p}}{2k} = \frac{F}{2kBl} \qquad (6-94)$$

$$F = \frac{\theta \cdot J_{\min}^*}{2v(1-\cos\theta)} \qquad (6-95)$$

$$M = \frac{R}{2v}J_{\min}^* \qquad (6-96)$$

式中,R、v 为轧辊半径与周速;H、h、B、l、θ 为轧件在变形区入、出口厚度,轧件宽度,接触弧水平投影长度与接触角。以上表明 Karman 假设下用直角坐标系速度场与接触弧参数方程可在不简化接触弧及被积函数情况下得到轧制功率上界解析解。式中摩擦因子 m 可用下式计算

$$m = f + \frac{1}{8} \times \frac{l}{h}(1-f)\sqrt{f} \qquad (6-97)$$

式中,f 为滑动摩擦系数,对轧制 h 取 $\bar{h} = \frac{H+h}{2}$。

6.11*　滑移线解与最小上界解一致证明实例

平冲头压入半无限体是塑性加工最典型的问题之一,是 Prandtl 与 Hill 先后以滑移线法解得 $n_\sigma = 2.57$。本节拟以该问题为例,证明如上界连续速度场设定的模型合适,其最小上界解将与滑移线解一致的结论。

6.11.1　速度场的设定

如图 6-25 所示粗糙平冲头压入半无限体变形区由冲头下黏着区三角形 $AA'C$ 及以 AC 为半径的两个扇形区 ACF、$A'CF'$ 和外端区域 AFD、$A'F'D'$ 组成,设 AB 线上各垂直方向速度 v 相同,B 点速度矢量为

$$\boldsymbol{v} = v_x\boldsymbol{i} + v_y\boldsymbol{j} \qquad (\mathrm{a})$$

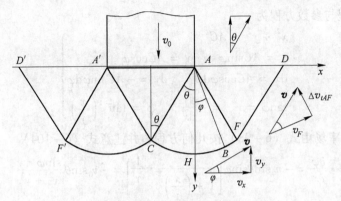

图 6-25　速度场模型

注意到 v 和 x 轴夹角 φ 与圆心角 φ 相等有

$$v_x = |v|\cos\varphi \qquad v_y = -|v|\sin\varphi \tag{a-1}$$

因平面变形，由体积不变条件并注意 $AH = AC$

$$v_0 \cdot \frac{AA'}{2} = v_x\big|_{y=AH} \cdot AH = v_x\big|_{\varphi=0} \cdot AH = |v_{FD}|\cos\theta \cdot AD \tag{b}$$

$$v_x\big|_{\varphi=0} = v_0\frac{AA'/2}{AH} = v_0\sin\theta = |v|\cos0°$$

$$|v| = v_0\sin\theta \tag{c}$$

将式（c）代入式（a），$ACHF$ 区速度矢量有

$$v = v_0\sin\theta\cos\varphi \cdot i - v_0\sin\theta\sin\varphi \cdot j$$

$$v_x = v_0\sin\theta\cos\varphi \qquad v_y = -v_0\sin\theta\sin\varphi \tag{6-98}$$

过边界点 $F(\varphi = \theta)$ 速度矢量为

$$v_F = v_0\sin\theta\cos\theta \cdot i - v_0\sin^2\theta \cdot j \tag{6-99}$$

过 F 点后 v_F 转动 $\frac{\pi}{2} - 2\theta$ 角度（注意 $\angle AFD = 2\theta$，$v_F \perp AF$）而变为 v_{FD}，故由式（6-99）

沿 FD 有

$$v_{FD} = \frac{v_F}{\cos\left(\frac{\pi}{2} - 2\theta\right)} = \frac{v_F}{\sin2\theta} = \frac{v_F}{2\sin\theta\cos\theta} = \frac{v_0}{2} \cdot i - \frac{v_0}{2}\tan\theta \cdot j$$

$$v_x = \frac{v_0}{2} \qquad v_y = -\frac{v_0}{2}\tan\theta \tag{6-100}$$

$$|v_{FD}| = \sqrt{\left(\frac{v_0}{2}\right)^2 + \left(-\frac{v_0}{2}\tan\theta\right)^2} = \frac{v_0}{2}\sqrt{1 + \tan^2\theta} = \frac{v_0}{2}\sec\theta \tag{6-101}$$

沿 AF 切向

$$\Delta v_t = v_{FD}\sin\left(\frac{\pi}{2} - 2\theta\right) = v_{FD}\cos2\theta = \frac{v_0}{2}\cos2\theta \cdot i - \frac{v_0}{2}\tan\theta\cos2\theta \cdot j \tag{6-102}$$

$$|\Delta v_t|_{AF} = \sqrt{\left(\frac{v_0}{2}\cos2\theta\right)^2 + \left(-\frac{v_0}{2}\tan\theta\cos2\theta\right)^2} = \frac{v_0}{2}(\cos\theta - \tan\theta \cdot \sin\theta) \tag{6-103}$$

边界弧 $\overset{\frown}{CHBF}$ 方程与参数方程为

$$
\left.\begin{array}{ll}
x^2 + y^2 = AC^2 & \\
x = AC\sin\varphi & y = AC\cos\varphi \\
\mathrm{d}x = AC\cos\varphi\mathrm{d}\varphi & \mathrm{d}y = -AC\sin\varphi\mathrm{d}\varphi \\
\tan\varphi = \dfrac{x}{y} = -\dfrac{\mathrm{d}y}{\mathrm{d}x} & \varphi = \tan^{-1}\left(\dfrac{x}{y}\right)
\end{array}\right\}
\tag{6-104}
$$

$ACHBF$ 区应变速率场由式（6-98）按几何方程，并注意式（6-104）

$$
\left.\begin{array}{l}
\dot{\varepsilon}_x = \dfrac{\partial v_x}{\partial x} = \dfrac{\partial v_x}{\partial \varphi} \cdot \dfrac{\partial \varphi}{\partial x} = -v_0\sin\theta\sin\varphi\left[\dfrac{1}{1+\left(\dfrac{x}{y}\right)^2} \cdot \dfrac{1}{y}\right] = -v_0\sin\theta\dfrac{\sin\varphi \cdot y}{x^2+y^2} \\[4mm]
\dot{\varepsilon}_y = \dfrac{\partial v_y}{\partial y} = \dfrac{\partial v_y}{\partial \varphi} \cdot \dfrac{\partial \varphi}{\partial y} = -v_0\sin\theta\cos\varphi\left[\dfrac{1}{1+\left(\dfrac{x}{y}\right)^2} \cdot \dfrac{x}{-y^2}\right] = v_0\sin\theta\dfrac{\cos\varphi \cdot x}{x^2+y^2} \\[4mm]
\dot{\varepsilon}_{xy} = \dfrac{1}{2}\left(\dfrac{\partial v_x}{\partial y} + \dfrac{\partial v_y}{\partial x}\right) = \dfrac{1}{2}\left(\dfrac{\partial v_x}{\partial \varphi} \cdot \dfrac{\partial \varphi}{\partial y} + \dfrac{\partial v_y}{\partial \varphi} \cdot \dfrac{\partial \varphi}{\partial x}\right) = \dfrac{v_0}{2}\sin\theta\left(\dfrac{\sin\varphi \cdot x}{x^2+y^2} - \dfrac{\cos\varphi \cdot y}{x^2+y^2}\right)
\end{array}\right\}
\tag{6-105}
$$

其余 $\dot{\varepsilon}_{ij} = 0$。

读者可自行证明式（6-98）、式（6-105）满足运动许可条件。

由式（6-100）AFD 区按几何方程，应变速率场 $\dot{\varepsilon}_{ij} = 0$。说明该区内部速度矢量为常矢量，应变速率为零，该区内部不消耗塑性变形功率，仅沿边界 FD 与 AF 切向消耗剪切功率。

6.11.2 上界功率

将式（6-105）代入下式并注意到式（6-104）及 $k = \dfrac{\sigma_s}{\sqrt{3}}$，扇形 $ACHBF$ 区单位宽度塑性变形功率为

$$
\begin{aligned}
\dot{W}_i &= \sigma_s\sqrt{\dfrac{2}{3}}\int_V \sqrt{\dot{\varepsilon}_{ij}\dot{\varepsilon}_{ij}}\,\mathrm{d}V \\
&= \sigma_s\sqrt{\dfrac{2}{3}}\int_V \sqrt{\dot{\varepsilon}_x^2 + \dot{\varepsilon}_y^2 + 2\dot{\varepsilon}_{xy}^2}\,\mathrm{d}V \\
&= \sigma_s\sqrt{\dfrac{2}{3}}\int_V \sqrt{\left(-v_0\sin\theta\dfrac{\sin\varphi \cdot y}{x^2+y^2}\right)^2 + \left(v_0\sin\theta\dfrac{\cos\varphi \cdot x}{x^2+y^2}\right)^2 + 2\left[\dfrac{v_0\sin\theta}{2}\left(\dfrac{\sin\varphi \cdot x}{x^2+y^2} - \dfrac{\cos\varphi \cdot y}{x^2+y^2}\right)\right]^2}\,\mathrm{d}V \\
&= kv_0\sin\theta\int_V \dfrac{\mathrm{d}x \cdot \mathrm{d}y}{\sqrt{x^2+y^2}}
\end{aligned}
$$

注意到该区对称，由式（6-104）上积分限 $y = \sqrt{AC^2 - x^2}$，下积分限 $y = \dfrac{x}{\tan\theta}$，上式积分为

$$
\begin{aligned}
\dot{W}_i &= 2kv_0\sin\theta\int_0^{\frac{AD}{2}}\mathrm{d}x\int_{\frac{x}{\tan\theta}}^{\sqrt{AC^2-x^2}} \dfrac{\mathrm{d}y}{\sqrt{x^2+y^2}} = 2kv_0\sin\theta\int_0^{\frac{A'A}{2}}\ln\left(y + \sqrt{y^2+x^2}\right)\Big|_{\frac{x}{\tan\theta}}^{\sqrt{AC^2-x^2}}\mathrm{d}x \\
&= 2kv_0\sin\theta\left[\int_0^{\frac{A'A}{2}}\ln\left(\sqrt{AC^2-x^2} + AC\right)\mathrm{d}x - \int_0^{\frac{A'A}{2}}\ln\left(\dfrac{x}{\tan\theta} + \dfrac{x \cdot \sec\theta}{\tan\theta}\right)\mathrm{d}x\right]
\end{aligned}
$$

将式（6-104）的第2、3式及 $\sqrt{AC^2-x^2}=AC\cos\varphi$ 代入上式；当 $x=0$，$\varphi=0$；当 $x=\dfrac{A'A}{2}$ 时，$\varphi=\theta$。将上式第一项化为参量积分并用分步积分，第二项用广义积分[❶]，并注意 $\dfrac{A'A}{2}=\sin\theta\cdot AC$，可得

$$\dot{W}_i = 2kv_0\sin\theta\left\{\int_0^\theta \ln(AC\cos\varphi + AC)AC\cos\varphi\cdot\mathrm{d}\varphi - \int_0^{\frac{A'A}{2}}\ln x\cdot\mathrm{d}x - \ln\frac{1+\sec\theta}{\tan\theta}\int_0^{\frac{A'A}{2}}\mathrm{d}x\right\}$$

$$=2kv_0\sin\theta\left\{AC\left[\sin\varphi\cdot\ln(AC\cos\varphi+AC)\Big|_0^\theta + \int_0^\theta\sin\varphi\frac{AC\sin\varphi}{AC\cos\varphi+AC}\mathrm{d}\varphi\right] - \right.$$

$$\left.\left[x\ln x - x\right]_0^{\frac{A'A}{2}*} - \ln\frac{1+\sec\theta}{\tan\theta}x\Big|_0^{\frac{A'A}{2}}\right\}$$

$$=2kv_0\sin\theta\left\{AC\left[\sin\theta\ln(AC\cos\theta+AC) + \int_0^\theta(1-\cos\varphi)\mathrm{d}\varphi\right] - \frac{A'A}{2}\ln\frac{A'A}{2} + \right.$$

$$\left.\frac{A'A}{2} - \frac{A'A}{2}\ln\left(1+\frac{1}{\cos\theta}\right)\frac{\cos\theta}{\sin\theta}\right\}$$

$$=2k\cdot v_0\cdot\sin\theta\cdot AC\cdot\theta \qquad (6-106)$$

式（6-106）即扇形 $ACHBF$ 区塑性变形功率。

由图 6-26，AC 线上切向速度不连续量为

$$\Delta v_t = v_0\cos\theta$$

注意到 $AA'C$ 为死金属区，AFD 区内应变速率为零，故两区内不消耗变形功，于是由上式以及式（c）、式（6-101）、式（6-103）并注意 $FD=AF=AC$，有

$$\dot{W}_s = ACkv_0\cos\theta + kv_0\sin\theta AC2\theta + FDk\frac{v_0}{2}\sec\theta + AFk\frac{v_0}{2}(\cos\theta - \tan\theta\sin\theta)$$

$$=kv_0AC\left(\cos\theta + 2\theta\sin\theta + \frac{\sec\theta}{2} + \frac{\cos\theta - \tan\theta\sin\theta}{2}\right) \qquad (6-107)$$

6.11.3 最小上界值

令外功率为 $\bar{p}\dfrac{A'A}{2}v_0 = J^* = \dot{W}_i + \dot{W}_s$，将式（6-106）、式（6-107）代入该式，注意到 $\sin\theta = \dfrac{AA'/2}{AC}$，$\dfrac{AC}{AA'}=\dfrac{1}{2\sin\theta}$，整理得

$$\bar{p} = 2k\theta + k\left(\cot\theta + 2\theta + \frac{1}{\sin2\theta} + \frac{\cot\theta - \tan\theta}{2}\right)$$

$$= 4k\theta + k\left(\frac{1+3\cos^2\theta - \sin^2\theta}{2\sin\theta\cos\theta}\right) \qquad (6-108)$$

$$= 4k\theta + 2k\cot\theta$$

$$n_\sigma = \frac{\bar{p}}{2k} = 2\theta + \cot\theta \qquad (6-109)$$

上式对待定参量即死区角度 θ 求导，令一阶导数为零得

[❶] 由罗必塔法则，$\lim\limits_{x\to 0}x\ln x = \lim\limits_{x\to 0}\dfrac{\ln x}{\dfrac{1}{x}} = \lim\limits_{x\to 0}(-x) = 0$。

$$\frac{\mathrm{d}n_\sigma}{\mathrm{d}\theta} = 2 - \frac{1}{\sin^2\theta} = 0$$

解之得
$$\sin\theta = \frac{1}{\sqrt{2}} \qquad \theta = \frac{\pi}{4} = 45°$$

将 $\theta = \dfrac{\pi}{4} = 45°$ 代入式（6-108）、式（6-109）得到最小上界值为

$$\bar{p}_{\min} = 5.14k \qquad n_{\sigma\min} = 2.57 \tag{6-110}$$

上式表明对平冲头压入半无限体采用前述速度场模型及与 Prandtl 相同摩擦条件得到的最小上界值与 Prandtl 滑移线解完全一致。滑移线解仅是式（6-109）通解在 $\theta = \dfrac{\pi}{4}$ 时的一个特解。应力状态系数与 θ 关系曲线如图 6-27 所示。

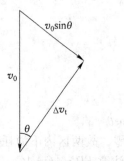

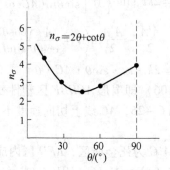

图 6-26　沿 AC 切向速度不连续量　　　　图 6-27　n_σ 与 θ 关系曲线

6.12* 能量法及其应用

6.12.1　能量法简介

变分法也称变分方法或变分学，是 17 世纪开始发展起来的数学分析的一个分支，它是研究依赖于某些未知函数积分型泛函极值的一门科学。简而言之，求泛函极值的方法称为变分法。求泛函极值的问题称为变分问题或变分原理。从泛函变分获得微分方程的方法是欧拉首先系统地研究的，这类微分方程统称为欧拉方程。将数学上的变分法应用于力学原理中就称为力学的变分原理。由于描述力学变分原理的泛函常和力学系统的能量有关，故力学中的变分原理又称能量原理，相应的各种解法称为能量法。

能量法以泛函的里兹近似解法为基础，在对具体成型过程求解时，首先设定某瞬间工件的变形态构形，在给定的边界条件下设定运动许可速度（或位移）场或静力许可应力场，把其写成含有几个待定参量的数学式。根据变分原理使相应的泛函（功率或功，余功率或余功）最小化，把相应的泛函作为这些待定参量的多元函数，求其对待定参量的偏导数并令其为零，构成以这些待定参量为变量的联立方程组。解此方程组求出待定参量，用其得到更接近真实的运动许可速度（或位移）场或静力许可应力场。按已知速度（或位移）场，由几何方程求出应变速率（或应变）场；由已知工件边缘位移确定工件外形尺寸；由外力功率和内力功率平衡求出力能参数。能量法的解析流程如图 6-28 所示。

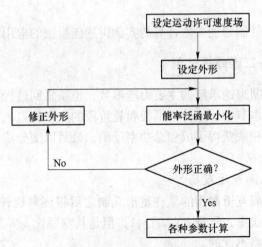

图 6 – 28　能量法解析框图

在设定速度场时对有流动分界面的成型过程（如圆环镦粗和轧制等），常把中性面位置坐标作为待定参数，欲求缺陷压合条件可把压合有关因子作为待定参量。

需要指出的是，能量法和欧拉方程代表同一个物理问题，从欧拉方程求近似解和从能量法求近似解有相同的效果。欧拉方程求解常常是困难的，但从泛函变分求近似解常常并不困难，这就是能量法之所以被重视的原因。由于总能量或总消耗功是位移的函数，而位移又是坐标的函数，所以变分计算的任务就是寻求一个满足总消耗功最小的位移与坐标的函数关系，即寻求一个使泛函具有最小值的函数。

泛函极值条件与函数极值条件具有相似的定义。如果

$$\left.\begin{array}{l}\delta\phi = 0 \\ \delta^2\phi > 0\end{array}\right\}泛函取极小值 \qquad \left.\begin{array}{l}\delta\phi = 0 \\ \delta^2\phi < 0\end{array}\right\}泛函取极大值 \qquad (6-111)$$

对于实际问题，极大或极小往往由问题本身即可确定，无须求出 $\delta^2\phi$。

根据出发点不同，能量法可以分为两类：一是设定运动许可的位移或速度函数，利用变分原理的最小能原理，确定更真实的位移场或速度场，并按外力功和内力功平衡确定变形功和变形力；二是设定静力许可的应力函数，利用变分原理的最小余能原理，确定更真实的应力场，从而求出变形力和变形功。由于设定运动许可的位移或速度场比设定静力许可应力场容易，所以基于最小能原理的第一种方法应用较多。

能量法除可确定力能参数外，尚可确定变形参数（如轧制的宽展、前滑、孔型与模锻的充满条件等）与自由面鼓形、凹形、轧件前后端鱼尾、内部缺陷压合条件等，有很广泛的适用范围，可以解析轧制、挤压、拉拔、锻造等诸多成型问题。

应指出，在解析定常与非定常两种成型过程时，解析步骤略有不同。对定常变形，变形区形状不随时间变化，用能量法设定速度场时，必须对初始假设的表面形状反复修正，直到满足定常变形条件为止。对非定常变形过程，因变形区形状随时间变化，此时必须用步进小变形计算大变形问题。即从初始已知表面形状开始，用能量法求出第一步最适速度场（或位移场）以此求出第一步后的表面形状；再把此表面形状作为下一步初始条件，用能量法求第二步最适速度场，进而求出第二步后的工件表面形状。以此类推，一直进行到所要求的终了变形。一般每一小步变形程度小于10%（按镦粗每步压下率小于10%），按

要求的计算精度而定。

以下通过两个厚板轧制力能参数计算的实例讲述能量法的应用。

6.12.2 解析实例——二维厚板轧制

轧制力与力矩是轧制理论求解的主要力能参数，也是轧制过程控制预设定以及轧制工艺计算的关键参数。在本节中，从分析厚板粗轧阶段的变形特点入手，提出了二维流函数速度场，以应变矢量内积法获得了成型总功率泛函，最后以变分法导出了轧制力和力矩的解析解。

6.12.2.1 二维流函数速度场

在可逆粗轧机上，展宽道次指的是在整形轧制之后将坯料旋转 $90°$ 并在轧件的宽度方向进行轧制。在展宽道次中，尽管 $l/(2h) \leqslant 1$，但是其宽厚比 b/h 远大于 10，因此轧件在纵向上的宽展是可以忽略不计的。

初始厚度为 $2h_0$ 轧件通过轧辊轧成厚度为 $2h_1$ 的成品厚度。选择了如图 6 - 29 所示的坐标系，其中坐标原点位于变形区的入口截面上。

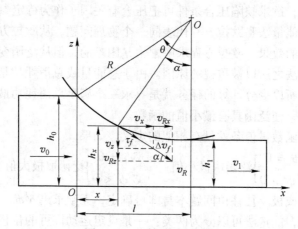

图 6 - 29　厚板轧制变形区

在本文中，不考虑弹性压扁对轧制力矩和轧制力的影响，轧辊为刚性的。由图中几何关系，接触弧方程、参数方程以及一阶二阶导数为

$$\left. \begin{array}{l} z = h_x = R + h_1 - \left[R^2 - (l - x)^2 \right]^{1/2} \\ z = h_\alpha = R + h_1 - R\cos\alpha \end{array} \right\} \tag{6-112}$$

$$l - x = R\sin\alpha \quad \mathrm{d}x = - R\cos\alpha\,\mathrm{d}\alpha \tag{6-113}$$

$$h'_x = - \tan\alpha \quad h''_x = (R\cos^3\alpha)^{-1} \tag{6-114}$$

式中，R 为轧辊半径。

由式（6 - 112）可得几何边界条件

$$\left. \begin{array}{l} x = 0 \quad \alpha = \theta \quad h_x = h_\alpha = h_\theta = h_0 \quad h'_x = - \tan\theta \\ x = l \quad \alpha = 0 \quad h_x = h_\alpha = h_1 \quad h'_x = 0 \end{array} \right\} \tag{6-115}$$

对于展宽轧制，$l/h \leqslant 1$、$b/h \geqslant 10$，入口至出口的宽度函数 b_x 可看作常数，因此

$$y = b_x = b_1 = b_0 = b \tag{6-116}$$

厚板轧制速度场为二维速度场，其应变速率分量可以根据小林史郎（1975）提出的三维轧

制速度场，通过设定小林史郎速度场中的比例系数为 1 来确定。二维速度场分量为

$$v_x = \frac{U}{h_x b} \quad v_z = v_x \frac{h'_x}{h_x} z \quad v_y = 0 \tag{6-117}$$

$$U = v_x h_x b = v_n h_n b = v_R \cos\alpha_n b (R + h_1 - R\cos\alpha_n) = v_1 h_1 b \tag{6-118}$$

$$\dot{\varepsilon}_x = -v_x \frac{h'_x}{h_x} \quad \dot{\varepsilon}_z = v_x \frac{h'_x}{h_x} \quad \dot{\varepsilon}_{xz} = \frac{z}{2} v_x \left[\frac{h''_x}{h_x} - 2\left(\frac{h'_x}{h_x}\right)^2 \right] \quad \dot{\varepsilon}_{xy} = \dot{\varepsilon}_{yz} = 0 \tag{6-119}$$

式中，U 为变形区内秒流量。

在式（6-117）和式（6-119）中，$\dot{\varepsilon}_x + \dot{\varepsilon}_z = 0$；$x = 0$，$v_x = v_0$；$x = l$，$v_x = v_1$；$z = 0$，$v_z = 0$；$z = h_x$，$v_z = -v_x \tan\alpha$。因此，提出的二维速度场是运动许可的。

6.12.2.2 内部变形功率

消耗在变形区内的内部变形功率 N_d 可以由变形材料的等效应力和等效应变速率确定

$$N_d = \iiint\limits_V \bar{\sigma} \bar{\dot{\varepsilon}} \mathrm{d}V = 4\sqrt{\frac{2}{3}} \sigma_s \int_0^{h_x} \int_0^l v_x \sqrt{g^2 + I^2 z^2} b \mathrm{d}x \mathrm{d}z \tag{6-120}$$

$$g = \sqrt{2} h'_x / h_x \quad I = \left[h''_x / h_x - 2(h'_x / h_x)^2 \right] / \sqrt{2} \tag{6-121}$$

注意到式（6-121）中的 g、I 是 x 的单值函数，因此应用积分中值定理可得

$$\frac{\overline{h'_x}}{h_x} = \frac{1}{l} \int_0^l \frac{h'_x}{h_x} \mathrm{d}x = -\frac{\ln(h_0/h_1)}{l} = -\frac{\varepsilon_3}{l} \approx -\frac{\Delta h}{l h_0}$$

$$\overline{h'_x} = \frac{1}{l} \int_0^l h'_x \mathrm{d}x = -\frac{\Delta h}{l} \tag{6-122}$$

$$\frac{\overline{h''_x}}{h_x} = \frac{\overline{h''_x}}{h_m} = \frac{1}{l h_m} \int_0^l \mathrm{d}h'_x = \frac{1}{l h_m} h'_x \Big|_0^l = \frac{\tan\theta}{l h_m} \approx \frac{2\Delta h}{l^2 h_m}$$

把 $\varepsilon_3 = \Delta h / h_0$ 代入式（6-121）中可得

$$g = -\frac{\sqrt{2}\varepsilon_3}{l} \quad I = \frac{\sqrt{2}}{l^2}\left(\frac{\Delta h}{h_m} - \varepsilon_3^2\right) \tag{6-123}$$

这里，提出了一种新的积分方法——应变矢量内积法，该积分方法求解思路可以归纳为：化应变速率张量为矢量，对应变速率矢量逐项积分，各个积分项求和。

将应变速率矢量 $\dot{\boldsymbol{\varepsilon}} = g v_x \boldsymbol{i} + I z v_x \boldsymbol{k}$ 和单位矢量 $\dot{\boldsymbol{\varepsilon}}_0 = l_1 \boldsymbol{i} + l_3 \boldsymbol{k}$ 代入到式（6-120）得

$$N_d = 4\sqrt{\frac{2}{3}} \sigma_s \int_0^l \int_0^{h_x} \dot{\boldsymbol{\varepsilon}} \cdot \dot{\boldsymbol{\varepsilon}}_0 b \mathrm{d}x \mathrm{d}z$$

$$= 4b\sqrt{\frac{2}{3}} \sigma_s \int_0^l \int_0^{h_x} (g v_x \cos\alpha + I z v_x \cos\gamma) \mathrm{d}x \mathrm{d}z \tag{6-124}$$

$$= 4b\sqrt{\frac{2}{3}} \sigma_s \int_0^l \int_0^{h_x} \left[\frac{g v_x \mathrm{d}x \mathrm{d}z}{\sqrt{1 + (\mathrm{d}z/\mathrm{d}x)^2}} + \frac{I z v_x \mathrm{d}x \mathrm{d}z}{\sqrt{1 + (\mathrm{d}x/\mathrm{d}z)^2}} \right]$$

其中，$l_1 = \cos\alpha$，$l_3 = \cos\gamma$ 为单位矢量在坐标轴上的投影（与坐标轴夹角的余弦）。

由式（6-117）可得 $\mathrm{d}z/\mathrm{d}x = [v_z/v_x]_{z=h_x} = h'_x = -\tan\theta \approx 2\Delta h/l$，$\mathrm{d}x/\mathrm{d}z = 1/h'_x = -l/2\Delta h$。代入 $\mathrm{d}z/\mathrm{d}x$ 和 $\mathrm{d}x/\mathrm{d}z$ 到式（6-124）中，并注意到式（6-123），逐项积分变成

$$I_1 = \int_0^l \int_0^{h_x} \frac{g v_x \mathrm{d}x \mathrm{d}z}{\sqrt{1 + (h'_x)^2}} = \frac{U}{b} \frac{\sqrt{2}\varepsilon_3}{\sqrt{1 + (2\Delta h/l)^2}} \frac{\int_0^l \mathrm{d}x}{l} = \frac{\sqrt{2}lU}{b} f_1 \quad f_1 = \frac{\varepsilon_3}{\sqrt{l^2 + 4\Delta h^2}} \tag{6-125}$$

$$I_3 = \frac{Ul\sqrt{2}(2\Delta h^2/h_m - 2\Delta h \varepsilon_3^2)h_m}{2bl^2\sqrt{l^2 + 4\Delta h^2}} = \frac{\sqrt{2}lU}{b}f_3 \quad f_3 = \frac{2\Delta h^2 - 2\Delta h h_m \varepsilon_3^2}{2l^2\sqrt{l^2 + 4\Delta h^2}} \quad (6-126)$$

将方程（6-125）和方程（6-126）代入到方程（6-124）可得内部变形功率 N_d 为

$$N_d = \frac{8\sigma_s lU}{\sqrt{3}}(f_1 + f_3) \quad (6-127)$$

式中，$l = \sqrt{2R\Delta h}$，$\Delta h = h_0 - h_1$，$h_m = (h_0 + 2h_1)/3$，$\varepsilon_3 = \Delta h/h_0$，$b = (b_0 + b_1)/2$。

6.12.2.3　摩擦功率

轧辊和轧件接触面上消耗的摩擦功率为

$$N_f = \frac{4\sigma_s mb}{\sqrt{3}}\int_0^l \Delta v_f \sqrt{1 + (h_x')^2}\mathrm{d}x \quad (6-128)$$

$$\Delta v_f = v_R - v_x\sqrt{1 + (h_x')^2} = v_R - v_x\sec\alpha$$

轧辊辊面方程为

$$z = h_x = R + h_1 - [R^2 - (l - x)^2]^{1/2} \quad \mathrm{d}F = \sqrt{1 + (h_x')^2}\mathrm{d}x\mathrm{d}y = \sec\alpha\mathrm{d}x\mathrm{d}y$$

摩擦功率共线矢量内积的具体表达式为

$$N_f = 4\int_0^l \boldsymbol{\tau}_f \cdot \Delta\boldsymbol{v}_f\mathrm{d}F = 4\int_0^l (\tau_{fx}\Delta v_x + \tau_{fz}\Delta v_z)\sqrt{1 + (h_x')^2}b\mathrm{d}x$$

$$= 4mkb\int_0^l (\Delta v_x\cos\alpha + \Delta v_z\cos\gamma)\sec\alpha\mathrm{d}x \quad (6-129)$$

由图 6-29 可知，由 $\Delta\boldsymbol{v}_f$（或 $\boldsymbol{\tau}_f = m\boldsymbol{k}$）与坐标轴形成的方向余弦分别为

$$\cos\alpha = \pm\frac{\sqrt{R^2 - (l - x)^2}}{R} \quad \cos\gamma = \pm(l - x)/R = \sin\alpha \quad \cos\beta = 0 \quad (6-130)$$

注意到式（6-113），将式（6-130）代入式（6-129）得

$$N_f = 4mkb\Big[\int_0^l \cos\alpha(v_R\cos\alpha - v_x)\sec\alpha\mathrm{d}x + \int_0^l \sin\alpha(v_R\sin\alpha - v_x\tan\alpha)\sec\alpha\mathrm{d}x\Big] = 4mkb(I_1 + I_2)$$

$$I_1 = \int_0^l (v_R\cos\alpha - v_x)\mathrm{d}x = \int_0^{x_n}(v_R\cos\alpha - v_x)\mathrm{d}x - \int_{x_n}^l (v_R\cos\alpha - v_x)\mathrm{d}x$$

$$= v_R R\Big(\frac{\theta}{2} - \alpha_n + \frac{\sin2\theta}{4} - \frac{\sin2\alpha_n}{2}\Big) + \frac{U(l - 2x_n)}{bh_m}$$

$$I_2 = \int_0^{x_n}(v_R\sin\alpha - v_x\tan\alpha)\tan\alpha\mathrm{d}x - \int_{x_n}^l (v_R\sin\alpha - v_x\tan\alpha)\tan\alpha\mathrm{d}x$$

$$= v_R R\Big(\frac{\theta}{2} - \alpha_n + \frac{\sin2\alpha_n}{2} - \frac{\sin2\theta}{4}\Big) + \frac{UR}{bh_m}\Big[2\ln\tan\Big(\frac{\pi}{4} + \frac{\alpha_n}{2}\Big) - \ln\tan\Big(\frac{\pi}{4} + \frac{\theta}{2}\Big)\Big] + \frac{U(2x_n - l)}{bh_m}$$

$$N_f = 4mkb(I_1 + I_2) = 4mkb\left[v_R R(\theta - 2\alpha_n) + \frac{UR}{bh_m}\ln\frac{\tan^2\Big(\frac{\pi}{4} + \frac{\alpha_n}{2}\Big)}{\tan\Big(\frac{\pi}{4} + \frac{\theta}{2}\Big)}\right] \quad (6-131)$$

式中，变量 α_n 和 x_n 的下标 n 表示中性点。

6.12.2.4　剪切功率

由式（6-117）可知，$x = l$，$h_x' = b_x' = 0$；$v_y|_{x=l} = v_z|_{x=l} = 0$。因此，出口截面上不消耗剪切功率，但是入口截面上消耗的剪切功率为

$$\left|\Delta v_z\right|_{x=0} = \left|0 - \bar{v}_z\right|_{x=0} = \bar{v}_z\big|_{x=0} = v_0 \frac{\overline{h'_x}}{h_x}z = -\frac{v_0\varepsilon_3}{l}z \tag{6-132}$$

$$N_s = N_{s0} = 4\int_0^{h_0}k\left|\Delta v_z\right|b\mathrm{d}z = 4k\int_0^{h_0}\frac{v_0\varepsilon_3}{l}zb\mathrm{d}z = 2klU\frac{h_0\varepsilon_3}{l^2} = 2klUf_4 \quad f_4 = \frac{\Delta h}{l^2} \tag{6-133}$$

式中，θ 为咬入角；$k = \sigma_s/\sqrt{3}$ 为屈服剪应力。

6.12.2.5 总功率泛函及其变分

总功率泛函 Φ

$$\Phi = N_d + N_f + N_s \tag{6-134}$$

将式（6-127）、式（6-131）以及式（6-133）相加可得总功率泛函为

$$\Phi = \frac{8\sigma_s lU}{\sqrt{3}}\left(f_1 + f_3 + \frac{f_4}{4}\right) + \frac{4m\sigma_s}{\sqrt{3}}\left[bv_R R(\theta - 2\alpha_n) + \frac{UR}{h_m}\ln\frac{\tan^2\left(\frac{\pi}{4} + \frac{\alpha_n}{2}\right)}{\tan\left(\frac{\pi}{4} + \frac{\theta}{2}\right)}\right] \tag{6-135}$$

式中，v_R 为轧辊的圆周速度；α_n 为中性角。

由式（6-118）、式（6-127）、式（6-131）和式（6-133）可得

$$\mathrm{d}U/\mathrm{d}\alpha_n = v_R bR\sin 2\alpha_n - v_R b(R + h_1)\sin\alpha_n = N \tag{6-136}$$

$$\frac{\partial N_d}{\partial \alpha_n} = Nl\frac{8\sigma_s}{\sqrt{3}}(f_1 + f_3) \qquad \frac{\partial N_{s0}}{\partial \alpha_n} = Nl\frac{2\sigma_s}{\sqrt{3}}f_4 \tag{6-137}$$

$$\frac{\partial N_f}{\partial \alpha_n} = \frac{4m\sigma_s}{\sqrt{3}}\left[\frac{2UR}{h_m\cos\alpha_n} - 2v_R bR + \frac{NR}{h_m}\ln\frac{\tan^2\left(\frac{\pi}{4} + \frac{\alpha_n}{2}\right)}{\tan\left(\frac{\pi}{4} + \frac{\theta}{2}\right)}\right] \tag{6-138}$$

方程（6-135）对中性角 α_n 求导可得

$$\frac{\mathrm{d}\Phi}{\mathrm{d}\alpha_n} = \frac{\partial N_d}{\partial \alpha_n} + \frac{\partial N_{s0}}{\partial \alpha_n} + \frac{\partial N_f}{\partial \alpha_n} = 0 \tag{6-139}$$

求解式（6-139）可得摩擦因子 m 的表达式为

$$m = Nl\left(f_1 + f_3 + \frac{f_4}{4}\right)\bigg/\left[v_R bR - \frac{UR}{h_m\cos\alpha_n} - \frac{NR}{2h_m}\ln\frac{\tan^2\left(\frac{\pi}{4} + \frac{\alpha_n}{2}\right)}{\tan\left(\frac{\pi}{4} + \frac{\theta}{2}\right)}\right] \tag{6-140}$$

将式（6-140）代入式（6-135）中可获得各种摩擦条件下总功率泛函的最小值。于是，轧制力矩、轧制力以及应力状态系数可按下式确定为

$$M_{\min} = \frac{R}{2v_R}\Phi_{\min} \quad F_{\min} = \frac{M_{\min}}{\chi \cdot \sqrt{2R\Delta h}} \quad n_\sigma = \frac{F_{\min}}{4blk} \tag{6-141}$$

其中，力臂系数 χ 可以参照文献 [1] 取值，一般对于热轧 χ 值大约为 0.5，冷轧大约为 0.45。

6.12.2.6 实验验证与分析讨论

在国内某厂开展了现场轧制实验。现场轧机的工作辊直径为 1070mm。连铸坯的尺寸为 320mm × 1800mm × 3650mm，经过第一道次整形轧制后，轧成 303mm 厚，之后转钢进入展宽轧制阶段。从第 2 道次至第 9 道次由于轧件宽厚比大于 10，所以这些轧制道次满足近似

平面变形条件。第 2～9 道次的轧制速度分别为 1.24m/s,1.64m/s,1.26m/s,1.66m/s,
1.30m/s,1.86m/s,1.81m/s 和 2.11m/s;力臂系数 χ 分别取 0.49,0.51,0.50,0.49,0.50,
0.51,0.55 和 0.55;相应的轧制温度分别为 900℃,886℃,879℃,872℃,872℃,878℃,881℃
和 891℃。每道次轧件的出口厚度以及每道次轧制力可在线实测。材料为 Q345 钢,其变形
抗力模型为

$$\sigma_s = 6310.7\varepsilon^{0.407}\dot{\varepsilon}^{0.115}\exp(-2.62\times10^{-3}T - 0.669\varepsilon)$$
$$T = t + 273$$

式中,ε 为等效应变;$\dot{\varepsilon}$ 为等效应变速率;t 为轧制温度;T 为开尔文温度。

上述道次的轧制力矩和轧制力可由公式（6-141）计算。计算结果与实测结果如表
6-6、图 6-30、图 6-31 所示。

表 6-6   按式（6-141）的轧制力、力矩与实测结果比较

道次 No.	v_R /m·s^{-1}	T/℃	$\varepsilon =$ $\ln(h_0/h_1)$	实测 F /kN	计算 F /kN	误差 Δ /%	实测 M /kN·m	计算 M /kN·m	误差 Δ /%
2	1.64	944.56	0.09130	42558	48699	14.43	2421	2771	14.46
3	1.66	933.49	0.09795	43211	44728	3.51	2443	2529	3.52
4	1.68	922.97	0.10824	44184	40160	-9.11	2437	2215	-9.11
5	1.82	924.68	0.11390	47533	48073	1.14	2678	2708	1.12
6	1.97	932.11	0.11288	49823	49921	0.20	2260	2565	13.50
7	2.19	930.42	0.10669	49667	53409	7.53	2718	2923	7.54
8	2.05	957.58	0.09645	45550	45398	-0.33	2260	2252	-0.35
9	2.08	954.14	0.068029	40749	39268	-3.63	1805	1739	-3.66

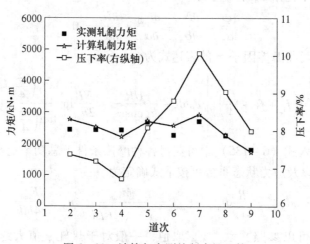

图 6-30   计算与实测轧制力矩比较

由表 6-6、图 6-30 以及图 6-31 可见,计算值与实测值吻合较好,两者最大误差不
超过 15%。至于第 4、8、9 道次的计算值低于实测值,其可能的原因是变形抗力模型的不
稳定性。需要指出的是,在本文中轧辊不考虑弹性压扁,如果考虑的情况下,那么计算的
轧制力和力矩将适当提高。因为相对于刚性辊来说,弹性工作辊的等效轧制半径将比刚性

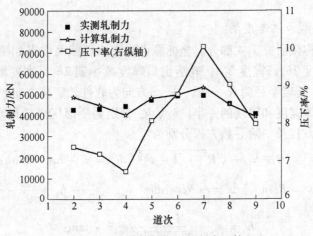

图 6 – 31　计算与实测轧制力比较

辊的轧制半径大。该展宽轧制模型已成功指导了国内某厂 320mm 和 400mm 坯型轧制工艺的设计和计算。

图 6 – 32 为中性点与摩擦因子以及压下率的变化曲线。随着摩擦因子的降低或压下率的增加，中性点均向出口平面移动。当 $x_n/l \geqslant 0.75$ 时，摩擦因子的微小变化将会导致中性点位置发生很大的变化，在此摩擦区间的轧制将会不稳定。

图 6 – 33 为应力状态系数 n_σ 与形状因子（或称几何因子）$l/(2h)$ 之间的变化关系。由图可知，n_σ 随着 $l/(2h)$ 减小而增大。尽管 n_σ 在 $m = 1$ 时获得最小值，但是摩擦对 n_σ 的影响是很小的。其原因为：对于厚板 $l/(2h) \leqslant 1$ 的热轧，相对于轧件变形区内的内部变形功率和剪切功率来说，摩擦功率所占比例很小。这导致了摩擦因子对 n_σ 的影响并不明显。

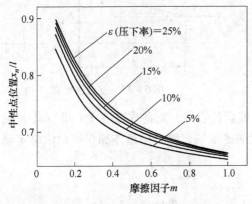

图 6 – 32　摩擦因子对中性点位置的影响

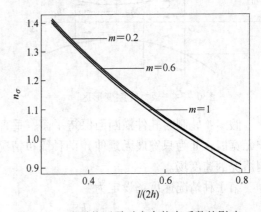

图 6 – 33　形状因子对应力状态系数的影响

6.12.3　解析实例——三维厚板轧制

厚板轧制可以简化为二维轧制问题，但严格来说，仍属三维轧制问题。因此，深入研究三维轧制力的解法更具有广泛意义。在本节中，首先提出了厚板轧制整体加权速度场，利用 MY 准则比塑性功率获得了内部变形功率解析式，最后由变分法确定厚板三维轧制力的解析解。

6.12.3.1　整体加权速度场

由于变形区对称仅研究 1/4 部分。坐标原点取在入口截面中点如图 6 – 34 和图 6 – 35 所示。入口板坯厚度 $2h_0$，宽度 $2b_0$；轧后出口厚度减小到 $2h_1$，宽度增加到 $2b_1$。接触弧水平投影长度为 l，轧辊半径为 R。令 x、y、z 方向为轧件长宽高方向，b_x、h_x 分别是轧件变形区内任一点整体宽度和厚度的一半，b_m、h_m 分别为变形区内轧件半宽、半厚的均值。接触弧方程、参数方程及一阶导数方程分别为：

$$h_x = R + h_1 - \sqrt{R^2 - (l-x)^2} \quad h_\alpha = R + h_1 - R\cos\alpha$$

$$l - x = R\sin\alpha \quad \mathrm{d}x = -R\cos\alpha\,\mathrm{d}\alpha \quad h_m = \frac{R}{2} + h_1 + \frac{\Delta h}{2} - \frac{R^2\theta}{2l} \tag{6-142}$$

$$h'_x = -\frac{l-x}{\sqrt{R^2-(l-x)^2}} = -\tan\alpha$$

$$b_x = b_0 + \frac{\Delta b}{l}x \quad b_\alpha = b_1 - \frac{\Delta b}{l}R\sin\alpha$$

$$b'_x = \frac{\Delta b}{l} \quad b_m = \frac{b_1 + b_0}{2} = \frac{1}{l}\int_0^l b_x\,\mathrm{d}x = b_0 + \frac{\Delta b}{2} \tag{6-143}$$

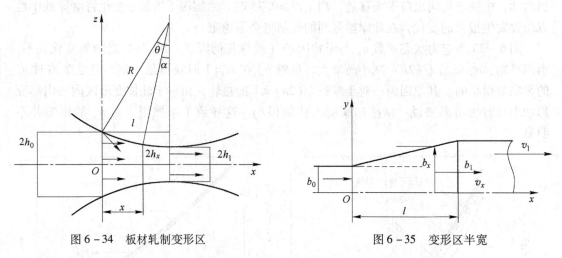

图 6 – 34　板材轧制变形区　　　　　　　　图 6 – 35　变形区半宽

假定：轧制时轧件横断面保持平面，垂直线保持直线，对此先建立 Ⅰ、Ⅱ（Ⅰ为只延伸无宽展；Ⅱ为只宽展无延伸）两种简单情况的速度场，然后用整体加权平均法确定该轧制情况的速度场。

第 Ⅰ 种情况速度场设定为

$$v_{xⅠ} = \frac{h_0 v_0}{h_x} \quad v_{yⅠ} = 0 \quad v_{zⅠ} = \frac{h_0 v_0}{h_x^2}h'_x z \tag{6-144}$$

第 Ⅱ 种情况速度场设定为

$$v_{xⅡ} = v_0 \quad v_{yⅡ} = \frac{-h'_x v_0}{h_x}y \quad v_{zⅡ} = \frac{h'_x v_0}{h_x}z \tag{6-145}$$

将式（6 – 144）与式（6 – 145）中的速度分量在三个方向上同时加权，设加权系数为 a，加权后的速度场为

$$v_x = av_{x\mathrm{I}} + (1-a)v_{x\mathrm{II}} = \left[1 - a\left(1 - \frac{h_0}{h_x}\right)\right]v_0$$

$$v_y = av_{y\mathrm{I}} + (1-a)v_{y\mathrm{II}} = -(1-a)\frac{h_x'v_0}{h_x}y \qquad\qquad (6-146)$$

$$v_z = av_{z\mathrm{I}} + (1-a)v_{z\mathrm{II}} = \left[\frac{ah_0h_x'}{h_x^2} + (1-a)\frac{h_x'}{h_x}\right]v_0z$$

注意上式与加藤和典（KATO）速度场的区别，加藤速度场仅将式（6-144）、式（6-145）中 x 与 z 两个方向速度分量加权，y 向速度由体积不变条件确定；而式（6-146）是 x，y，z 三个方向速度分量同时加权，加权后速度场满足体积不变条件。因此将式（6-146）称为整体加权速度场，而将加藤和典提出的速度场称为局部加权速度场。

按几何方程，式（6-146）确定的应变速率分量为

$$\dot{\varepsilon}_x = \frac{\partial v_x}{\partial x} = -\left[\left(1 - \frac{h_0}{h_x}\right)a' + a\frac{h_0h_x'}{h_x^2}\right]v_0 \quad \dot{\varepsilon}_y = -(1-a)\frac{h_x'v_0}{h_x} \quad \dot{\varepsilon}_z = \left[\frac{ah_0h_x'}{h_x^2} + (1-a)\frac{h_x'}{h_x}\right]v_0$$

$$(6-147)$$

将上述应变速率场代入体积不变条件 $\dot{\varepsilon}_x + \dot{\varepsilon}_y + \dot{\varepsilon}_z = 0$ 得 $a' = 0$。将 $a' = 0$ 代入式（6-147）得

$$\dot{\varepsilon}_x = -a\frac{h_0h_x'}{h_x^2}v_0 \quad \dot{\varepsilon}_y = -(1-a)\frac{h_x'v_0}{h_x} \quad \dot{\varepsilon}_z = \left[\frac{ah_0h_x'}{h_x^2} + (1-a)\frac{h_x'}{h_x}\right]v_0 \quad (6-148)$$

注意到方程（6-146）中，$x = 0$ 时，$h_x = h_0$，$v_x = v_0$；$y = 0$，$v_y = 0$；$z = 0$，$v_z = 0$；且式（6-148）满足 $\dot{\varepsilon}_x + \dot{\varepsilon}_z + \dot{\varepsilon}_y = 0$，故速度场满足运动许可条件。

由 $a' = 0$ 知 a 必为常数，即式（6-146）和式（6-148）与 a' 无关。这里，假定轧件横断面保持平面、垂直线保持直线，那么只延伸轧制时 $a = 1$，$\Delta b/b_1 = 0$，$b_0/b_1 = 1$；有宽展时 $a < 1$，$\Delta b > 0$，$b_0/b_1 < 1$。注意到 a 变化在 b_0/b_1 与 $b_1/b_1(b_1 > b_0)$ 之间，故 a 可按下式计算

$$a = \frac{1}{l}\int_0^l\left[1 - \frac{\Delta b}{b_1}\left(1 - \frac{x}{l}\right)\right]\mathrm{d}x = \frac{1}{l}\int_0^l\frac{b_x}{b_1}\mathrm{d}x = \frac{b_m}{b_1} = \frac{b_1 - \Delta b_m}{b_1} = 1 - \frac{\Delta b_m}{b_1} = 1 - \frac{\Delta b}{2b_1} \quad (6-149)$$

6.12.3.2 平均屈服准则及其比塑性功率

通过将 Tresca 准则式（2-15）与 TSS 准则式（2-32）、式（2-33）分别进行数学平均，可得一线性屈服准则，简称 MY 准则。该准则的数学表达式如下：

当 $\sigma_2 \leqslant \frac{1}{2}(\sigma_1 + \sigma_3)$ $\sigma_1 - \frac{1}{4}\sigma_2 - \frac{3}{4}\sigma_3 = \sigma_s$ $(6-150)$

当 $\sigma_2 \geqslant \frac{1}{2}(\sigma_1 + \sigma_3)$ $\frac{3}{4}\sigma_1 + \frac{1}{4}\sigma_2 - \sigma_3 = \sigma_s$ $(6-151)$

该准则在 π 平面上为一等边非等角的十二边形，如图 6-36 所示。

采用 2.6.2 节 GA 屈服准则比塑性功率的推导方法，可得 MY 准则的比塑性功率如下：

$$D(\dot{\varepsilon}_{ij}) = \frac{4}{7}\sigma_s(\dot{\varepsilon}_{\max} - \dot{\varepsilon}_{\min}) \qquad\qquad (6-152)$$

6.12.3.3 塑性功率泛函

注意到式（6-148）中，$\dot{\varepsilon}_{\max} = \dot{\varepsilon}_x = \dot{\varepsilon}_1$，$\dot{\varepsilon}_{\min} = \dot{\varepsilon}_z = \dot{\varepsilon}_3$，代入 MY 准则比塑性功率式（6-152），再对变形区积分得

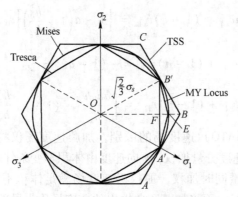

图 6 - 36　MY 准则的屈服轨迹

$$\dot{W}_i = \int_V D(\dot{\varepsilon}_{ij})\mathrm{d}V = 4\int_0^l\int_0^{b_m}\int_0^{h_x}\frac{4}{7}\sigma_s(\dot{\varepsilon}_{\max} - \dot{\varepsilon}_{\min})\mathrm{d}x\mathrm{d}y\mathrm{d}z = \frac{16}{7}\sigma_s b_m v_0\left(\frac{2b_m}{b_1}h_0\ln\frac{h_0}{h_1} + \frac{\Delta b\Delta h}{2b_1}\right)$$

$$= \frac{16\sigma_s b_m U}{7h_0 b_0}\left(\frac{2b_m}{b_1}h_0\ln\frac{h_0}{h_1} + \frac{\Delta b\Delta h}{2b_1}\right) \tag{6-153}$$

式中，$U = v_0 h_0 b_0 = v_x h_x b_x = v_n h_n b_n = v_1 h_1 b_1$ 为秒流量。

6.12.3.4　摩擦功率泛函

接触面上切向速度不连续量为

$$|\Delta \boldsymbol{v}_f| = \sqrt{\Delta v_x^2 + \Delta v_y^2 + \Delta v_z^2} = \sqrt{v_y^2 + (v_R\cos\alpha - v_x)^2 + (v_R\sin\alpha - v_x\tan\alpha)^2}$$

$$\Delta \boldsymbol{v}_f = \Delta v_x\boldsymbol{i} + \Delta v_y\boldsymbol{j} + \Delta v_z\boldsymbol{k} = (v_R\cos\alpha - v_x)\boldsymbol{i} + v_y\boldsymbol{j} + (v_R\sin\alpha - v_x\tan\alpha)\boldsymbol{k} \tag{6-154}$$

沿接触面切向摩擦剪应力 $\boldsymbol{\tau}_f = m k$ 与切向速度不连续量 $\Delta \boldsymbol{v}_f$ 为共线矢量，如图 6 - 37 所示，采用共线矢量内积，摩擦功率为

$$\dot{W}_f = 4\int_0^l\int_0^{b_x}\tau_f|\Delta \boldsymbol{v}_f|\mathrm{d}F = 4\int_0^l\int_0^{b_x}\tau_f\Delta \boldsymbol{v}_f\mathrm{d}F = 4\int_0^l\int_0^{b_x}(\tau_{fx}\Delta v_x + \tau_{fy}\Delta v_y + \tau_{fz}\Delta v_z)\mathrm{d}F$$

$$= 4mk\int_0^l\int_0^{b_x}(\Delta v_x\cos\alpha + \Delta v_y\cos\beta + \Delta v_z\cos\gamma)\mathrm{d}F \tag{6-155}$$

式中，$\cos\alpha$、$\cos\beta$、$\cos\gamma$ 为 $\Delta \boldsymbol{v}_f$ 或 $\boldsymbol{\tau}_f$ 与坐标轴夹角的余弦。由于 $\Delta \boldsymbol{v}_f$ 沿辊面切向，故方向余弦由辊面切向方程确定。注意到辊面方程为 $z = h_x = R + h_1 - \sqrt{R^2 - (l - x)^2}$，则方向

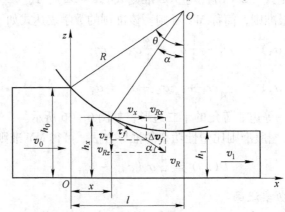

图 6 - 37　接触面上共线矢量 $\boldsymbol{\tau}_f$ 与 $\Delta \boldsymbol{v}_f$

余弦与面积微元分别为

$$\cos\alpha = \pm\frac{\sqrt{R^2 - (l - x)^2}}{R} \quad \cos\beta = 0 \quad \cos\gamma = \pm\frac{l - x}{R} = \pm\sin\alpha \quad (6-156)$$

$$dF = \sqrt{1 + \left(\frac{dz}{dx}\right)^2 + \left(\frac{dz}{dy}\right)^2}dxdy = \sqrt{1 + (h'_x)^2}dxdy = \sec\alpha dxdy \quad (6-157)$$

将式（6-143）代入式（6-155）并注意到式（6-146）及式（6-149）得

$$\Delta v_y = \frac{\Delta b}{2b_1}\frac{h'_x}{h_x}v_0 y \quad \Delta v_x = v_R\cos\alpha - \left[1 - \frac{b_m}{b_1}\left(1 - \frac{h_0}{h_x}\right)\right]v_0$$

$$(6-158)$$

$$\Delta v_z\big|_{z=h_x} = v_R\sin\alpha - \left[1 - \frac{b_m}{b_1}\left(1 - \frac{h_0}{h_x}\right)\right]v_0\tan\alpha$$

将式（6-156）~式（6-158）代入式（6-155）并注意到 $k = \sigma_s/\sqrt{3}$，$dz/dy = 0$，然后积分

$$\dot{W}_f = 4mk\int_0^l\int_0^{b_m}\left\{v_R\cos\alpha - \left[1 - \frac{b_m}{b_1}\left(1 - \frac{h_0}{h_x}\right)\right]v_0\right\}\cos\alpha\sqrt{1 + (h'_x)^2}dxdy +$$

$$4mk\int_0^l\int_0^{b_m}\left\{v_R\sin\alpha - \left[1 - \frac{b_m}{b_1}\left(1 - \frac{h_0}{h_x}\right)\right]v_0\tan\alpha\right\}\sin\alpha\sqrt{1 + (h'_x)^2}dxdy \quad (6-159)$$

$$= 4mkb_m(I_1 + I_2)$$

$$I_1 = \int_0^{x_n}\left\{v_R\cos\alpha - \left[1 - \frac{b_m}{b_1}\left(1 - \frac{h_0}{h_x}\right)\right]v_0\right\}dx - \int_{x_n}^l\left\{v_R\cos\alpha - \left[1 - \frac{b_m}{b_1}\left(1 - \frac{h_0}{h_x}\right)\right]v_0\right\}dx$$

$$= v_R R\left(\frac{\theta}{2} - \alpha_n + \frac{\sin2\theta}{4} - \frac{\sin2\alpha_n}{2}\right) + v_0 R\left[\left(1 + a\frac{\Delta h_m}{2h_m}\right)(2\sin\alpha_n - \sin\theta)\right]$$

$$I_2 = \int_0^l\left\{v_R\sin\alpha - \left[1 - \frac{b_m}{b_1}\left(1 - \frac{h_0}{h_x}\right)\right]v_0\tan\alpha\right\}\tan\alpha dx$$

$$= v_R R\left(\frac{\theta}{2} - \alpha_n + \frac{\sin2\alpha_n}{2} - \frac{\sin2\theta}{4}\right) + v_0 R\left(1 + a\frac{\Delta h}{2h_m}\right)\left[\ln\frac{\tan^2\left(\frac{\pi}{4} + \frac{\alpha_n}{2}\right)}{\tan\left(\frac{\pi}{4} + \frac{\theta}{2}\right)} + \sin\theta - 2\sin\alpha_n\right]$$

将 I_1、I_2 积分结果代入方程（6-159）并整理得

$$\dot{W}_f = 4mkRb_m\left[v_R(\theta - 2\alpha_n) + \frac{U}{h_0b_0}\left(1 + a\frac{\Delta h}{2h_m}\right)\ln\frac{\tan^2\left(\frac{\pi}{4} + \frac{\alpha_n}{2}\right)}{\tan\left(\frac{\pi}{4} + \frac{\theta}{2}\right)}\right]$$

或

$$\dot{W}_f = 4mkRb_m\left[v_R(\theta - 2\alpha_n) + \frac{U}{h_0b_0}\left(\frac{\Delta b}{2b_1} + \frac{b_mh_0}{b_1h_m}\right)\ln\frac{\tan^2\left(\frac{\pi}{4} + \frac{\alpha_n}{2}\right)}{\tan\left(\frac{\pi}{4} + \frac{\theta}{2}\right)}\right] \quad (6-160)$$

6.12.3.5 剪切功率泛函

由式（6-142）和式（6-146），在变形区出口横截面上有

$$x = l \quad h'_x = 0 \quad v_z\big|_{x=l} = \Delta v_z\big|_{x=l} = v_y\big|_{x=l} = \Delta v_y\big|_{x=l} = 0$$

故出口截面不消耗剪切功率，但在入口横截面，由式（6-146）并应用积分中值定理

可得

$$\left| \Delta \bar{v}_t \right|_{x=0} = \sqrt{\Delta \bar{v}_y^2 + \Delta \bar{v}_z^2} \,\Big|_{x=0} = \bar{v}_y \sqrt{1 + (\bar{v}_z / \bar{v}_y)^2} \,\Big|_{x=0}$$

$$\bar{v}_z = \frac{1}{h_0} \int_0^{h_0} v_z \big|_{x=0} \mathrm{d}z = -\frac{\tan\theta v_0}{2}$$

$$\bar{v}_y = \frac{1}{b_0} \int_0^{b_0} v_y \big|_{x=0} \mathrm{d}y = \frac{\Delta b v_0 b_0 \tan\theta}{4 b_1 h_0}$$

于是，入口截面上消耗的剪切功率为

$$\dot{W}_{s0} = 4k \int_0^{b_0} \int_0^{h_0} \left[\bar{v}_y \sqrt{1 + \left(\frac{\bar{v}_z}{\bar{v}_y} \right)^2} \right] \mathrm{d}z \mathrm{d}y = \frac{k \tan\theta \Delta b b_0 U}{b_1 h_0} \sqrt{1 + \frac{4 b_1^2 h_0^2}{\Delta b^2 b_0^2}} \tag{6-161}$$

6.12.3.6　总能量泛函及其变分

将式（6-153）、式（6-160）、式（6-161）代入总功率泛函 $\Phi = \dot{W}_i + \dot{W}_{s0} + \dot{W}_f$ 中得

$$\Phi = \frac{16 \sigma_s b_m U}{7 b_0} \left(\frac{2 b_m}{b_1} \ln \frac{h_0}{h_1} + \frac{\Delta b \Delta h}{2 b_1 h_0} \right) + \frac{k \tan\theta \Delta b b_0 U}{b_1 h_0} \sqrt{1 + \frac{4 b_1^2 + h_0^2}{\Delta b^2 b_0^2}} +$$

$$4 m k R b_m \left[v_R (\theta - 2\alpha_n) + \frac{U}{h_0 b_0} \left(\frac{\Delta b}{2 b_1} + \frac{b_m h_0}{b_1 h_m} \right) \ln \frac{\tan^2 \left(\frac{\pi}{4} + \frac{\alpha_n}{2} \right)}{\tan \left(\frac{\pi}{4} + \frac{\theta}{2} \right)} \right] \tag{6-162}$$

定义压下率 $\varepsilon = \ln(h_0/h_1)$，将式（6-162）中的 Φ 对 α_n 求导并令 $\partial\Phi/\partial\alpha_n = 0$，有

$$\frac{\mathrm{d}\Phi}{\mathrm{d}\alpha_n} = \frac{\partial \dot{W}_i}{\partial \alpha_n} + \frac{\partial \dot{W}_f}{\partial \alpha_n} + \frac{\partial \dot{W}_s}{\partial \alpha_n} = 0 \tag{6-163}$$

由方程（6-153）、方程（6-160）、方程（6-161）得

$$\frac{\partial \dot{W}_i}{\partial \alpha_n} = \frac{16 \sigma_s b_m N}{7 b_0} \left(\frac{2 b_m}{b_1} \ln \frac{h_0}{h_1} + \frac{\Delta b \Delta h}{2 b_1 h_0} \right)$$

$$\frac{\partial \dot{W}_f}{\partial \alpha_n} = 4 m R k b_m \left[-2 v_R + v_0 \left(\frac{\Delta b}{2 b_1} + \frac{b_m h_0}{h_m b_1} \right) \frac{2}{\cos\alpha_n} + \frac{N}{b_0 h_0} \left(\frac{\Delta b}{2 b_1} + \frac{b_m h_0}{h_m b_1} \right) \ln \frac{\tan^2 \left(\frac{\pi}{4} + \frac{\alpha_n}{2} \right)}{\tan \left(\frac{\pi}{4} + \frac{\theta}{2} \right)} \right]$$

$$\frac{\partial \dot{W}_s}{\partial \alpha_n} = \frac{k \tan\theta \Delta b b_0 N}{b_1 h_0} \sqrt{1 + \frac{4 b_1^2 + h_0^2}{\Delta b^2 b_0^2}} \tag{6-164}$$

式中，$N = \partial U / \partial \alpha_n = v_R b_m R \sin 2\alpha_n - v_R b_m (R + h_1) \sin\alpha_n$。

将式（6-164）代入式（6-163）得

$$m = \frac{\dfrac{4\sqrt{3} N}{7 b_0 R} \left(\dfrac{2 b_m}{b_1} \ln \dfrac{h_0}{h_1} + \dfrac{\Delta b \Delta h}{2 b_1 h_0} \right) + \dfrac{\tan\theta \Delta b b_0 N}{4 b_1 h_0 b_m R} \sqrt{1 + \dfrac{4 b_1^2 h_0^2}{\Delta b^2 b_0^2}}}{2 v_R - v_0 \left(\dfrac{\Delta b}{2 b_1} + \dfrac{b_m h_0}{h_m b_1} \right) \dfrac{2}{\cos\alpha_n} - \dfrac{N}{b_0 h_0} \left(\dfrac{\Delta b}{2 b_1} + \dfrac{b_m h_0}{h_m b_1} \right) \ln \dfrac{\tan^2 \left(\dfrac{\pi}{4} + \dfrac{\alpha_n}{2} \right)}{\tan \left(\dfrac{\pi}{4} + \dfrac{\theta}{2} \right)}} \tag{6-165}$$

将式（6-165）确定的 α_n 代入式（6-162）得泛函最小值 $\Phi_{\min}$。于是，轧制力矩、轧制力及应力状态系数则为

$$M = \frac{R}{2v_R}\Phi_{\min} \quad F = \frac{M}{\chi}\frac{M}{\sqrt{2R\Delta h}} \quad n_\sigma = \frac{\bar{p}}{2k} = \frac{F}{4b_m lk} \tag{6-166}$$

6.12.3.7 实验验证与分析讨论

国内某厂 4300mm 轧机轧制 120mm 厚成品板，工作辊直径 1070mm；连铸坯尺寸 320mm × 2050mm × 3250mm，首道次整形轧制后轧件厚度为 299mm，然后板坯转 90° 进行横轧（展宽轧制）。计算展宽 No. 2 ~ No. 6 道次轧制力和力矩。变形抗力用以下模型：

$$\sigma_s = 3583.195 e^{\frac{-2.23341T}{1000}} \dot{\varepsilon}^{\frac{-0.3486T}{1000+0.46339}} \varepsilon^{0.42437}$$

计算时力臂系数 χ 依次取 0.56，0.55，0.55，0.54，0.53；注意到温升取入出口平均温度。式（6-162）和式（6-166）的计算结果与实测结果如表 6-7 及图 6-38 所示。

表 6-7 按式（6-162）、式（6-166）的轧制力、力矩与实测结果比较

道次 No.	v_R /m·s⁻¹	T/℃	$\varepsilon =$ ln(h_0/h_1)	实测 F /kN	计算 F /kN	误差 Δ /%	实测 M /kN·m	计算 M /kN·m	误差 Δ /%
2	1.64	965	0.09577	43607	44384	1.8	2640	2963	10.92
3	1.66	953	0.10312	44006	47309	7	2694	3017	11.98
4	1.68	948	0.11461	43172	47309	8.7	2665	2809	12.9
5	1.82	955	0.12099	42269	46768	9.7	2430	2659	15.5
6	1.97	957	0.11288	39061	41965	6.9	2101	2117	8.95

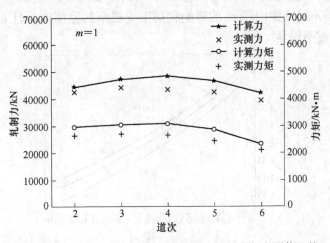

图 6-38 第 2~6 道次计算轧制力矩、轧制力与实测值比较

由表 6-7 及图 6-38 可知，无论轧制力矩还是轧制力，其计算值均高于实测值。不过，轧制力误差不超过 9.7%，力矩最大误差不超过 15.5%，该模型具有较高的预测精度。

以第二道次为例，以下讨论各变量之间的关系。图 6-39 为内部变形功率 N_d、摩擦功率 N_f、剪切功率 N_s 的比例图。由图可知，摩擦功率所占比例较小，内部变形功率和剪切功率占总功率泛函 $\Phi_{\min}$ 的主要部分，且入口截面剪切功率泛函占成型功率总泛函的比例

达 39.54%。

图 6 - 40 为轧制力矩、轧制力与相对压下量（真应变 ε）的关系图。显然，轧制力矩和轧制力随着相对压下量的增加而增加。

图 6 - 41 给出了中线点位置 x_N/l 与摩擦因子 m 以及相对压下量 ε 的关系。随着摩擦系数的减少及道次相对压下量增加，中线面移向出口侧。

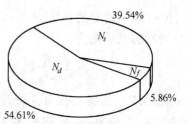

图 6 - 39 N_d，N_s，N_f 在 $\Phi_{\min}$ 中所占的比例

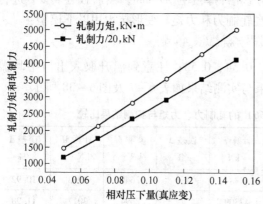

图 6 - 40   轧制力矩、轧制力与相对压下量的关系

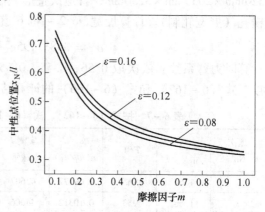

图 6 - 41   摩擦因子与相对压下量对中性点位置的影响

几何因子 $l/(2h_m)$ 与摩擦因子 m 对应力状态系数 n_σ 的影响如图 6 - 42 所示。由图可见，对于厚件轧制，几何因子 $l/(2h_m)$ 是影响 n_σ 的主要因素，$l/(2h_m)$ 减小，应力状态系数明显增加；而不同摩擦因子 m 的影响仅限于很窄的范围内，且 $l/(2h_m)$ 越小，摩擦引起的 n_σ 变化越不明显。

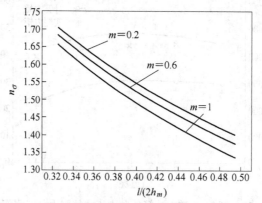

图 6 - 42   摩擦因子与几何因子对应力状态系数的影响

6.13* 有限元法概述

6.13.1   基本内容

随着电子计算机的快速发展，有限元法已成为近年来解析材料成型线性与非线性问题

的主要计算方法之一，其基本内容将在材料成型专业研究生课程——"现代材料成型力学"中详细讨论，本书仅作概括介绍。有限元法包括：弹性有限元法、弹－塑性有限元法、刚－塑性有限元法、黏－塑性有限元法等。

弹－塑性有限元法是 20 世纪 60 年代末由 P. V. 马卡尔（Marcal）和山田嘉昭导出的弹－塑性矩阵而发展起来的。已对锻压、挤压、拉拔、冲压和平板轧制等多种材料成型问题进行了解析。得到了关于塑性变形区扩展、工件内部应力和应变分布以及变形力能计算等诸多信息。此外，用此种方法还可以计算工件内的残余应力。然而为了保证计算精度和解的收敛，此法每步的计算中所给的变形量不允许使多数单元屈服，这种每步只采用小变形量的方法也称小变形弹－塑性有限元法。而为增加每步的变形量和提高计算精度，每步变形过程中考虑单元的形状变化和刚性转动的弹－塑性有限元法称为大变形弹－塑性有限元法。

刚－塑性有限元法是 1973 年小林史郎和 C. H. 李提出的。原理是运用刚－塑性材料的变分原理，接能量最小确定节点和单元的速度场，然后利用本构方程确定各单元内的应变和应力分布。多年来大量用于材料加工成型问题的解析。刚－塑性有限元法每一步计算的变形量可稍取大些（如镦粗时每步压下率为 1%～2%）。下一步计算是在工件以前累加变形的几何形状和硬化基础上进行的，因此可用每步小变形的计算方法来处理塑性加工大变形问题，计算模型比较简单，所以能用比弹－塑性有限元更短的时间计算较大的变形问题。由于此法忽略弹性变形，所以在计算小变形时其精度不如弹－塑性有限元法，而且不能计算残余应力。

黏－塑性有限元法是 1972 年 O. C. 齐基维茨（Zienkiewicz）提出的。除建立黏－塑性矩阵有所差别外，在考虑存在弹性变形时与弹－塑性有限元法解析过程基本类似，在忽略弹性变形时与刚－塑性有限元的解析过程类似。这种方法解析塑性加工成型问题也取得了一定成果。

6.13.2 基本解析步骤与评价

有限元法解析首先是把工件假想划分成有限个用节点连接的单元，选择单元类型、数目、大小、排列方式；此步又称连续体的离散化。然后选择速度（位移）函数，设定联系节点与单元内部的速度插值函数（单元内连续，边界协调），以节点上的位移（或速度）作为未知量，建立单元刚度矩阵（弹性、弹－塑性）与单元能量泛函（刚－塑性），即 $[K^e]\{u\}^e = \{F\}^e$，$\varphi^e = \varphi^e(u_i)$；其次是建立整体方程，利用最小能原理和解相应的方程组确定未知量，如弹性有限元解 $[K]\{u\} = \{F\}$（线性方程组），刚－塑性有限元解 $\delta\left\{\sum_{e=1}^{m}\varphi^e(u_i)\right\} = 0$（非线性方程组）；最后按节点位移（或速度）与单元内的应变以及与单元内的应力之间的关系确定各单元的应力和应变的分布。由于对分割的小单元可以单独处理，从而可解温度等不均匀分布的问题（认为每个小单元内物理性质是均匀的）。

有限元法理论上比较严密，计算结果也较精确，但由于它们的单元划分较细，求解时计算程序比较复杂，计算时间较长，成本也较高，而且有限元法也只是局部满足真实的边界条件，所以对于求解复杂的材料成型问题寻求工程上适用的简易有限元方法是很有必要的。在上界法的基础上提出的所谓上界元法（UBED），再如其他传统解法与有限元法的组合等，均为有限元法开辟了更加广泛的应用前景。

思 考 题

6-1　三角形速度场与上界连续速度场解法有哪些异同？

6-2　为什么三角形速度场只适于平面变形问题，而不适于轴对称问题？

6-3　与工程法和滑移线场法比较上界法的特点有哪些？

6-4　工程法属于下界法，但为什么工程法有时还给出偏高的结果？

6-5　设定含有待定参数 a_i 的某种运动许可速度场，虽然按 $\dfrac{\partial J^*}{\partial a_i}=0$ 确定了 a_i，但为什么仍然得不到精确解？

6-6　为什么在同样摩擦因子条件下锻粗时，考虑侧面鼓形比不考虑者 $\dfrac{\bar{p}}{2k}$ 值小？

习 题

6-1　试用三角形速度场，按上界法求第 4 章中的习题 4-3、习题 4-4 的 $\dfrac{\bar{p}}{2k}$ 值。

6-2　试用三角形速度场，按上界法求图 4-50 所示的平面变形挤压过程（模壁光滑，挤压轴的速度为 1，θ 角为 30°，假定是快速挤压，认为此过程是绝热过程，工件的密度为 ρ，比热容为 C，热功当量为 J，屈服剪应力为 k）的 $\dfrac{\bar{p}}{2k}$ 值和确定速度不连续线上的温升值 $\Delta t(℃)$。

6-3　试按平行速度场（不考虑侧面鼓形）求镦粗圆盘时（图 6-43）的

$$\frac{\bar{p}}{\sigma_s}=1+\frac{m\sqrt{3}}{9}\frac{d}{h}$$

6-4　平面变形压缩如图 6-44 所示厚件，流动路线如图中之虚线。试确定三角形速度场，并求 $\dfrac{\bar{p}}{2k}$ 值。

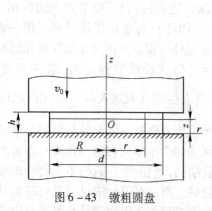

图 6-43　镦粗圆盘

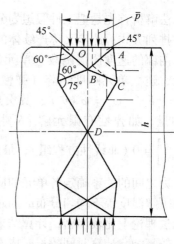

图 6-44　厚件压缩

6-5　采用式（6-109）相同的证明方法，证明在光滑条件下平冲头压缩半无限体 Hill 滑移线解 $n_\sigma=2.57$ 是上界通解 $n_\sigma=\dfrac{\bar{p}}{2k}=2\theta+\cot\theta+\dfrac{m\tan\theta}{2}$，当 $m=0$，$\theta=\dfrac{\pi}{4}$ 时的一个特解。

7 塑性成型基础实验

试验是获得金属基本力学性能以及在各种工艺条件下金属流动规律的重要手段，它不仅可以检验理论计算结果的正确性，而且可以定量分析塑性成型的应力应变状态。金属塑性成型试验的主要目的有两个：一是研究金属的化学成分、原始组织状态以及变形条件（变形温度、速度）对变形后金属组织和力学性能的影响；二是研究不同的约束条件、加载方式或不同的工艺方法下金属内部的应力应变特征和金属流动规律。本章结合课程内容介绍塑性成型研究中常用的几种实验方法。

7.1 平面变形抗力 K 值测定

7.1.1 实验目的

变形抗力是金属对使其发生塑性变形的外力的抵抗能力，它既是确定塑性加工能力参数的重要因素，又是金属构件的主要力学性能指标。这里所谓的变形抗力，是指坯料在单向应力状态下的屈服极限，它与塑性成型时的工作应力（如锻造时的锻造应力，轧制时的轧制应力、挤压应力、拉拔应力等）不同，后者包含了应力状态的影响，即

$$\bar{p} = n_\sigma \sigma_s$$

式中　$\bar{p}$——工作应力，MPa；

　　　n_σ——应力状态影响系数；

　　　σ_s——变形抗力，MPa。

变形抗力 σ_s 的数值，首先取决于金属变形金属的成分和组织。不同合金的 σ_s 值不同。其次，变形对 σ_s 的影响也很大，其中变形程度对变形抗力有显著的影响。在室温或较高温度下，只要回复和再结晶过程来不及进行，则随着变形程度的增加，必然产生加工硬化，因而使变形抗力增加。通常，变形在 30% 以下时，变形抗力增加得比较显著。当变形抗力较高时，随着变形程度的增加，变形抗力的增加变得比较缓慢。因此，变形抗力与变形程度的关系曲线对于冷变形来说，具有重要的意义。

7.1.2 实验原理

本实验是在常温恒速下通过平面变形压缩，确定平面变形抗力 K 值，并绘制 $K-\varepsilon$ 关系曲线。

平面变形压缩实验装置如图 7-1 所示。在实验中，取锤头宽 $L=(2\sim4)h$；试样宽 $b>5l$。其中，h 为试样厚度（mm），此时 $\sigma_3<0$，$\sigma_1=0$（因接触表面充分润滑，接触表面近似看作无摩擦），满足平面变形条件，$\sigma_2=\sigma_3/2$；$\varepsilon_2=0$，$\varepsilon_1=-\varepsilon_3$。

等效应力

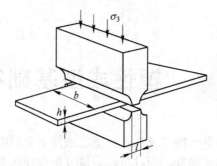

图 7-1 平面变形压缩试验装置

$$\sigma_e = \frac{\sqrt{2}}{2}\sqrt{(\sigma_1 - \sigma_2)^2 + (\sigma_2 - \sigma_3)^2 + (\sigma_3 - \sigma_1)^2}$$

屈服时

$$\sigma_e = \frac{\sqrt{3}}{2}\sigma_3 = \sigma_s \quad 或 \quad \sigma_3 = \frac{2}{\sqrt{3}}\sigma_s = 1.155\sigma_s = 2k$$

第三主应力即为工作应力 $\bar{p}$。

由等效应变表达式

$$\varepsilon_e = \sqrt{\frac{2}{9}\left[(\varepsilon_1 - \varepsilon_2)^2 + (\varepsilon_2 - \varepsilon_3)^2 + (\varepsilon_3 - \varepsilon_1)^2\right]}$$

则

$$\varepsilon_e = \frac{2}{\sqrt{3}}\varepsilon_3 = -\frac{2}{\sqrt{3}}\ln\frac{h_0}{h_1} = -1.155\ln\frac{h_0}{h_1}$$

通常把平面压缩时压缩方向的应力 $\sigma_3 = 1.155\sigma_s$ 称为平面变形抗力，常用 K 表示，即

$$K = 1.155\sigma_s = 2k$$

在实验过程中，即使润滑良好，也会受到轻微摩擦的影响，下面对 K 值进行修正（该修正公式可以由工程法推导出来）：研究的问题属于平面变形问题，即矩形件在平砧间压缩时，有一个方向不变形。这里又可分为两种情况：一种是工件全部在平砧间，没有外端；另一种是工件的一部分在平砧间压缩，有外端。前者的平均单位压力计算公式的推导与圆柱体镦粗类似，只是所引用的塑性条件和力平衡微分方程有所不同。

如图 7-2 所示，假设工具与坯料的接触表面为主平面或者为最大剪应力平面，则摩擦剪应力或者视为零，或者取为最大值。这样，屈服准则中的剪应力分量消失并简化为 $\sigma_x - \sigma_y = 2k$ 或 $\sigma_x - \sigma_y = 0$，即

$$d\sigma_x - d\sigma_y = 0$$

矩形件压缩力平衡微分方程为

$$\frac{\partial \sigma_x}{\partial x} + \frac{\partial \tau_{yx}}{\partial y} + \frac{\partial \tau_{zx}}{\partial z} = 0$$

由于 z 轴不变形，所以 $\tau_{zx} = 0$，故 $\frac{\partial \tau_{zx}}{\partial z} = 0$。

如果假设剪应力 τ_{yx} 在 y 轴方向上呈线性分布，则

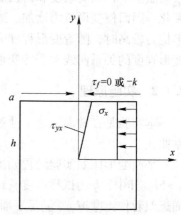

图 7-2 平面变形矩形件压缩

$$\tau_{yx} = \frac{2\tau_f}{h}y$$

则

$$\frac{\partial \tau_{yx}}{\partial y} = \frac{2\tau_f}{h}$$

并且设 σ_x 与 y 轴无关（即在坯料厚度上，σ_x 是均匀分布的），则

$$\frac{\partial \sigma_x}{\partial x} = \frac{\mathrm{d}\sigma_x}{\mathrm{d}x}$$

这样，力平衡微分方程最后简化为

$$\frac{\mathrm{d}\sigma_x}{\mathrm{d}x} + \frac{2\tau_f}{h} = 0$$

将 $\tau_f = f\sigma_y$ 代入力平衡微分方程式，得

$$\frac{\mathrm{d}\sigma_x}{\mathrm{d}x} + \frac{2f\sigma_y}{h} = 0$$

再将屈服准则代入上式，得

$$\frac{\mathrm{d}\sigma_y}{\mathrm{d}x} + \frac{2f\sigma_y}{h} = 0$$

积分上式，得

$$\sigma_y = Ce^{-\frac{2f}{h}x}$$

式中　x——坯料变形区半长度；

　　　h——坯料厚度。

由边界条件确定积分常数 C，在边界点，如 a 点，因为 $\sigma_x^a = 0$，$\tau_{xy}^a = 0$，由剪应力互等，$\tau_{yx}^a = 0$，则由边界点 a 处屈服准则

$$(\sigma_x^a - \sigma_y^a)^2 + 4(\tau_{yx}^a)^2 = K^2$$

$$\sigma_{ya} = -K$$

常摩擦系数区接触表面压应力分布曲线方程为

$$\sigma_y = -Ke^{\frac{2f}{h}\left(\frac{l}{2}-x\right)}$$

压缩力

$$P = 2\int_0^{\frac{l}{2}} \sigma_y \mathrm{d}x$$

平均单位压力

$$\bar{p} = \frac{2}{l}\int_0^{\frac{l}{2}} \sigma_y \mathrm{d}x$$

整个接触面均为常摩擦系数区（全滑动）条件下

$$\frac{\bar{p}}{K} = \frac{e^x - 1}{x}$$

式中，$x = \frac{fl}{h}$ 称为摩擦几何参数。

7.1.3   实验设备与材料

具体如下:

(1) 平面变形压缩装置。

(2) 千分尺、游标卡尺、表架等工具。

(3) 纯铝板试样若干块。试样尺寸: $L = 100\text{mm}$, $B = 40\text{mm}$, $H = 5\text{mm}$。

(4) 调配好的润滑剂。

(5) 200kN 万能试验机。

7.1.4   实验内容与步骤

实验内容:

(1) 熟悉实验仪器、设备的使用方法和工作原理。

(2) 熟悉取样、加工试样的工艺过程。

(3) 熟悉并会正确使用千分尺、游标卡尺、表架等工具。

(4) 熟悉实验过程,分别在不同的变形程度下,准确读取实验数值,并进行数据处理,绘制实验曲线,进行误差分析,了解影响变形抗力的主要因素等。

实验步骤:

(1) 取纯铝板试样,检查试样表面质量,用酒精棉团擦拭干净,精确测量试样原始尺寸。

(2) 将试样的压缩位置上涂上石墨粉加机油的润滑剂,装入压缩装置,调整好位置。放置到 200kN 万能试验机上。在千分表的控制下,分别给予 5%、10%、20%、40% 的冷变形量进行压缩。

(3) 测量每次压缩终了的厚度 h,记录每次变形终了的载荷 P,并计算变形程度,将修正后的 K 值计入表 7 - 1 内。

表 7 - 1   实验数据记录表

变形程度	5%	10%	20%	40%
H/mm				
h/mm				
P/kN				
F/mm^2				
ε				

7.1.5   实验报告要求

具体如下:

(1) 绘制 $K - \varepsilon$ 关系曲线。

(2) 分析讨论:

1) 影响平面变形抗力的主要因素;

2) 分析实验过程中可能产生的误差。

（3）按照要求独立写出实验报告。

7.1.6　实验注意事项

具体如下：

（1）要有良好的润滑，以便使 $\sigma_1 \approx 0$，具备平面变形的条件：

$$\varepsilon_1 = -\varepsilon_3 \qquad \varepsilon_2 = 0 \qquad \sigma_2 = \frac{\sigma_1 + \sigma_3}{2}$$

（2）要在测得 P 的同时，准确测得试样的真实变形程度。

（3）试样要轻拿轻放，不要撞击、变形。

7.2　外端和外摩擦对平板压缩矩形件单位压力的影响

7.2.1　实验目的

本实验以平面变形为例，了解外端和外摩擦对变形力的影响规律，绘制如图 7 - 3 所示的曲线。

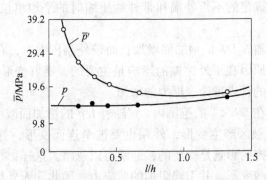

图 7 - 3　外摩擦与外端下平均单位压力 $\bar{p}$ 与 l/h 的关系

7.2.2　实验原理

矩形件在平砧间被压缩时，有一个方向不变形，即满足平面变形条件。这里又可分为两种情况：一种是工件全部在平砧间，没有外端；另一种是工件的一部分在平砧间压缩，有外端，如图 7 - 4 所示。

在没有外端时，平均单位压力计算公式的推导与圆柱体镦粗类似，只是所引起的塑性条件和力平衡微分方程有所不同。由工程法，无外端矩形件压缩常摩擦系数区接触表面压应力分布曲线方程为

$$\sigma_y = -K \mathrm{e}^{\frac{2f}{h}\left(\frac{1}{2}-x\right)}$$

则应力状态系数为

$$\frac{\bar{p}}{K} = \frac{\mathrm{e}^x - 1}{x} \qquad x = \frac{fl}{h}$$

根据变形区几何因素 l/h 确定是否考虑外端的影响。当 $l/h \geqslant 1$ 时，即薄件压缩时，不

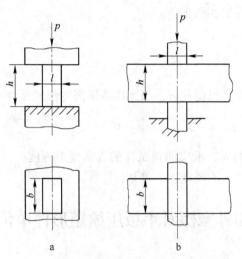

图 7 - 4　外摩擦与外端矩形件压缩
a—外摩擦；b—外端

考虑外端的影响，变形力的变化规律和无外端的情况类似；当 $l/h < 1$ 时，即厚件压缩时，考虑外端的影响，实验确定的不带外端和带外端压缩时的平均单位压力 $\bar{p}$ 和 $\bar{p}'$ 如图 7 - 3 所示。

不带外端压缩时 $\bar{p}$ 随着 l/h 的增加而增加；而带外端压缩时，在 $l/h > 1$ 时，$\bar{p}'$ 和 $\bar{p}$ 的变化规律几乎一致。其原因在于外摩擦的影响是主要的，随着变形的进行，l/h 增加，摩擦面的面积相对是增加的，表现为变形力的增加。

而带外端压缩时，在 $l/h < 1$ 的范围内，$\bar{p}'$ 随着 l/h 的增加而减小。其原因在于厚件带外端压缩时，不仅在接触区产生变形，外端也要被牵连而变形，并且外端的影响是主要的，不可忽略；而外摩擦的影响是次要的，通常可以忽略。这样，在接触区与外端的分界面上，就要产生附加的剪变形，并引起附加的剪应力，因此和无外端压缩时相比，就要增加力和功。可见，l/h 越小，也就是工件越厚时，剪切面就越大，总的剪切力也就越大，这时必须加大外力，才能使工件变形。当工件厚度一定时（即抗剪面一定时），接触长度 l 越小，平均单位压力越大。因此，在外端的影响下，随着 l/h 减少，平均单位压力 $\bar{p}'$ 增加。

带外端压缩厚件的情况和坐标轴的位置如图 7 - 5 所示。假定接触表面无摩擦，即 $\tau_f = 0$。在接触区与外端的界面上的剪应力 $\tau_{xy} = \tau_e = K/2$，并沿 x 轴呈线性分布，在垂直对称面处递减到零。τ_{xy} 与 y 无关，只与 x 有关。

在平面变形状态下，平衡方程为

$$\frac{\partial \sigma_x}{\partial x} + \frac{\partial \tau_{yx}}{\partial y} = 0 \tag{7-1}$$

$$\frac{\partial \tau_{xy}}{\partial x} + \frac{\partial \sigma_y}{\partial y} = 0 \tag{7-2}$$

屈服准则为

$$(\sigma_x - \sigma_y)^2 + 4\tau_{xy}^2 = 4k^2 = K^2 \tag{7-3}$$

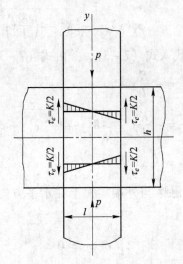

图 7-5 带外端压缩厚件

由假设得

$$\tau_{xy} = \frac{K}{l}x \qquad (7-4)$$

而

$$\frac{\partial \tau_{xy}}{\partial x} = \frac{K}{l}$$

则由式 (7-1) 和式 (7-2) 得

$$\frac{\partial \sigma_x}{\partial x} = 0$$

$$\frac{\partial \sigma_y}{\partial y} + \frac{K}{l} = 0$$

解这两个方程, 得

$$\left.\begin{array}{l} \sigma_x = \varphi_1(y) \\ \sigma_y = -\dfrac{K}{l}y + \varphi_2(x) \end{array}\right\} \qquad (7-5)$$

式中, $\varphi_1(y)$、$\varphi_2(x)$ 为 y 和 x 的任意函数。

把式 (7-4) 和式 (7-5) 代入式 (7-3), 得

$$\varphi_1(y) + \frac{K}{l}y - \varphi_2(x) = \sqrt{K^2 - 4\left(\frac{K}{l}x\right)^2}$$

即

$$\varphi_1(y) + \frac{K}{l}y = \varphi_2(x) + \sqrt{K^2 - 4\left(\frac{K}{l}x\right)^2} = c$$

则

$$\varphi_1(y) = -\frac{K}{l}y + c$$

$$\varphi_2(x) = -\sqrt{K^2 - 4\left(\frac{K}{l}x\right)^2} + c$$

把 $\varphi_1(y)$ 和 $\varphi_2(x)$ 两个函数代入式（7-5），并由式（7-3）得

$$\left.\begin{aligned}
\sigma_x &= -\frac{K}{l}y + c \\
\sigma_y &= -\frac{K}{l}y - \sqrt{K^2 - 4\left(\frac{K}{l}x\right)^2} + c \\
\tau_{xy} &= \frac{K}{l}x
\end{aligned}\right\} \tag{7-6}$$

同样，积分常数 c 可以按照接触区与外端界面上在水平方向作用的合力为零的条件来确定，即

$$2\int_0^{\frac{h}{2}} \sigma_x \mathrm{d}y = 0$$

把式（7-6）中 σ_x 代入此式，则

$$2\int_0^{\frac{h}{2}} \left(-\frac{K}{l}y + c\right)\mathrm{d}y = 0$$

积分后得

$$c = \frac{Kh}{4l}$$

代入式（7-6）中，并以 $y = h/2$ 代入，得接触表面的压力表达式

$$\sigma_y = -K\left[\frac{h}{4l} + \sqrt{1 - \left(\frac{2x}{l}\right)^2}\right]$$

所以

$$n_\sigma = \frac{\bar{p}}{K} = \frac{-2\int_0^{l/2} \sigma_y \mathrm{d}x}{Kl} = \frac{2\int_0^{l/2} K\left[\frac{h}{4l} + \sqrt{1 - \left(\frac{2x}{l}\right)^2}\right]\mathrm{d}x}{Kl} = \frac{\pi}{4} + \frac{1}{4} \times \frac{h}{l} = 0.785 + 0.25\frac{h}{l}$$

随着变形的进行，变形力下降。

7.2.3　实验设备与材料

具体如下：
（1）金属铅试样若干块，尺寸满足图7-4的要求。
（2）钢板尺、千分尺、游标卡尺、划针、锉刀、汽油、棉纱。
（3）DN200kN 油压万能试验机。
（4）杠杆摆式 50kN 万能试验机。

7.2.4　实验内容与步骤

实验内容：
（1）熟悉实验仪器、设备的使用方法和工作原理。
（2）熟悉取样、加工试样过程。
（3）熟悉并会正确使用千分尺、游标卡尺等工具。

（4）了解外摩擦对变形力的影响规律。

（5）了解外端对变形力的影响规律。

（6）准确读取实验数值，并进行数据处理，绘制实验曲线，进行误差分析等。

实验步骤：

（1）外摩擦的影响：取试样一组，用平锤头进行压缩。

（2）外端的影响：取试样一组，分别用锤头 $L = 5\text{mm}$，10mm，15mm，20mm 压头进行压缩。

（3）试样表面要求光滑，无毛刺，擦净油迹。准确测量尺寸，画出中线，分别按照外摩擦和外端的影响施以 5% 的变形程度，用磁力千分指示器控制变形量，分别在 200kN 和 50kN 试验机上进行压缩，精确测量试样变形后的尺寸，记录每次变形后的终了载荷，填入表 7-2 中。实验装置图如图 7-6 所示。

表 7-2　实验数据记录表

方案	试件尺寸 $H \times L \times B$ $/\text{mm} \times \text{mm} \times \text{mm}$	变形后尺寸 $H \times L \times B$ $/\text{mm} \times \text{mm} \times \text{mm}$	接触面积 $F(l \times b)/\text{mm}^2$	载荷 P/kN	平均单位压力 $\bar{p}/\text{kN} \cdot \text{mm}^{-2}$	l/h
I	$5 \times 15 \times 50$					
	$10 \times 15 \times 50$					
	$15 \times 15 \times 50$					
	$30 \times 15 \times 50$					
II	$20 \times 50 \times 70$					

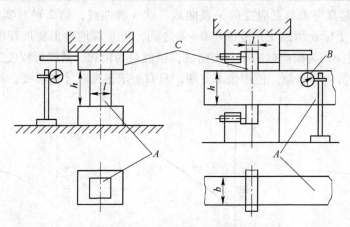

图 7-6　实验装置示意图

7.2.5　实验报告要求

具体如下：

（1）绘制平均单位压力 $\bar{p}'$ 及 $\bar{p}$ 与 l/h 的关系曲线。

（2）分析讨论：

1）外端和外摩擦对平均单位压力的影响规律；

2）分析实验过程中可能产生的误差。

（3）按要求独立写出实验报告。

7.2.6　实验注意事项

具体如下：

（1）要有良好的润滑。

（2）要在测得变形力的同时，准确测得试样的真实变形程度。

（3）试样尺寸要满足外端和外摩擦的要求，如图7-4所示。

（4）试样要轻拿轻放，不要撞击、变形。

7.3　硬化曲线实验

7.3.1　实验目的

硬化曲线可用拉伸、扭转或压缩的方法来确定。其中应用较广者为拉伸方法。本实验目的是熟悉静力拉伸方法与按拉伸图制作第2类硬化曲线的实验过程。

7.3.2　实验原理

硬化曲线的纵坐标为真实应力 σ，横坐标为变形程度。由于变形程度的表现方式不同，硬化曲线可以有多种形式，常用的有3种，如图7-7所示。第1种 $\sigma-\delta$ 曲线，是真应力与伸长率的关系曲线；第2种 $\sigma-\psi$ 曲线，是真应力与断面收缩率的关系曲线；第3种 $\sigma-\varepsilon$ 曲线，是真应力与真应变的关系曲线。这3种曲线，第2种在实际中应用较多。第2种曲线的横坐标 ψ 值的变化范围在 $0\sim1$ 之间，可直观地看出变形程度的大小。应用对数变形（真应变）为横坐标的第3类曲线，虽然最为精确，其变形程度又有可加性，但制作曲线时，计算上较麻烦，使用也不方便，只有要求很高时才有必要。本实验着重绘制第2类曲线。

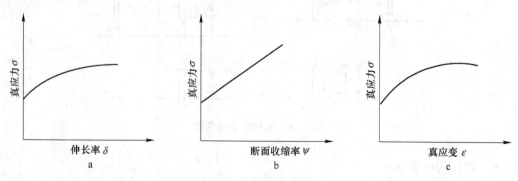

图7-7　硬化曲线

a—第一类硬化曲线；b—第二类硬化曲线；c—第三类硬化曲线

为绘制真应力曲线，必须根据拉伸实验的结果先制出拉力 P 与绝对延伸 ΔL 的拉伸图（见图 7-8），然后经过计算再求出真应力 σ 和所对应的断面收缩率。

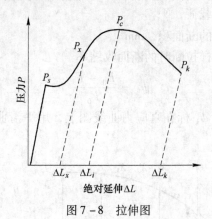

图 7-8　拉伸图

真应力的计算如下：

$$\sigma = P/F_x$$

式中　P——对应绝对延伸 ΔL 的载荷，N；

　　　F_x——对应绝对延伸 ΔL 的试样断口面积，mm。

根据体积不变条件，可以得到下式：

$$F_0 L_0 = L_0 + \Delta L$$

式中　F_0——试样原始断面积，mm^2；

　　　L_0——试样的原始长度，mm。

$$F_x = \frac{F_0}{1 + \dfrac{\Delta L}{L_0}} = \frac{F_0}{1 + \sigma}$$

$$\sigma = \frac{\Delta L}{L}$$

由此，真应力可按下式计算

$$\sigma = \frac{P}{F_x} = \frac{P}{F_0}(1 + \delta) \tag{7-7}$$

试件的断面收缩率可由下式计算

$$\psi = \frac{F_0 - F_x}{F_0}$$

则

$$\psi = 1 - \frac{F_x}{F_0} = 1 - \frac{F_0}{(1 + \delta)F_0} = \frac{\delta}{1 + \delta} \tag{7-8}$$

由式（7-7）、式（7-8）分别求出应力和断面收缩率。

当出现细颈以后，因为变形集中发生在计算长度的个别部位，而且每瞬间参加变形的体积又时刻变化着，故集中变形阶段无法计算。为了得到完整曲线，可先由下式计算出在新的拉断点处的拉断应力 σ_k

$$\sigma_k = \frac{P_k}{F_k} \tag{7-9}$$

式中　P_k——试样拉断时的载荷，N；

　　　　F_k——试样拉断口处的断面积，mm^2。

然后再按下式计算出试样拉断时的断面收缩率

$$\psi_k = \frac{F_0 - F_x}{F_0} \tag{7-10}$$

将所求出的断裂点 σ_k、ψ_k 标在真应力曲线图上，用平滑曲线与细颈应力点相连，可得出图 7-9 的图形。

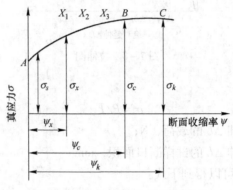

图 7-9　真应力曲线（硬化曲线）

7.3.3　实验设备、材料

实验所用的设备和材料如下：

（1）设备：60kN 材料试验机。

（2）材料：拉伸模架 1 只、拉伸模 1 套、光滑圆柱形低碳钢拉伸试样若干个、游标卡尺、钢尺 1 把。

7.3.4　实验内容与步骤

按照实验内容和步骤进行操作，具体如下：

（1）准备试样：选取拉伸试样并测定其尺寸。

（2）制备试样：根据试件最基本尺寸确定计算长度并用铅笔在试样上做好标志。

（3）用画线机或手工将试件计算长度分为 10 份（不可损伤试件）。

（4）准备拉伸用夹头，调好并装好记录仪器。

（5）安装好试件，准静态拉伸并及时记下屈服、最大及拉断时负荷。

（6）取下试件并精确地测量所需的各个尺寸。

（7）取下拉伸图，将纵横坐标值标出。

（8）根据测定数据即拉伸图进行必要的计算。

（9）将数据整理并作曲线。

（10）对实验结果进行分析、讨论。

（11）编写实验报告。

7.3.5 实验报告要求

将实验结果记录到表 7 - 3 和表 7 - 4 中。

表 7 - 3 实验数据记录表

试件号	金属及状态	实验条件	实验前尺寸			实验后尺寸			
			直径 d_0 /mm	面积 F_0 /mm²	长度 L_0 /mm	直径 $d_{细}$ /mm	细颈面积 $F_{细}$[1]/mm²	断口面积 $F_{断}$[2]/mm²	长度 $L_{断}$[3]/mm

[1] 试件出现细颈前的断面积，由细颈范围之外的试件断面积尺寸确定。通常是测定三处的断面尺寸，取其平均值。

[2] 试件断裂后的最小面积，将断口对接好后进行测量。

[3] 试件断裂后的长度，将断口对接好后进行测量，若断口不在试件长度的中间位置（即不大于 $1/3L_0$ 时），用移位法将断口移动至中间位进行测量。测量步骤为：如图 7 - 10 所示，在长度上从拉断处 D 点取基本等于短段格数，得 B 点。接着取等于长度所余格数的一半得 C，移位后得 $L_{断}$ 为 $AB + 2BC$，即 $L_{断} = L_1 + 2L_2$，即测量断后标距的量具有的最小刻度值应不小于 0.1mm。

表 7 - 4 计算数据表

直径 d_0/mm	载荷 P_s/N	面积 F_0 /mm²	拉应力 σ_s/MPa	载荷 P_x/N	绝对延伸 ΔL_x/mm	拉应力 σ_x/MPa	面积 F_x/mm²	断面收缩率 ψ_x/%	载荷 P_c/N	面积 $F_{细}$ /mm²	断面收缩率 $\psi_{细}$/%	载荷 P_k/N	面积 F_k/mm²	断面收缩率 ψ_k/%

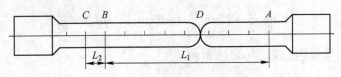

图 7 - 10 试样断后测量示意图

7.4 常摩擦系数测定

7.4.1 实验目的

通过楔形锤头法，确定在不同润滑条件下，压缩铅试样时的摩擦系数；同时定性了解接触表面状态对摩擦系数的影响。

7.4.2 实验原理

在倾斜的平锤头间塑压楔形试件，可根据试件变形情况来确定摩擦系数。如图 7 - 11 所示，试件受塑压时，水平方向的尺寸要扩大。按照金属流动规律，接触表面金属质点要沿着流动阻力最小的方向流动，在水平方向的中间，一定有一个金属质点在两个方向流动的分界面——中立面上，那么根据图 7 - 11 建立力的平衡方程式，可得出

$$P'_x + P''_x + T''_x = T'_x \qquad (7 - 11)$$

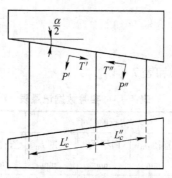

图 7 - 11　斜锤间塑压楔形件

设锤头倾角为 $\dfrac{\alpha}{2}$，试件的宽度为 b，平均单位压力为 P，那么

$$P'_x = PbL'_c \sin \frac{\alpha}{2} \qquad\qquad (7-12)$$

$$P''_x = PbL''_c \sin \frac{\alpha}{2} \qquad\qquad (7-13)$$

$$T'_x = \mu PbL'_c \cos \frac{\alpha}{2} \qquad\qquad (7-14)$$

$$T''_x = \mu PbL''_c \cos \frac{\alpha}{2} \qquad\qquad (7-15)$$

将这些数值代入式（7 - 11）并化简后，得

$$L'_c \sin \frac{\alpha}{2} + L''_c \sin \frac{\alpha}{2} + \mu L''_c \cos \frac{\alpha}{2} = \mu L'_c \cos \frac{\alpha}{2} \qquad (7-16)$$

当 α 很小时，$\sin \dfrac{\alpha}{2} \approx \dfrac{\alpha}{2}$，$\cos \dfrac{\alpha}{2} \approx 1$，可得

$$\frac{L'_c \alpha}{2} + \frac{L''_c \alpha}{2} + \mu L''_c = \mu L'_c \qquad\qquad (7-17)$$

由式（7 - 17）得

$$\mu = \frac{(L'_c + L''_c)\dfrac{\alpha}{2}}{L'_c - L''_c} \qquad\qquad (7-18)$$

当 α 角已知，并在实验后能测出 L'_c 及 L''_c 的长度，即可按式（7 - 18）算出摩擦系数。

　　此法的实质可以认为与轧制过程及一般的平锤下镦粗相似，故可用来确定这两种过程中的摩擦系数。此法应用较方便，主要困难是在于较难准确地确定中立面的位置及精确地测定有关数据。

7.4.3　实验设备、材料

实验所用的设备和材料如下：

（1）设备：60kN 材料试验机。

（2）材料：楔形压缩模具 1 副、楔形的铅试样若干个、游标卡尺和钢尺各 1 把、蓖麻油、肥皂水、机油、滑石粉、清洗锭坯和工具用汽油。

7.4.4 实验内容与步骤

取 2～3 个楔形的铅试件,将其由两边构成斜的表面,用砂纸擦光,并按相等间距画上一系列垂直的平行线,然后在斜锤间给予 20%～30% 的适当变形量。根据变形后试件长向上变形区流动的分界线,如图 7-11 所示,可测出各区的尺寸 L_c' 及 L_c''。

将其填入表 7-5 中,并按下式计算在不同摩擦情况下的摩擦系数 μ 值:

$$\mu = \frac{\dfrac{\alpha}{2}}{\dfrac{2L_c}{L_c' + L_c''}} - 1 \qquad (7-19)$$

表 7-5 实验数据

试件编号	接触表面润滑情况	变形后主要尺寸		摩擦系数 μ
		尺寸 1 L_c'/mm	尺寸 2 L_c''/mm	
1				
2				
3				

注:锤头倾角 $\alpha_2 = 5°42'\ (5°23')$。

由于塑压时侧表面不可避免地要产生不均匀的凸出(在理想的条件下,当试样处于平面变形状态时,侧表面只有轻微的凸出,不至于会影响所测数据精度的扭歪),精确测定 L_c' 及 L_c'' 较为困难。另外,上下接触面的变形不可能完全一致,故可取上、下表面及中间 3 个尺寸的平均值。

另外,因工具的倾角 α 较小,上下表面的尺寸,可以不在斜线方向而在变形区的水平投影上测量。

上述实验完成后,可将所得结果综合分析讨论并编写实验报告。

7.4.5 实验报告要求

实验后每个人都必须书写实验报告,报告要求写明实验名称,主要内容包括:
(1)实验目的。
(2)实验设备型号及有关参数,试样材质及基本尺寸,实验内容及主要步骤。
(3)实验结果与分析。
(4)将实验数据记录于表 7-5 中。

7.5 镦粗不均匀变形研究

7.5.1 实验目的

以平面变形为例,用网格法研究金属镦粗时内部变形不均匀分布的情况。

7.5.2 实验原理

为研究镦粗时内部的变形情况,用铅做成尺寸为 $30\text{mm} \times 30\text{mm} \times 40\text{mm}$ 的铅试件 4 块,

合并成两组尺寸为 30mm×30mm×80mm 的试件，如图 7-12a 所示。在其相贴面上画上网格，放入模具镦粗后，打开，中心剖面上的网格发生了不同程度的变化，如图 7-12b 所示。按照网格变形程度的大小，将剖面划分为 3 个区域。

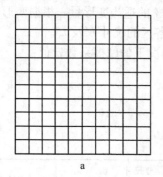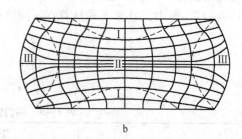

图 7-12　变形前后试样网格变化情况
a—变形前的情况；b—变形后的情况

区域 I 为难变形区，这是和上下砧相接触的区域。由于表层金属受到很大的摩擦力作用，这个区域的每个质点都受到较强的三向压应力作用，越接近试件表层中心，三向压应力的数值也就越大，且 3 个主应力值相差不大，故该区域的变形很小。在表层中心附近甚至不变形，所以也称为刚性区。区域 II 是大变形区，这是处于上下两个难变形区之间（外圈除外）的部分，这部分受到接触摩擦力的影响较小，因而水平方向上受到的压应力也较小。由于难变形区的压挤作用，横向坐标网格上、下弯曲，纵向坐标网格向远离轴线的方向外凸，从而造成外侧呈鼓形。区域 III 是小变形区。它的外侧是自由表面，受端面摩擦的影响较小，除了受到工具的轴向压缩外，大变形金属的径向流动还会使该区金属产生附加周向拉应力。

7.5.3　实验设备、材料

实验所用的设备和材料如下：
（1）设备：60kN 材料试验机。
（2）工具：平面变形镦粗试验模、钢直尺、划针、千分尺等。
（3）试件：4 块尺寸为 30mm×30mm×40mm 的铅试样，合并成两组尺寸为 30mm×30mm×80mm 的试件。

7.5.4　实验内容与步骤

按照实验内容和步骤进行操作，具体如下：
（1）试样准备：在一块试件与另一块相紧贴的面上，用钢直尺和划针画上 3mm×3mm 的坐标网格，如图 7-13 所示。用千分尺量出网格沿水平和垂直方向的实际尺寸 B_{io}、Z_{io}，将两块试件合并后放入镦粗试验模内，如图 7-14 所示。
（2）实验过程：用洁净表面的压头进行镦粗，直至 $\varepsilon = 50\%$ 为止。
（3）测量断口尺寸：拆开模子取出试件，观察网格的变化情况，可以看出试件镦粗时变形不均匀分布，通常认为，网格的变形即代表网格所在点的变形，沿试件水平方向和垂直方向测量各网格的平均尺寸 B_i、Z_i，计算出各点沿水平方向和垂直方向的变形程度，即

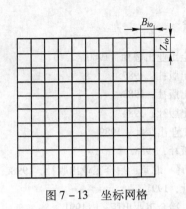

图 7 – 13　坐标网格

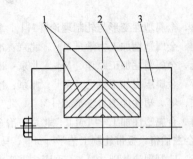

图 7 – 14　镦粗试验模
1—试件；2—压头；3—试件模

$$\varepsilon_B = \ln \frac{B_i}{B_{io}} \qquad \varepsilon_Z = \ln \frac{Z_i}{Z_{io}}$$

此值可近似认为等于相应点的主要变形。

（4）制作曲线图：画出试件镦粗后沿水平方向和垂直方向的变形分布曲线，并用纸印出镦粗后试件的网格开头形状。

（5）重复实验：再用另一组试件，在工具与试件之间加润滑剂，用同样变形程度进行镦粗，比较其变形情况与前者有何不同。

7.5.5　实验报告要求

实验后，每个人都必须书写实验报告，报告要求写明实验名称，主要内容包括：

（1）实验目的。

（2）实验内容：实验设备工具及其他，实验内容及步骤。

（3）实验数据及分析：实验数据记录于表 7 – 6 中，除整理外还要画出镦粗试件沿水平方向和垂直方向的变形分布曲线，讨论镦粗不均匀变形的特点。

表 7 – 6　实验数据

网格序号	镦粗前网格尺寸/mm		镦粗后网格尺寸/mm		网格变形程度/%	
	网格宽 B_{io}	网格高 Z_{io}	网格宽 B_i	网格高 Z_i	水平变形率 $\varepsilon_B = \ln \dfrac{B_i}{B_{io}}$	垂直变形率 $\varepsilon_Z = \ln \dfrac{Z_i}{Z_{io}}$
1						
2						
3						
4						
5						
6						
7						
8						
9						
10						

参 考 文 献

[1] 赵志业. 金属塑性变形与轧制理论 [M]. 北京：冶金工业出版社，1980.

[2] 赵志业. 金属塑性加工力学 [M]. 北京：冶金工业出版社，1987.

[3] 曹乃光. 金属塑性加工原理 [M]. 北京：冶金工业出版社，1983.

[4] 李生智. 金属压力加工概论 [M]. 北京：冶金工业出版社，1984.

[5] 王仲仁，等. 塑性加工力学基础 [M]. 北京：冶金工业出版社，1989.

[6] 王廷溥. 金属塑性加工学 [M]. 北京：冶金工业出版社，1988.

[7] V. B. 金兹伯格. 板带轧制工艺学 [M]. 马东清，等译. 北京：冶金工业出版社，1998.

[8] 吕立华. 轧制理论基础 [M]. 重庆：重庆大学出版社，1991.

[9] 汪家才. 金属压力加工的现代力学原理 [M]. 北京：冶金工业出版社，1991.

[10] 日本材料学会. 塑性加工学 [M]. 陶永发，于清连，译. 北京：机械工业出版社，1983.

[11] 熊祝华，洪善桃. 塑性力学 [M]. 上海：上海科学技术出版社，1984.

[12] 俞茂宏. 双剪理论及其应用 [M]. 北京：科学出版社，1998.

[13] 赵志业，王国栋. 现代塑性加工力学 [M]. 沈阳：东北工学院出版社，1986.

[14] 王仲仁，郭殿俭，汪涛. 塑性成形力学 [M]. 哈尔滨：哈尔滨工业大学出版社，1989.

[15] 王祖成，汪家才. 弹性和塑性理论及有限单元法 [M]. 北京：冶金工业出版社，1983.

[16] 徐秉业，陈森灿. 塑性理论简明教程 [M]. 北京：清华大学出版社，1981.

[17] 日本钢铁协会. 板带轧制理论与实践 [M]. 王国栋，吴国良，等译. 北京：中国铁道出版社，1990.

[18] 王祖唐，关廷栋，肖景容，等. 金属塑性成形理论 [M]. 北京：机械工业出版社，1989.

[19] 沃·什彻平斯基. 金属塑性成形力学导论 [M]. 徐秉业，刘信声，孙学伟，译. 北京：机械工业出版社，1987.

[20] 徐秉业. 塑性力学 [M]. 北京：高等教育出版社，1988.

[21] 俞汉清，陈金德. 金属塑性成形原理 [M]. 北京：机械工业出版社，1999.

[22] 赵德文，刘相华，王国栋. 滑移线与最小上界解一致的证明 [J]. 东北大学学报，1994，15 (2)：189~195.

[23] 赵德文，李贵. 板带轧制的上界理论解 [J]. 应用科学学报，1992，10 (2)：148~154.

[24] Zhao Dewen, Wang Guodong, Bai Guangrun. Theoretical Analysis of Wire Drawing Through the Two Roller - Dies in Tandem [J]. SCIENCE IH CHINA (Series A). 1993, 36 (5): 632~640.

[25] Zhao Dewen, Zhang Qiang. An Integration Depending on a Parameter Φ for Analytical Solution of the Compression of thin Workpiece [J]. China J. Met. Sci. Technol., 1990, 6：132~136.

[26] Zhao Dewen, Fang Youkang. Integral of the Inverse Function of φ for Analytical Solution to the Compression of Thin Workpiece [J]. TRANSACTIONS OF NFsos, 1993, 3 (1)：42~44.

[27] Thomsen. E. G. etal, Mechanics of Plastic Deformation in Metal Processing [J]. Macmillan, 1965.

[28] Rowe G W. Principles of Industrial Metalworking Processes [M]. Edward Arnold Ltd., London, 1977.

[29] Johnson W, et al. Plane - Strain Slip - Line Fields for Metal - Deformation Processes [M]. PERGAMON PRESS, 1982.

[30] Johnson W, Mellor P B. Engineering Plasticity [M]. Van Nostrand Reinhold Company, London, 1973.

[31] Backofen W A. Deformation Processing. California, 1972.

[32] Avitzur B. Metal Forming：Processes and Analysis. New York, 1968.

[33] Унксов Е Л. Теория Плястических Деформации Метлловю Мащиностроениею, 1983.

[34] Avitzur B. Metal Forming：The Application of Limit Analysis [M]. MARCEL DEKKER. INC., New

York，1980.

[35] Slater. Engineering Plasticity Theory and Application to Metal Forming Processes ［M］. The Macmillan Press Ltd.，1977.

[36] 赵德文. 成型能率积分线性化原理及应用 ［M］. 北京：冶金工业出版社，2012.

[37] 黄重国，任学平. 金属塑性成形力学原理 ［M］. 北京：冶金工业出版社，2008.

[38] 赵德文. 连续体成形力数学解法 ［M］. 沈阳：东北大学出版社，2003.

[39] 王振范，刘相华. 能量理论及其在金属塑性成形中的应用 ［M］. 北京：科学出版社，2009.

[40] Zhang Shunhu, Zhao Dewen, Gao Cairu. The Calculation of Roll Torque and Roll Separating Force for Broadside Rolling by Stream Function Method ［J］. International Journal of Mechanical Sciences, 2012, 57: 74~78.

[41] Zhang Shunhu, Song Binna, Wang Xiaonan, et al. Deduction of Geometrical Approximation Yield Criterion and Its Application ［J］. Journal of Mechanical Science and Technology, 2014, 28 (6): 2263~2271.

[42] Zhang Shunhu, Zhao Dewen, Chen Xiaodong. Equal perimeter yield criterion and its specific plastic work rate: Development, validation and application ［J］. Journal of Central South University, 2015, 22 (11): 4137~4145.

[43] Zhang Shunhu, Song Binna, Xiaonan Wang, et al. Analysis of Plate Rolling by My Criterion and Global Weighted Velocity field ［J］. Applied Mathematical Modeling, 2014, 38 (14): 3485~3494.

[44] Zhang Shunhu, Zhao Dewen, Gao Cairu, et al. Analysis of Asymmetrical Sheer Rolling by Slab Method ［J］. International Journal of Mechanical Sciences, 2012, 65: 168~176.

[45] Zhang Shunhu, Chen Xiaodong, Wang Xiaonan, et al. Modeling of burst pressure for internal pressurized pipe elbow considering the effect of yield to tensile strength ratio ［J］. Mechanical, 2015, 50: 1~11.

[46] 赵德文，章顺虎，王根矿，等. 厚板热轧中心气孔缺陷压合临界力学条件的证明与应用 ［J］. 应用力学学报，2011，28 (6): 658~662.

[47] 李慧中. 金属材料塑性成形实验教程 ［M］. 北京：冶金工业出版社，2011.

[48] 丁桦. 材料成型及控制工程专业实验指导书 ［M］. 沈阳：东北大学出版社，2013.

[49] 王平. 金属塑性成型力学 ［M］. 北京：冶金工业出版社，2013.